U0337106

新型彩电上门维修速查手册系列

超级彩电上门维修速查手册

孙德印　主编

机　械　工　业　出　版　社

本书从上门维修的需要出发，搜集了维修超级彩电的常用必备资料。全书共分 5 章。第 1 章为超级彩电机型与电路配置速查，相当于本书的索引和概览，提供了超级彩电的机心、机型和集成电路配置资料；第 2 章为超级彩电常用集成电路速查，提供了超级彩电中常用的超级单片电路、超级掩膜片代换、开关电源电路、场输出电路、伴音功率放大电路的图文资料；第 3 章为超级彩电总线调整方法速查，提供了国产超级彩电的总线调整方法资料；第 4 章为超级彩电总线调整项目速查，提供了超级彩电常用总线调整项目的中英文对照资料；第 5 章为超级彩电速修与技改速查，提供了超级彩电常见软、硬件故障的排除方法和技改方案。

全书均以图、表的方式编写，资料齐全、图文并茂、内容明了、便于携查、易于操作，既可作为维修资料比对数据，又可作为单元电路图使用，是供广大读者，特别是家电维修人员在维修超级彩电时学习、查阅的必备工具书。

图书在版编目（CIP）数据

超级彩电上门维修速查手册/孙德印主编 . —北京：机械工业出版社，2012.5

（新型彩电上门维修速查手册系列）

ISBN 978-7-111-38367-3

Ⅰ . ①超 …　Ⅱ . ①孙 …　Ⅲ . ①彩色电视机 – 维修 – 手册
Ⅳ . ①TN949. 12-62

中国版本图书馆 CIP 数据核字（2012）第 096621 号

机械工业出版社（北京市百万庄大街 22 号　邮政编码 100037）
策划编辑：刘星宁　责任编辑：刘星宁　王　琪
版式设计：霍永明　责任校对：王　欣
封面设计：陈　沛　责任印制：乔　宇
北京机工印刷厂印刷（三河市南杨庄国丰装订厂装订）
2012 年 7 月第 1 版第 1 次印刷
184mm×260mm · 20 印张 · 3 插页 · 504 千字
0 001—3 000 册
标准书号：ISBN 978-7-111-38367-3
定价：49.90 元

前　言

　　超级单片集成电路将微处理器和小信号处理电路集成到一块芯片上，不但使电路的元器件大幅度减少，降低了整机成本，增强了彩电的稳定性，而且由于采用了许多新技术、新电路，大大提升了彩电的图像和伴音质量，有的彩电还开发了智能游戏、超级计算器、万年历、小闹钟、一键恢复、童锁等新功能，使彩电更加智能化、人性化。超级单片集成电路在近几年面世的彩电中得到广泛的应用，特别是应用在家电下乡彩电中，被人们称为"超级彩电"。为满足维修人员维修超级彩电的需要，笔者编写了这本《超级彩电上门维修速查手册》。

　　由于社会服务事业的发展，目前的家电维修多为上门服务。上门维修时，由于受条件的限制，不可能将所需的集成电路资料和彩电图样都带上。本书从上门维修的需要出发，几乎收集了超级彩电常见机型的所有集成电路维修数据、总线系统调整资料和常见故障速修与技改方案，并提供了以集成电路为核心的单元电路图，做到了图文并茂，既可作为维修资料比对维修数据，又可作为单元电路图使用。全书共分5部分，几乎包含了维修超级彩电所需要的全部资料，力争做到一书在手，超级彩电全修。

　　第1章：超级彩电机型与电路配置速查。第1章相当于本书的索引和概览，使用本书时，根据所修超级彩电的机型，先在第1章中查阅其所属机心和集成电路配置、代表机型信息，再在第2～5章中查阅所修机型集成电路、总线调整资料和常见故障速修与技改方案。

　　第2章：超级彩电常用集成电路速查。本章提供了超级彩电中常用的超级单片电路、超级掩膜片代换、开关电源电路、场输出电路、伴音功率放大电路的图文资料。一是提供了集成电路内部框图与外部应用电路合二为一的电路图，并标出了各种输入、输出的信号名称和走向，使读者对整个集成电路的内、外部结构有一个全面的了解，便于追踪信号流程进行检测和维修；二是对于多数集成电路提供两个以上应用机型的维修数据，便于维修时测试比对。

　　第3章：超级彩电总线调整方法速查。本章提供了国产超级彩电的总线调整方法，特别是近几年面世的新型家电下乡超级彩电的总线调整方法，供维修超级彩电软件故障调整时参考。

　　第4章：超级彩电总线调整项目速查。本章提供了超级彩电常用总线调整项目中英文对照，供维修调整超级彩电时参考。

　　第5章：超级彩电速修与技改速查。本章提供了超级彩电常见易发软件故障、硬件故障的排除方法和技改方案，特别是提供了有关功能设定、模式设定数据出错引发的奇特的软件故障和因厂家设计欠缺引发的硬件故障的排除方法。软件故障速修多来自一线的维修经验，技改资料多为厂家内部技改方案，有很高的参考价值。

　　本书由孙德印主编。参与编写的人员有刘玉珍、孙铁强、王萍、孙铁瑞、孙铁骑、于秀娟、陈飞英、孙铁刚、孙玉华、孙玉净、孙世英、孙德福、孔刘合、许洪广等。在编写本书的过程中，作者浏览了大量家电维修网站中有关超级彩电的内容，参考了家电维修期刊、家电维修软件和彩电维修书籍中与超级彩电有关的内容，由于参考的网站和期刊书籍较多，在此不一一列举，一并向有关作者和提供热情帮助的同仁表示衷心的感谢！由于作者水平有限，错误和遗漏之处难免，希望广大读者提出宝贵意见。

作　者

目　录

第1章 超级彩电机型与电路配置速查

第1章相当于本书的索引和连接，使用本书时，根据所修超级彩电的机型，先在第1章中查阅其所属机心和集成电路配置，根据其配置的集成电路型号，在第2章中查阅所修机型集成电路的应用电路和维修数据；根据所修超级彩电机型所属的机心，在第3章和第4章中查阅到所属机心的总线调整方法和总线调整项目；在第5章中查阅到所修机型和所属机心同类机型的常见故障速修方法和技改方案，排除软件和硬件故障。

1.1 长虹超级彩电机心的型号与电路配置

机心/系列	超级单片电路	电源电路	场输出电路	伴音功率放大电路	代表机型
CN-18EA 机心	TMPA8823（CH08T0604、CH08T0606、CH08T0609）	STR-F6656	LA78040	TDA8944J	PF2193E、PF2118E、PF2191E、PF2193E（F18）、SF2193E、SF2118E、SF2191E、SF2191E（F08）、SF1498E（A）、SF2191E（G）等超级彩电
CN-18ED 机心	TMPA8829（CH08T0602、CH08T0608）	STR-G8656	LA78040	TDA8944J	SF2991E、SF2918E、SF2591E、SF2591EG、SF2991EF、SF3418EF、SF2918EF、SF2518E、HD25933、HD29933、PF2591E、PF2518E、PF2918E、PF3418E、PF2991E、PF2918E（N）、PF3418E（N）、PF2593E、PF2518E（N）、PF29S18等超级彩电
CN-18ED 机心	TMPA8829（CH08T0607）	STR-G5665	LA78041	TDA8944J	PF2955E、HD29966、SF2566E、SF2966E、SF3466E、H29D80E、H34D80E 等超级彩电
CN-18ED 机心	TMPA8829（CH08T0610）	STR-G5665	LA78040	TDA8944J	PF2993E、PF3493E、HD29988、HD34988 等超级彩电
CN-18 机心（ETE-3）	TMPA8827CSNG（CH08T0605）	STR-G6856	LA78041	TDA8944J	HD29933 等超级彩电
CH-18 机心	TMPA8873CSANG6JH8（CH08T2601、CH08T2602）	STR-G5653	LA78040	TDA7267	PF2191E（F26）、SF2191E（F26）、SF2199（F26）、SF21300（Z）、SF21366（Z）、PF2155（F26）、PF21600、PF21366、PF21366H、PF21300（F38）、PF2191G、PF29008（F37）等超级彩电

（续）

机心/系列	超级单片电路	电源电路	场输出电路	伴音功率放大电路	代表机型
CH-16 机心	TDA11135	FSCQ1565RT	TDA4864AJ	TFA9842J	PF21500、SF21800（Z）、SF25800（Z）、PF21300H（Z）、PF21156（Z）、PF25156（Z）、PF29156（Z）、PF25800（Z）、PF29800（Z）等超级彩电
CH-16 机心	TDA9373（CH05T1608）	STR-F6656	TDA8350Q	TDA7057AQ	PF2992 等超级彩电
CH-16 机心	CH05T1628	FSCQ1265RF	TDA4864AJ	TFA9842AJ	PF29118（F28）、PF29156（F28）、PF29800、PF25156（F28）、PF25158（F28）、PF25800、SF25800、SF2529（F28）、SF2583（F28）、SF3495（F28）等超级彩电
CH-16 机心	TDA9370、CH05T1602、CH05T1604、CH05T1607	分离件	TDA8356	TDA8943SF	SF1498、SF2115、SF2119、SF2139、SF2151、SF2186、SF2198、SF2199、H2115S 等超级彩电
CH-16 机心	TDA9373（CH05T1606）	STR-F6656	TDA8350Q	TDA7057AQ	PF2598、PF2915、PF2939、PF2986、PF3415、SF2998、SF3498F、H2515S、H2598S、H2998S 等超级彩电
CH-16 机心	TDA9373（CH05T1608）	STR-F6656	TDA8350Q	TDA7057AQ	PF2992 等超级彩电
CH-16 机心	TDA9383（CH05T1601）	STR-F6656	TDA8350Q	TDA7057AQ	SF2515、SF2915、SF2551、SF3498F、SF2951F、SF2598、SF2598、PF2939、PF2598、PF3415、PF2986、PF2515 等超级彩电
CH-16 机心	TDA9383（CH05T1603）	STR-F6656	TDA8350Q	TDA7057AQ	SF2939、SF2583、SF2539A、SF2583、SF2515A、SF3498、PF2515S、PF2598S、PF2998、PF2998S 等超级彩电
CH-16A 机心	CH05T1602、CH05T1604、CH05T1607（TDA9370PS-N2）	分离件	TDA8356	TDA8943SF	SF2136、SF2150、SF2183、PF2115、PF2139、PF2150、PF2183、PF2198 等超级彩电
CH-16A 机心	CH05T1609（TDA9370-PS-N2）、CH05T1623（OM8370PS）	分离件	TDA8356	TDA8943SF	SF2111、SF2199（F04）、SF2198（F04）、SF2186（F04）、SF2183（F04）、SF2136（F04）、PF2155、PF2195、PF21118、PF21156、PF2163（F04）、PF2163、PF2165 等超级彩电

机心/系列	超级单片电路	电源电路	场输出电路	伴音功率放大电路	代表机型
CH-16D 机心	CH05T1611（TDA9373-PS-N2）、 CH05T1621、CH05T1630（OM8373PS）	KA5Q1265RF	TDA8350Q	TDA7057AQ	PF3495、PF2995、PF2595、PF25156、PF25118、PF2588（F6）、PF29008、 PF29118、 PF2985（F06）、SF2588（F6）、PF2983（F05）、PF2992（FB0）、PF2939（F05）、SF2583（F05）、SF2598（F06）、SF2539（F05）、SF2511（F06）、SF25118、SF2911（FB0）、F2911F（FB0）、SF3488（F06）、F3411（F130）、SF3411F（F130）等超级彩电
CH-13 机心	LA769137、LA769337、LA76931、 LA76933 或 CH04T1301、 CH04T1302、CH04T1303、 CH04T1304、CH04T1305、 CH04T1306、CH04T1307、CH04T1308	KA5Q1265RTH 或 KA5Q0565	STV9325 或 LA78040	TFA9842J 或 AN5265	SF2166K、SF2129K、SF2133K、SF2128K、 SF2166K（F03）、SF2133K（F25）、SF2166K（F25）、SF2188K（F25）、SF2118AE（B）、SF21300（Z）、SF21366（Z）、SF25366（Z）、PF21300（Z）、PF2118（F25）、SF2111（F25）、SF2166（F03）、 SF2188K、SF2129K、 SF2133K、 H2111K（F00）、 SF2166K、 PF21300、PF25118（F31）、PF2518（F31）、PF2528（F31）、PF29300（Z）、PF29366（Z）、PF29118（F31）、SF2528、PF2955K 等超级彩电
HD-2 机心	OM8783（CH05T1645）	STR-W6756	LA7846N	TA8256BH	CHD25916、CHD29916、CHD34J18S（F57）、 CHD34155（F55）、PD25916、PD29916 等超级彩电
HD-1 机心	TMPA8873（CH08T2604、CH08T2605）	STR-G5653	STV9302	TDA7267A	CHD21388、PD21916（芯片2604）、PF21900U、PD21876U（芯片2605）等超级彩电

1.2 康佳超级彩电机心的型号与电路配置

机心/系列	超级单片电路	电源电路	场输出电路	伴音功率放大电路	代表机型
K 系列	TDA9380（CKP1402SA）	TDA16846	LA78040N	TDA7056B×2	A2168K、 A2176N、 P2162K、P2179K、T2162K、T2168K、T2168N、T2176K、T2176N、T2179K、T2180K 等 K 系列超级彩电

（续）

机心/系列	超级单片电路	电源电路	场输出电路	伴音功率放大电路	代表机型
K 系列	TDA9383（CKP1403SA）	TDA16846	LA7845N	TDA8944J TDA8945S	P2562K、P2579K、P2928K、P2960K、P2961K、P2962K、P2962K1、P2998K、T2568K、T2568N、T2961K、T2968K、T2968N、T2975K、T2976K、P2979K、P2998K、P3460K、T3468K 等 K 系列超级彩电
SA 系列	LA76931（CKP1504S）	分离件	STV9302A	TDA7253	F21SA326、P21SA177、P21SA281、P21SA282、P21SA376、P21SA383、P21SA387、P21SA390、T14SA073、T14SA076、T14SA120、T14SA128、T21SA026、T21SA073、T21SA120、T21SA236、T21SA267、T21SA326、T21SA390、T21SA387 等 SA 系列超级彩电
SE 系列	TMPA8823（CKP1303S）	TDA16846	LA7840	TDA2614	A21SE090、A14SE086、P21SEOTI、P21SE072、P21SE151、P21SE281、T21SE358 等 SE 系列超级彩电
SE 系列	TMPA8809 或 MPA8829（CKP1302S）	KA5Q1265RF	TDA8177	TDA2616	P34SE138、P31SE292、P29SE072、P29SE073、P29SE077、P29SE151、P29SE281、P29SE282、P25SE072、P25SE282、T25SE120、T25SE073、P25SE051 等 SE 系列超级彩电
SE 系列	TMPA8807PSN 或 TM-PA8809CPN	KA5Q1265RF	TDA8177	TDA2616	P29SE072 等 SE 系列超级彩电
SK 系列	TDA9370（CKP1419S）	TDA16846	TDA8177	TDA2614	T21SK022、T21SK026、T21SK068、T21SK076、T21SK078、P15SK107、P21SK056、P21SK056V、P21SK076、P21SK177 等 SK 系列超级彩电
SK 系列	TDA9373（CKP1417S）	KA5Q1265RF	TDA8177	TDA2616	T34SK068、T34SK073、T34SK173、T29SK068、T29SK068V、T29SK076、T29SK178、T25SK120、T25SK068、T25SK068V、T25SK076、T25SK062、P29SK061、P29SK067、P29SK077、P29SK151、P29SK151V、P29SK282、P25SK151、P25SK071、P25SK062 等 SK 系列超级彩电

（续）

机心/系列	超级单片电路	电源电路	场输出电路	伴音功率放大电路	代表机型
S 系列	VCT3803A/01A（CKP1602S 或 1604S）	STR-8656G	TDA8177F	TDA2616	P2571S、P2571SN、P2975SN、P2960S、P2961S、P2967S、P2971S、P2971SN、P3438S、P3460S、P3473S、P3476S、T3473S、P3438S、P3460S、P3476S 等 S 系列超级彩电
S 系列	VCT3801A/03A（CKP1602S）	STR-5653	TDA8177F	TDA2616	P2171S、P2172S、P2173S、P2176S、T2522S、T2526S、P2526、P2571SN、P2572S、T2573S、P2576S、P2961S、P2962S、P2972S、P2967S、P2975SN、P2976S、P2977S、P3472S、T2173S、T2176S、T2520S、T2522S、T2572S、T2573S、T2576S、T2977S、T2578S、T2920S、T2922S、T2926S、T2927S、T2973S、T2975S、T2975SN、T2976S、T2977S、T2978S、T3473S、P3472S 等 S 系列超级彩电
TA 系列	LV76210 或 LV76211、LV76212、LV76214	分离件	LA78040	LA42051	T14TA827、T21TA267、T21TA267B、T21TA827、T21TA928、P21TA390、P21TA383、P21TA827、P21TA828、P21TA387 等 TA 系列超级彩电
TE 系列	TMPA8879PSBNS	STR-W6756 或 STR-W6754	TDA8177	TDA2616	P25TE282、T25TE267、T25TE358、T25TE661、P29TE282、P29TE661、P25TE661 等超级彩电
TE 系列	TMPA8873CPANG	STR-W6756	TDA8177	TDA2616	P21TE358 等超级彩电
TK 系列	TDA11135PS 或 TDA12155PS	STR-W6756	LA78040	TDA2615	P21TK661、T21TK026、T21TK326、T21TK358、T21TK358V、T21TK569、T21TK827、T21TK827V、P21TK387、P21TK828 等 TA 系列超级彩电
TK 系列	TDA11135PS 或 TDA12155PS	FSCQ1265RT	STV9325	TDA2616	P25TK383、P25TK569、P25TK828、P25TK387、T21TK326、T25TK026、T25TK267、T25TK358、T25TK569、T25TK827、T25TK827B、P29TK177B、P29TK383、P29TK387、P29TK569、P29TK827、P29TK858、P29TK928、P34TK383、SP21TK968、SP21808、SP21TK391、SP21TK520、SP21TK529、SP21TK529S、SP21TK968、SP21TK636A 等 TK 系列超级彩电

1.3 海信超级彩电机心的型号与电路配置

机心/系列	超级单片电路	电源电路	场输出电路	伴音功率放大电路	代表机型
G2 机心	TMPA8873 或 TMPA8879 CPBNG（HISENSE8873 或 HISENSE8879）	FSCQ1265	CD78041 或 STV9325A	AN7522N 或 AN17821A	TC2108、TC2119D、TC2176、TC21R08N、TC21R76N、TC2508D、TC2576、TC2576X、TC25R08N、TF2108、TF2176H、TF2188、TF21R08N、TF21R68N、TF21R08N、TF21R68NX、TF21S76N、TF2508D、TF2576、TF25R08N、TF25R68X、TF25R69、TF25R76N、TF2908C、TF2908D、TF2988GD、TF29R08N 等超级彩电
SA 机心	TMPA8801、TMPA8821、TMPA8823 或 HISENSE-8803-1、HISENSE-8823-2	0765RT	TDA9302H	TA8213K	TC2102A、TC2106G、TC2106H、TC2107A、TC2107H、TC2111A、TC2118H、TC2902HD、TC2918H、TF2106A、TF2107H、TF2906D、TF2918H 等超级彩电
SA 机心	TMPA8851 或 TMPA8853	0765RT	CD9302	CD8213K	TC1411H、TC2111GD、TC2118H（10）、TF2107DH、TF2119HP 等超级彩电
SC 机心	TMPA8827、TMPA8829 或 HISENSE-8829-1、HISENSE-8829-2	STR-G9656	CD7845GS	CD8256CZ	TC2502D、TC2506D、TC2507H、TC2902HD、TC2918D、TC2918H、TF2502D、TF2506A、TF2502D、TF2507H、TF2902DH、TF2906D、TF2918H、TF3406D 等超级彩电
SC 机心	TMP8857、TMPA8859 或 HISENSE-8859-3	STR-G9656	LA78041	AN7522	TC2519H、TC2918DH、TC2919H、TC3419H、TF2507DH、TF2519、TF2902D、TF2902DH、TF2977、TF2918、TF2918DH、TF2919H、TF2919DH、TF2968H、TF3406DH 等超级彩电
UOC3 机心	TDA12060	STR-W6756	TDA4863AJ	TDA8946AJ	TC3401DH、TF2902DF、TF2978DF 等超级彩电
UOC-TOP 机心	TDA11105PS	STR-W6553A	CD78040	TFA9800J	TC21R08、TC21R88N 等超级彩电
UOC 机心	TDA9370	KA5Q0765RT	TDA8356	AN7523	TC2101D、TC2102D、TC2107F、TC2168CH、TC2175GF、TF2107F、TF2111F 等超级彩电

（续）

机心/系列	超级单片电路	电源电路	场输出电路	伴音功率放大电路	代表机型
UOC 机心	TDA9373	KA5Q1265RF	TDA8177	AN7522N	TC2502DL、TC2507F、TC2577GF、TC2577DH、TF2106D、TF2507F、TF2566CH、TF2568CH、TF2506D
UOC 机心	TDA9373 或 HISENSE-UOC001/UOC002	KA5Q1265RF	TDA8351	TDA7494	TC2906H、TC2908UF、TC2910UF、TC2911AL、TC2911UF、TC2911A、TC2988UF、TC3406H、TC2977、TC2997、TC2908UF、TC29118、TF29118、TC3482E、TC2982E、TF2982E、TF2906H、TF2907H、TF2910UF、TF2911UF、TC3418U、TC29118、TC3418UF、TC3482UF 等超级彩电
UOC 机心	TDA9376	KA5Q1265RF	TDA8359	TDA7497	TC2906F、TC2908F、TC3401U、TF2907F、TF2908F、TF2911F 等超级彩电
USOC 机心	LA76931A（LA769317N56K9-E）	分离件	LA78040	LA4225A	TC2108DX、TF2106CH、TF2111CH、TF2111CH、TF2111 IX、TF2119CH、TF2166H、TF2166GH、TF2168H、TF2177H、TF2178H 等超级彩电
USOC 机心	LA76932F（LA76932N-57C7）	分离件	LA78040	LA4225A	TF2919CH、TC2977CH 等超级彩电
USOC 机心	LA76933	FSCQ1265	LA78041	AN17821A	TF29R68N、TF2166GH、TF2169GH、HDP2188D、TF25R68、TF29R68N 等超级彩电

1.4 海尔超级彩电机心的型号与电路配置

机心/系列	超级单片电路	电源电路	场输出电路	伴音功率放大电路	代表机型
8370/7373 机心	OM8370 或 OM8373	分离件	STV9302A	AN7523	15F86-D、21TA1、21FV6H-A8、21TA1-T、21TB1、21FA5-T、29FA3-T、29FA5-T 等超级彩电
8803 机心（G5 机心）	TMPA8803 或 TMPA8803CPAN -3GV	STR-F6656	LA7840	TDA26111	HS-3706（G）、25T5A-T、25T5A-T（G）、15F6B-T、21T2A-T、21T6B-TD、21T6D-T、21T6D-TA、21T9B-T、25TA-TD、25T6D-D、29T9B-T、37T6D-T 等"美高美"彩电

（续）

机心/系列	超级单片电路	电源电路	场输出电路	伴音功率放大电路	代表机型
8807/09 机心	TMPA8807 或 MPA8809	STR-G9656	LA7841	TA8256BH	21T3A-T、29F7A-T、29T6B-TD、32P2A-P、34F9A-T、34F-B-TD、34P9A-T、34P9A-T（A）、34P2A-P（T）、34F5D-T、34F2A-T、HP-3499、HP-3499（A）、29F5A-T、29F5A-T(A/B)、29F7A-T 等超级彩电
8823 机心	TMPA8823、TMPA8823-V2.0、TMPA8823-V4.0	STR-G9656	LA7840	TDA2611	RGBTV-21TA、21F5D-T、21F98、21F98、21FV6H-B、21T5A-T、21T5D-T、21T5D-T（A）、21T5D-T（B）、21T5D-T（C）、21T6D-T（A）、21T6D-T（B）、21T6D-T（C）、21T7A-T、21T7-T（C）、25T7A-T（G）、25FV6H-B、21T9G-T、HS-2198（T）、HS-2596（A）、HT-2588B（B）、HT-2599（QD）、25F5D-T、25T9G-S（B）、25T5D-T（A）、25T8D-S（C）、15F6B-T、21F3A-T、HS-2198（C）、21F5D-T（A）、21FA6-T、21F98（A）、21F98（B）、21FV6H-B、21F9G-S（G）、21T5A-T（A）、21T7A-T（B）、21T8K-T、25T8D-S（A）、25T8K-T、25F5D-T（A）、25FV6H-B 等超级彩电
8829/8859 机心	TMPA8829 或 TMAP8859	STR-G9656	LA78041	TDA7496SA	25T3A-T、25T6D-TD、25F3A-T、25F9K-P、29F9K-TD、25F9K-T、29F9G-S、29F9D-T、25FV6-A8、29FA18-T、29FA12-AM、29F6D-T、29FA1-T、29FA10-T、29FA12-TF、29FV6H-B、29F7A-T、34F5D-T、34FV6H-B、34FV6-A8、34P2A-P、29FV6H-B、29F7A-T（A/B）、34P9A-T（B）、34P2A-P（A）、34FV6H-B、34F5D-T（A）、29F5A-T（G）等超级彩电
8873 机心	TMPA8873PSANG	0765RT	LA78040	AN7522N	21F5A-T、21FA10-AM、21FA1-T（A）、21FA1-T、21FA11-AM、21FA11-AMM、21T18-T、21FA12-T、21FA18-AMM、21FA1-AM、25FA10-T、24FA11-T、21T5A-T、21TK1、21FA12-AM、21FA10-T、21FV6H-AB、21FK1 等超级彩电

（续）

机心/系列	超级单片电路	电源电路	场输出电路	伴音功率放大电路	代表机型
8879 机心	TMPA8879	KA5Q1265	LA78041	AN7522N	29MK1 等超级彩电
UOC 机心	TDA9370	KA5Q1265	LA78045	AN7522N	25T8D-S、25T8D-S（D）、21F9D-T 等超级彩电
UOC 机心	TDA9373	N801	TDA8350Q	TDA7297	29F3A-P、29F6B-T、29F9K-P、29T8A-PD、29F9D-P、HP-2969A、HP-2969U、HP-2969N、HP-2998N、29T3A-P、29TE 等超级彩电
UOC 机心	TDA9373-V1.0	N801	TDA8350Q	TDA7297	29F8D-T、29F8D-P、29F8D-T22、29F8D-TV1.0、29F5D-TA、29T8D-T、29T8D-P 等超级彩电
UOC-TOP	TDA1106H	KA5Q0765BT	TDA4864AJ	TDA1517P	21FB1（A）等超级彩电

1.5 创维超级彩电机心的型号与电路配置

机心/系列	超级单片电路	电源电路	场输出电路	伴音功率放大电路	代表机型
3I30 机心	VCT3803A	分离件	TDA4863AJ	TDA7057AQ	21NK9000 系列超级彩电
5I30 机心	VCT3803A	STR-F6456S	TDA8359	TA8246	29S19000 系列超级彩电
3P30/4P30 机心	TDA9370 或 4706-D93701-64、4706-D93702-64、4706-D93703-64	分离件	TDA4863AJ	TDA7057AQ 或 TDA2616 TDA2023A	8000-2582、21NI9000、21NK9000、21TH9000、21TI9000、21TN9000、21TR9000、21ND9000A、25NI9000、25ND9000、25TH9000、25TP9000、25TW9000、29HI9000、8000-2199、8000-2122A、8000-2522A、21PTI9000、2122MK、21NKMS、21TNMS 等超级彩电
3P60 机心	OM8373PS/N3/2/1870	STR-W6553	STV9302A	TDA7266	21N900、21NM91AA、21NK9000A、21T15AA、21D88AA 等超级彩电
3P90/3P91 机心	TDA12155 或 TDA11105	STR-W6553	STV9302A	TDA7266	21D08HN、21D88AA、21N15AA、21N16AA 等超级彩电
4P36 机心	TDA9370	分离件	TDA4863AJ	TDA7057	21ND9000A、25TM9000、25T83AA、25N61AA、29SA9000、29TM9000 系列超级彩电
5P30 机心	TDA9373 或 4706-D93731-64（VER1.30）、4706-D93732-64（VER1.31）、4706-D93733-64（VER1.33）	STR-F6656	TDA4863AJ	TDA8944J	25ND9000A、25NF8800A、25NF9000、29TI9000、29HD9000、34SD9000、34SG9000、34SI9000、34TI9000 等超级彩电

（续）

机心/系列	超级单片电路	电源电路	场输出电路	伴音功率放大电路	代表机型
3T30 机心	TMPA8803CSN	STR-G6653	TDA9302	TDA7496	21NFMK、21TR9000、21TMMS 系列超级彩电
3T36/4T36 机心	TMPA8823CSN	STR-G6653	TDA9302	TDA7496	21N66AA、21T66AA、25TM9000 等超级彩电
3T60/3T66 机心	TMPA8873	STR-6653A	LA78040	UPC2003×2	21U16HN、21T16HN、24D16HN 等超级彩电
4T30 机心	TMPA8807 或 TMPA-8809、TMPA8829	STR-G9656	LA7841	TDA7496/S	25T66AA、25TM9000、29TM-9000 系列超级彩电
4T36 机心	TMPA8803	分离件	TDA8177	TDA7496	25TM9000 等超级彩电
4T60 机心	TMPA8827	N1207	TDA8177	TDA7496S	29D98AA、29T66AA、29T68AA、29T91AA、25T15AA、25N15AA 等超级彩电
4T66 机心	TMPA8873	N1207	TDA8177	TDA7496S	25T15AA、25T16HN、29T66HN、29T16HN 等超级彩电
5T30 机心	TMPA8809CNP	STR-F6465	LA7841	TA8256H	29T68AA、29T66AA 系列超级彩电
5T36 机心	TMPA8809CPN或 TMPA8829KPNG4K08	STR-G9656	LA7841	TDA7496S	25NT900、29SI9000、29SM9000、29SP-9000 系列超级彩电
3Y30 机心	LA76930	分离件	LA7840	LA4266	21T81AA 等超级彩电
3Y31 机心	LA769337N	FSCQ0965	LA78041	LA42352	21D18AA、21D9AAA 等超级彩电
3Y36 机心	LA76930N	FSK00965	LA78040	LA42051	21N91AA、21T68AA、21T91AA 等超级彩电
3Y39 机心	LA76933G7N59JI	FSCQ0965	LA78041	LA42352	21U16HN、21V16HN、21N16AA 等超级彩电
4Y36 机心	LA769337N	FSK00965	LA78041	LA42102	29T66AA、25T91AA、25T18AA、25N91AA、29T91AA 等单片彩电

1.6 厦华超级彩电机心的型号与电路配置

机心/系列	超级单片电路	电源电路	场输出电路	伴音功率放大电路	代表机型
J 系列	M21208FP	STR-G5653	AN5522	AN7522	J2131 等 J 系列彩电
M 系列	M61251FF	STR-G5653	AN5522	AN7522	M2126 等 M 系列彩电
TK 系列	TDA9373 或 NOM8373-B-6NC-041123	KA5Q0765	LA78045	AN7522N	TK2916、TK2953、TK2955、TK3416、TK3430 等 TK 系列彩电

（续）

机心/系列	超级单片电路	电源电路	场输出电路	伴音功率放大电路	代表机型
TL 系列	R2J10161G8-AOOFP	—	TDA78041	TDA7253L	TL2987、TL2985 等 TL 系列彩电
TN 系列	R2J10030-F00FP、R2S-15900SP	STR-G9656	TDA8177	TA8256BH	TN2985、TN3483、TN3489 等 TN 系列彩电
TQ 系列	R2J10161G8-AOOFP	STR-W6553A	TDA8177	TDA7253L	TQ2187、TQ2189、TQ2192、TQ2589 等 TQ 系列彩电
TR 系列	TPV5147/6、R2S-15900SP	STR-G9656	TDA8177	TA8246BH	TR2978、TR2987、TR2988、TR3478、TR3488 等 TR 系列彩电
TS 系列	LA7693X	KA5Q0565RT	LA78040	LA4267	TS2120、TS2121、TS2122、TS2126、TS2129、TS2130、TS2133、TS2135、TS2150、TS2151、TS2166、TS2167、TS2180、TS2181 等 TS 系列彩电
TS 系列	LA786932	KA5Q0565RT	LA78040	AN7522	TS2550、TS2580、TS2581、TS2916、TS2980、HT3261TS 等 TS 系列彩电
TS 系列	LA786931	分离件	TDA8359J	TDA8944J	TS2981 等 TS 系列彩电
TU 系列	R2J10171GA 或 R2J10173GA	STR-W6553A	STV8172A	TDA7266	TU21106、TU21119 等 TU 彩电
TU 系列	R2J10171GA 或 R2J10173GA	STR-W6553A	LA78041	TDA7266	TU29105 等 TU 彩电
W 系列	TMPA8807 或 TMPA8829	STR-G9656	LA78041	AN7583	W2935、W3416、W3430 等 W 系列彩电

1.7 TCL 超级彩电机心的型号与电路配置

机心/系列	超级单片电路	电源电路	场输出电路	伴音功率放大电路	代表机型
A21 机心	TB1261ANG	STR-W6856	TDA8177	TDA7266 TDA8945S	NT29181、NT34181、NT2965B 等大屏幕彩电
CS-PH73D 机心	OM8376	FSCQ0765RT	TDA9302	LA42352	D21M71S、D21H73S、D25M86、HD21E64S、HD21H73S、HD21H73US、HD21M76S、HD21V18USP、HD21V19SP、HD25M62、HD25V18PB 等超级彩电

（续）

机心/系列	超级单片电路	电源电路	场输出电路	伴音功率放大电路	代表机型
NX73 机心	TDA9376 或 OM8373、TDA9373	FSCQ0565 或 SFCQ1265RT	STV8172A	AN17821A 或 LA42352	NT29C41、NT21E64S、NT21-M63S、NT21M86、NT25C06、NT29M95、NT29128、31V10、21V08SA、21V11、21V8A、21V18SA、25V10、25V11、25V15、25V18A、25V8A、29V08B、29V10、29V11、29V15、29V19B、29V88B、N25V10、N25V11、NT212M71、NT21M71N、NT25228、NT2595N、NT25A42、NT25C41、NT25H91、NT25M75、NT25M81、NT25M89、NT25M95、NT29M12、NT29M7 等超级彩电
PH73D 机心	OM8376 或 TDA9376	FSCQ0765RT	TDA9302	LA42352	21V19、21V18P、21V20UP、25V18B、25V19、N21V19、N25V19、NT21M71N、NT21M76S、NT25M63、NT21H73S、NT21M63S、NT21M63S、29V19、29V19P、29V29P、HD21E64S、HD21V18USP、HD21V19SP、HD25M62、HD25V18PB、HD21H73US、HD21M73US、HD21M76S、HD21M76S1、HD29M71、HD29M75、HD29B68、HD29C64、29V19P、29V28P 等超级彩电
S11 机心	TMPA8803CSN、TMPA8823CSN（掩膜片 13-A8803GPNP、13-T00S12-03M00、13-A01V02-TOP）	分离件	LA78040	LA4267	AT21S135、AT21S179、AT21S192、AT21230、AT21211、AT21231、AT21179G、AT21211F、AT21228、AT21266B、AT21281、AT21288、AT21288F、AT21230F、AT21281F、AT2175/S、AT2127、AT21231F、AT21228F、AT21207、AT21106、AT2135G 等超级彩电
S12 机心	TMPA8803CSN、TMPA-8823CSN（掩膜片 13-A8803C-PNP、13-T00S12-03M00、13-A01V14-TOP）	分离件	STV9302	LA4266/67	N21B1、N21K3、21228NG、NT21281C、NT21A51C、NT21281C、NT21A41、NT21A52、NT21A61、NT21A71、NT21A71A、NT21A81、NT21806、AT21207、AT21228、AT21288、AT21266B、AT21231 等超级彩电

（续）

机心/系列	超级单片电路	电源电路	场输出电路	伴音功率放大电路	代表机型
S12 机心	TMPA8803CSN	MC44608	STV9302	TDA7057AQ	21288NG、AT21S179G 等超级彩电
S13A 机心	TMPA8873CSN	STR-W6553	TDA4864AJ	TEA2025B	N14K6B、1475S、N21K2B、N21G6B、 21A2B、 N21B6JB、21G6B、21V8B、21V1B 等超级彩电
S13 机心	TPMA8809	分离件	STV9302	TEA2025B	NT21A71A、NT21A71B 等超级彩电
S21 机心	TMPA8809CNP、 TMPA-8829CNP（掩膜片 13-A01V10-TOP）	MC44608	TDA8172	TDA7297	AT25211、AT2575S、AT25106、AT25266B、AT25211B、AT25230、AT25228、 AT25207、 AT25281、AT25281S、AT25288、AT25S168、AT25192、AT25S192、AT29S168B、AT29S168、AT29168、AT2918AE、AT29228、AT29211、AT29211SD、AT29228、 AT29281、 AT29266B、AT2960、 AT29288、 AT34106、AT34266B、AT3488、AT34106S、25V1、29A1P、29V1 等超级彩电
S21 机心	TMPA8809	MC44608	TDA8172	TDA7266 或 TDA8944	AT25S135、2935S、2911SD、2918AE 等超级彩电
S21 机心	TMPA8809	TDA16846	TDA8177	TDA2616Q	AT3488S 等超级彩电
S21 机心	TMPA8809	分离件	STV9302	TEA2025B	NT21A71A、NT21A71B 等超级彩电
S21 机心	TMPA8809	STR-W6735	TDA8177	TDA7266	2970N5 等超级彩电
S21 机心	TMPA8827M113A	TDA16846	TDA8177	TDA8944 TDA8945	29A1、34A1、34V1、S34A1、2918S5、3418ME 等超级彩电
S22 机心	TMPA8829CPN21N1、TMPA8857、 TMPA8859CSNG（掩膜片 13-PA8857-PSP、13-T00S22-04M00、13-A01V15-T0P）	STR-W8656	TDA8177	TDA7056AQ	T25A61、2582、2981、2982、29V8、 AT25228、 AT25211、AT25266B、AT25288、NT25281C、NT25A51C、NT25A52、NT25A41、NT25A61、 NT25A71、 NT25A81、AT29266B、AT29228、NT29228、AT29281、N25K1、N25K2、N25K3、N2582、 N2982、 NT29A51、NT29A51C、AT34266B、S2982、S29K1、S34A1 等超级彩电
S23 机心	TMPA8879CSBNG	STR-W6854	STV8172A	TDA7266SA	N25G6B、N25G6JB、NT25A71N、NT25C06、NT29281、AT25A71A、34A3A、29V8B 等超级彩电

（续）

机心/系列	超级单片电路	电源电路	场输出电路	伴音功率放大电路	代表机型
SY31 机心	LA76933	STR-W6553	STV9302B	LA42352	NT25M63、NT21M63、NT21M63S、21V18S、25V18、NT21E64S、NT21M62US、NT21M71、NT21M71N 等超级彩电
T08 机心	TMP8873CSN 或 TM-PA8891CSN	STR-W6556A	LA78041	AN7522	TCL 21E7、N21E7、25E7、N25E7 等超级彩电
TB73 机心	TMPA8873	TEA1506P	STV9302	TEA2025B	21E6、N2IE9、NT21F1、NT21F3N、NT21F4、NT21M6、NT21286N、21E8、21E9、NT14E01、N21E6、N21E8、N21V15、N21V2、NT2182N、NT2188N、NT2195N、NT21F3、NT21F4N、NT21M92、NT21M86、NT21M93、NT21M95 等超级彩电
UL11 机心	TDA9370（掩膜片 13-A02V02-PHP）	TDA16846	TDA9302H	TDA7496	AT21275、AT2175、AT2170、AT21166U、AT21166G、AT21215、AT21286、AT21266A、AT21181、AT2113、AT2165、AT2190U、AT21276、AT21206、AT21211A、NT21A31、NT21A51 等超级彩电
UL12/A 机心	TDA9370、OM8370（掩膜 13-TOUL12-01M0、13-TOUL12-02M0、13-OM8370-00P）	FSCQ0765RT	TDA9302H	TDA7267A	AT21281、AT21189B、AT21289、AT21289A、NT21228、NT21A11、NT21A21、NT21A31A、NT21A41、NT21A42、NT21803、NT21A41B 等超级彩电
UL21 机心	TDA9373（掩膜片 13-A01V01-PHP）	TDA16846	TDA8359	TDA8944	AT2513U、AT25135、AT25215Z、AT2516G、AT25286、AT2527、AT25181、AT25166I、AT2565、AT2565A、AT2565F、AT2570UB、AT25189、AT25276、AT25166、AT25206、AT25276G、AT2565I、AT25166G、AT2560B、AT2590B、AT2590UB、AT2516-U、AT25206、AT25106B、AT25215ZU、AT2575B、AT25211A、AT25266、AT251661、AT25181、AT25189B、T25289B、AT25286、AT25286F、NT25A11、NT25A21、NT25A51、2926UI、2927U、2927UI、AT2975、AT29166、AT29166UG、AT29215Z、AT29266、AT29166I、AT29286、AT29386、AT29329、AT29286B、AT29128、AT29229 等超级彩电

机心/系列	超级单片电路	电源电路	场输出电路	伴音功率放大电路	代表机型
UL21 机心	TDA9373、OM8373（掩膜片 13-TOUS21-01M00、13-OM8373-N3P）	TDA16846	TDA8359	TDA8944	NT21A11、NT25A11、NT34181B、AT2590UB、AT2988U、AT2990U、AT29211A、AT2916UG、AT2916UGF、AT29166I、AT29286I、AT29166GF、AT29286F、AT29187、AT2960B、AT29106B、AT29189B、AT25289B、AT34187、AT34U186、AT34276、AT34281、AT34276F、AT34286、AT34286I、AT34189B 等超级彩电
UOC 机心	TDA9380 或 TDA9383（掩膜片 13-TDA938-0NP）	STR-S6709	TDA8359	TDA8944 TDA8945	AT2516U、AT2516UG、AT2526U、AT25U159、AT25U169、AT2570B、AT2570UI、AT2570U、AT29192、AT2965U、AT2916、AT29U159、AT29U186、AT2916B、AT2970U、AT2916UG、AT2970UG、AT2916U、AT2926U、AT2927U、AT2965U、AT3416U、AT34U186、2526U、2513U、2513UI、AT2559U、2913U、2913UI、2926U、2926UI、2999U、2999UZ、29U186ZG、29U186Z、3426U、3426UZ 等超级彩电
US21/A 机心	TDA9376、OM8373（掩膜片 13-TOUS21-01M00、13-OM8373-N3P）	TDA16846	TDA8359	TDA8944	AT25181、AT25189B、AT25211A、NT25228、AT2565、AT2565UL、AT2565A、AT25276G、AT25286、AT25286F、AT25289A、AT29211A、AT29128、AT29187、AT29286、AT29286（F）、NT25A11、NT25A21、NT25A31、NT25803、NT25A42、NT25A41B、NT29128、NT29189、NT29276、NT29A41、NT29A41B、NT34A51 等超级彩电
Y12A 机心	LA76931	IR101	LA78040	LA4266/67	NT21289、N21V16、21211、N2IB5L、N21G16、21B5、2IV88、21V12S、2IT8S、21V16、21T8S、21G16 等超级彩电
Y12 机心	LA76931 或 LA76932（掩膜片 13-LA7693-17PR）	分离件	LA78040	LA4266/67	N21B5L、NT21289、N21E2B、N21K3、21B5、21V88 等超级彩电

（续）

机心/系列	超级单片电路	电源电路	场输出电路	伴音功率放大电路	代表机型
Y22 机心	LA76930（掩膜片 13-WS9301-A0P、13-WS9302-A0P）	分离件	LA78040	LA4266/67	AT2116/Y、AT21266、AT21266Y 等超级彩电
Y22 机心	LA76932（掩膜片 13-T00Y22-01M01、13-LA7693-2NPR）	MC44608	TDA8177	TDA7266	AT2116Y、AT21266Y、AT2516、AT25266、AT25266Y、AT2916Y、AT2916、AT29266、AT29266Y、AT34266、AT34266Y、N2586B、29V88 等超级彩电

1.8 乐华、新高路华、金星、熊猫、创佳超级彩电机心的型号与电路配置

机心/系列	超级单片电路	电源电路	场输出电路	伴音功率放大电路	代表机型
TMPA8803 机心	TMPA8803	分离件	STV9302	LA4266/67	乐华 21A1、N21B2、N21K2、N21K3、N21K7 等超级彩电
S22 机心	TMPA8809	STR-W6856	TDA8177	TDA7505AQ	乐华 N25B2、N25K3、29B2、34A1 等超级彩电
TMPA8829 机心	TMPA8829	STR-W6856	TDA8177	TDA7505AQ	乐华 25A1、N25K3、29A1、N29K1、29B1、29V1、N25K2、29A1P、29V1P、34A1P、29ALP、29VIP、34ALP 等超级彩电
TMP8803 机心	TMP8803	分离件	LA7840	TDA2611	新高路华 2156PLUS、2166PLUS 等超级彩电
TDA9383 机心	TDA9383				金星 D2933 系列超级彩电
TMPA8803/23 机心	TMPA8803 或 TMPA8823	分离件	LA78040	AN7522N	熊猫 21M05H、21M09、21M10、21MF08G、21M08G、25M05H、25M06、25M08H、25M09G、25M10、25MF10 等超级彩电
TMPA8829 机心	TMPA8829				熊猫 29MF05H、29MF07、29MF09G、34MF09G 等超级彩电
LA76930 机心	LA76930	分离件	LA78040	AN7522N	熊猫 21M06H、21MF12、21M06H 系列超级彩电
TDA9370 机心	TDA9370				熊猫 29DF10 系列超级彩电
8823CPNG3PE8 机心	8823CPNG3PE8	分离件	STV9302A	CD2611GS	创佳 54C2 等超级彩电

第2章　超级彩电常用集成电路速查

集成电路是超级数码彩电的核心部件，除行输出电路外，大多采用集成电路完成相应的功能。因此，检修彩电，大多围绕集成电路进行检修，要得心应手地完成维修任务，就必须掌握相关集成电路的工作原理、应用电路和维修数据。本章提供了超级彩电中常用的超级单片电路、超级掩膜片代换、开关电源电路、场输出电路、伴音功率放大电路的图文资料，供维修彩电时参考。考虑到维修时，主要是围绕电源供给、信号流程的主要功能引脚进行检测，一是提供了集成电路内部框图与外部应用电路合二为一的电路图，并标出了各种输入、输出的信号名称和走向，使读者对整个集成电路内外结构作全面的了解，便于追踪信号流程进行检测和维修；二是多数集成电路提供两个以上应用机型的维修数据，便于维修时测试比对。

2.1　超级单片电路

超级单片小信号处理集成电路是超级彩电的核心，其他电路都是为该核心配套和服务的，维修时往往要围绕超级单片小信号处理集成电路的信号流程进行检测和维修。

超级单片电路在国内外彩电中得到广泛应用，为适应各个厂家设计彩电时功能开发的需要，超级单片电路都设有自定义功能引脚，使采用相同超级电路的不同品牌和型号的彩电，芯片的引脚功能和维修数据却不相同，给维修造成困难。而有关超级电路的维修资料往往只介绍单一品牌或机型的引脚功能和维修数据，不能满足上门维修的需要。为适应超级彩电的维修需要，本章将超级单片电路在国产几大品牌彩电中应用时的引脚功能和维修数据归纳在一起，用较短的篇幅全面介绍超级单片电路的引脚功能和维修数据，供维修时参考。

2.1.1　TDA93××系列超级单片电路

TDA93××系列超级单片电路是飞利浦公司 2000 年以后陆续推出的电视芯片，常见型号有 TDA9370、TDA9373、TDA9380、TDA9383、TDA9376、OM8370、OM8373 等，其内部结构基本相同，应用在长虹 CN-16，康佳 SK 和 KN 系列，TCL UL11、UL21、UOC 机心，创维 3P30、4P30、4P36、5P30 机心，海信 UOC 机心，厦华 TK 机心，海尔 UOC 机心等国内、外彩电中。

1. 通用引脚功能和维修数据

TDA93××系列超级单片内、外电路与信号流程如图 2-1 所示。TDA93××系列超级单片电路的 9 脚、12～31 脚和 33～61 脚为通用引脚，其引脚功能和在创维 3P30 机心中应用时的数据见表 2-1。TDA93××系列超级单片电路的 1～8、10、11、32 脚及 62～64 脚为厂家自定义功能引脚，厂家可根据功能设计需要自定义其引脚功能。各个厂家的自定义引脚功能见表 2-2～表 2-21。

表 2-1　TDA93××系列超级单片电路通用引脚功能和维修数据

引脚号	引脚符号	引脚功能	电压/V	电阻/kΩ	
				红表笔测	黑表笔测
1～8	—	自定义功能引脚	—	—	—
9	GND	数字电路接地端	0	0	0
10～11	—	自定义功能引脚	—	—	—
12	GND	接地端	0	0	0
13	SECPLL	外接 PLL 滤波	2.3	10.0	15.5
14	8V	模拟供电 +8V	7.8	2.4	2.4
15	DECDIG	外接供电去耦	5.0	7.5	13.5
16	PLL2LF	外接 PLL2 滤波	2.7	10.0	15.8
17	PLL1LF	外接 PLL1 滤波	2.7	10.2	16.4
18	GND	接地端	0	0	0
19	DECBC	外接去耦电容	4	9.0	13.2
20	AVL	智能音量控制（未用）	0	10	15.8
21	VDRB	场激励输出 B	0.8	1.8	1.8
22	VDRA	场激励输出 A	0.8	1.8	1.8
23	IFIN1	中频信号输入 1	2.0	10.0	14.2
24	IFIN2	中频信号输入 2	2.0	10.0	14.2
25	IREF	场参考电压设置	3.8	10.2	14.5
26	VSC	外接场锯齿波电容	2.6	10.0	15.8
27	TUNER AGC	RF AGC 输出	4.0	9.5	11.8
28	AUDEEM	音频信号去加重	3.2	9.8	15.4
29	DECSDEM	接伴音解调退耦	2.4	10.1	15.8
30	GND2	模拟电路接地端	0	0	0
31	SNDPLL	外接伴音 PLL 滤波	2	10.0	15.8
32	—	自定义功能引脚	—	—	—
33	H-OUT	行激励脉冲输出	0.5	0.4	1.4
34	FBISO	行脉冲输入	0.5	9.5	14.0
35	AUDEXT/QSSQ	AV 音频输入	3.2	10.5	16.1
36	EHTO	EHT 输入端	1.6	8.2	13.8
37	PLL IF	接中放 PLL 滤波	2.4	10.2	16.4
38	IFVO/SVO	视频信号输出	3.2	10.2	11.8
39	VP1	+8V 供电	7.8	2.3	2.3
40	CVBSIN	CVBS 视频信号输入	3.5	10.2	16.1
41	GND1	模拟电路接地端	0	0	0
42	CVBS/Y	AV 视频/S 端子 Y 输入	3.2	10	16
43	CHROMA	S 端子 C 信号输入	1.0	10.2	15.5
44	AUDOUT	音频输出端	3.5	10.5	16.5
45	INSSW2	DVD 插入开关	1.8	7.5	7.8
46	R2/VIN	R2/ V 输入	2.4	10.1	16.5
47	G2/YIN	G2/ Y 输入	2.4	10.1	16.5
48	B2/UIN	B2/ U 输入端	2.4	10.1	16.5
49	ABLIN	ABL 束流控制端	2.4	9.8	15.5
50	BLACK-C	黑电流检测输入	6.2	9.8	15.2
51	ROUT	R 信号输出端	2.6	1.4	1.4
52	GOUT	G 信号输出端	2.8	1.4	1.4
53	BOUT	B 信号输出端	2.8	1.4	1.4

（续）

引脚号	引脚符号	引脚功能	电压/V	电阻/kΩ	
				红表笔测	黑表笔测
54	VDDA	3.3V 模拟电路供电	3.5	5.1	10.2
55	VPE	接地端	0	0	0
56	VDIG	3.3V 供电	3.5	5.1	10.2
57	GND OSC	晶体振荡器接地	0	0	0
58	XTAL IN	晶体振荡器输入端	0.8	6.8	30.0
59	XTAL OUT	晶体振荡器输出端	1.8	6.8	21.4
60	RESET	（UOC）复位端	0	6.8	22.5
61	3.3VADC	3.3V 模-数供电	3.6	5.1	10.0
62~64	—	自定义功能引脚	—	—	—

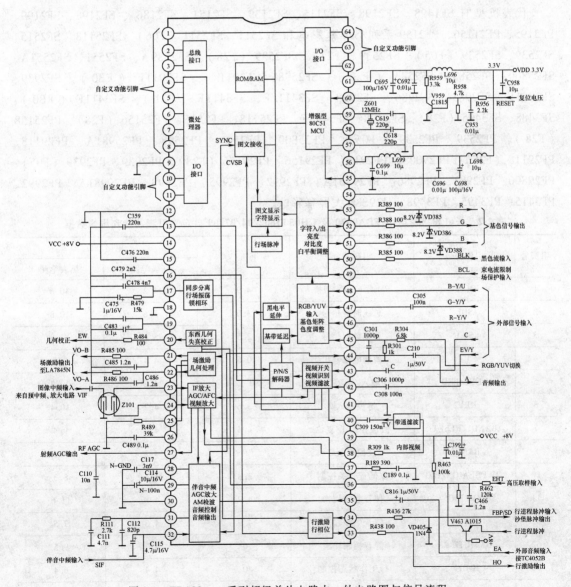

图 2-1　TDA93××系列超级单片电路内、外电路图与信号流程

2. 长虹超级彩电应用 TDA93××系列超级单片电路时的自定义引脚功能和维修数据

长虹 CN-16 机心彩电采用东芝 TDA93×× 超级单片电路，掩膜后的型号较多：由 TDA9370 或 OM8370 掩膜为 CHT05T1602、CHT05T1604、CHT05T1607（三者可互换）和 CHT05T1609（不能与前三者互换）；由 OM8370PS/N3/A 掩膜为 CH05T1626、CH05T1634（二者不能互换）；由 TDA9383 掩膜为 CH05T1601、CH05T1603（只有后缀字母相同才能互换）；由 TDA9373 或 OM8373 掩膜为 CH05T1606、CH05T1608、CH05T1619（后者可代换前两者）、CH05T1611、CH05T1621、CH05T1630（后者可代换前两者）及 CH05T1628 等。TDA9370 及 CH05T1602、CH05T1604、CH05T1607、CH05T1609 的自定义引脚功能和维修数据见表 2-2；TDA9380、TDA9383、TDA9373 及 CH05T1601、CH05T1603、CH05T1606、CH05T1607、CH05T1608、CH05T1611、CH05T1621、CH05T1628、CH05T1630 的自定义引脚功能和维修数据见表 2-3。

代表机型有 SF1498、SF2198、SF2115、SF2139、SF2151、SF2186、SF2198、SF2199、PF2195、PF21156、PF2139 系列小屏幕彩电和 SF2511、SF2511（F06）、SF25118、SF2515、SF2539、SF2539（F05）、SF2539（F21）、SF2539（F28）、SF2539A、SF2551、SF2551A、SF25800、SF2583、SF2583（F28）、SF2598、SF2911/F、SF2911F（FB0）、SF2939、SF2951F、SF2983、SF2986、SF2998、SF3411/F、SF3411F（F21）、SF3411F（FB0）、SF3488、SF3495（F28）、SF3498、SF3498F、PF25118、PF2515、PF25156（F28）、PF25158（F28）、PF2539、PF2539（F05）、PF25800、PF2595、PF2598、PF25981A、PF29118、PF29118（F28）、PF29008、PF2915、PF29156、PF29156（F28）、PF2939、PF2939（F05）、PF29800、PF2983、PF2986、PF29861A、PF2992、PF2995、PF2998、PF29981A、PF2992、PF3415、PF3495、PF3498、H29S86 大屏幕彩电。

表 2-2　长虹超级彩电中 TDA9370 及 CH05T1602/04/07/09 自定义引脚功能和维修数据

引脚号	引脚符号	引脚功能	电压/V	电阻/kΩ	
				红表笔测	黑表笔测
1	FM/TV	FM 收音/TV 切换	4.9	4.2	10.6
2	SDL	总线时钟信号	3.0	5.6	10.8
3	SDA	总线数据信号	2.5	5.6	10.8
4	VT	调谐电压输出	0.6	4.4	9.5
5	KEY1/LED	键控输入/指示灯控制	0.12	4.2	10.3
6	KEY2	键控输入 2	3.6	4.2	10.4
7	BAND1/RESET	波段控制 1/复位	4.4	4.2	9.4
8	BAND2	波段控制 2	0	4.2	9.4
10	LOWFREA ON/OFF	重低音开关控制	2.8	4.6	8.3
11	DK/M/FMP +	伴音制式切换	4.9	4.8	11.6
32	SIF IN	伴音中频输入	4.9	4.3	7.5
62	MUTE	静音控制输出	0	4.7	9.5
63	H-OFF	行工作状态控制	0	4.4	6.4
64	REM IN	遥控信号输入	0.1	4.8	14.3

表 2-3　长虹彩电中 TDA9380、TDA9383、TDA9373 及 CH05T1601/03/06/07/08/11/21/28/30
自定义引脚功能和维修数据

引脚号	引脚符号	引脚功能	电压/V	电阻/kΩ	
				红表笔测	黑表笔测
1	BAND1/STBY	波段切换1	2.74	4.2	6.8
2	SCL	总线时钟信号	2.9	4.6	6.8
3	SDA	总线数据信号	2.68	4.6	6.8
4	VT	调谐电压输出	2.1	4.4	10.2
5	KEY/LED	键控/指示灯控制	0	4.4	1.9
6	BAND2	波段切换2	4.1	4.4	4.3
7	VOL2	重低音控制	0.8	4.8	7.8
8	VOL1	音量控制	0.7	4	7.8
10	STB	开/待机控制	0	4.2	4.6
11	D/K/M	D/K/M 制式控制	3.2	4.8	2
32	SIF IN	第二伴音中频信号输入	0	5.8	∞
62	KAV1	AV 控制	1.0	4.8	16.3
63	KAV2	TV/AV 控制	1.1	4.8	18.7
64	REM IN	遥控信号输入	4.7	5.6	17.5

　　在 TDA9370 及长虹 CH05T1602/04/06 等芯片中，63 脚通过对行激励信号输出控制以实现开/关机功能，待机时该脚电压为 2.6V。

　　在 TDA9380、TDA9383、TDA9373 及长虹 CH05T1601/03/07/28 等芯片中，10 脚为开/待机控制，待机时为 2.4V；7、8 脚为伴音控制端，具体作用因机型而异。

　　3. 康佳超级彩电应用 TDA93××系列超级单片电路时的自定义引脚功能和维修数据

　　康佳 SK 系列超级彩电采用东芝超级单片电路 TDA9370 或 TDA9373，掩膜后的型号分别为 CKP1419S、CKP1417S，自定义引脚功能和维修数据见表 2-4，代表机型有 P21SK056、P21SK056V、 P21SK076、 T21SK078、 P21SK177、 P25SK107、 P29SK061、 P25SK151、P25SK569、 P25SK376、 P25SK383、 P25SK387、 P29SK067、 P29SK077、 P29SK120、P29SK151、 P29SK151V、 P29SK282、 P29SK376、 P29SK383、 P29SK387、 P29SK569、T21SK076、 T21SK068、 T21SK022、 T21SK026、 T25SK068、 T25SK068V、 T25SK076、T25SK120、 P25SK026、 P25SK062、 P25SK071、 T25SK569、 T29SK068、 T29SK068V、T29SK076、 T29SK120、 T29SK178、 TMSK068、 TMSK073、 TMSK173、 T34SK068、T34SK073、T34SK173、T34SK370、P34SK383 等。

　　康佳 K/N 系列彩电采用的东芝超级单片电路 TDA9380 掩膜后的型号为 CKP1402SA，自定义引脚功能和维修数据见表 2-5，代表机型有 T2176K、P2162K、T2168K、P2179K、A2168K、A2176N、T2162K、T2168N、T2176K、T2179K、T2180K 等小屏幕彩电。

　　康佳 K/N 系列彩电采用的东芝超级单片电路 TDA9383 掩膜后的型号为 CKP1403S，自定义引脚功能和维修数据见表 2-6，代表机型有 P2562K、P2579K、P2928K、P2960K、P2961K、 P2962K、 P2962K1、 P2968K、 P2979K、 P2998K、 T2562K、 T2568K、 T2568N、T2961K、T2968N、T2968K、T2975K、T2976K、P3460K、T3468K 等大屏幕彩电。

表 2-4　康佳彩电中 TDA9370、TDA9373 及 CKP1419S、CKP1417S 的自定义引脚功能和维修数据

引脚号	引脚符号	引脚功能	电压/V	电阻/kΩ	
				红表笔测	黑表笔测
1	POW	开/待机控制	3.1	1.2	2.8
2	SCL	串行时钟线	2.0	1.0	7.5
3	SDA	串行数据线	2.0	1.0	7.5
4	MUTE	静音控制	0	1.0	5.0
5	WOOFER	重低音控制	0	1.2	3.0
6	KEY1	键控信号输入 1	4.9	1.0	5.5
7	KEY2	键控信号输入 2	3.1	1.2	2.2
8	DH	地磁校正输出（小屏幕机型未用）	3.1	1.2	5.6
10	NC	空脚	0	0.8	2.2
11	NC	空脚	3.1	0.8	2.2
32	SIF IN	伴音中频信号输入	0.5	1.2	2.6
62	REM IN	遥控信号输入	3.1	1.2	1.0
63	AV2	AV2 切换	0.06	1.2	2.6
64	AV1	AV1 切换	0.06	1.2	2.6

表 2-5　康佳彩电中 TDA9380 及 CKP1402SA 的自定义引脚功能和维修数据

引脚号	引脚符号	引脚功能	电压/V	电阻/kΩ	
				红表笔测	黑表笔测
1	STAND-BY	开/关机控制	0	3.6	3.6
2	SCL	串行时钟线	2.2	5.9	10.2
3	SDA	串行数据线	2.0	5.9	10.2
4	TPWM	电台调谐控制	4.0	7.4	13.8
5	MUTE	静音控制	0	3.4	3.4
6	KEYB	键控信号输入	3.3	5.8	6.4
7	SRS	ADC 输入	4.7	6.6	9.4
8	DH	ADC 输入	0.12	7.8	6.8
10	BAND1	波段控制 1	4.6/0	1.9	1.9
11	BAND2	波段控制 2	4.6/0	1.9	1.9
32	AVL/SNDIF	自动音量控制/伴音中频输入	0	7.6	9.2
62	MUTE	静音控制输出	4.9	7.1	25.0
63	H-OFF	行工作状态控制	0	6.6	9.1
64	IR IN	遥控信号输入	0	6.8	9.1

表 2-6　康佳彩电中 TDA9383 及 CKP1403SA 的自定义引脚功能和维修数据

引脚号	引脚符号	引脚功能	电压/V	电阻/kΩ	
				红表笔测	黑表笔测
1	STAND-BY	开/关机控制	0	3.6	3.6
2	SCL	串行时钟线	2.2	5.9	10.2
3	SDA	串行数据线	2.0	5.9	10.2
4	TPWM	电台调谐控制	4.0	7.4	13.8
5	MUTE	静音控制	0	3.4	3.4
6	KEYB	键控信号输入	3.3	5.8	6.4
7	SRS	ADC 输入	4.7	6.6	9.4
8	DH	ADC 输入	0.12	7.8	6.8
10	BAND1	波段控制 1	4.6/0	1.9	1.9
11	BAND0	波段控制 0	4.6/0	1.9	1.9
32	AVL/SND IF	自动音量控制/伴音中频输入	0	7.6	9.2
62	REM	遥控信号输入	0	6.8	9.1
63	AV1	AV1 切换	0.06	1.2	2.6
64	AV2	AV2 切换	0.06	1.2	2.6

在康佳 P2968K 彩电中，待机时 1、5 脚电压分别为 3.3V、3.2V；采用 TDA9380 或 CKP1402SA 的康佳 K 系列彩电中，芯片 7、8 脚分别为音效开关输出端、地磁校正输出端，且 20 脚（EW 输出端）未用。

在康佳 P29SK061 彩电中，待机时 1、4 脚电压分别为 0V、3.7V；在康佳 SK 系列小屏幕彩电中，5、63、64 脚未用。

4. 海信超级彩电应用 TDA93×× 系列超级单片电路时的自定义引脚功能和维修数据

TDA9370 多用于海信 21in 飞利浦 UOC 机心彩电中，代表机型有 TF2111F 、TC2102D、TC2107F、TC2175GF、TC2507F、TF2106D、TF2107F、TF2506D、TF2507F 等，自定义引脚功能和维修数据见表 2-7。

表 2-7　海信小屏幕 UOC 机心中 TDA9370 的自定义引脚功能和维修数据

引脚号	引脚符号	引脚功能	电压/V	电阻/kΩ	
				红表笔测	黑表笔测
1	STAND-BY	开/待机控制	3.9	34.5	27.6
2	SCL	串行时钟线	2.6	13.6	13.8
3	SDA	串行数据线	3.2	13.6	13.8
4	TUNING	调谐电压输出	2.9	17.2	17.2
5	P/N	制式控制输出	0	18.4	18.6
6	KEY	键控信号输入	3.4	14.4	14.6
7	VOL1	伴音控制 1	2	15.2	15.2
8	VOL2	伴音控制 2	0	15.2	15.2
10	BAND1	波段转换 1	3.4	14.8	14.8

（续）

引脚号	引脚符号	引脚功能	电压/V	电阻/kΩ	
				红表笔测	黑表笔测
11	BAND2	波段转换 2（未用）	0	14.8	14.8
32	AVL/REFO	自动音量控制	0.2	16.4	17.8
62	AV1	AV1（未用）	4.2	15.6	15.6
63	AV2	AV2（未用）	4.3	15.6	15.6
64	IR IN	遥控信号输入	4.6	14.1	6.8

TDA9373 多用于海信大屏幕飞利浦 UOC 机心彩电中，掩膜后的型号为 HISENSE UOC001 或 HISENSE UOC002，应用于 TC2502DL、TC2507F、TC2575GF、TC2577DH、TF2506D、TF2507F、TF2566CH、TF2568CH 时，自定义引脚功能和维修数据见表 2-8；应用于 TC2906H、TC2908UF、TC2910UF、TC2911AL、TC2911UF、TC2911A、TC2988UF、TC3406H、TC2977、TC2997、TC2908UF、TC29118、TF29118、TC3482E、TC2982E、TF2982E、TF2906H、TF2907H、TF2910UF、TF2911UF、TC3418U、TC29118、TC3418UF、TC3482UF 时，自定义引脚功能和维修数据见表 2-8。

TDA9376 多用于海信 29in 大屏幕彩电中，代表机型有 TC2906F、TC2908F、TC3401U、TF2907F、TF2908F、TF2911F 等，自定义引脚功能和维修数据见表 2-9。

表 2-8　海信大屏幕 UOC 机心中 TDA9373 的自定义引脚功能和维修数据

引脚号	引脚符号	引脚功能	电压/V	电阻/kΩ	
				红表笔测	黑表笔测
1	STAND-BY	遥控开/关机	3.1	36.5	29.5
2	SCL	串行时钟线	3.4	15.2	15.2
3	SDA	串行数据线	3	15.2	15.2
4	TUNING	调谐输出	2.9	18.6	18.6
5	NTSC SW	制式控制输出	2	35.6	30.2
6	KEY	按键信号输入	3.3	14.2	14.2
7	VOL1	音量控制输出	0	14.4	14.6
8	MUTE	静音控制	1.6	18.8	24.5
10	BAND1	波段转换 1（未用）	0	14.6	14.2
11	BAND2	波段转换 2（未用）	0	14.2	18.6
32	AVL/REFO	色副载波输出	0	38.8	24.4
62	AV1	AV1 控制输出	5.0	3.2	3.8
63	AV2	AV2 控制输出	0	3.2	3.8
64	IR IN	遥控信号输入	4.9	2.2	3.5

表 2-9　海信大屏幕 UOC 机心中 TDA9373、TDA9376 的自定义引脚功能和维修数据

引脚号	引脚符号	引脚功能	电压/V	电阻/kΩ	
				红表笔测	黑表笔测
1	STAND-BY	遥控开/关机	3.1	36.5	29.5
2	SCL	串行时钟线	3.4	15.2	15.2

引脚号	引脚符号	引脚功能	电压/V	电阻/kΩ	
				红表笔测	黑表笔测
3	SDA	串行数据线	3	15.2	15.2
4	TUNING	调谐输出	2.9	18.6	18.6
5	SVHS	S端子开关信号输入（未用）	2	35.6	30.2
6	KEY	按键信号输入	3.3	14.2	14.2
7	MUTE	静音控制	0	14.4	14.6
8	CTL	地磁校正输出	1.6	18.8	24.5
10	LED	指示灯控制	0	14.6	14.2
11	RELAY	消磁继电器控制	0	14.2	18.6
32	AVL/REFO	色副载波输出	0	38.8	24.4
62	INPSEL	AV/TV切换控制	0	15.2	15.2
63	STR	功能扩展片选控制	0	18.5	15.5
64	IR IN	遥控信号输入	4.9	13.2	7.8

在海信部分小屏幕 UOC 机心中 TDA9370 的 5 脚接地，未用制式控制功能；TDA9373 在大屏幕 UOC 机心中应用时，在冷开机或换台时出现回扫线，可将 50 脚外接电阻 R240、R244、R245 分别由原来的 10kΩ、22kΩ、33kΩ 改为 1kΩ、10kΩ、15kΩ。

5. 海尔超级彩电应用 TDA93×× 系列超级单片电路时自定义引脚功能和维修数据

海尔 UOC 机心第一种彩电采用飞利浦 TDA93×× 系列超级单片电路，自定义引脚功能和维修数据见表 2-10，代表机型有 25T8D-S、25T8D-S（D）、21F9D-T；HP-2969A、HP-2969U、HP-2969N、HP-2988N、29F3A-P、29T3A-P、29T8D-T、29T8D-P、29T8A-PD、29T8A-YPD、29F5D-TA、29F9K-P、29F8D-22、29F8D-TV1.0、29F8D-TV2.1、29F8D-T、29TE 等。

表 2-10　海尔 UOC 机心中 TDA93×× 的自定义引脚功能和维修数据

引脚号	引脚符号	引脚功能	电压/V	电阻/kΩ	
				红表笔测	黑表笔测
1	STAND-BY	开/待机控制	3.2	32.2	24.5
2	SCL	串行时钟线	3.2	12.4	11.6
3	SDA	串行数据线	3.2	12.4	11.6
4	VT	调谐电压输出	2.6	18.2	18.4
5	KEY	键控信号输入	3.4	14.4	14.6
6	SYSTEM	制式控制	0	18.2	18.2
7	MUTE	静音控制	0	14.2	14.6
8	MAG	重低音控制	0	14.4	16.8
10	BAND1	波段切换	3.6	7.8	15.2
11	BAND2	波段切换	0	7.8	15.2
32	AVL	自动音量控制	0.4	12.6	17.8

（续）

引脚号	引脚符号	引脚功能	电压/V	电阻/kΩ	
				红表笔测	黑表笔测
62	AV1/AV2	AV1/AV2 控制	4.2	15.2	7.2
63	AV/SVHS	AV/S 端子控制	4.2	15.2	7.2
64	INT TEM	遥控信号输入	4.6	14.5	6.5

海尔 UOC 机心第一种彩电采用飞利浦 TDA9370、OM8370 系列超级单片电路，自定义引脚功能和维修数据见表 2-11，代表机型有 25T8D-S、21F9D-T 和 15F86-D、21TA1、21FV6H-AB、21TA1-T、21TB1、21FA5-T、29FA3-T、29FA5-T 等。

表 2-11　海尔 UOC 机心中 OM8370、TDA9370 的自定义引脚功能和维修数据

引脚号	引脚符号	引脚功能	电压/V	电阻/kΩ	
				红表笔测	黑表笔测
1	STAND-BY	开/待机控制	3.2	32.2	24.5
2	SCL	串行时钟线	3.2	12.2	11.5
3	SDA	串行数据线	3.2	12.2	11.5
4	TUNING	调谐电压输出	2.6	18.0	18.2
5	NTSC/AC TEST	未用			
6	KEY	键控信号输入	3.4	14.0	14.2
7	VOL1	音量调整 1 输出	2.2	10.5	12.0
8	VOL2/MUTE	音量调整 2/静音输出	2.5	10.2	14.0
10	BAND1	波段切换	3.6	7.8	15.2
11	BAND2	波段切换	0	7.8	15.2
32	AVL/REFO	自动音量控制/伴音中频输入	0.4	12.6	17.8
62	AV1	AV1 控制未用	—	—	—
63	AV2	AV2 控制未用	—	—	—
64	IR IN	遥控信号输入	4.6	14.5	6.5

6. 创维超级彩电应用 TDA93××系列超级单片电路时的自定义引脚功能和维修数据

创维 3P30、4P30、4P36、5P30 等机心彩电采用超级单片电路 TDA9370、OM8370 或 TDA9373，在生产过程中，TDA9370、OM8370 逐渐升级，依次出现以下 7 个主要版本：4706-D93700-64、4706-D94701-64、4706-D93702-64、4706-D93703-64、4706-D83701-64、4706-D93705-64、4706-D83702-64，前 5 个版本的芯片用于 3P30、4P30 机心彩电，后两个版本用于 4P36 机心彩电，不能用于 3P30、4P30 机心彩电，否则无声。创维 3P30、4P30 机心中 TDA9370、OM8370 的自定义引脚功能和维修数据见表 2-12、表 2-13，创维 4P36、5P30 机心中 TDA9373 的自定义引脚功能和维修数据见表 2-14、表 2-15。

创维 3P30、4P30 机心的代表机型有 21NI9000、21NK9000、21TH9000、21TI9000、21TN9000、21TR9000、21ND9000A、25NI9000、25ND9000、25TH9000、25TP9000、25TW9000、29HI9000、8000-2199、8000-2122A、8000-2522A、21PTI9000、2122MK、21NKMS、21TNMS 等；4P36 机心的代表机型有 25TM9000、25T83AA、25N61AA、29TM9000、29SA9000 等；5P30 机心的代表机型有 25ND9000A、25NF8800A、25NF9000、

29TI9000、29HD9000、34SD9000、34SG9000、34SI9000、34TI9000 等。

表 2-12   创维 3P30 机心中 TDA9370、OM8370 的自定义引脚功能和维修数据

引脚号	引脚符号	引脚功能	电压/V	电阻/kΩ	
				红表笔测	黑表笔测
1	STAND-BY	待机控制输出	3.6	7.2	16.0
2	SCL	串行时钟线	3.6	6.5	28.5
3	SDA	串行数据线	3.2	6.6	28.5
4	VT	调谐电压输出	2.6	8.2	28.5
5	50Hz/60 Hz	PAL/NTSC 制式控制输出	3.6	8.2	∞
6	KEY0	按键输入 0	3.5	7.8	21.8
7	KEY1	按键输入 1	3.5	7.8	21.8
8	VOL	音量控制输出	0.5	7.5	14.5
10	BAND1	波段控制 1	4.9	6.8	21.5
11	BAND2	波段控制 2	0	6.8	22.5
32	AVL/REFO	自动音量限制/伴音中频输入	0	9.8	15.4
62	AV1	AV1/TV/S-V 切换	5.1	7.4	12.0
63	AV2	AV2/TV/S-V 切换	5.1	7.4	12.0
64	IR IN	遥控信号输入	4.5	8.2	∞

表 2-13   创维 4P30 机心中 TDA9370、OM8370 的自定义引脚功能和维修数据

引脚号	引脚符号	引脚功能	电压/V	电阻/kΩ	
				红表笔测	黑表笔测
1	STAND-BY	待机控制输出	3.6	7.2	16.0
2	SCL	串行时钟线	3.6	6.5	28.5
3	SDA	串行数据线	3.2	6.6	28.5
4	VT	调谐电压输出	2.6	8.2	28.5
5	50Hz/60 Hz	PAL/NTSC 制式控制输出	3.6	8.2	∞
6	KEY0	按键输入 0	3.5	7.8	21.8
7	KEY1	按键输入 1	3.5	7.8	21.8
8	VOL	音量控制输出（未用）	0.5	7.5	14.5
10	BAND1	波段控制 1	4.9	6.8	21.5
11	BAND2	波段控制 2	0	6.8	22.5
32	AVL/REFO	自动音量限制/伴音中频输入	0	9.8	15.4
62	WOOFER	重低音控制	5.0	7.4	12.0
63	MUTE	静音控制	0	7.0	15.0
64	IR IN	遥控信号输入	4.5	8.2	∞

表 2-14　创维 4P36 机心彩电中 TDA9373 的自定义引脚功能和维修数据

引脚号	引脚符号	引脚功能	电压/V	电阻/kΩ	
				红表笔测	黑表笔测
1	STAND-BY	待机控制输出	3.8	7.5	16.2
2	SCL	串行时钟线	3.8	6.8	30.0
3	SDA	串行数据线	3.6	6.8	30.0
4	TPWM	调谐电压输出	2.2	8.4	30.0
5	WRITE PRO	存储器写保护控制	3.8	8.4	∞
6	KEY0	按键输入 0	3.8	8.0	22.0
7	KEY1	按键输入 1	3.8	8.0	22.0
8	VOL	音量控制输出	0.8	7.6	14.6
10	BAND1	波段控制 1	4.8	7.0	21.8
11	BAND2	波段控制 2	0	7.0	22.8
32	AVL	自动音量限制	0	10.0	16.0
62	AV1/TV	AV/TV 切换	5.0	7.5	12.5
63	50/60Hz	50/60Hz 识别控制	5.0	7.5	12.5
64	REM IN	遥控信号输入	4.6	8.5	∞

表 2-15　创维 5P30 机心彩电中 TDA9373 的自定义引脚功能和维修数据

引脚号	引脚符号	引脚功能	电压/V	电阻/kΩ	
				红表笔测	黑表笔测
1	STAND-BY	待机控制输出	3.8	7.5	16.2
2	SCL	串行时钟线	3.8	6.8	30.0
3	SDA	串行数据线	3.6	6.8	30.0
4	TPWM	调谐电压输出	2.2	8.4	30.0
5	SYSTEM	伴音制式控制	3.8	8.4	∞
6	KEY0	按键输入 0	3.8	8.0	22.0
7	KEY1	按键输入 1	3.8	8.0	22.0
8	A/D	A-D 控制输出	0.8	7.6	14.6
10	L	波段控制 1	4.8	7.0	21.8
11	H	波段控制 2	0	7.0	22.8
32	AVL/REFO	未用，提供电容接地	0	10.0	16.0
62	WF/TB3/BBE	音效控制输出	5.0	7.5	10.5
63	MUTE	静音控制输出	0	3.2	3.5
64	IR IN	遥控信号输入	4.6	8.5	∞

　　创维彩电中应用 TDA9373 时，62、63 脚分别为重音控制、静音控制端，其他自定义功能脚与表 2-13 相同。在具体机型中，5 脚功能改为 M 制式伴音吸收切换、50Hz/60Hz 切换或写保护控制，一路 AV 输入时 63 脚为 50Hz/60 Hz 识别切换。

　　7. 厦华超级彩电应用 TDA93×× 系列超级单片电路时的自定义引脚功能和维修数据

　　厦华 TK 机心彩电采用飞利浦 TDA9370、TDA9373 或 OM9370 超级单片电路，自定义引脚功能和维修数据见表 2-16，代表机型有 TK2916、TK2935、TK2953、TK2955、TK3416、TK3430 等。

表 2-16　厦华彩电中 TDA9370、TDA9373 或 OM9370 的自定义引脚功能和维修数据

引脚号	引脚符号	引脚功能	电压/V	电阻/kΩ	
				红表笔测	黑表笔测
1	STAND-BY	开/待机控制	2.83	28.4	20.6
2	SCL	串行时钟线	2.74	12.6	10.8
3	SDA	串行数据线	3.26	12.6	10.8
4	TUNING	调谐电压输出	2.62	16.8	16.8
5	NTSC SW	PAL/NTSC 制式切换	0.2	18.2	16.8
6	KEY	键控信号输入	3.62	14.2	8.2
7	VOL	音量控制	2.58	15.8	9.2
8	MUTE	静音控制	0.02	16.2	10.4
10	BAND1	频段转换 1	4.99	14.2	14.6
11	BAND2	频段转换 2	0.02	14.2	14.6
32	AVL/REFO	自动音量控制	0.2	16.2	16.8
62	AV1	AV1（未用）	0.05	15.5	15.5
63	AV2	AV2（未用）	0.05	16.4	16.1
64	IR IN	遥控信号输入	4.96	13.5	6.2

8. TCL 超级彩电应用 TDA93××系列超级单片电路时自定义引脚功能和维修数据

TCL 彩电广泛应用 TDA93××系列超级单片电路，其中 TDA9370、OM8370 掩膜后型号为 13-A02V02-PHP，自定义引脚功能和维修数据见表 2-17，用于 UL11 机心彩电中，代表机型有 AT21266A、AT21166G、AT21166U、AT21215、AT21215U、AT2190U、AT2113、AT2165I、AT2170、AT2170U、AT2175、AT21189B、AT21276、NT21803、NT21A11、NT21A31、NT21A41B、NT21A42、NT21A51、AT2127S、AT21181、AT21181I、AT21181、AT21206、AT21207、AT21266A、AT21286、AT21286I 等。

TDA9373 掩膜后的型号为 13-A01V01-PHP，自定义引脚功能和维修数据见表 2-18，用于 UL21 机心彩电中，代表机型有 AT25211A、AT25166G、AT29187、AT2965U、AT34187、AT2590UB、AT2988U、AT2990U、AT29211A、AT2916UG、AT2916UGF、AT29166I、AT29286I、AT29166GF、AT29286F、AT2960B、AT29106B、AT29189B、AT34187、AT34U186、AT34276、AT34281、AT34276F、AT34286、AT34286I、AT34189BNT21A11、NT25A11、NT34181B 等。

TDA9380、TDA9383 掩膜后的型号为 13-TDA9383-ONP，自定义引脚功能和维修数据见表 2-19，用于 UOC 机心彩电中，代表机型有 2999UZ、2913U1、2513U、2526U、2926U、2927U、2513UI、2913UI、2926UI、29U186Z 等。

TDA9376、OM8373 掩膜后的型号为 13-TOUS21-01M00、13-OM8373-N3P，自定义引脚功能和维修数据见表 2-20，用于 US21 机心彩电中，代表机型有 AT25181、AT25128、AT25189B、AT25211A、AT2565、AT2565A、AT2565UL、AT25276 、AT25276G、AT25286、AT25286F、AT25289A、AT25289B、AT29211A、AT29128、AT29187、AT29189B、AT29286、

AT29286 （F）、 NT25A11、 NT25A21、 NT25A31、 NT25B03、 NT25A42、 NT25A41B、 NT25228、 NT29128、 NT29189、 NT29276、 NT29A41、 NT29A41B、 NT34A51、 NT29M95、 NT29C41、 NT34189、 NT34181 等。

TCL 家电下乡彩电 CS-PH73D 机心中 OM8373 的自定义引脚功能和维修数据见表 2-21，代表机型有 HD21E64S，HD21V18USP、 HD21V19SP、 HD25M62、 HD25V18PB、 HD21H73US、 HD21M73US、 HD21M76S、 HD21M76S1、 HD29M71、 HD29M75、 HD29B68、 HD29C64、 29V19P、 29V28P 等。

表 2-17 TCL 彩电中 TDA9370、OM8370 及 13-A02V02-PHP 的自定义引脚功能和维修数据

引脚号	引脚符号	引脚功能	电压/V	电阻/kΩ	
				红表笔测	黑表笔测
1	STBY	开/待机控制	0	2.8	3.4
2	SCL	串行时钟线	4.8	6.2	11.4
3	SDA	串行数据线	4.9	6.2	11.4
4	VT	调谐电压输出	2.6	7.2	13.8
5	VOL	音量控制	4.5	3.6	3.8
6	KEY	键盘信号输入	4.9	5.6	6.6
7	A/D/VTD	A-D 转换	3.2	6.6	9.4
8	SYSTEM	伴音制式控制	3.2	2.8	4.8
10	BAND	频段控制	0	1.8	1.8
11	BAND	频段控制	3.1	1.8	1.8
32	NC	未用	0	8.6	12.2
62	TV/AV	TV/AV 切换	3.1	2.4	4.8
63	AT	音响功能控制	0	6.4	9.1
64	REM IN	遥控信号输入	4.6	6.4	9.1

表 2-18 TCL 彩电中 TDA9373 及 13-A01V01-PHP 的自定义引脚功能和维修数据

引脚号	引脚符号	引脚功能	电压/V	电阻/kΩ	
				红表笔测	黑表笔测
1	STBY	开/待机控制	4.9	2.8	3.4
2	SCL	串行时钟线	3.2	6.2	11.4
3	SDA	串行数据线	3.1	6.2	11.4
4	VT	调谐电压输出	2.2	6.8	12.6
5	P/N	PAL/NTSC 制式转换	3.4	5.2	10.4
6	KEY	键控信号输入	3.6	5.4	6.4
7	A/D	A-D 转换	2.8	7.8	6.4
8	TRT	地磁校正输出	2.8	7.8	6.4
10	AT	音响功能控制	2.8	1.8	1.8
11	BAND	波段控制	4.9	1.8	1.8
32	SNDIF	伴音中频输入（部分机型未用）	0	7.6	9.4
62	AV1	AV1 控制	0	2.4	4.8
63	AV2	AV2 控制	2 7	2.4	4.8
64	REM IN	遥控信号输入	4.7	5.8	8.5

表 2-19　TCL 彩电中 TDA9380、TDA9383 及 13-TDA9383-ONP 的自定义引脚功能和维修数据

引脚号	引脚符号	引脚功能	电压/V	电阻/kΩ	
				红表笔测	黑表笔测
1	STBY	开/待机控制	0.2	2.4	3.2
2	SCL	串行时钟线	4.2	5.6	10.8
3	SDA	串行数据线	3.9	5.6	10.8
4	VT	调谐电压输出	3.2	6.4	12.6
5	S-VIDEO	外接视频信号选择	0	4.2	9.8
6	KEY	键控信号输入	3.6	3.2	5.6
7	YUV	音响 TV/AV 选择	0	2.4	4.2
8	P/N	50/60Hz 场频切换	0	3.2	6.2
10	WOOFDR	重低音开关	0	2.6	6.4
11	BAND	频段选择	3.5	1.8	1.8
32	SNDIF	伴音中频输入	0.4	4.8	6.2
62	AV1	AV1 控制	4.2	2.4	4.8
63	AV2	AV2 控制	4.3	2.4	4.8
64	REMDTE	遥控信号输入	4.6	5.8	8.6

表 2-20　TCL 彩电中 TDA9376、OM8373 及 13-TOUS21-01M00、13-OM8373-N3P 的
自定义引脚功能和维修数据

引脚号	引脚符号	引脚功能	电压/V	电阻/kΩ	
				红表笔测	黑表笔测
1	STBY	开/待机控制	0.2	2.8	3.6
2	SCL	串行时钟线	4.4	6.2	11.2
3	SDA	串行数据线	4.4	6.2	11.2
4	AV1	AV1 控制	3.6	2.4	4.4
5	P/N	制式控制	3.4	5.2	10.4
6	KEY	键控信号输入	3.6	5.4	6.4
7	A/D	A-D 转换	2.8	7.8	6.2
8	VOL	音量控制	2.8	7.2	6.4
10	LED/H OUT	指示灯及行驱动脉冲控制	2.2	2.2	6.2
11	BAND	频段控制	4.9	1.8	1.8
32	SNDIF	未用	0	7.6	9.4
62	V GUARD	场输出保护信号输入	2.2	3.2	6.4
63	AV2	AV2 控制	4.4	2.4	4.8
64	REMDTE	遥控信号输入	4.8	5.6	8.5

表 2-21　TCL 彩电 CS-PH73D 机心中 OM8373 的自定义引脚功能和维修数据

引脚号	引脚符号	引脚功能	电压/V	电阻/kΩ	
				红表笔测	黑表笔测
1	STBY	开/待机控制	0.2	2.5	3.4
2	SCL	串行时钟线	4.4	6.0	11.0
3	SDA	串行数据线	4.4	6.0	11.0
4	AV1	AV1 控制	3.6	2.2	4.2
5	LED	指示灯控制	0	5.2	10.4
6	KEY	键控信号输入	3.6	5.4	6.4
7	VOL1	音量调整输出	2.2	7.8	6.2
8	MUTE	静音控制	0	5.6	8.9
10	D-RBS	D-RBS 控制	0.1	4.2	6.8
11	I/O2	输入输出 I/O2 控制	4.9	3.2	3.2
32	P/N/AVL	未用	—	—	—
62	V P	场输出保护信号输入	2.2	3.0	6.2
63	AV2	AV2 控制	4.5	2.2	4.7
64	IR IN	遥控信号输入	4.6	5.3	8.2

在 TCL 2165H4 彩电中，待机时 1 脚电压为 3.2V；63 脚为高电平时，将切断行激励脉冲，行电路停止工作，从而实现单独听音响功能。

在 TCL UOC 机心部分机型中，5 脚为 S 端子输入识别端，10 脚为静音控制端，62 脚为遥控信号输入端，63、64 脚分别为 AV1、AV2 控制端。

在 TCL US21 部分机型中，2 脚为调谐电压输出端，8 脚为扫描速度调制端，62 脚为AV1 控制端。

2. 1. 2　TMPA88×× 系列超级单片电路

TMPA88×× 系列超级电路是日本东芝公司于 21 世纪初推出的普及型电视芯片，常见型号有 TMPA8803、TMPA8807、TMPA8809、TMPA8823、TMPA8829、TMPA8857、TMPA8859等。这些芯片内部电路基本相同，主要区别有两点：一是内部的存储器 ROM、RAM 的容量不同，二是定时器/计数寄存器的个数不同。由于该系列超级单片电路性能优异，外围电路简单，应用在长虹 CN-18 机心，康佳 SE 系列，TCL S11、S12、S13、N21、N22 机心，创维4T36、5T3 机心，海信 UOC 机心，海尔 TMPA8803/07/09 机心、厦华 W 系列和创佳、福日等国内外彩电中。

1. 通用引脚功能和维修数据

TMPA88×× 系列超级单片电路的内、外电路与信号流程如图 2-2 所示。TMPA88×× 系列超级电路的 4~25 脚、27 脚和 29~31 脚、33~55 脚为通用引脚，其引脚功能和在创维3T30 机心彩电中应用时的数据见表 2-22。TMPA88×× 系列超级单片电路的 1~3 脚、26 脚、28 脚、32 脚、56~64 脚为厂家自定义功能引脚，厂家根据功能设计需要自定义其引脚功能，各个厂家自定义引脚功能见表 2-23 ~ 表 2-45。

表 2-22　TMPA88 × × 系列超级单片电路的通用引脚功能和维修数据

引脚号	引脚符号	引脚功能	电压/V	电阻/kΩ	
				红表笔测	黑表笔测
1 ~ 3	—	自定义功能引脚	—	—	—
4	UP DVSS STEREO	接地	0	0	0
5	RESET	复位脚	4.8	4.6	4.6
6	X01	晶体振荡器输入	2.1	7.8	12.2
7	X02	晶体振荡器输出	0.9	7.8	12.2
8	TEST	测试脚，接地	0	0	8
9	UP DVDD 5V	+5V 供电	4.8	2.2	2.2
10	UP V VSS	接地	0	0	0
11	TV AGND1	接地	0	0	0
12	FBP	回扫脉冲输入	1.0	9.8	27.8
13	H OUT	行激励输出	1.8	0.5	0.5
14	HAFC	AFC1 低通滤波	6.4	9.6	+ ∞
15	VSAW	场锯齿波滤波	4.0	9.6	27.5
16	V OUT	场激励输出	4.6	9.1	13.5
17	H VCC 9V	行扫描电路供电	9.2	6.1	9.1
18	YS INPUT	空脚	0	0.9	0.8
19	CB INPUT	B-Y 信号输入	0.5	10.0	13.0
20	Y INPUT	Y 信号输入	0.8	9.7	13.0
21	CR INPUT	R-Y 信号输入	0.5	10.0	12.8
22	TV DGND	接地	0	0	0
23	CIN	色度信号输入	1.2	9.8	12.8
24	V2 IN	视频 2 输入	2.3	9.8	12.8
25	DVCC 3.3V	逻辑电路供电	3.5	6.1	9.1
26	—	自定义功能引脚	—	—	—
27	ABCL	自动亮度/色度控制	3.8	9.7	12.0
28	—	自定义功能引脚	—	—	—
29	IF VCC 9V	中频 +9V 供电	8.7	0.3	0.3
30	TV OUT 2.2VPP	视频信号输出	3.5	10.0	10.2
31	SIF OUT	伴音信号输出	1.8	10.0	13.0
32	—	自定义功能引脚	—	—	—
33	H CORREC	伴音信号输入	2.1	9.5	13
34	DC NF	负反馈滤波	2.0	10.0	12.0
35	PIF PLL	PIF 锁相环	2.4	10.0	12.8
36	IF VCC 5V	+5V 供电	4.5	0.8	0.8
37	S REG F	外接电容滤波	2	9.5	11.0

（续）

引脚号	引脚符号	引脚功能	电压/V	电阻/kΩ	
				红表笔测	黑表笔测
38	SF OUT	SIF 去加重	4.2	9.7	12.0
39	IF AGC	IF AGC 滤波	1.5	9.8	12.8
40	IF GND	（IF）接地	0	0	0
41	IF IN1	中频信号输入	0	9.0	12.2
42	IF IN2	中频信号输入	0	9.0	12.2
43	RF AGC	RI、AGC 输出	1.6	9.5	11.2
44	YC VCC 5V	+5V 供电	4.5	0.8	0.8
45	SVM OUT	监测输出	1.7	3.0	3.0
46	BLACK DET	黑电平检波	2.4	10.0	12.4
47	APC FIL	彩色锁相环	1.7	10.0	13.0
48	LKIN	阻极电流检测输入	0	0	0
49	RGC VCC 9V	+9V 供电	8.7	0.3	0.3
50	R OUT	红基色输出	2.4	9.7	9.8
51	G OUT	绿基色输出	2.4	9.7	9.8
52	B OUT	蓝基色输出	2.4	9.7	9.8
53	TV GND	接地	0	0	0
54	UP MPAGND	接地	0	0	0
55	UP AVDD 5V	+5V 供电	4.8	2.2	2.2
56~64	—	自定义功能引脚	—	—	—

2. 长虹超级彩电应用 TMPA88××系列超级单片电路时自定义引脚功能和维修数据

长虹公司引进 TMPA88××系列超级芯片后，开发出新一代超级单片机心彩电 CN-18 机心，对 TMPA88××芯片掩膜后命名为 CH08T××。

TMPA88××系列超级单片电路掩膜后命名为 CH08T0601、CH08T0604、CH08T0806、CH08T0809、CH08T2601、CH08T2602，应用于小屏幕彩电中，代表机型有 SF1498E、SF2170、SF2139E、SF2183（F18）、SF2191E、SF2191E（G）、SF2191E（F07）、SF2191E（F08）、SF2118E、PF2118E、PF2118E（N）、PF2125E、PF2191E、PF2191E（FOB）、PF2191E（F07）、PF2139E、PF2118E、PF2193E、SF2118E（M）等。

TMPA88××系列超级芯片掩膜后命名为 CH08T0602、CH08T0605、CH08T0608、CH08T0610，多应用于大屏幕彩电中，代表机型有 SF2518E、SF2591（G）、SF2566E、SF2970E、SF2970EF、SF2991E、SF2966E、SF3418E、SF3418EF、SF3466E、PF2518E、PF2518E（N）、PF2591E、PF2593E、PF2918E、PF2918E（N）、PF2925E、PF2928E、PF2955E、PF29556、PF2993E、PF29S18、PF3418E、PF3418E（N）、PF3493E、HD25933、HD29933、HD29D80E、HD29D80E（F14）、HD29966、H29D80E（F14）、H34D80E 等。

在长虹 CN-18 机心中，CH08T0601、CH08T0604、CH08T0606 或 CH08T1601、CH08T1602、CH08T0609 的自定义引脚功能和维修数据见表 2-23，CH08T0602、CH08T0608 的自定义引脚功能和维修数据见表 2-24，CH08T0607 的自定义引脚功能和维修数据见表 2-25。

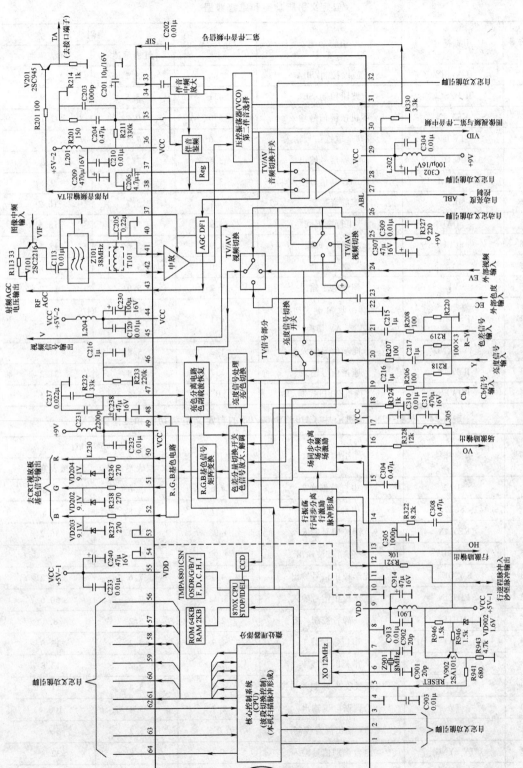

图 2-2 TMPA88×× 系列超级单片电路的内、外电路与信号流程

36

表 2-23　长虹 CN-18 机心中 CH08T0601/04/06 或 CH08T1601/02、CH08T0609 的
自定义引脚功能和维修数据

引脚号	引脚符号	引脚功能	电压/V	电阻/kΩ	
				红表笔测	黑表笔测
1	U/V/SDA	波段控制/SDA	0	5.5	8.9
2	L/H/SCL	波段控制/SCL	4.1	5.5	8.9
3	KEY IN	本机按键信号输入	5.0	0.8	2.1
26	TV IN	视频全电视信号输入	2.6	7.5	9.3
28	AUDIO OUT N	音频信号输出	3.5	7.3	8.8
32	EXT AUDIO IN	外部音频信号输入	3.0	7.5	9.1
56	MUTE	静音控制	0	5.7	16.2
57	SDA1	串行数据线	4.9	5.2	18.5
58	SCL1	串行时钟线	4.9	5.6	18.5
59	SYS	制式控制	5.0	5.9	21.2
60	VT	调谐电压输出	1.2	5.9	18.2
61	M SW/AV	中频吸收 M 制式切换或 AV 切换	4.1	5.6	21.2
62	TV SYNG	同步信号输入	1.2	5.8	11.1
63	RMT IN	遥控信号输入	4.7	5.8	21.2
64	POWER	待机/开机控制	0	5.6	11.1

表 2-24　长虹 CN-18 机心中 CH08T0602/08 的自定义引脚功能和维修数据

引脚号	引脚符号	引脚功能	电压/V	电阻/kΩ	
				红表笔测	黑表笔测
1	SDA2	串行数据线 2	4.6	5.6	9.8
2	SCL2	串行时钟线 2	4.7	5.8	9.8
3	KEY IN	键控信号输入	4.98	1.2	36.2
26	FSC OUT	彩色副载波输出	1.92	7.6	∞
28	EW OUT	枕形校正信号输出	4.4	7.6	48.2
32	EHT IN	高压校正信号输入	3.42	7.6	50.6
56	MUTE	静音控制	2.0	5.2	8.6
57	SDA1	串行数据线 1	4.9	5.2	13.8
58	SCL1	串行时钟线 1	4.9	5.2	13.8
59	SYS1	中频吸收及 M 制式切换	4.9	5.4	11.6
60	TV	调谐电压输出	2.7	5.4	100.4
61	MUTE	AV 输出静音控制	0	5.2	∞
62	TV SYNG	电台识别信号输入	4.2	4.8	32.8
63	RMT IN	遥控信号输入	4.9	4.8	∞
64	POWER	开/待机控制	0	4.8	7.2

表 2-25　长虹 CH-18 机心中 CH08T0607 的自定义引脚功能和维修数据

引脚号	引脚符号	引脚功能	电压/V	电阻/kΩ	
				红表笔测	黑表笔测
1	KEY	键控信号输入	4.9	7.6	35.4
2	M SW	M 与非 M 制伴音切换	0.1	7.4	12.2
3	AV	AV 切换	0	3.8	3.8
26	FSC OUT	色副载波信号输出	19	7.6	∞
28	EW OUT	枕形校正信号输出	4.8	7.4	46.8
32	EHT IN	高压检测信号输入	3.2	7.6	56.8
56	BAND	波段切换	2.1	2.2	2.2
57	SDA	串行数据线	4.9	6.8	12.4
58	SCL	串行时钟线	4.9	6.8	12.4
59	VOL	音量控制	4.9	5.6	∞
60	VT	调谐电压输出	2.6	6.8	100.4
61	MUTE	静音控制	0	5.4	12.4
62	TV SYNC	图像同步信号输入	4.3	5.4	33.8
63	RMT IN	遥控信号输入	4.9	5.6	17.6
64	POWER	开/待机控制	0	4.8	5.6

长虹 CH-18 机心 1 中采用 TMPA8803 的机型有 SF1498E、SF2170E；采用 CH08T0609 的机型有 SF2191E、SF2139E（G）、PF2139E；TMPA8823/CH08T1604 的 1、2 脚分别为 SDA、SCL 端，适用机型有 PF2118E、PF2193E、SF2191E、SF2118E、PF2191E（F08）。以上超级单片电路待机时的 64 脚电压为 2.7V。

长虹 CH-18 机心 2 的适用机型有 PF2591E、SF2591E、PF2991E、SF2991E、PF2918E、PF3418E、HD29988、HD34988 等；待机时，64 脚电压为 2.9V；除 CHT0602 可与 CHT0608 互换外，其他芯片不能互换。

长虹 CH-18 机心 3 的适用机型有 SF2566E、PF3493E、PF2955E、HD29D80E、HD29966、PF29556、SF2996E 等。部分机型的伴音功率放大电路采用 TDA8944AJ，则 CH08T0607 的 59 脚输出音量控制信号送往 TDA8944AJ 的 13 脚；部分机型设有音效处理块，则伴音功率放大电路采用不带音量控制的 TDA8944J，音量控制通过总线控制音效块实现，此时 CH08T0607 的 59 脚为空脚。

3. 康佳超级彩电应用 TMPA88×× 系列超级单片电路时的自定义引脚功能和维修数据

康佳 SE 系列大屏幕彩电采用超级单片电路 TMPA8809（TMPA8829）或 TMPA8807、TMPA8827，掩膜后的型号为 CKP1302S，自定义引脚功能和维修数据见表 2-26；小屏幕彩电采用超级单片电路 TMPA8823，掩膜后的型号为 CKP1303S，自定义引脚功能和维修数据见表 2-27。

适用机型有 A21SE090、A14SE086、P21SEOTI、P21SE072、P21SE281、T21SE358、P21SE151、P29SE072、P25SE072、P25SE071、P25SE051、P25SE282、T25SE073、T25SE120、P29SE072、P29SE077、P29SE151、P29SE281、P29SE282、P29SE073、P29SE391、P25SE151、T25SE267、T25SE358、P31SE292、P34SE138、P25TE282、

P21TE358 等。

表 2-26　康佳 SE 系列大屏幕彩电中 TMPA8809/29/07/27（CKP1302S）的自定义引脚功能和维修数据

引脚号	引脚符号	引脚功能	电压/V	电阻/kΩ	
				红表笔测	黑表笔测
1	P61	TV/AV1/AV2/S 状态切换 1	4.7	4.4	14.6
2	P60	TV/AV1/AV2/S 状态切换 2	4.7	4.2	14.6
3	P53	键控信号输入	—	1.2	4.4
26	FSC-OUT	色副载波输出	1.9	6.4	27.2
28	BLOUT	东西枕校信号输出	5.0	5.2	12.4
32	EHT-IN	EHT 反馈信号输入	0	6.8	16.6
56	POW P56	开/待机控制	1.5	3.4	6.2
57	P52-SDA	串行数据线	4.5	6.8	14.2
58	P51-SCL	串行时钟线	4.6	6.8	14.2
59	SYNC P50	保护性自动关机控制	4.5	3.8	16.2
60	SW1 P40	D-A 变换 PWM 输出（未用）	4.9	4.6	13.8
61	B1 P20	白平衡调整输出	4.6	7.2	14.4
62	Y P31	同步识别信号输入	4.2	6.2	12.4
63	REM P30	遥控信号输入	4.16	6.2	18.8
64	MUTE P63	静音控制	0	5.6	15.8

表 2-27　康佳 SE 系列小屏幕彩电中 TMPA8823（CKP1303S）的自定义引脚功能和维修数据

引脚号	引脚符号	引脚功能	电压/V	电阻/kΩ	
				红表笔测	黑表笔测
1	AV1	TV/AV1/AV2/S 状态切换 1	4.6	4.2	15.2
2	AV2	TV/AV1/AV2/S 状态切换 2	4.6	4.2	15.2
3	KEY	键控信号输入	—	1.2	3.8
26	TV-IN-IVPP	电视视频信号输入	1.9	3.6	14.6
28	AUDIO OUT	音频信号输出	5.0	6.4	24.5
32	EXT AUDIO	外部音频信号输入	0	9.2	28.2
56	POWER	开/待机控制	4.5	3.4	6.2
57	SDA	串行数据线	4.5	6.4	13.6
58	SCL	串行时钟线	4.6	6.4	13.6
59	SAFE	高压/束电流检测输入	4.4	4.4	14.2
60	VT	调谐电压输出	5.0	6.2	18.2
61	P/N	制式切换控制	4.6	6.2	18.6
62	SYNC	同步识别信号输入	4.2	6.4	11.6
63	PEM	遥控信号输入	4.2	6.2	19.8
64	MUTE	静音控制	0	5.4	15.8

在康佳 SE 系列大屏幕彩电中，TMPA8807PSN、TMPA8827PSN、TMPA8809CPN、TM-PA8829CPN 的脚位及功能相同，可互换。因软件有差异，互换后应进入总线对相关项目进

行调整。适用机型：P29SE072、P25SE072、P25SE051、P25SE282、T25SE073、T25SE120、P29SE077、P29SE151、P29SE281、P29SE282、1729SE073、FMSE138 等。待机时，56 脚电压为 0V；静音时，64 脚电压为 2.8V。

在康佳 SE 系列小屏幕彩电中 TMPA8823（CKP1303S）自定义引脚功能和维修数据中，适用机型：E282、T21SE358、A21SE090、A14SE086 等。

4. 海信超级彩电应用 TMPA88××系列超级单片电路时的自定义引脚功能和维修数据

海信小屏幕东芝 UOC 机心彩电中，采用 TMPA8803 或 TMPA8823，掩膜后型号为 HISENSE8803、HISENSE8823，自定义引脚功能和维修数据见表 2-28，适用机型有 TC2102A、TC2106A/D/G/H、TC2107A/H、TC2111A/G/D、TC2118H、TF2106A、TF2107H 等。

在海信大屏幕东芝 UOC 机心彩电中，部分采用 TMPA8807、TMPA8809 或 TMPA8829，掩膜后型号为 HISENSE8829-17、HISENSE8829-2，自定义引脚功能和维修数据见表 2-29，适用机型有 TC2502D、TC2506D、TC2507H、TC2902HD、TC2918D、TC2918H、TF2502D、TF2506A、TF2900D、TF2918H、TF3406D 等。

海信大屏幕东芝 UOC 机心彩电中，部分采用 TMPA8857 或 TMPA8859，掩膜后的型号为 HISENSE8859-3，自定义引脚功能和维修数据见表 2-30，适用机型有 TC2507DH、TC2902DH、TC2919H、TC2918DH、TC3419H、TF2507DH、TF2902DH、TF2906DH、TF2918DH、TF2977DH、TF2919H、TF2919DH、TF2968H、TF3406DH 等。

海信 G2 机心，采用 TMPA8873、TMPA8879，掩膜后命名为 HISENSE8873 或 HISENSE8879，自定义引脚功能和维修数据见表 2-31，适用机型有 TC2108、TC2119D、TC2176、TC21R08N、TC21R76N、TC2508D、TC2576、TC2576X、TC25R08N、TF2108、TF2176H、TF2188、TF21R08N、TF21R68N、TF21R08N、TF21R68NX、TF21S76N、TF2508D、TF2576、TF25R08N、TF25R68X、TF25R69、TF25R76N、TF2908C、TF2908D、TF2988GD、TF29R08N 等。

表 2-28　海信 UOC 机心小屏幕彩电中 TMPA8803/8823（HISENSE8803/8823）的自定义引脚功能和维修数据

引脚号	引脚符号	引脚功能	电压/V	电阻/kΩ	
				红表笔测	黑表笔测
1	LNA	超强接收控制	0	4.6	8.4
2	KEY	按键信号输入	5.0	5.2	12.2
3	BAND	波段控制	0.6	5.6	11.4
26	TV IN	视频信号输入	2.6	8.2	10.6
28	AU OUT	音频信号输出	3.5	4.6	9.8
32	EXT AUDIO	外部音频信号输入	4.3	9.4	12.2
56	MUTE	静音控制	0	5.6	5.8
57	SDA	串行数据线	5.0	5.8	9.0
58	SCL	串行时钟线	5.0	5.8	9.0
59	SYSIEM	制式控制端	0.9	4.6	6.2
60	VT OUT	调谐电压输出	2.5	7.4	10.8

（续）

引脚号	引脚符号	引脚功能	电压/V	电阻/kΩ	
				红表笔测	黑表笔测
61	AVSW	AV 开关	5.0	4.2	11.4
62	TV SYNC	视频同步信号输入	4.4	7.6	12.2
63	RMT IN	遥控信号输入	1.9	6.8	11.2
64	POWER	开/待机控制	2.9	4.6	6.2

表 2-29 海信 UOC 机心大屏幕彩电中 TMPA8807/8809/8829（HISENSE8829-17/8829-2）的自定义引脚功能和维修数据

引脚号	引脚符号	引脚功能	电压/V	电阻/kΩ	
				红表笔测	黑表笔测
1	LNA	超强接收控制端	5.0	6.2	13.4
2	KEY	按键信号输入	4.8	1.0	2.2
3	BS	波段控制	2.4	3.6	6.8
26	CW OUT	空脚	1.9	7.2	16.6
28	EW-OUT	东西校正信号输出	4.2	4.5	11.6
32	EHT IN	高压信号输入	3.9	6.4	12.2
56	MUTE	静音控制	0	5.4	5.6
57	SDA1	串行数据线 1	4.3	6.6	9.6
58	SCL1	串行时钟线 1	4.3	6.6	9.6
59	GEDMAG	地磁校正信号输出	2.8	3.1	4.2
60	VTADG/POWER	调谐电压输出	4.5	7.2	10.2
61	YV SELECT	亮度/色度信号选择	0	5.2	5.2
62	TV SYNC	视频同步信号输入	4.3	7.2	11.2
63	RMT IN	遥控信号输入	4.8	6.8	11.4
64	POWER/SDAJ	待机控制脚/数据线 3	1.7	3.6	4.2

表 2-30 海信 UOC 机心大屏幕彩电中 TMPA8857/8859（HISENSE8859-3）的自定义引脚功能和维修数据

引脚号	引脚符号	引脚功能	电压/V	电阻/kΩ	
				红表笔测	黑表笔测
1	AV	TV/AV 切换	0	4.6	12.4
2	KEY	键控信号输入	4.96	1.2	2.6
3	AV1/AV2	AV1/AV2 切换	0	6.8	10.4
26	CW OUT	色副载渡输出	1.94	9.2	12.4
28	EW OUT	东西校正信号输出	4.36	9.4	12.6
32	EHT IN	EHT 反馈信号输入	4.28	10.2	14.6
56	MUTE	静音控制	0	5.6	5.2
57	SDA1	串行数据线 1	4.9	6.2	9.4
58	SCL1	串行时钟线 1	4.9	6.2	9.4

引脚号	引脚符号	引脚功能	电压/V	电阻/kΩ 红表笔测	电阻/kΩ 黑表笔测
59	GEOMA	地磁校正信号输出	2.4	3.1	4.2
60	VOL	音量控制	0.07	2.4	2.6
61	SYS	声表面制式切换	2.4	3.6	6.4
62	TV SYNC	视频同步信号输入	4.5	7.4	11.4
63	RMT IN	遥控信号输入	4.6	6.6	11.2
64	POWER	开/待机控制	1.1	3.6	3.6

表 2-31　海信 G2 机心中 TMPA8873/8879（HISENSE8873/8879）的自定义引脚功能和维修数据

引脚号	引脚符号	引脚功能	电压/V	电阻/kΩ 红表笔测	电阻/kΩ 黑表笔测
1	LNA/SDA1	串行数据线 1	4.9	5.8	9.0
2	KEY	按键输入	0	1.2	2.6
3	BAND/SCL1	串行时钟线 1	4.9	5.8	9.0
26	TV-IN	视频信号输入	2.5	8.2	10.6
28	AU-OUT-1	左声道音频信号输出	3.1	4.6	9.8
32	EXT-AU-2	外部右声道音频信号输入	4.0	9.4	12.2
56	MUTE	静音控制	0	5.6	5.2
57	SDA0	串行数据线 0	4.9	6.2	9.4
58	SCL0	串行时钟线 0	4.9	6.2	9.4
59	SYSTEM	制式控制输出	4.9	4.6	6.2
60	VT/50/60	50Hz/60Hz 场幅度切换	4.9	7.2	10.2
61	AV/SW	AV/TV 切换	0	4.2	11.4
62	H-SYNC	行同步信号输入	4.4	7.2	11.2
63	RMT-IN	遥控信号输入	5.0	6.6	11.4
64	POWER	开/关机控制	0.02	3.6	3.8

5. 海尔超级彩电应用 TMPA88××系列超级单片电路时的自定义引脚功能和维修数据

海尔采用 TMPA8801、TMPA8803、TMPA8807、TMPA8809、TMPA8823、TMPA8829、TMPA8830 超级单片彩电开发了系列超级单片彩电，其中采用 TMPA8803 芯片的代表机型有 21T6D-T、HS-2190 等。

采用 TMPA8807、TMPA8809 超级单片彩电的代表机型有 25T6D-TD、29F7A-T、29F8D-T、29F6H-B、29T6B-T、32P2A-P、34F2A-T、34F5D-T、34F9A-T、34F9B-TD、34P2A-T、34P9A-T、34P9B-TD、34T2A-T、34P2A-P、34P2A-P、HP-3499 等。

TMPA8823 超级单片彩电掩膜后命名为 HAIER8823，根据掩膜程序的不同，又可分为 HAIER8823-V1.0、HAIER8823-V2.0、HAIER8823-V3.0 和 HAIER8823-V4.0 四种不同版本，四种版本的总线调整方法相同，仅总线数据不同，代表机型有 21F98、21FV6H-B、21T6B-TD、37T6D-T、21F9D-T、21F9K-T、21F5A-T、25F8A-T、25T9D-T、28F8A-T、25F9D-T、HS-2198、RGBTV-21TA、21F5D-T、21T5A-IT、21T5D-T、21T7A-T、21T9G-T、HS-2596、

HT-2588B、 HT-2599、 25F5D-T、 25T7A-T、 25T9G-S、 25T5D-T、 21T6D-T、 15F6B-T、21F3A-T、 HS-2198、 21F5D-T、 21FA6-T、 21F9G-S、 21T5A-T、 21T6D-T、 21F8K-T、25FV6H-B、25T5D-T、25T8D-S、25T8K-T 等。

采用 TMPA8829、TMPA8859、TMPA8879 的代表机型有 29F5A-T、29F7A-T、24FV6H-B、34F5D-T、34P2A-P、25T3A-T、25T6D-TD、25F3A-T、25F9K-P、29F9K-TD、25F9K-T、29F9G-S、29F9D-T、34P9A-T、25FV6-A8、29FA18-T、29FIA12-AM、29F6D-T、29FA1-T、29FA10-T、29FA12-TF、29FV6H-B、34FV6H-B、34FV6-A8 等；采用 TMPA8830 的代表机型有 15F6B-T 等。

海尔大屏幕 UOC 机心彩电中 TMPA8807、TMPA8809 的自定义引脚功能和维修数据见表2-32，海尔小屏幕 UOC 机心彩电中 TMPA8801、TMPA8803、TMPA8823 的自定义引脚功能和维修数据见表2-33，TMPA8829、TMPA8859、TMPA8879 的自定义引脚功能和维修数据见表 2-34。

表 2-32　海尔大屏幕 UOC 机心彩电中 TMPA8807/8809 的自定义引脚功能和维修数据

引脚号	引脚符号	引脚功能	电压/V	电阻/kΩ	
				红表笔测	黑表笔测
1	POWER DET	CPU 供电检测	4.5	2.1	0.9
2	LED/SCL3	工作状态指示输出	3.6	2.1	0.9
3	KEY	本机键控输入	5.0	0.8	0.6
26	CK OUT	基准时钟输出	1.1	2.0	0.8
28	EW OUT	东西枕校信号输出	3.0	1.7	0.8
32	EHT	EHT 取样电平输入	8.2	0.7	0.7
56	MUTE	静音控制输出	0	2.2	0.8
57	SDA1	串行数据输入/输出 1	4.9	12.7	8.6
58	SCL1	串行时钟输出 1	4.7	12.7	8.6
59	SDA2	串行数据输入/输出 2	4.6	12.7	8.2
60	VT	调谐输出	2.3	9.6	1.2
61	SCL2	串行时钟输出 2	4.8	12.6	8.2
62	SYN2	同步信号输入	0.2	7.2	1.1
63	RMT IN	遥控信号输入	5.0	6.8	1.1
64	POWER	开关机输出	0	6.1	0.9

表 2-33　海尔小屏幕 UOC 机心彩电中 TMPA8801/8803/8823 的自定义引脚功能和维修数据

引脚号	引脚符号	引脚功能	电压/V	电阻/kΩ	
				红表笔测	黑表笔测
1	UV	波段 U/V 切换	0	2.4	1.2
2	LH	波段 H/L 切换	0	2.6	1.2
3	KEY IN	按键信号输入	4.9	0.8	6.6
26	TV IN	电视视频信号输出	2.2	3.8	2.4
28	AUDIO OUT	伴音音频信号输出	3.4	4.6	2.8
32	EXT AUDIO	外部音频信号输入	0.6	4.8	2.6

（续）

引脚号	引脚符号	引脚功能	电压/V	电阻/kΩ	
				红表笔测	黑表笔测
56	MUTE	静音控制	0	2.4	0.8
57	SDA	串行数据线	4.4	12.6	8.4
58	SCL	串行时钟线	4.4	12.6	8.4
59	—	空脚	—	—	—
60	VT	调谐电压输出	2.6	9.6	1.2
61	AV SW	AV1/AV2 切换	0	2.8	1.6
62	TV SYNC	同步识别信号输入	0.2	7.4	1.4
63	RMT IN	遥控信号输入	4.8	7.2	1.4
64	POWER	开/待机控制	0	6.4	1.2

表 2-34　海尔大屏幕 UOC 机心彩电中 TMPA8829/8859/8879 的自定义引脚功能和维修数据

引脚号	引脚符号	引脚功能	电压/V	电阻/kΩ	
				红表笔测	黑表笔测
1	KEY	按键信号输入	0	0.8	6.6
2	SIF	SIF 输入频率控制	2.4	4.3	7.5
3	AV1/AV2	AV 输入控制	2.4	2.8	1.6
26	CW OUT	色副载渡输出	2.0	9.2	12.4
28	EW OUT	枕形校正信号输出	4.2	7.6	48.2
32	EHT IN	高压反馈输入	3.9	4.8	2.6
56	MUTE	静音控制	0	2.4	0.8
57	SDA	串行数据线	5.2	12.6	8.4
58	SCL	串行时钟线	5.2	12.6	8.4
59	GEROMA	音效控制输出	2.3	6.2	8.9
60	VOL	音量调整输出	4.0	5.6	∞
61	SYS	声表面制式切换	4.5	3.6	6.4
62	TV SYNC	同步识别信号输入	4.5	7.2	1.1
63	RMT IN	遥控信号输入	4.7	6.8	1.1
64	POWER	开/关机控制	1.1	6.1	0.9

6. 创维超级彩电应用 TMPA88××系列超级单片电路时的自定义引脚功能和维修数据

创维采用 TMPA8803、TMPA8823、TMPA8807、TMPA8809、TMPA8829、TMPA8873 开发了 3T30、3T36、4T30、4T36、5T30、5T36、3T60、4T60、3T66、4T66 机心。3T30 机心的适用机型有 21NFMK、21TI9000、21TR9000、21TN9000、21NS9000、21TMMS 等；3T36 机心的适用机型有 21N66AA、21T66AA、21TR9000 等；4T36 机心的适用机型有 25TM9000 等；4T30 机心的适用机型有 25N66AA、25TM-9000 等；5T30 机心的适用机型有 29T68AA、29T66AA 等；5T36 机心的适用机型有 29SM9000、29SP9000 等；3T60 机心的适用机型有 21N66AA、21T66AA 等；4T60 机心的适用机型有 29D98AA、29T66AA、29T68AA、29T91AA、25T15AA、15N15AA 等；3T66 机心的适用机型有 21U16HN、21T16HN、

24D16HN 等；4T66 机心的适用机型有 29T16HN 等。

创维 3T30、3T36、4T36 机心中采用的 TMPA8803、TMPA8809、TMPA8823CSN 的自定义引脚功能和维修数据见表 2-35，创维 4T30、5T30、5T36 机心中采用的 TMPA8809CSN 或 TMPA8829CSN 的自定义引脚功能和维修数据见表 2-36。

表 2-35　创维 3T30/3T36/4T36 机心中 TMPA8803/09/23CSN 的自定义引脚功能和维修数据

引脚号	引脚符号	引脚功能	电压/V	电阻/kΩ	
				红表笔测	黑表笔测
1	AV1/AV2	AV1/AV2 控制	4.6	7.0	11.0
2	MUTE	静音控制	0	7.0	11.0
3	KEY IN	按键信号输入	0.3	7.0	9.4
26	VI IN	电视视频信号输入	2.0	9.7	12.8
28	AU OUT	伴音音频信号输出	3.5	9.4	11.0
32	EXT AU IN	外部音频信号输入	3.2	10.0	12.0
56	BANDO	波段控制	4.8	5.6	6.0
57	SDA	串行数据线	4.6	6.2	10.8
58	SCL	串行时钟线	4.6	6.8	10.8
59	VOL	音量控制	2.3	2.2	2.4
60	VT	调谐电压输出	4.6	7.5	11.8
61	BAND	波段控制	0.1	5.0	5.1
62	H SYNC	同步识别信号输入	3.5	7.4	11.2
63	RMT IN	遥控信号输入	4.2	7.2	12.0
64	POWER	开/待机控制	0.1	3.5	3.5

表 2-36　创维 4T30/5T30/5T36 机心中 TMPA8809CSN/8829CSN 的自定义引脚功能和维修数据

引脚号	引脚符号	引脚功能	电压/V	电阻/kΩ	
				红表笔测	黑表笔测
1	AV1/AV2	AV1/AV2 控制	4.8	7.2	11.2
2	TV/AV	TV/AV 控制	0	7.4	11.4
3	KEY IN	按健信号输入	0.3	7.2	9.2
26	CW OUT	色副载波输出	2.2	9.8	12.8
28	EW-OUT	东西枕校信号输出	3.4	9.4	11.2
32	EHT IN	EHT 检测信号输入	3.2	10.2	12.2
56	BAND	波段切换	4.8	5.6	6.2
57	SDA	串行数据线	4.6	6.2	10.8
58	SCL	串行时钟线	4.6	6.8	10.8
59	VOL	音量控制	2.2	2.2	2.4
60	VT	调谐电压输出	4.6	7.4	12.2
61	MUTE	静音控制	0.1	4.8	5.4
62	H SYNC	同步识别信号	3.5	7.4	11.4
63	RMT-IN	遥控信号输入	4.4	7.2	12.2
64	POWER	开/待机控制	0.1	3.6	3.6

提示：在创维 3T30/3T36/4T36 机心中，部分机型中，1 脚为 S 端子亮度输入端，28 脚为枕校信号输出端，61 脚为 50Hz/60Hz 场频识别端。

7. 厦华超级彩电应用 TMPA88××系列超级单片电路时的自定义引脚功能和维修数据

厦华公司采用 TMPA8829、TMPA8807 开发了 W 系列彩电，代表机型有 W2935、W3416、W3430 等。它们的自定义引脚功能和维修数据见表 2-37、表 2-38。

表 2-37　厦华 W 系列彩电中 TMPA8829 的自定义引脚功能和维修数据

引脚号	引脚符号	引脚功能	电压/V	电阻/kΩ	
				红表笔测	黑表笔测
1	SCL2	串行时钟线 2	4.5	6.4	4.2
2	SDA2	串行数据线 2	3.1	6.4	4.2
3	KEY	按键信号输入	4.9	1.2	1.8
26	CW OUT	色副载波输出	0.8	4.2	8.6
28	EW-OUT	东西枕校信号输出	4.9	2.4	6.2
32	EHT IN	高压反馈信号输入	3.5	3.6	6.8
56	MUTE	静音控制	0	2.8	1.2
57	SDA1	串行数据线 1	4.9	12.6	7.6
58	SCL1	串行时钟线 1	4.9	12.6	7.6
59	M SW	M 制陷波切换	2.4	12.4	2.2
60	VT	调谐电压输出	3.2	9.4	1.2
61	AV	AV 输出静音控制	4.9	6.4	1.6
62	H SYNC	视频同步信号输入	4.6	7.2	1.4
63	RMT-IN	遥控信号输入	0.3	7.2	1.4
64	POWER	开/待机控制	0	6.4	1.4

表 2-38　厦华 W 系列彩电中 TMPA8807 的自定义引脚功能和维修数据

引脚号	引脚符号	引脚功能	电压/V	电阻/kΩ	
				红表笔测	黑表笔测
1	SCL	串行时钟线	4.5	6.2	4.0
2	SDA	串行数据线	3.1	6.2	4.0
3	KEY	按键信号输入	5.1	1.0	1.9
26	CW OUT	色副载波输出	0.8	4.1	8.4
28	E/W OUT	东西枕校信号输出	5.2	2.5	6.0
32	EHT IN	高压反馈信号输入	3.5	3.5	6.5
56	MUTE	静音控制	0	2.7	1.1
57	SDA1	串行数据线 1	5.1	12.2	7.5
58	SCL1	串行时钟线 1	5.1	12.2	7.5
59	ROT	ROT 控制输出	2.4	12.0	2.1
60	VT	调谐电压输出	3.2	9.5	1.2
61	ON-TIMER	定时控制输出	5.2	6.5	1.6

（续）

引脚号	引脚符号	引脚功能	电压/V	电阻/kΩ	
				红表笔测	黑表笔测
62	TV SNC	同步信号输入	4.8	7.0	1.5
63	RMT-IN	遥控信号输入	0.3	7.0	1.5
64	POWER	开/待机控制	0	6.0	1.5

8. TCL 超级彩电应用 TMPA88××系列超级单片电路时的自定义引脚功能和维修数据

TCL 公司应用 TMPA88××系列超级单片电路开发了 S11、S12、S13、S21、S22、S23 机心超级彩电和 N21、N22 机心高清彩电，且掩膜成了多个型号，如 TMPA8803 被掩膜成了 13-S9903C-PNP、TCL-AI0A01、TCL-A04V01，TMPA8809 被掩膜成 13-PA88-09/73-PSP，TM-PA8823 被掩膜成 13-A04V02-TOP、13-A01V14-TOP、13-T00S12-03M00。TMPA8829 被掩膜成 13-A01V10-TOP，TMPA8859 被掩膜成 13-A01V15-TOP。

S11、S12 机心的适用机型有 N14K6、N21B1、N21K3、21228NG、NT21281C、NT21806、NT21A41、NT21A51C、NT21A52、NT21A61、NT21A71、NT21A71A、NT21A81、AT21S135、AT21S179、AT21S192、AT2127、AT2175、AT2175/S、AT21179G、AT21206、AT21207、AT21211、AT21211F、AT21228、AT21228F、AT21230、AT21230F、AT21231、AT21231F、AT21266B、AT21281、AT21281F、AT21288、AT21288F、AT21355G 等。

S13 机心的适用机型有 NT21A71A、NT21A71B、N14K6B、1475S、N21K2B、N21G6B、21A2B、N21B6JB、21G6B、21V8B、21V1B 等。

S21 机心的适用机型有 AT25211、AT2575S、AT25106、AT25266B、AT25211B、AT25230、AT25207、AT25281、AT25281S、AT25288、AT25S135、AT25S168、AT25192、AT25S192、AT29S168B、AT29S168、AT29168、AT2918AE、AT29228、AT29211、AT29211SD、AT29228、AT29281、AT29266B、AT2960、AT29288、AT34106、AT34266B、AT3488、AT3488S、AT34106S、25V1、29A1、29A1P、34A1P、29V1、34V1 等。

S22 机心的适用机型有 NT25A61、25B2、25V1、2981、2982、29V8、AT25228、AT25211、AT25266B、AT25288、NT25281C、NT25A51C、NT25A52、NT25A41、NT25A61、NT25A71、NT25A81、NT25B06、NT25B5L、NT25B5L、AT29266B、AT29228、NT29228、AT29281、N25K1、N25K2、N25K3、N25B2、N25B6J、N25G6、N2982、NT29A51、NT29A51C、AT34266B、S29B2、S29K1、S29G6L、S34A1、34V1、29V1、29G6 等。

S23 机心的适用机型有 N25G6B、AT25228、N25B6JB、NT25C06、25G6B、NT25A71A、25A2B、25V1B、25V8B、AT25211、29G6B、29A2B、29V1B、AT29211、29V8B、AT29281、34A3A 等。

N21 机心的适用机型有 HID29189PB、HID29206P、HID29181H、HID29228、HID29189、HID29166PB、HID29276PB、HID29181PB、HID34181H、HID34181PB、HID34189PB、HID34276PB、29V1P、34V1P 等。

N22 机心的适用机型有 HID25181H、HID29189H、HID29158SP、HID29206PB、HID29189PB、HID29276PB、HID29276H、HID29A21、HID34189H、HID34158PB、HID34189PB、HID34276PB、HID29228、HID34276H、34V1P 等。

TCL 彩电 S11、S12、S13、S21、S22、S23 机心中 TMPA8807、TMPA8809 的自定义引脚

功能和维修数据见表 2-39，TMPA8803CSN 或 TMPA8823CSN 的自定义引脚功能和维修数据见表 2-40，TMPA8809CNP、TMPA8829CNP 的自定义引脚功能和维修数据见表 2-41，TMP8829 的自定义引脚功能和维修数据见表 2-42，TCL N21 或 N22 机心中 TMPA8827 的自定义引脚功能和维修数据见表 2-43。

表 2-39　TCL S11、S12、S13、S21、S22、S23 机心中 TMPA8807/09 的自定义引脚功能和维修数据

引脚号	引脚符号	引脚功能	电压/V	电阻/kΩ	
				红表笔测	黑表笔测
1	A-det	音频检测输入	4.4	0.9	2.1
2	KEY	键控信号输入	3.6	0.9	2.1
3	HI-FI	黑电平输出	4.9	0.6	0.8
26	FSC OUT	色副载波输出	1.1	0.8	1.9
28	EW-OUT	东西枕校信号输出	3.2	0.8	1.6
32	EHT-IN	EHT 反馈信号输入	8.2	0.7	0.7
56	BAND	波段切换	4.9	0.8	2.2
57	SDA	串行数据线	4.9	8.4	12.6
58	SCL	串行时钟线	4.7	8.4	12.6
59	AV-SW	TV1/AV1/AV2 切换	4.9	8.4	12.6
60	VT	调谐电压输出	3.3	1.2	9.6
61	EXT-MUTE	静音控制	4.8	7.8	12.4
62	TV-SYNE	同步识别信号输入	4.4	1.2	7.2
63	RMT-IN	遥控信号输入	4.8	1.2	6.8
64	STD-BY	开/待机控制	3.6	0.8	6.2

表 2-40　TCL S11、S12、S13、S21、S22、S23 机心中 TMPA8803CSN/23CSN
的自定义引脚功能和维修数据

引脚号	引脚符号	引脚功能	电压/V	电阻/kΩ	
				红表笔测	黑表笔测
1	U/V	U/V 频段切换	4.6	1.2	2.4
2	RAY	电源输出过电压保护检测	0	2.4	6.5
3	KEY	键控信号输入	4.4	1.2	2.2
26	TV-IN	电视视频信号输入	2.6	2.8	4.4
28	AUDIO-OUT	伴音音频信号输出	3.6	3.2	5.6
32	EXT-AUDIO	外部音频信号输入	3.5	4.6	8.2
56	MUTE	静音控制	0	7.6	12.6
57	SDA	串行数据线	4.8	8.2	12.6
58	SCL	串行时钟线	4.8	8.2	12.6
59	P/N	制式控制	0	1.2	2.4
60	VT	调谐电压输出	4.2	1.4	9.6
61	L/H	L/H 频段切换	0	1.2	2.4
62	TV-SYNC	同步识别信号输入	4.2	1.2	7.4
63	RMT-IN	遥控信号输入	4.4	1.2	6.8
64	STD BY	开/待机控制	1.5	0.8	6.2

表 2-41 TCL S11、S12、S13、S21、S22、S23 机心中 TMPA8809CNP/29CNP
的自定义引脚功能和维修数据

引脚号	引脚符号	引脚功能	电压/V	电阻/kΩ	
				红表笔测	黑表笔测
1	TV/AV	TV/AV 控制	5.0	1.4	2.6
2	X-RAY	保护信号输入	0	2.4	6.2
3	KEY	键控信号输入	0	1.2	2.2
26	FSC-OUT	色副载波输出	4.7	7.6	26.2
28	EW-OUT	东西枕校信号输出	3.8	7.2	28.6
32	EHT-N	EHT 信号输入	8.1	7.2	27.6
56	MUTE	静音控制	0	7.4	12.4
57	SDA0	串行数据线 0	4.6	8.2	12.6
58	SCL0	串行时钟线 0	4.8	8.2	12.6
59	SDA1	串行数据线 1	4.9	7.8	11.4
60	SCL1	串行时钟线 1	4.5	7.8	11.4
61	AV1/TV1	AV1/AV2 切换	4.5	1.2	2.4
62	TVSYNC	同步信号输入	4.8	1.3	7.6
63	RMFIN	遥控信号输入	4.9	1.4	6.6
64	STD-BY	开/待机控制	0	1.2	5.8

表 2-42 TCL S11、S12、S13、S21、S22、S23 机心中 TMP8829 的自定义引脚功能和维修数据

引脚号	引脚符号	引脚功能	电压/V	电阻/kΩ	
				红表笔测	黑表笔测
1	A-det	音频检测输入	4.4	2.4	6.4
2	KEY	键控信号输入	3.6	1.4	2.4
3	HI-FI	黑电平输出	4.9	2.6	4.6
26	FSC-OUT	色副载波输出	4.1	7.6	28.4
28	EW-OUT	东西扰校信号输出	3.6	7.2	26.8
32	EHT-N	EHT 反馈信号输入	8.2	7.8	28.6
56	MUTE	外部音频信号静音	4.9	7.6	12.8
57	SDA	串行数据线	4.7	7.8	12.4
58	SCL	串行时钟线	4.6	7.8	12.4
59	VOL	音量控制	4.7	1.2	2.6
60	AV2	AV2 切换	0	1.2	2.4
61	AV1	AV1 切换	0	1.2	2.4
62	TV SYNC	同步识别信号输入	4.7	1.2	7.6
63	RMT-IN	遥控信号输入	4.1	1.2	6.8
64	STD BY	开/待机控制	2.2	0.8	6.2

表 2-43　TCL N21 或 N22 机心中 TMPA8827 的自定义引脚功能和维修数据

引脚号	引脚符号	引脚功能	电压/V	电阻/kΩ	
				红表笔测	黑表笔测
1	S	S 端子输入信号识别	1.2	2.1	5.2
2	ABCL	色度/亮度信号输出控制	4.9	1.6	3.2
3	KEY	键控信号输入	4.9	1.2	2.4
26	FSCOUT	色副载波信号输出	1.9	7.6	28.2
28	EW-OUT	东西枕校信号输出	3.6	7.2	28.6
32	EHT-IN	高压校正信号输入	3.3	7.2	27.8
56	MUTE	静音控制	0	7.2	12.6
57	SDA	串行数据线	4.7	7.8	12.4
58	SCL	串行时钟线	4.6	7.8	12.4
59	TA/AV	TV/AV 切换	2.6	1.2	2.4
60	VT	调谐电压输出	2.2	1.6	9.4
61	AV1/AV2	AV1/AV2 切换	2.6	1.2	2.4
62	TV SYNC	同步识别信号输入	4.8	1.2	7.4
63	RMFIN	遥控信号输入	4.9	1.2	6.8
64	STD BY	开/待机控制	0.4	1.2	6.2

注：1. 在 TCL S11/S12/S13/S21/S22/S23 机心 1 中，代表机型有 TCL2935S、AT25S135 等。

2. 在 TCL S11/S12/S13/S21/S22/S23 机心 2 中，代表机型有 N21B1、N21K3、21228NG、N21K1、N282、AT21S135、AT21106、AT2127、AT2135SG、AT21288、HID1707 等。

3. 在 TCL S11/S12/S13/S21/S22/S23 机心 3 中，代表机型有 AT25228、AT25288、AT25281、AT25230、AT25211、AT25207、AT25192、AT29228、AT29266B、H1D29206、HID38125、2911S1、2918AE、AT29S168B、AT29281、AT29211 等。

4. TCL S11/S12/S13/S21/S22/S23 机心 4 中，代表机型有 29A1、34A1、S34A、34V1。

5. 在 TCL N21 或 N22 机心 1 中，代表机型有 3418ME、HW52828M、HW42B28M、HW52D1、HW46D2、HW42D1、RPT52A9、RPT52A7、RPT43A8B、RPT43A7、RPT42A9、HID5221HB、HID43P6H、HID4321HB、HID522、HID43P7、HID438H、HID432 等。

9. 福日超级彩电应用 TMPA88×× 系列超级单片电路时的自定义引脚功能和维修数据

福日公司采用 TMPA8803CPBNC-3PE8 开发了 HFC-25D11 等超级彩电，自定义引脚功能和维修数据见表 2-44。

表 2-44　福日 HFC-25D11 超级彩电中 TMPA8803CPBNC-3PE8 的自定义引脚功能和维修数据

引脚号	引脚符号	引脚功能	电压/V	电阻/kΩ	
				红表笔测	黑表笔测
1	UV	波段 U/V 切换	1.9	5.0	10.0
2	LH	波段 H/L 切换	0	5.0	10.0
3	KEY	操作键控输入	4.5	5.2	23.0
26	TV IN	TV 视频信号输入	2.6	6.5	10.5
28	AU OUT	音频信号输出	3.5	6.3	8.0
32	EXT AUDIO	外接音频信号输入	3.4	6.5	8.4

（续）

引脚号	引脚符号	引脚功能	电压/V	电阻/kΩ	
				红表笔测	黑表笔测
56	MUTE	静音控制	0	5.2	19.5
57	SDA1	串行数据线1	5.0	5.0	17.5
58	SCL1	串行时钟线1	5.0	5.0	19.5
59	M SW	伴音制式控制	2.6	4.8	11.5
60	VT	调谐电压输出	4.2	5.2	19.5
61	—	未用	—	—	—
62	H SYNC	视频同步信号输入	4.0	5.1	23.0
63	RMT-IN	遥控信号输入	4.5	5.1	23.0
64	POWER	开/待机控制	4.6	4.9	14.8

10. 创佳超级彩电应用 TMPA88××系列超级单片电路时的自定义引脚功能和维修数据

创佳 54C2 超级彩电中 TMPA8823CPNG3PE8 的自定义引脚功能和维修数据见表 2-45。

表 2-45　创佳 54C2 超级彩电中 TMPA8823CPNG3PE8 的自定义引脚功能和维修数据

引脚号	引脚符号	引脚功能	电压/V	电阻/kΩ	
				红表笔测	黑表笔测
1	UV	波段 U/V 切换	2.0	5.1	10.5
2	LH	波段 H/L 切换	0	5.1	10.5
3	KEY	操作键输入	4.5	5.2	24.0
26	TV IN	TV 视频信号输入	2.6	6.4	10.2
28	AU OUT	音频信号输出	3.6	6.2	7.8
32	EXT AUDIO	外接音频信号输入	3.4	6.5	8.3
56	MUTE	静音控制	0	5.3	21.0
57	SDA1	串行数据线1	5.0	5.0	9.9
58	SCL1	串行时钟线1	5.0	5.2	20.0
59	M SW	伴音制式控制	0.1	5.3	24.5
60	VT	调谐电压输出	2.5	5.2	22.0
61	—	未用	—	—	—
62	H SYNC	视频同步信号输入	4.0	5.2	24.0
63	RMT - IN	遥控信号输入	4.4	5.2	24.0
64	POWER	开/待机控制	4.0	5.0	12.8

2.1.3　LA7693×系列超级单片电路

LA7693×系列超级单片电路是日本三洋公司陆续推出的电视单芯片，包括 LA76930、LA76931、LA76932，其内部结构基本相同，主要区别在于 CPU 中的 ROM 和用户 ROM 的容量不同。另外，它们的外接晶体振荡器的频率也有所不同，LA76930、LA76931 外接时钟晶体振荡器的频率为 32kHz，LA76932 为 32.768kHz。应用在长虹 CH-13 机心，康佳 SA 系列，TCL Y12、Y12A、Y22 机心，创维 6D91、6D92 机心，海信 USOC 机心，厦华 TS 机心等国

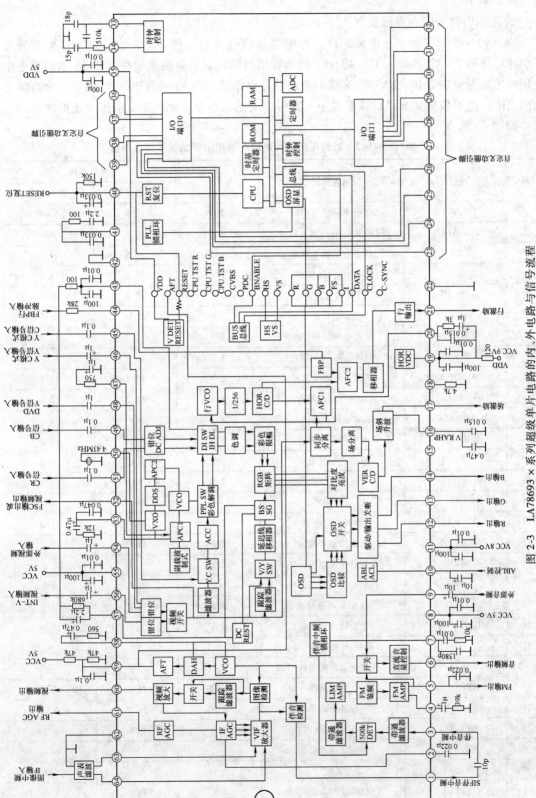

图 2-3 LA78693 × 系列超级单片电路的内、外电路与信号流程

52

内、外彩电中。

1. 通用引脚功能和维修数据

LA7693×系列超级单片电路的内、外电路与信号流程如图2-3所示。LA7693×系列超级单片电路的1～22和33～35、40～64脚为通用引脚，其引脚功能和在康佳SA系列彩电中应用时的数据见表2-46。LA7693×系列超级单片电路的23～32脚及36～39脚为厂家自定义功能引脚，厂家根据功能设计需要自定义其引脚功能，各个厂家自定义引脚功能见表2-47～表2-53。

表2-46 LA7693×系列超级单片电路的通用引脚功能和维修数据

引脚号	引脚符号	引脚功能	电压/V	电阻/kΩ	
				红表笔测	黑表笔测
1	SIF	伴音中频信号输出	2.5	12.2	10.4
2	IF AGC	图像中放AGC滤波检波	2.6	10.6	9.6
3	SIF	伴音中频信号输入	3.3	11.5	11.4
4	FM	调频检波滤波器	2.2	11.8	11.2
5	FMOUT	FM信号输出	2.0	10.4	9.6
6	VOLOUT	音频信号输出	2.3	2.5	3.0
7	SND APC	伴音中频解调滤波	2.3	12.2	12.0
8	F VCC	中频电路+5V供电	5.0	0.5	0.5
9	AUDIO IN	外部音频信号输入	1.7	13.2	11.2
10	ABL	自动束电流控制输入	3.9	11.2	10.0
11	RGBVCC	RGB矩阵电路供电	8.2	0.4	0.4
12	R OUT	R基色信号输出	2.5	7.0	10.2
13	G OUT	G基色信号输出	2.5	7.0	10.2
14	B OUT	B基色信号输出	2.5	7.0	10.2
15	NC	空脚	—	—	—
16	V. RANP	场锯齿波电压形成	1.9	11.0	11.0
17	VDR. OUT	场激励脉冲输出	2.3	11.0	10.2
18	VCO	行振荡基准电流设置	1.7	4.5	4.5
19	VCC	行启动和行电路供电	5.1	0.5	0.5
20	AFC	行AFC环路滤波	2.8	13.0	11.0
21	HDR. OUT	行激励脉冲信号输出	0.5	9.0	10.0
22	GND	视频/色度/偏转地	0	0	0
23～32	—	自定义功能引脚	—	—	—
33	XT1. XT2	时钟振荡器	0.02	25.6	8.0
34	XT1. XT2	时钟振荡器	2.0	23.2	8.0
35	CPU VCC	CPU电路供电电源	5.0	6.0	5.2
36～39	—	自定义功能引脚	—	—	—
40	RESET	复位	5.1	6.0	5.5
41	PLL	色相位PLL滤波	3.2	24.0	8.0
42	CPU GND	CPU电路接地	0	0	0

（续）

引脚号	引脚符号	引脚功能	电压/V	电阻/kΩ	
				红表笔测	黑表笔测
43	CDD VCC	色度、行延迟线供电	5.1	0.4	0.4
44	FBP INPUT	逆程脉冲信号输入	0.8	3.0	3.0
45	Y/C	Y/C 模式 C 信号输入	2.2	12.0	11.2
46	Y/C	Y/C 模式 Y 信号输入	2.5	12.0	11.2
47	DDS	DDS 滤波器	2.7	12.0	12.0
48	Y CBCR	Y CBCR 模式 Y 输入	2.5	12.0	11.0
49	Y CBCR	Y CBCR 模式 CB 输入	1.9	11.0	10.2
50	4.43MHz 晶体	4.43MHz 晶体振荡器接入	2 6	12.0	11.0
51	Y CBCR	Y CBCR 模式 CR 输入	1 9	11.0	11.0
52	SVO/FSC	内部开关选通视频输出	2 4	13.0	11.0
53	APC	色度 APC 滤波	2.8	12.0	11.0
54	EXT-V	外部视频信号输入	2.5	12.0	11.0
55	VCD VCC5V	视频、亮度电路供电	4.9	0.4	0.4
56	INT-V	内部视频信号输入	2.5	12.0	11.2
57	BLACK	黑电平检波滤波	2.8	11.2	10.2
58	PIF APC	图像载频锁相环滤波	2.4	11.2	10.2
59	AFTOUT	AFT 输出	1.8	11.2	8.0
60	VIDEO. OUT	视频信号输出	2 5	9.0	8.0
61	RF AGC	RF AGC 输出	1.9	10.0	8.0
62	IF. GND	IF 输入接地端	0	0	0
63	PIF. IN	图像中频信号输入	2.9	11.0	10.0
64	PIF. AMP	图像中频信号输入	2.9	11.0	10.0

　　2. 长虹超级彩电应用 LA7693×系列超级单片电路时的自定义引脚功能和维修数据

　　长虹 CH-13 机心采用超级单片电路 LA76931、LA76933、LA769317 或 LA769337，掩膜后的型号为 CHT04T1301、CH04T1302、CHT04T1303、CH04T1304、CH04T1305、CH04T1306、CH04T1308。长虹 CH-13 机心中 LA7693×的自定义引脚功能和维修数据见表 2-47。

　　代表机型有 SF2111（F25）、SF2166K、SF2128K、SF2128K（F25）、SF2129K、SF2129（F25）、SF21300（F45）、SF21300（F48）、SF2133K、SF2133K（F25）、SF2166K、SF2166K（F03）、SF2166K（F25）、SF21366、SF21366（F45）、SF21366（F48）、SF21399、SF2511、SF2511（F31）、SF25118、SF2528、SF2528（F31）、SF25366、PF2118、PF2118（F25）、PF21300、PF25118、PF25118（F31）、PF29118、PF29118（F31）、PF29366、PF29300、PF2955K、H2111K、H2111K（F00）、2118AE 等超级单片彩电。

表 2-47　长虹 CH-13 机心中 LA7693× 的自定义引脚功能和维修数据

引脚号	引脚符号	引脚功能	电压/V	电阻/kΩ	
				红表笔测	黑表笔测
23	AV1	AV 切换控制 1	5.0	25.1	9.9
24	AV2	AV 切换控制 2	5.0	24.2	10.1
25	SIF SEL	N TSC 制伴音切换控制	5.0	24.2	10.1
26	REMOTE	遥控信号输入	5.0	32.3	9.6
27	VOL	音量控制（未用）	—	—	—
28	POWER	电源开关控制	4.9	14.1	10.2
29	TUMER	调谐电压	3.9	18.8	10.1
30	MUTE	静音控制	4.9	22.1	10.5
31	SDA	总线数据信号	5.0	23.2	10.0
32	SCL	总线时钟信号	5.0	23.2	10.2
36	BAND1	波段控制	1.3	10.2	18.1
37	BAND2	波段控制	0.02	10.4	16.2
38	KEY2	按键控制 2	0	9.2	10.2
39	KEY1	按键控制 1	0	8.0	10.2

提示：在长虹 CH-13 机心 N101 的 36、37 脚在有些芯片中为波段控制端，外接 +5V 电压合成式高频头。在有些芯片中为 SDA、SCL 端，外接频率合成式高频头。

3. 康佳超级彩电应用 LA7693× 系列超级单片电路时的自定义引脚功能和维修数据

康佳 SA 系列彩电采用超级单片电路 LA76930 或 LA76931、LA769317L55N7-E，掩膜后的型号为 CKP1504S 等，代表机型有 T21SA073、T21SA120、P21SA326、P21SA383、P21SA281、P21SA177、P21SA282、P21SA387、P21SA390、P21SA376、T14SA073、T14SA076、T14SA128、T21SA073、T14SA076、T21SA236、T21SA267 等。康佳 SA 系列彩电中 LA7693× 的自定义引脚功能和维修数据见表 2-48。

表 2-48　康佳 SA 系列彩电中 LA7693× 的自定义引脚功能和维修数据

引脚号	引脚符号	引脚功能	电压/V	电阻/kΩ	
				红表笔测	黑表笔测
23	INT0	空脚	0	∞	4.0
24	INT1	空脚	0	∞	4.0
25	SVHS	SVHS 控制	5.0	10.2	4.0
26	REM	红外遥控信号输入	4.9	11.2	4.0
27	AV2	外部接口输入	0	24.4	8.0
28	AV1	外部接口输入	0	24.4	8.0
29	AUD. SW	音频输入开关（未用）	0	24.4	8.0
30	MUTE	静音控制信号输出	0	11.2	9.0
31	SDA1	串行数据输入/输出	4.8	11.0	7.0
32	SCL1	串行时钟输出	4.8	11.2	7.0
36	POW AN4	开/关机控制	5.0	6.0	5.2
37	FACP/N AN5	P/N 制式控制	4.9	12.0	8.2
38	AGC AN6	自动增益控制输出	2.2	10.2	8.2
39	KEY AN7	本机键控信号输入	4.9	13.2	8.2

4. 海信超级彩电应用 LA7693× 系列超级单片电路时的自定义引脚功能和维修数据

海信 USOC 机心彩电采用三洋超级单片电路 LA76930、LA76931、LA76932、LA76933,代表机型有 TC2111CH、TF2106CH、TF2111DG、TF2111CH、TF2111IX、TF2119CH、TF2166H、 TF2166GH、 TF2168H、 TF2177H、 TF2178H、 TF2919CH、 TC2977CH、 TF29R68N、 TF2166GH、 TF2169GH、 HDP2188D、 TF25R68、 TF29R68 、 DP2910L、DP2908U 等。海信 USOC 机心中 LA7693 × 的自定义引脚功能和维修数据见表 2-49。

表 2-49　海信 USOC 机心中 LA7693 × 的自定义引脚功能和维修数据

引脚号	引脚符号	引脚功能	电压/V	电阻/kΩ	
				红表笔测	黑表笔测
23	MUTE	静音控制	0	12.4	4.2
24	AV1/AV2	AV1/AV2 切换	0	11.4	3.8
25	TV/AV	TV/AV 切换	0	10.4	4.2
26	REM	遥控信号输入	3.2	11.2	4.4
27	VOL1	音量控制 1	2.7	9.8	5.2
28	VOL2	音量控制 2	2.8	9.8	5.2
29	TV	调谐电压输出	0	12.4	7.6
30	POWER	开/待机控制	4.9	8.4	4.4
31	SDA	总线数据信号	4.9	7.6	4.6
32	SCL	总线时钟信号	4.9	7.6	4.6
36	KEY IN	键控信号输入	0	8.2	4.6
37	VL	波段控制	4.9	8.2	4.8
38	VH	波段控制	4.9	8.2	4.8
39	EWD	东西枕校控制	0	7.8	4.6

5. 海尔超级彩电应用 LA7693 系列超级单片电路时的自定义引脚功能和维修数据

海尔 29F5D-T 彩电采用超级单片电路 LA76930,自定义引脚功能和维修数据见表 2-50。

表 2-50　海尔 29F5D-T 彩电中 LA76930 的自定义引脚功能和维修数据

引脚号	引脚符号	引脚功能	电压/V	电阻/kΩ	
				红表笔测	黑表笔测
23	MUTE	静音控制输出	0	4.5	20.0
24	AV1/AV2	AV1/AV2 控制	0.01	4.5	25.0
25	TV/AV	TV/AV 控制	0.01	4.6	24.0
26	IR	遥控信号输入	4.5	4.4	33.0
27	VOL L	左声道音量调整	0	4.7	26.1
28	VOL R	右声道音量调整	0	4.7	26.1
29	TU	调谐电压输出	3.3	4.7	22.5
30	POWER	开/待机控制	5.2	4.5	12.8
31	SDA	总线数据信号	5.2	4.2	16.5
32	SCL	总线时钟信号	5.2	4.1	16.5
36	KEY IN	键控信号输入	0.25	4.5	9.8
37	VL	VL 波段控制	0	4.7	21.2
38	VH	VH 波段控制	0	4.7	19.1
39	U	UHF 波段控制	5.2	4.7	18.5

6. 创维超级彩电应用 LA7693× 系列超级单片电路时的自定义引脚功能和维修数据

创维 3Y30、3Y31、3Y36、3Y39、4Y36 超级机心和 6D91、6D92 高清机心，采用超级单片电路 LA76930 或 LA76931，代表机型有 21U16HN、21V16HN、21N16AA，21N91AA、21T68AA、21T91AA、29T66AA、25T91AA、25T18AA、25N91AA、29T91AA 等，高清彩电代表机型有 25T88HT、25T86HT、29T81HT、29T66HT、29T84HT、29H81HT 等。创维 6D91、6D92 机心中 LA7693× 的自定义引脚功能和维修数据见表 2-51。

表 2-51　创维 6D91、6D92 机心中 LA7693× 的自定义引脚功能和维修数据

引脚号	引脚符号	引脚功能	电压/V	电阻/kΩ	
				红表笔测	黑表笔测
23	INT0/P00	水平枕校，场幅调整	0	8.6	7.4
24	INT1/P01	遥控信号输入	0	8.8	4.6
25	MUTE	静音控制	0	8.2	4.2
26	PH2LF	行相位/行幅调整	0.4	8.4	4.2
27	POWER	开/待机控制	4.0	7.6	3.8
28	MODE	图像模式选择	0	8.8	4.8
29	TILT	光栅倾斜校正	5.0	7.8	5.2
30	DVD/S	DVD/S 端子识别	5.0	6.8	4.2
31	SDA	总线数据信号	4.1	7.8	4.4
32	SCL	总线时钟信号	4.1	7.8	4.4
36	P/N	PAL/NTSC 制式控制		8.4	4.4
37	TV/AV	TV/AV 切换		8.4	4.4
38	AV1/AV2	AV1/AV2 切换	0	7.7	4.8
39	KEY	键盘信号输入	4.5	6.4	4.2

提示：在创维 6D91 机心彩电中，37、38 脚分别为总线 SCL-2、SDA-2 端。

7. 厦华超级彩电应用 LA7693× 系列超级单片电路时的自定义引脚功能和维修数据

厦华 TS 机心彩电及 MT-2935A 高清彩电采用超级单片电路 LA76930 或 LA76931，在 TS 机心彩电中的掩膜型号为 352-76930-10，代表机型有 TS1433、TS2120、TS2121、TS2122、TS2126、TS2151、TS2129、TS2130、TS2133、TS2135、TS2150、TS2166、TS2167、TS2180、TS2181、TS2550、TS2580、TS2581、TS2916、TS2980、TS2981、HT3261TS 等。厦华 TS 机心中 LA7693× 的自定义引脚功能和维修数据见表 2-52。

表 2-52　厦华 TS 机心中 LA7693× 的自定义引脚功能和维修数据

引脚号	引脚符号	引脚功能	电压/V	电阻/kΩ	
				红表笔测	黑表笔测
23	X	X 射线保护	0.1	∞	3.9
24	S	S 端子识别	5.0	10.2	3.7
25	DVD	DVD 输入端子识别	5.0	7.2	3.7
26	REMOTE	遥控信号输入	5.0	12.6	3.9
27	AV1/AV2	AV1/AV2 选择	0	10.7	5.4
28	POWER	开/待机控制	2.5	11.4	6.8

（续）

引脚号	引脚符号	引脚功能	电压/V	电阻/kΩ	
				红表笔测	黑表笔测
29	VT	调谐电压输出	0	12.6	7.4
30	MUTE	静音控制	0	12.2	7.4
31	SDA	总线数据信号	3.6	2.1	2.2
32	SCL	总线时钟信号	3.6	2.1	2.2
36	BAND1	波段控制1	5.0	7.6	6.4
37	BAND2	波段控制2	0	9.8	6.8
38	TV/AV	TV/AV 切换	0	10.2	6.8
39	KEY	键控信号输入	4.2	6.8	6.6

提示：在厦华 MT-2935A 高清彩电中，LA76930 的 23、28 脚未用。

8. TCL 超级彩电应用 LA7693×系列超级单片电路时的自定义引脚功能和维修数据

TCL Y12、Y12A 及 Y22 机心彩电采用超级单片电路 LA76930、LA76931 或 LA76932，掩膜后的型号有 13-WS9301-AOP、13-WS9302-AOP、13-WS9303-AOP、13-LA7693-17PR、13-T00Y22-01M01、13-LA76932-ZNPR，代表机型有 AT2116Y、AT2117、AT2135S、AT21S135、AT21106、AT21288、AT2916Y、N25E2B、N25B5L、N25B6B、N21K3、N25K3、NT21289、N21V16、N21E2B、N21E2L、N21B5L、N21G16、NT21289、21B5、21G16、21V12S、21V16、21V88、21V12S、2IT8S、25V12、29V12、29V88 等。TCL Y12、Y12A 及 Y22 机心中 LA7693×的自定义引脚功能和维修数据见表 2-53。

TCL 采用超级单片电路 LA76933 开发了 21V18S、25V18、NT21E64US、NT21M62US、NT21M63S、NT21M71、NT21M71N、NT25M63 彩电。TCL 彩电中 LA76933 的自定义引脚功能和维修数据见表 2-54。

表 2-53　TCL Y12、Y12A 及 Y22 机心中 LA7693×的自定义引脚功能和维修数据

引脚号	引脚符号	引脚功能	电压/V	电阻/kΩ	
				红表笔测	黑表笔测
23	AV1	TV/AV 控制	0	9.4	5.2
24	AV2	AV1/AV2 控制	0	9.4	5.2
25	P50/60/BG-L2	50Hz/60Hz 识别输出	2.8	8.2	4.4
26	REMOTE	遥控信号输入	4.5	8.2	4.4
27	VL/BAND	波段切换信号	4.2	8.2	4.2
28	STANDBY	开/待机控制	4.6	8.6	4.2
29	VT	调谐电压输出	2.2	8.2	4.2
30	MUTE	静音控制输出	0	8.2	4.2
31	SDA	总线数据信号	4.7	7.8	4.4
32	SCL	总线时钟信号	4.7	7.8	4.4
36	KEY	键控信号输入	4.9	8.2	4.4
37	S-DET	S 端子 Y 信号输入	2.2	8.2	4.2
38	AUDIO	音频信号输入	1.8	7.8	4.4
39	V. PROTECT. DET	场保护检测输入	0.2	7.6	4.4

表 2-54　TCL 彩电中 LA76933 的自定义引脚功能和维修数据

引脚号	引脚符号	引脚功能	电压/V	电阻/kΩ	
				红表笔测	黑表笔测
23	AV1	AV1 控制输出	0.8	10.4	10.4
24	AV2	AV2 控制输出	0.8	10.4	10.4
25	P50/60/BG-L2	场频 50Hz/60Hz 转换控制	0.3	∞	80.9
26	REMOTE	遥控信号输入	0.2~5.3	∞	80.1
27	BAND	波段切换信号	0.5	2.6	2.6
28	STANDBY	开/待机控制	0.2	14.3	14.4
29	VT	调谐电压输出	0~5.0	∞	∞
30	MUTE	静音控制输出	0.5	20.7	20.7
31	SDA	总线数据信号	4.9	20.8	20.8
32	SCL	总线时钟信号	4.9	20.8	20.8
36	KEY	键控信号输入	5.2	∞	∞
37	S-DET	S 端子 Y 信号输入	5.9	11.2	11.2
38	AUDIO	音频信号输入	2.4	9.7	9.7
39	AC-IN	电网电压检测输入	0.1	∞	∞

提示：在 TCLAT21266Y 等机型中，该芯片 25 脚为高频头波段切换控制端。

9. 三洋超级彩电应用 LA7693× 系列超级单片电路时的自定义引脚功能和维修数据

三洋 RY-1417 彩电采用超级单片电路 LA76931S7N，自定义引脚功能和维修数据见表 2-55。

表 2-55　三洋 RY-1417 彩电中 LA76931S7N 的自定义引脚功能和维修数据

引脚号	引脚符号	引脚功能	电压/V	电阻/kΩ	
				红表笔测	黑表笔测
23	MUTE	静音控制输出	0	4.5	20.0
24	AV1/AV2	AV1/AV2 控制	0.01	4.5	25.0
25	TV/AV	TV/AV 控制	0.01	4.6	24.0
26	REMOTE	遥控信号输入	4.5	4.7	33.0
27	VOL L	左声道音量调整	0	4.7	26.1
28	VOL R	右声道音量调整	0	4.7	26.1
29	VT	调谐电压输出	3.3	4.7	22.5
30	POWER	开/待机控制	5.2	4.5	12.8
31	SDA	总线数据信号	5.2	4.2	16.5
32	SCL	总线时钟信号	5.2	4.1	16.5
36	KEY	键控信号输入	0.25	4.5	9.8
37	VL	VL 波段控制	0	4.7	21.2
38	VH	VH 波段控制	0	4.7	19.1
39	UHF	UHF 波段控制	5.2	4.7	18.5

2.1.4 VCT38××系列超级单片电路

VCT38××系列超级单片电路是德国微科公司于21世纪初推出的新型电视芯片，常见型号有 VCT3801A、VCT3802、VCT3803A、VCT3804、VCT3831A、VCT3834。这些芯片内部的硬件结构基本相同，主要区别在于部分芯片增加了一些功能电路，如 VCT3803A 与 VCT3801A 相比，增加了彩色瞬态改善电路和 PAL 制动态梳状滤波电路；VCT3804A 又在 VCT3803A 的基础上增加了 SECAM 制解码电路。另外，该系列芯片内部存储器容量和定时器个数不同，应用在康佳 S 系列，创维 5I30 机心，TCL 29181C 彩电和 LG MC-01GA 机心，LG MC-022A 机心等国内外彩电中。

1. 通用引脚功能和维修数据

VCT38××系列超级单片电路的内、外电路与信号流程如图2-4所示。VCT38××系列超级单片电路的3、4脚、11～18脚和23～48脚、54～60为通用引脚，其引脚功能和在创维 5I30 机心中应用时的数据见表2-56。VCT38××系列超级单片电路的1、2脚、5～10脚、19～22脚及49～53脚、61～64脚为厂家自定义功能引脚，厂家根据功能设计需要自定义其引脚功能，各个厂家的自定义引脚功能见表2-57～表2-62。

表 2-56　VCT38××系列超级单片电路的通用引脚功能和维修数据

引脚号	引脚符号	引脚功能	电压/V	电阻/kΩ	
				红表笔测	黑表笔测
1～2		自定义功能引脚	—	—	—
3	ST5V	+5V 供电	5.0	3.0	3.0
4	GNDP1	接地	0	0	0
5～10	—	自定义功能引脚	—	—	—
11	V OUT	视频信号输出	1.2	7.5	12.0
12	VRT	参考电压	2.6	0.5	0.5
13	GNDS	接地	0	0	0
14	GNDAF	接地	0	0	0
15	5V	+5V 供电	5.0	0.5	0.5
16	PB IN	蓝色差信号输入	1.2	10.0	13.0
17	C IN	写端子色度输入	1.2	10.0	13.0
18	PR IN	红色差信号输入	1.5	10.0	13.0
19～22	—	自定义功能引脚	—	—	—
23	TEST	测试脚接地	0	0	0
24	H OUT	行激励输出	0.4	0.4	0.4
25	3.3V	+3.3V 供电	3.3	0.5	0.5
26	GND	接地	0	0	0
27	FBL IN	消隐输入接地	0	0	0
28	R IN	红基色输入接地	0	0	0
29	G IN	绿基色输入接地	0	0	0
30	B IN	蓝基色输入接地	0	0	0

（续）

引脚号	引脚符号	引脚功能	电压/V	电阻/kΩ	
				红表笔测	黑表笔测
31	VPROT	场保护输入	0.2	9.0	13.0
32	SAFETY	安全保护输入	1.4	7.9	14.0
33	HS	行逆程信号输入	0.3	6.2	6.5
34	VB	场锯齿波输入	1.6	6.2	6.5
35	VA	场锯齿波输入	1.5	6.2	6.5
36	EW	枕校输出	2.7	6.1	6.5
37	SENSE	自动检测 A-D 切换输入	0	8.6	7.5
38	GNDM	接地	0	0	0
39	RSW1	A-D 检测切换开关 1	0	8.5	8.5
40	RSW2	A-D 检测切换开关 2	0	9.0	10.0
41	SVM OUT	扫描速度调整输出	2.0	8.0	13.0
42	R OUT	红基色度信号输出	4.5	7.8	13.0
43	G OUT	绿基色度信号输出	4.5	7.8	13.0
44	B OUT	蓝基色度信号输出	4.5	7.8	13.0
45	5V	+5V 供电	4.9	0.5	0.5
46	GNDAB	接地	0	0	0
47	VFD	D-A 转换参考	2.1	7.9	13.0
48	XREF	D-A 转换参考	2.4	7.0	9.1
49 ~ 53	—	自定义功能引脚	—	—	—
54	3.3V	3.3V 供电	3.3	0.5	0.5
55	GNDS	接地	0	0	0
56	XTAL1	20.25MHz 晶体振荡器输入	1.6	8.0	11.8
57	XTAL2	20.25MHz 晶体振荡器输出	1.6	8.0	11.8
58	RESET	复位	3.2	4.9	5.0
59	SCL	串行时钟线	3.2	4.8	5.0
60	SDA	串行数据线	3.5	4.8	5.0
61 ~ 64	—	自定义功能引脚	—	—	—

2. 康佳超级彩电应用 VCT38 × × 系列超级单片电路时的自定义引脚功能和维修数据

康佳 S 系列彩电采用超级单片电路 VCT3801A 或 VCT3803A，掩膜后的型号为 CKP1604SS1、CKP1602S，分别用于 S 系列小电路板机心和 S 系列大电路板机心中，代表机型有 P2571S、P2975SN、P2960S、P2961S、P2971S、P2971SN、P3438S、P3460S、P3473S、P3476S、 P2171S、 P2172S、 P2173S、 P2176S、 T2522S、 T2526S、 P2526、 P2571SN、P2572S、T2573S、 P2576S、 P2962S、 P2972S、 P2967S、 P2975SN、 P2976S、 P2977S、P3472S、T2173S、T2176S、T2520S、T2573S、T2576S、T2977S、T2578S、T2920S、T2922S、T2926S、T2927S、T2973S、 T2975S、 T2975SN、T2976S、T2977S、T2978S、T3473S 等。在 S 系列小电路板机心中，中频信号处理 IC 为 STV8223，由于不具有丽音滤波功能，故主机心

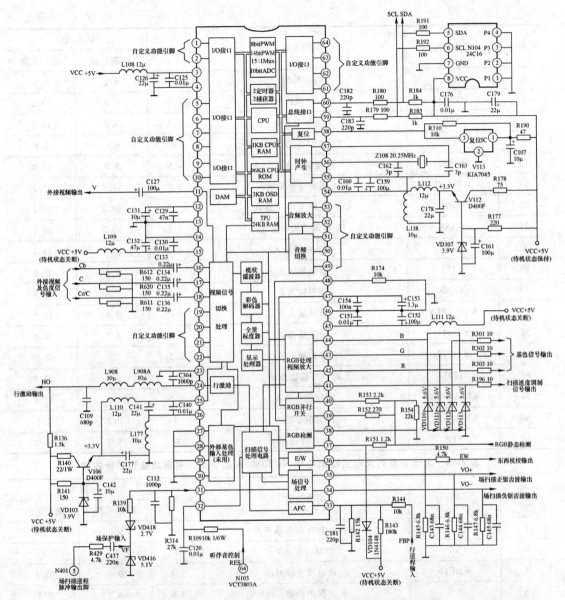

图 2-4　VCT38××系列超级单片电路的内、外电路与信号流程

板面积较小；在 S 系列大电路板机心中，中频信号处理 IC 为 TDA4472，数字音频处理块为 MSP3463G 或 MSP3410D，SN 型机具有全球各种制式丽音接收功能。康佳 S 系列小电路板机心中 VCT3801A 的自定义引脚功能和维修数据见表 2-57，康佳 S 系列大电路板机心中 VCT3803A 的自定义引脚功能和维修数据见表 2-58。

表 2-57　康佳 S 系列小电路板机心中 VCT3801A 的自定义引脚功能和维修数据

引脚号	引脚符号	引脚功能	电压/V	电阻/kΩ	
				红表笔测	黑表笔测
1	B1	制式选择控制	0	8.8	14.8
2	B2	制式选择控制	4.96	8.8	14.8
5	B OUT1	地磁校正输出	2.4	9.6	22.2

（续）

引脚号	引脚符号	引脚功能	电压/V	电阻/kΩ	
				红表笔测	黑表笔测
6	PT	保护检测	4.9	8.2	6.6
7	POWER	开/待机控制	4.9	9.6	17.2
8	AFC	自动频率控制	1.6	8.8	15.8
9	AV	TV/AV3 信号切换	0	6.2	7.8
10	MUTE	静音控制	4.9	8.8	15.8
19	V IN1/IF	AV1 或 S 端子 Y 输入	1.2	10.2	15.2
20	V IN2	AV2 或 YUV 中 Y 输入	1.2	10.2	15.2
21	V IN3	TV 解调后视频输入	1.2	10.2	15.2
22	V IN4	AV3 视频输入	1.2	10.2	15.2
49	A IN1	音频输入 1	2.2	9.4	12.8
50	A IN2	音频输入 2	2.2	9.4	12.8
51	A IN3/REN	音频输入 3	2.2	9.4	12.8
52	A OUT1	音频输出 1	2.5	8.2	10.6
53	A OUT2	音频输出 2	2.5	2.8	2.8
61	LED	指示灯输出控制	4.9	9.2	22.4
62	KEY2/REM	遥控信号输入	3.5	8.8	22.6
63	KEY1/KEY	按键信号输入	0	2.2	2.2
64	RES	听伴音控制	0	9.2	14.2

表 2-58　康佳 S 系列大电路板机心中 VCT3803A 的自定义引脚功能和维修数据

引脚号	引脚符号	引脚功能	电压/V	电阻/kΩ	
				红表笔测	黑表笔测
1	PAL/N	声表面 P/N 制选通开关	5.0	9.2	14.8
2	NC	空脚（接地）	0	0	0
5	B OUT1	地磁校正输出	2.4	9.6	22.4
6	P.T	保护检测	4.9	8.2	7.2
7	POWER	开/待机控制	5.0	9.4	19.8
8	AFT	自动频率控制	1.5	7.4	7.6
9	NC	空脚（接地）	0	0	0
10	NC	空脚（接地）	0	0	0
19	VIN1/IF	TV 解调后视频输入	1.2	10.2	12.8
20	VIN2	AV1 或 S 端子 Y 输入	1.2	10.2	12.8
21	VIN3	AV2 或 YUV 中 Y 输入	1.2	10.2	12.8
22	VIN4	AV3 视频输入	1.2	10.2	12.8
49	AIN1	空脚（接地）	0	0	0
50	AIN2	空脚（接地）	0	0	0
51	VSUSP	空脚（接地）	0	0	0

（续）

引脚号	引脚符号	引脚功能	电压/V	电阻/kΩ	
				红表笔测	黑表笔测
52	AOUT1	空脚（接地）	0	0	0
53	AOUT2	空脚（接地）	0	0	0
61	LED	指示灯控制	4.9	9.4	22.8
62	KEY2/REM	遥控接收	3.5	9.2	22.8
63	KEY1/KEY	键控信号输入	0	2.2	2.2
64	RES	听伴音控制	0	9.2	13.8

表 2-57 中数据是康佳 T2976S 彩电的实测值。待机时 7 脚电压为 0V，6 脚电压为 1.2V；处于"自由听"状态时，32 脚电压为 4.8V，64 脚电压为 4.96V。

表 2-58 中数据是康佳 T2971S 彩电的实测值。接收 N 制式信号时 1 脚电压为 0V；待机时 7 脚电压为 0V，6 脚电压为 1.1V。

3. 创维超级彩电应用 VCT38×× 系列超级单片电路时的自定义引脚功能和维修数据

创维公司 3I30、5I30 机心彩电采用超级单片电路 VCT3801、VCT3803A 开发。3I30 机心采用 VCT3801，代表机型有 21NK9000 等；5I30 机心采用 VCT3803A，代表机型有 29S19000 等。创维 3I30 机心中 VCT3801 的自定义引脚功能和维修数据见表 2-59。创维 5I30 机心中 VCT3803A 的自定义引脚功能和维修数据见表 2-60。

表 2-59 创维 3I30 机心中 VCT3801 的自定义引脚功能和维修数据

引脚号	引脚符号	引脚功能	电压/V	电阻/kΩ	
				红表笔测	黑表笔测
1	SYS0	制式控制（未用）	—	—	—
2	VOL（PWM）	音量调整（未用）	—	—	—
5	SYS1	制式控制输出	9.6	22.2	13.5
6	VT	调谐电压输出	3.8	9.0	14.2
7	AFT	搜台 AFT 电压输出	1.5	7.2	8.3
8	IR	遥控接收输入	0	9.4	15.8
9	BAND0	波段控制 1	0	9.4	15.0
10	BAND1	波段控制 2	5.0	9.1	14.0
19	IF CVBS	视频输入	1.1	9.6	13.0
20	LUMA	S 端子 Y 输入/视频输入	1.1	9.6	13.0
21	Y	亮度信号输入	1.2	9.8	13.0
22	CVBS1	视频输入 1	1.2	9.8	13.0
49	AUDIO IN3	音频输入 3	2.1	9.4	13.0
50	AUDIO IN2	音频输入 2	2.1	9.4	13.0
51	AUDIO IN1	音频输入 1	2.1	9.4	13.0
52	AUDIO OUT1	音频输出 1	2.4	8.2	12.1
53	AUDIO OUT2	音频输出 2	2.4	8.2	12.1
61	KEY1	键控端口 1	3.2	7.0	7.5

（续）

引脚号	引脚符号	引脚功能	电压/V	电阻/kΩ	
				红表笔测	黑表笔测
62	AV0	AV 控制输出 1	4.5	9.2	12.5
62	AV1	AV 控制输出 2	0	9.2	12.5
64	STANDBY	待机控制输出	0.7	7.2	7.8

表 2-60　创维 5I30 机心中 VCT3803A 的自定义引脚功能和维修数据

引脚号	引脚符号	引脚功能	电压/V	电阻/kΩ	
				红表笔测	黑表笔测
1	MUTE	静音控制输出	4.5	5.5	5.5
2	Y. C/CVBS	Y. C/CVBS 识别	1.6	1.5	1.5
5	P/N	PAL/NTSC 制识别输出	0～5.0	9.2	13.5
6	VT	调谐电压输出	3.8	9.1	14.5
7	AFT	搜台 AFT 电压输出	1.5	7.4	8.5
8	RFM	遥控接收输入	0	9.4	15.8
9	BAND1	波段控制 1	0	9.4	15.0
10	BAND2	波段控制 2	5.0	9.1	14.0
19	Y IN	视频输入	1.1	9.6	13.0
20	DVD IN	S 端子 Y 输入/视频输入	1.1	9.6	13.0
21	RF IN	亮度信号输入	1.2	9.8	13.0
22	VI IN	视频 1 输入	1.2	9.8	13.0
49	A IN3	音频输入 3	2.1	9.4	13.0
50	A IN2	音频输入 2	2.1	9.4	13.0
51	A IN 1	音频输入 1	2.1	9.4	13.0
52	AO2	音频输出 2	2.4	8.2	12.1
53	AO1	音频输出 1	2.4	8.2	12.1
61	KEY1	键控端口 1	3.2	7.0	7.5
62	KEY2	键控端口 2	3.2	7.0	7.5
62	A RERET	声音处理复位输出	5.0	7.9	12.0
64	POWER	待机控制输出	0.7	7.2	7.8

注：表中数据为创维 29SI9000 彩电实测数据。

4. TCL 超级彩电应用 VCT38××系列超级单片电路时的自定义引脚功能和维修数据

TCL 公司应用 VCT3831A 开发了超级彩电，代表机型有 TCL-29181 等。TCL-29181 彩电中 VCT3831A 的自定义引脚功能和维修数据见表 2-61。

表 2-61　TCL-29181 彩电中 VCT3831A 的自定义引脚功能和维修数据

引脚号	引脚符号	引脚功能	电压/V	电阻/kΩ	
				红表笔测	黑表笔测
1	KEY IN	按健信号输入	0	3.1	3.6
2	NC	空脚	—	—	—

引脚号	引脚符号	引脚功能	电压/V	电阻/kΩ	
				红表笔测	黑表笔测
5	AO1	音频输出 1	2.2	5.4	6.2
6	VT	调谐电压输出	1.8	7.4	18.4
7	BAND1	波段控制 1	0	14.9	20.2
8	SYS	制式控制（未用）	—	—	—
9	AFT	自动频率控制	1.6	11.2	18.2
10	BAND2	波段控制 2	4.98	6.8	10.8
19	VIN1/IF	TV 解调后视频信号输入	1.2	10.8	15.4
20	AV1	外接 AV1 输入	1.1	10.8	15.4
21	AV2	外接 AV2 输入	1.1	10.8	15.4
22	S/Y IN	S 端子 Y 信号输入	1.2	10.8	15.4
49	A IN	音频输入（未用，接地）	0	0	0
50	A IN	音频输入（未用，接地）	0	0	0
51	A IN	音频输入（未用，接地）	0	0	0
52	AO2	音频输出 2（未用）	2.2	5.2	5.8
53	AO	本机音频输出（未用）	2.2	5.2	5.8
61	NC	空脚	—	—	—
62	REM IN	遥控信号输入	3.4	9.2	22.8
63	POWER	开/待机控制	4.98	19.4	12.2
64	VOL	音量控制（未用）	—	—	—

5. LG 超级彩电应用 VCT38×× 系列超级单片电路时的自定义引脚功能和维修数据

LG MC-01GA 机心应用 VCT3802 开发了超级彩电，代表机型有 CT-25K92F、CT-25M60EF、 CT-29K92E、 CT-29M60EF、 CT-29Q42EF、 CT-29FA32E、 CT-29FA51E、 CT-29FA60E 等。VCT3802 在 LG MC-01GA 机心中应用时的引脚功能和对地电压见表 2-62。

表 2-62　VCT3802 在 LG MC-01GA 机心应用时的引脚功能和对地电压

引脚号	引脚符号	引脚功能	电压/V
1	EYE	光程眼检测输入	0
2	FAC	工厂设定	4.8
3	ST5V	5V 供电	4.9
4	GNDP1	接地	0
5	DEG	消磁控制	0
6	TILT	倾斜校正控制输出	1.5
7	MUTE	静噪控制输出	0
8	SW-Y	S-VHS2 端子信号检测	4.9
9	PRESET	视频静噪控制输出	0
10	VS-ID	场逆程脉冲输入	0
11	V OUT	视频信号输出	1.3

（续）

引脚号	引脚符号	引脚功能	电压/V
12	VRT	外接滤波电容	2.6
13	GNDS	接地	0
14	GNDAF	接地	0
15	5V	5V 供电	4.9
16	PB IN	DVD U 信号输入	1.4
17	C IN	S-VHS2 的 C 输入	1.5
18	PR IN	DVD V 信号输入	1.4
19	Y IN	S-Y 输入或 AV2 输入	1
20	DVD IN	DVD Y 输入	1.4
21	RF IN	检波视频信号输出	1.3
22	VI IN	AV1 视频信号输入	1.4
23	TEST	测试脚，接地	0
24	H OUT	行激励信号输出	2
25	3.3V	3.3V 供电	3.3
26	GND	接地	0
27	FBL IN	未用，通过 75Ω 电阻接地	0
28	R IN	R 信号输入	0
29	G IN	G 信号输入	0
30	B IN	B 信号输入	0
31	VPROT	场逆程脉冲输入	0
32	SAFETY	接地	0
33	HS	行逆程脉冲输入	0.7
34	VB	负极性场激励输出，未用	1.7
35	VA	正极性场激励信号输出	0.9
36	EW	枕形失真校正输出	1.7
37	SENSE	阴极电流检测输入	0
38	GNDM	接地	0
39	RSW1	黑电流检测信号输入	0
40	RSW2	黑电流检测信号输入	0
41	SVM OUT	VM 速度调制信号输出	4.8
42	R OUT	R 信号输出	4.5
43	G OUT	G 信号输出	4.5
44	B OUT	B 信号输出	4.5
45	5V	5V 供电	4.9
46	GNDAB	接地	0
47	VFD	外接滤波电容	2.4
48	XREF	基准设置	2.4

（续）

引脚号	引脚符号	引脚功能	电压/V
49	ABNORMAL	保护检测信号输入	4.5
50	NC	空脚	2.4
51	A IN-RF	音频信号输入，未用	0
52	AO	音频信号输出，未用	2.4
53	AO（SPK）	音频信号输出，未用	2.4
54	3.3V	3.3V供电	3.3
55	GNDS	接地	0
56	XTAL1	外接20.25MHz晶体振荡器	1.6
57	XTAL2	外接20.25MHz晶体振荡器	1.6
58	RESET	复位信号输入	3.3
59	SCL	串行时钟信号输出	4.6
60	SDA	串行数据信号输出	4.5
61	IR	遥控信号输入	4.9
62	KEY1	键控信号输入	3.3
62	KEY2	键控信号输入	3.3
64	POWER	POWER开关控制输出	3.8

LG MC-022A机心采用VCT3804F开发了超级彩电，代表机型有CT-25K90V、CT-25M60VE、CT-29K90V、CT-29M60VE、CT-29Q40VE、RT-29FB50VE、RT-29FA50VE、RT-29FA60VE、RT-29FB30V、CT-29FA50V等。VCT3804F在LG MC-022A机心中应用时的引脚功能和对地电压见表2-63。

表2-63　VCT3804F在LG MC-022A机心中应用时的自定义引脚功能和对地电压

引脚号	引脚符号	引脚功能	电压/V
1	AV1-ID	AV1输入信号检测	0
2	AV2-ID	AV2输入信号检测	0
3	ST-5V	供电+5V	4.9
4	GND	接地	0
5	EYE	光程眼检测输入	1.5
6	DEG/ABNOR MAL	消磁控制输出/保护输入	4.9
7	SW2	伴音制式控制输出	0
8	AGC/MUTE	AGC/静噪控制输出	0.2
9	SW1	伴音制式控制输出	4.9
10	TV1-V	检波视频信号输入	1.2
11	V OUT	视频信号输出	1.3
12	VRT	外接滤波电容	2.4
13	GND	接地	0
14	GND	接地	0
15	5V	5V供电	4.9

（续）

引脚号	引脚符号	引脚功能	电压/V
16	CB	DVD U 信号输入	1.4
17	C	S3 端子 C 信号输入	1.4
18	CR	DVD V 信号输入	1.4
19	DVD-Y	DVD Y 信号输入	0.5
20	Y	S 端子 Y 或 AV3 信号输入	1.6
21	V2 IN	AV2 端子视频信号输入	1.6
22	V1 IN	AV1 端子视频信号输入	1.5
23	GND	接地	0
24	H OUT	行激励信号输出	1.4
25	3.3V	3.3V 供电	3.3
26	GND	接地	0
27	FB	PIP 信号或 S 端子消隐输入	0
28	R IN	R 信号输入，由 PIP 处理电路或 SCART 端子输入	0.2
29	G IN	G 信号输入	0.2
30	B IN	B 信号输入	0.2
31	VPROT	场逆程脉冲输入	4.3
32	SAFR	安全模式设定	0
33	HS	行逆程脉冲输入	0.4
34	VB	负极性场激励输出，未用	1.7
35	VA	正极性场激励脉冲输出	0.9
36	EW	枕校输出，ABL 控制输入	1.7
37	SE	阴极电流检测信号输入	0.2
38	GND	接地	0
39	RSW1	黑电流检测信号输入	0
40	RSW2	黑电流检测信号输入	0
41	SVM	VM 速度调制信号输出	1.8
42	R OUT	R 信号输出	4.6
43	G OUT	G 信号输出	4.6
44	B OUT	B 信号输出	4.6
45	5V	5V 供电	4.9
46	GND	接地	0
47	VRD	外接滤波电容	2.4
48	XREF	基准设置	2.4
49	A2 IN	AV3 音频信号输入	2.4
50	S ID	S3 端子输入检测	4.9
51	RF SOUND IN	中频检波音频信号输入	0.7
52	MNT OUT	音频信号输出	2.4

引脚号	引脚符号	引脚功能	电压/V
53	SPK OUT	音频信号输出	2.4
54	ST 3.3V	3.3V 供电	3.3
55	GND	接地	0
56	XTAL1	外接 20.25MHz 晶体振荡器	1.6
57	XTAL2	外接 20.25MHz 晶体振荡器	1.6
58	RESET	复位信号输入	3.3
59	SCL	串行时钟信号输出	3~4.5
60	SDA	串行数据信号输出	3~4.5
61	IR	遥控信号输入	4.9
62	KEY1	键控扫描输入	4.5
62	POWER	POWER 控制输出	4.9
64	TILT	倾斜校正信号输出	2.3

2.1.5　TDA111×5 或 TDA121×5 系列超级单片电路

　　TDA111×5 或 TDA121×5 系列超级单片电路是飞利浦公司继 TDA93×× 系列之后推出的新型 UOC-TOP 系列电视芯片，主要型号有 TDA11105、TDA11135、TDA12155 等。这些芯片内部硬件结构基本相同，主要区别在于部分芯片增加了一些功能电路，应用在海信 TC21R08、TC21R88N，长虹新型 CH-16 机心，创维 3P90、3P91 机心等国内、外彩电。

　　1. 通用引脚功能和维修数据

　　TDA111×5 或 TDA121×5 系列超级单片电路的应用电路与信号流程如图 2-5 所示。TDA111×5 或 TDA121×5 系列超级单片电路的 1~26 脚、33 脚和 40~64 脚为通用引脚，其引脚功能和在 TC21R08、TC21R88N 彩电中应用时的数据见表 2-64。TDA111×5 或 TDA121×5 系列超级单片电路的 26~32 脚、34~39 脚为厂家自定义功能引脚，厂家根据功能设计需要自定义其引脚功能，各个厂家自定义引脚功能见表 2-65 ~ 表 2-68。

表 2-64　TDA111×5 或 TDA121×5 系列超级单片电路的通用引脚功能和维修数据

引脚号	引脚符号	引脚功能	电压/V
1	IFVO	视频全电视信号	1.5
2	VP2	中放视频检波供电	4.9
3	VCC AUDIO	中放伴音鉴频供电	8.5
4	PLLIF	同步检波脚	2.0
5	GND2	中放电路地	0
6	DECSDEM	声音解调退耦	2.2
7	AVL/FMDEM OUT	自动音量控制/伴音解调输出	0.4
8	EHTO	高压补偿	2.3
9	AGC	自动增益控制	2.2
10	IREF	场电路基准电流	2.0
11	VSC	场锯齿波形成	2.4
12	VIFIN2	中频信号输入 2	2.0

（续）

引脚号	引脚符号	引脚功能	电压/V
13	VIFIN1	中频信号输入1	2.0
14	VDRA	正极性场振荡信号输出	1.0
15	VDRB	负极性场振荡信号输出	0.9
16	EWD/AVL	EW 输出/自动音量控制	0.3
17	DECBG	带隙退耦	2.3
18	SECPLL	SECAM 制锁相环	2.3
19	GND1	接地	0
20	PH1LF	行 AFC 控制	2.3
21	PH2LF	色度 APC 控制	2.0
22	VP1	5V 供电	5.0
23	DECDIG	供电退耦	2.5
24	XTAL OUT	晶体振荡器输出脚	1.8
25	XTAL IN	晶体振荡器输入脚	1.8
26～32	—	自定义功能引脚	—
33	VDDP3.3V	CPU 供电	3.3
34～39	—	自定义功能引脚	—
40	VDDC 3.3V	CPU 供电	3.3
41	GND5	接地	0
42	VPE	写程序控制	0
43	VDDA1 3.3V	CPU 供电	3.3
44	BOUT	蓝基色信号输出	2.2
45	GOUT	绿基色信号输出	2.4
46	ROUT	红基色信号输出	2.3
47	BLKIN/VGUARD	暗电流检测输入	0.5
48	BCL IN	自动亮度限制输入	3.3
49	PB	分量蓝色差信号输入	0
50	Y/Y3/CYBS3	分量亮度信号输入	1.4
51	PR/C3	分量红色差信号输入	1.6
52	YOUT	亮度信号输出	1.7
53	YSYNC	亮度信号输入	1.9
54	VP3	YUV 和 RGB 信号处理电源	5.0
55	GND3	接地	0
56	HOUT	行激励信号输出	0.5
57	FBISO	行逆程脉冲输入/沙堡脉冲输出	0.4
58	LSR	右声道伴音信号输出	3.6
59	LSL	左声道伴音信号输出	3.6
60	C2/C3/C4/AUDIN5R	S 端子色度信号输入	0.8
61	AUDIN3/IN 1R	后 AV 音频信号输入	2.2
62	CVB S2/Y2	侧 AV 视频信号输入	1.4
63	AUDIN2/IN IL	侧 AV 音频信号输入	2.2
64	CVB S4/Y4/AUDIN5L	后 AV 视频信号输入	1.4

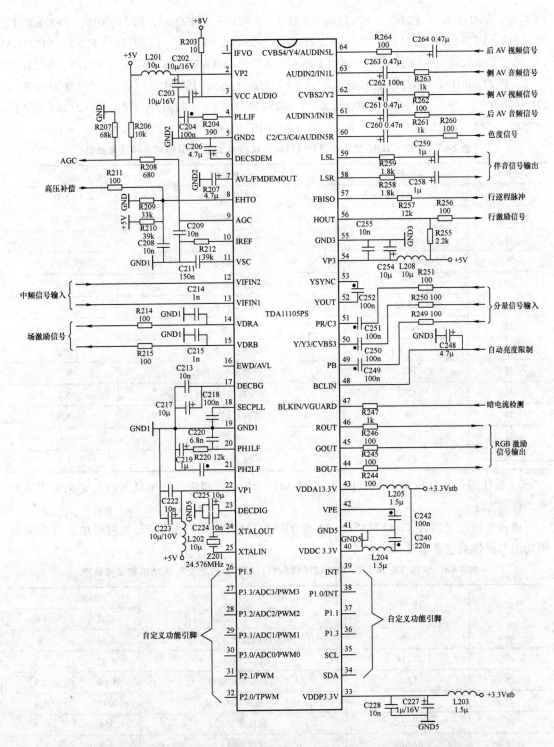

图 2-5　TDA111×5 或 TDA121×5 系列超级单片电路的应用电路与信号流程

2. 长虹超级彩电应用 TDA111×5 系列超级单片电路时的自定义引脚功能和维修数据

长虹采用超级单片电路 TDA11105、TDA11135，开发了新型 CH-16 机心，自定义引脚功能和维修数据见表 2-65。

采用 CH-16 机心的代表机型有长虹 PF21300H（F47）、PF21366H（F47）、PF21399H

（F47）、PF21156（F23）、SF2158（F23）、PF2163（F23）、PF21300H、PF21800H、PF21118、PF21156、SF2111、SF2199（F04）、PF29118（F28）、PF29156（F28）、PF29008（F28）、PF25156（F28）、PF2986（F06）、SF2911（FB0）、SF2911F（FBO）、SF21800（Z）、PF21300H（Z）、PF21156（Z）、PF25156（Z）、PF29156（Z）、PF25800（Z）、PF29800（Z）等。其中 SF21800（Z）、PF25156（Z）、PF29156（Z）、PF21156（Z）、SF25800（Z）、PF21300H（Z）、PF25800（Z）、PF29800（Z）为家电下乡型号。

表 2-65　长虹 CH-16 机心中 TDA11105/11135 的自定义引脚功能和维修数据

引脚号	引脚符号	引脚功能	电压/V
26	KAV1	AV1 切换控制	3.0
27	VOL	音量调整控制	2.5
28	DK/N	伴音制式控制	0
29	DEGAUSS	去磁控制	0.2
30	KEY	键盘按键矩阵输入	3.3
31	KAV2	AV2 切换控制	0
32	TPWM	未用	—
34	SDA	总线通信的数据线	3.3
35	SCL	总线通信的时钟线	3.2
36	LED	指示灯控制输出	0.2
37	STBY	待机控制输出	3.3
38	INT1	未用	—
39	PEM	遥控输入	4.6

3. 康佳超级彩电应用 TDA111 ×5 和 TDA121 ×5 系列超级单片电路时的自定义引脚功能和维修数据

康佳采用超级芯片 TDA12155PS/N1 或 TDA11135PS/N2 开发了 TK 系列彩电，自定义引脚功能和维修数据见表 2-66。

表 2-66　康佳 TK 系列中 TDA12155PS/11135PS 的自定义引脚功能和维修数据

引脚号	引脚符号	引脚功能	电压/V	
			开机	待机
26	SYS	制式转换控制（未用）	0.01	0
27	MUTE	静音控制	0.02	3.3
28	LED	指示灯控制输出	5.06	0.2
29	KEY	按键输入	0.12	0.1
30	BAND2	波段控制 2	3.4	0.3
31	BAND1	波段控制 1	3.3	3.3
32	TUNING	调谐输出	0.01	0
34	SDA	总线通信的数据线	4.1	4.7
35	SCL	总线通信的时钟线	3.9	4.5
36	RELAY	RELAY 控制	5.1	5.1

（续）

引脚号	引脚符号	引脚功能	电压/V	
			开机	待机
37	AV/TV	AV/TV 切换	0.01	0.01
38	STANDBY	待机控制输出	3.3	0.03
39	IR	遥控输入	4.9	4.9

TK 系列彩电的代表机型有：康佳 T21TK569、T21TK827、P21TK387、P21TK828、T25TK026（2）、T25TK267（2）、P25TK569（2）、P25TK387（2）、P25TK828、P25TK828（2）、P25TK569（2）、P25TK828（2）、T25TK827（2）、P29TK177B（2）、P29TK383、P29TK383（2）、P29TK387、P29TK387（2）、P29TK569、P29TK569（2）、P29TK827、P29TK827（2）、T25TK827B（2）、P29TK928、P29TK928（2）、P29BM606（3）、SP29BM828（2）、P25BM606（2）、SP21BM818、P29BM858B（2）、SP21808、SP21808（2）、SP21TK391、SP21TK529（2）、SP21TK529（2）、SP21TK391、SP21TK968（2）等。

4. 海信超级彩电应用 TDA111×5 系列超级单片电路时的自定义引脚功能和维修数据

海信采用超级单片电路 TDA11105PS 开发了 TC21R08、TC21R88N 系列彩电，自定义引脚功能和维修数据见表 2-67。

表 2-67　海信 TC21R08、TC21R88N 中 TDA11105PS 的自定义引脚功能和维修数据

引脚号	引脚符号	引脚功能	电压/V
26	SYS	制式转换控制	3.3
27	ROTATION	地磁校正输出	0
28	LED	指示灯控制输出	0.2
29	KEY	按键输入	3.3
30	RESET	复位	0.2
31	DTV POWER	数字电路待机控制	0.2
32	TUNING	接地	0
34	SDA	总线通信的数据线	3.5
35	SCL	总线通信的时钟线	3.2
36	MUTE	静音控制	0
37	Aud STB	功放待机控制	0
38	STANDBY	待机控制输出	3.3
39	IR	遥控输入	4.6

5. 创维超级彩电应用 TD111×5 或 TD121×5 系列超级单片电路时的自定义引脚功能和维修数据

创维采用超级单片电路 TDA12155 或 TDA11105 开发了 3P90、3P91 机心系列彩电，自定义引脚功能和维修数据见表 2-68。

表 2-68　创维 3P90、3P91 机心中 TDA12155/11105 的自定义引脚功能和维修数据

引脚号	引脚符号	引脚功能	电压/V
26	P1.3	未用	—
27	MUTE	静音控制	0
28	KEY2	按键输入 2	3.3
29	KEY1	按键输入 1	3.3
30	P3.0	未用	—
31	AVSW1	AV1 控制	0
32	AVSW2	AV2 控制	3.1
34	SDA	总线通信的数据线	3.5
35	SCL	总线通信的时钟线	3.2
36	PTC	PTC 控制	0
37	STBY	待机控制输出	3.3
38	P.DOWD	保护检测输入	0
39	IR	遥控输入	4.6

2.1.6　R2J1017 × 系列超级单片电路

R2J1017 × 系列超级单片电路的主要型号有 R2J10173GA、R2J10171GA 等。这些芯片内部硬件结构基本相同，主要区别在于部分芯片增加了一些功能电路，应用在厦华 TU21106、TU21119、TU29107 等国内、外彩电中。

1. 应用电路和信号流程

R2J10173GA、R2J10171GA 超级单片电路在厦华 TU21106、TU21119、TU29107 彩电中的应用电路和信号流程如图 2-6（见书后插页）所示。

2. 引脚功能和维修数据

R2J10173GA、R2J10171GA 超级单片电路在厦华 TU21106、TU21119、TU29107 彩电中应用时的引脚功能和维修数据见表 2-69。

表 2-69　厦华 TU 系列彩电中 R2J10173GA/R2J10171GA 的引脚功能和维修数据

引脚号	引脚符号	功能符号	功能	电压/V
1	P00/14bPWM	—	未用	—
2	P01/PWM1	STANDBY	待机控制	0
3	TEST0	—	测试（接地）	0
4	P04/AD1	X-RAY	X 射线保护	5.0
5	P05/AD2	S-MUTE	静音控制输出	0
6	P06/TIM31	PAL/N	彩色制式控制	—
7	AFT（AD0）	—	AFT 滤波器	2.4
8	EW-OUT	EW-OUT	东西枕校信号输出	—
9	VRAMP-OUT	VDRV	场锯齿波输出	2.4
10	VRAMP-CAP	—	外接场锯齿波形成电容	—

（续）

引脚号	引脚符号	功能符号	功能	电压/V
11	AFC1-FILTER	—	AFC 滤波	3.1
12	DEF-VCC-5V	5V	行场电路 5V 供电输入	5.0
13	H-OUT	HOUT	行激励脉冲输出	0.9
14	FBP-IN	FBP	行逆程脉冲输入	0.7
15	DEF-GND	—	行场电路接地	0
16	VRAMP-AGC-FIL	—	场锯齿波 AGC 滤波	2.3
17	CVBS2/Y-IN	V-AV2	Y 或 V 信号输入	1.8
18	Cb-IN	—	Cb 信号输入（未用）	—
19	Cr-IN	—	Cr 信号输入（未用）	—
20	SECAN-PLL-FILTER	—	SECAM 制 PLL 滤波器	—
21	C-APC-FILTER	—	C-APC 滤波器	2.8
22	X-TAL	—	接晶体振荡器	3.1
23	CHROMA-GND	—	色处理电路接地	0
24	Y-SW/TV-OUT	TP203	测试点	3.1
25	CVBS1/C-IN	V-AV1	AV1 视频输入	1.8
26	SECAM-BELL-FILTER	—	SECAM 钟形滤波器	—
27	CHROMA-VCC-5V	5V	色度电路 5V 供电输入	5.0
28	N. C. 28	—	空脚未用	—
29	N. C. 29	—	空脚未用	—
30	N. C. 30	—	空脚未用	—
31	N. C. 31	—	空脚未用	—
32	AV-SW-LOUT	—	AV 左声道输出（未用）	—
33	AV-SW-ROUT	—	AV 右声道输出（未用）	—
34	AV-FILTER	—	AV 滤波器	2.5
35	VIF-GND	—	图像中频电路接地	0
36	VIF-APC-FILTER	—	中频 APC 滤波器	2.4
37	RF-AGC-FILTER	RF-AGC	射频 AGC 输出	3.0
38	VIF-IN2	VIF1	图像中频输入 1	1.3
39	VIF-IN1	VIF2	图像中频输入 2	1.3
40	VIF-AGC-FILTER	—	中频 AGC 滤波	2.7
41	EXT-AV2-RIN	R-AV2	AV2 右声道输入	3.1
42	EXT-AV2-LIN	L-AV2	AV2 左声道输入	3.1
43	VIF-VCC-5V	5V	图像中频电路 5V 供电输入	5.0
44	SIF-MIX-F/B	—	伴音中频混频	2.5

（续）

引脚号	引脚符号	功能符号	功能	电压/V
45	AU-BYPASS	—	AU 滤波电路	3.5
46	EXT-AV1-RIN	R-AV1	AV1 右声道输入	3.1
47	EXT-AV1-LIN	L-AV1	AV1 左声道输入	3.1
48	AV-DIRECT-OUT	—	AV 直接输出	3.1
49	AV-ATT-ROUT	R-AV-ATT	AV 右声道输出	3.3
50	AV-ATT-LOUT	L-AV-ATT	AV 左声道输出	3.3
51	ACL/ABCL	ABCL	自动亮度控制	2.7
52	HI-VCC-8V	8V	8V 供电输入	8.0
53	R-OUT	ROUT	红色信号输出	2.4
54	G-OUT	GOUT	绿色信号输出	2.4
55	B-OUT	BOUT	蓝色信号输出	2.4
56	VREG-VCC-5V	5V-MCU	稳压后 5V 供电	5.0
57	MCU-RESET	—	微处理器复位	5.0
58	P21	—	空脚未用	—
59	P22	—	空脚未用	—
60	P23	—	空脚未用	—
61	P24	—	空脚未用	—
62	P25	—	空脚未用	—
63	P26/TIM23/AD6	—	空脚未用	—
64	P27/AD7	KEY2	矩阵按键输入 2	5.0
65	P35/TIM22	—	空脚未用	—
66	CNVSS	—	接地	0
67	TEST1	—	测试 1	0
68	TEST2	—	测试 2	—
69	VSS	—	接地端	0
70	FILT	—	外接滤波电容	1.9
71	VDD	5V-MCU	控制系统 5V 供电输入	5.0
72	CNVSS2	—	接地 2	0
73	P17/INT3/AD5	—	空脚未用	—
74	P16/INT2/AD4	RENOTE	遥控信号输入	5.0
75	P15/INT1	—	空脚未用	—
76	P10	—	空脚未用	—
77	P11/SCL1	SCL	总线时钟线	5.0
78	P12/SCL2	—	空脚未用	5.0
79	P13/SDA1	SDA	总线数据线	5.0
80	P14/SDA2	—	空脚未用	5.0

2.1.7　M612××系列超级单片电路

M612××系列超级单片电路是日本三菱公司生产的超级电视芯片，内置中频放大解码电路、视频解码器、偏转小信号处理电路，将输入的图像中频信号及复合视频信号解码为RGB基色信号输出，同时输出音频信号。常见型号有 M61251FF、M61264FP、M61266 等。这些芯片的内部硬件结构基本相同，主要区别在于在部分机型应用时省掉了一些功能电路，应用在厦华 M2126，海尔 21T5D-T，海信 HDP2511G、HDP2568、HDP2907M、HDP2907MB、HDP2910、HDP2919DM、HDP2977、HDP2977B、HDP3406M 等 HDP 系列国内、外彩电中。

1. 应用电路和信号流程

M612××系列超级单片电路的内部电路框图如图 2-7 所示，其在海信 HDP 系列彩电中的应用电路与信号流程如图 2-8 所示。

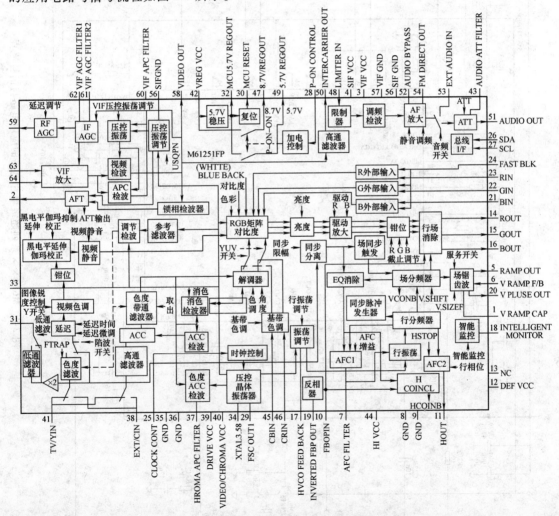

图 2-7　M612××系列超级单片电路的内部电路框图

2. 引脚功能和维修数据

M612××的引脚功能和 M61266 在海信 HDP2977 彩电、M61264FP 在海尔 21T5D-T 彩电、M61251FF 在厦华 M2126 彩电中应用时的维修数据见表 2-70。

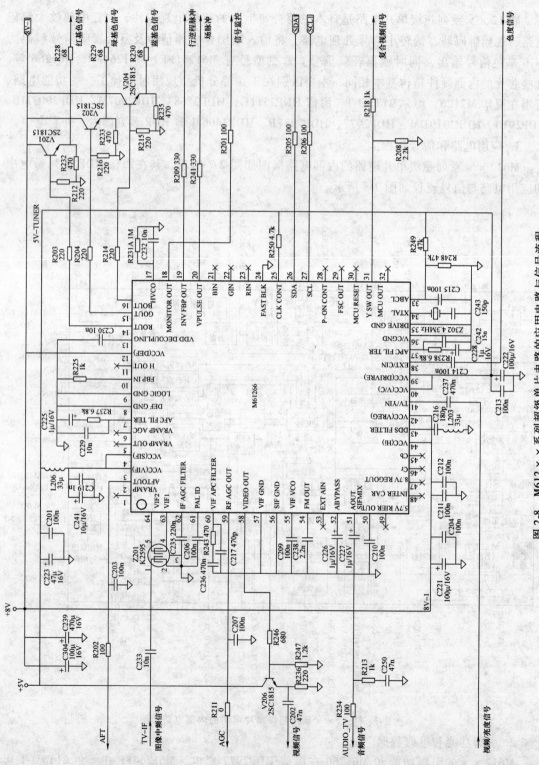

图 2-8　M612××系列超级单片电路的应用电路与信号流程

表 2-70 M612××系列超级单片电路的通用引脚功能和维修数据

引脚号	引脚符号	引脚功能	电压/V		
			M61266	M61264FP	M61251FF
1	VRAMP	场锯齿波形成	0.9（未用）	0.2	0.18
2	AFTOUT	自动频率控制信号输出	2.6	2.0	2.0
3	VCC（VIF）	图像中频电路 +5V 供电	4.9	5.0	5.0
4	VCC（SIF）	伴音中频电路 +5V 供电	4.9	5.0	5.0
5	V-RAMP OUT	场驱动输出	2.2（未用）	2.3	2.4
6	V-RAMP AGC	场反馈控制输入	2.9（未用）	2.6	2.5
7	AFC FILTER	行锁相环滤波	3.6	3.1	3.0
8	DEF GND	偏转电路接地	0	0	0
9	LOGIC GND	逻辑电路接地	0	0	0
10	FBP IN	行逆程脉冲输入	0	0	0
11	H OUT	行驱动输出	2.5（未用）	2.3	2.3
12	VCC（DEF）	偏转电路 +8V 供电	8.0	8.1	8.0
13	VDD DEC OUPLING	供电退耦	5.0	5.0	5.0
14	ROUT	红基色信号输出	2.6	2.4	2.4
15	GOUT	绿基色信号输出	2.6	2.4	2.4
16	BOUT	蓝基色信号输出	2.6	2.4	2.4
17	HVCO	行压控振荡	3.8	3.8	3.7
18	MONITOR OUT	CPU 监控信号输出	1.5	1.4	1.3
19	INV FBP OUT	行逆程脉冲输出	4.2	4.3	4.3
20	VPULSE OUT	场脉冲输出	4.9	4.1	4.0
21	BIN	蓝色字符输入	2.7（未用）	0.04	0.01
22	GIN	绿色字符输入	2.7（未用）	0.04	0.01
23	BIN	红色字符输入	2.7（未用）	0.05	0.02
24	FAST BLK	字符消隐输入	0	0	0
25	CLK CONT	时钟控制	4.8	5.1（未用）	5.0
26	SDA	总线数据线	4.0	3.3	3.3
27	SCL	总线时钟线	4.0	3.3	3.4
28	P-ON CONT	开机控制输出	0（未用）	—	4.1
29	FSC OUT	色副载波时钟输出	3.4（未用）	4.1	3.3
30	MCU RESET	复位电压输出	5.0（未用）	5.0	5.0
31	Y SW OUT	复合视频信号输出	2.0	2.6（未用）	2.6
32	MCU 5.7V OUT	微处理器 5.7V 输出	5.6（未用）	5.6（未用）	5.7（未用）
33	ABCL	自动亮度控制	2.5	2.5	2.5
34	XTAL	接 4.43MHz 晶体振荡器	3.2	3.3	3.4
35	DRIVE GND	驱动电路接地	0	0	0
36	V/CGND	视频/色度电路接地	0	0	0

（续）

引脚号	引脚符号	引脚功能	电压/V		
			M61266	M61264FP	M61251FF
37	APC FILTER	锁相环滤波	3.2	2.0	3.4
38	EXT/CIN	外部色度信号输入	1.9	3.3	2.1
39	VCC（DRIVE）	驱动电路 +5V 供电	4.9	8.2	5.1
40	VCC（V/C）	视频/色度电路 +5V 供电	4.9	1.8	5.1
41	TV/YIN	视频/亮度信号输入	2.3	8.8	2.4
42	VCC（VREG）	启动电源 +8V 供电	8.0	2.5	8.8
43	DDS FILTER	DDS 滤波	1.7	3.3	1.8
44	VCC（HI）	+8V 供电	8.0	3.5	8.1
45	Cb IN	分量 CB 输入	1.8（未用）	3.5	1.1
46	Cr IN	分量 CR 输入	1.8（未用）	1.4	1.2
47	8.7VREGOUT	8.7V 稳压输出 /SECAM 制锁相环反馈滤波	0（未用）	5.7（未用）	8.7
48	INTER CAR	第二中频控制输出	2.4（空脚）	2.5	2.5
49	5.7VREG OUT	5.7V 稳压输出 /SECAM 制钟形滤波器反馈滤波	5.7（未用）	5.7（未用）	5.7
50	SIPMIX	第二伴音中频滤波输出	2.6	3.4	3.2
51	AOUT	音频信号输出	2.4	1.4	1.4
52	ABUPASS	音频旁路滤波	3.5	3.3	3.5
53	EXT AIN	外部音频信号输入	3.0	3.0	3.2
54	FM OUT	FM 伴音滤波输出	3.0	3.3	3.3
55	VIF VCO	图像中频压控振荡	2.9	3.0	3.0
56	SIF GND	伴音中频电路接地	0	0	0
57	VIF GND	中频放大电路接地	0	0	0
58	VIDEO OUT	视频信号输出	3.9	3.0	4.0
59	RF AGC OUT	高放 AGC 输出	2.0	0	1.8
60	VIF APCFILTER	图像中频 APC 滤波	2.0	4.0	2.3
61	PAL ID	PAL 制识别滤波	3.9	2.8	4.0
62	IF AGC FILTER	中频 AGC 滤波	2.4	1.7	2.7
63	VIF1	图像中频输入 1	1.5	1.7	1.7
64	VIF2	图像中频输入 2	1.5	1.7	1.7

2.1.8 LV7621×系列超级单片电路

LV7621×系列超级单片电路是日本三洋公司生产的超级电视芯片，内置中频放大解码电路、视频解码器、偏转小信号处理电路和微处理器控制电路，常见型号有 LV76210、LV76211、LV76212、LV76214 等。这些芯片内部硬件结构基本相同，主要区别在于部分机型应用时省掉了一些功能电路，应用在康佳 P21SA177（5）、P21SA383（2）、T21SA026

（5）、T21SA267（5）、T21TA267（2）、T21TA267B（2）、T21TA928（2）等 TA 系列彩电中。

1. 应用电路和信号流程

LV7621×系列超级单片电路在康佳 TA 系列彩电中时的应用电路与信号流程如图 2-9（见书后插页）所示。

2. 引脚功能和维修数据

LV7621×系列超级单片电路引脚功能和在康佳 TA 系列彩电中应用时的维修数据见表 2-71。

表 2-71　LV7621×系列超级单片电路的通用引脚功能和维修数据

引脚号	引脚符号	引脚功能	电压/V	
			开机	待机
1	R1-IN	音频信号输入 1	2.6	0
2	R2-IN	音频信号输入 2	2.6	0
3	CVBS-IN	CVBS 视频信号输入	2.3	0
4	VCC-5V	5V 供电输入	4.9	0.5
5	AV1-IN	AV1 视频输入	2.3	0
6	AV-R-OUT	右声道音频信号输出	2.6	0
7	YC-Y-IN	YC-Y 信号输入	2.3	0
8	YC-C-IN	YC-C 信号输入	2.1	0
9	VDD-3.3V	3.3V 供电输入	3.4	0.4
10	YCrCr-Y-IN	YCbCr-Y 信号输入	2.3	0
11	YCrCr-Cr-IN	YCbCr-Cr 信号输入	0.01	0
12	4.43MHz	接 4.43MHz 晶体振荡器	1.05	0
13	YCbCr-Cb-IN	YCbCr-Cb 信号输入	0.01	0
14	APC1	APC 滤波	3.3	0
15	FSC-EHT	FSC-EHT 滤波	2.0	0.6
16	E/W	东西枕校信号输出	0.01	0
17	V-OUT	场激励输出	2.4	1.1
18	V-FILTER	V 滤波	2.3	0
19	VCO IREF	VCO 基准电流	2.2	0
20	H-VCC-5V	行振荡 5V 供电输入	5.0	0.4
21	HAFC-FILTER	行 AFC 滤波	2.5	0
22	H-OUT	行激励脉冲输出	0.4	0
23	FBP	回扫脉冲输入	1.2	0
24	VDD	5V-1 供电输入	5.0	5.0
25	PLL	PLL 滤波	3.2	2.9
26	VDD2	VDD 供电滤波	3.2	3.2
27	HLF	行滤波器	0	0
28	VLF	场滤波器	0	0

（续）

引脚号	引脚符号	引脚功能	电压/V	
			开机	待机
29	PROTECT	保护检测输入	5.0	1.0
30	PWM	脉宽调制	0	0
31	SDA	总线数据线	4.8	4.9
32	SCL	总线时钟线	4.9	5.0
33	ON-DATA	数据传输开关	5.0	5.0
34	ON-CS	片选开关	0.03	0
35	MUTE	静音控制输出	0.07	3.1
36	IR	遥控接收输入	5.0	5.0
37	KEY/ON-CLOCK	面板矩阵开关输入	5.0	5.0
38	POWER	开关机控制输出	0.03	0.7
39	XT2	外接时钟晶体振荡器（未用）	0.18	0.04
40	XT1	外接时钟晶体振荡器（未用）	0.2	0.04
41	RESET	复位电压	4.5	4.5
42	TEXT	图文控制端	0	0
43	CPUGND	微处理器电路接地	0	0
44	GND	接地	0	0
45	ABL	自动亮度控制	4.8	1.1
46	BLUE-OUT	蓝色信号输出	2.5	0
47	GREEN-OUT	绿色信号输出	2.5	0
48	RED-OUT	红色信号输出	2.4	0
49	RGB-VCC-8V	RGB基色电路供电输入	8.2	0.4
50	L-OUT	左声道音频信号输出	2.6	0
51	R-OUT	右声道音频信号输出	2.6	0
52	SIF-IN	伴音中频输入	3.1	0
53	SIF-FILTER	伴音中频滤波	2.5	0
54	SIF-OUT	伴音中频输出	2.6	0
55	IF-GND	图像中频电路接地	0	
56	PIF-IN2	图像中频输入2	2.8	0
57	PIF-IN1	图像中频输入1	2.8	0
58	RF-AGC	射频AGC电压输出	1.0	0.4
59	VCO-FILTEF	VCO滤波	2.6	0
60	IF-AGC	射频AGC滤波	2.6	0
61	VIDEO-OUT/SVO	视频信号输出	2.2	0
62	IF-VCC-5V	图像中频电路5V供电输入	4.8	0.5
63	FM-FILTEF	FM电路滤波	2.3	0
64	AV-L-OUT	左声道音频信号输出	2.3	0

2.2 超级掩膜片代换

近几年，国产新型总线控制彩电的微处理器，大多采用进口母片进行掩膜处理，写入厂家的控制程序并重新命名。由于各厂家写入的控制程序不同，开发的控制功能不同，即使是采用相同的进口母片，往往引脚功能不尽相同，不能进行代换。即使是同一厂家相同的进口母片，由于产品的更新换代、功能的增减、技术改进，其掩膜后的微处理器有时也受到代换的限制。本节搜集了国产品牌超级彩电掩膜片的代换信息，供超级彩电维修人员更换掩膜片时参考。代换时，应注意以下几点：

1）选择相同厂家掩膜片：由于近几年彩电微处理器具有可编程功能，长虹、康佳、海尔、海信、TCL 等国内厂家在应用时，根据需要，会对可编程的引脚功能进行重新设置，有的还重新进行命名，即使采用的是相同型号的集成电路，由于厂家不同，其引脚功能往往也不相同。因此在代换时，最好选择相同厂家，功能和型号相近的掩膜片进行代换。

2）与配套存储器同时更换：由于掩膜片内部的微处理器的控制功能被重新编程设置，代换时往往需要对总线数据做相应的调整，必要时应更换与掩膜片配套的写有厂家数据的存储器。

2.2.1 长虹超级彩电掩膜片代换

长虹开发的 CH-13、CH-16 和 CN-18 机心超级彩电大多采用掩膜片，即采用进口母片进行掩膜处理，写入厂家的控制程序并重新命名。长虹 CH-13 机心超级彩电掩膜片代换参考表 2-72，CH-16 机心超级彩电掩膜片代换参考表 2-73，CN-18 机心超级彩电掩膜片代换参考表 2-74。

表 2-72　长虹 CH-13 机心超级彩电掩膜片代换参考

掩膜片型号	代换掩膜片型号	代换说明
CH04T1306	CH04T1301	CH04T1306 由 LA769317N57R4-E 掩膜后命名，CH04T1301 由 LA769317C-53K0 掩膜后命名，适用于 CH-13B 机心。两者引脚基本相同，代换后应检查存储器数据是否和 CH04T1306 总线数据的默认值一致
CH04T1306	CH04T1302	CH04T1302 由 LA769317M56J0 掩膜后命名。两者引脚基本相同，代换后检查数据是否和 CH04T1306 总线数据的默认值一致，如果不一致，换用写有该机数据的存储器
CH04T1306	CH04T1302	CH04T1306 由 LA769317N57R4-E 掩膜命名，适用于 CH-13G 机心。二者引脚基本相同，代换后需更换存储器，并检查存储器数据
CH04T1303	LA769337N57N7-E	CH04T1303 由 LA769337N57N7-E 掩膜后命名。代换后，核对引脚功能，检查存储器数据。CH04T1303 不能用 CH04T1301、CH04T1302、CH04T1306 代换
CH04T1301、CH04T1302、CH04T1304	CH04T1301、CH04T1302、CH04T1304	CH04T1301、CH04T1302、CH04T1304 可以相互代换。代换后，基本不用更改数据和电路，如果个别数据有偏差，可适当更改

（续）

掩膜片型号	代换掩膜片型号	代换说明
CH04T1308	CH04T1306	用 CH04T1308 代换 CH04T1306 时，部分机型可直接代换，但有些机型代换后出现光栅发紫、字符右移、按键错乱、不记忆数据等问题。解决方法是将存储器 24C08 换成 24C16，进入总线后将菜单 MENU12 中的 OPT. ADKEY 改为 0；将菜单 MENU11 中的 OPT. VS/FS 改为 1，TUN. ADR 改为 1；将菜单 MENU10 中的 OPT. IIC 改为 0 即可
CH04T1305	CH04T1301	用中英文版本的 CH04T1305 代换 CH04T1301 时，需在 CH04T1305 总线参数的基础上做如下更改：一是将菜单 MENU09 中 OPT. VS/FS 选项更改为 0；二是将菜单 MENU11 中 OPT. AV1/AV2 选项更改为 0；三是将菜单 MENU11 中 OPT. DVD 选项更改为 0；四是将菜单 MENU11 中 OPT. S/AV2 选项更改为 0
CH04T1305	CH04T1302、CH04T1306	用中英文版本的 CH04T1305 代换 CH04T1302 和 CH04T1306 时，应在 CH04T1305 总线参数的基础上做如下更改：将 CH04T1305 的 46 脚与 48 脚连接在一起，保证 AV2 功能正确
CH04T1305	CH04T0306	用中英文版本的 CH04T1305 代换 CH04T0306 绿色电源带继电器电路时，主板上应做如下更改：一是在消磁电阻旁边，原继电器 2 脚处，加跨接线 J018；取下消磁电阻旁的 R733，V705 旁的 R741，芯片的 31、32 脚连接高频头电路上的 R732 和 R732A；二是在芯片的 36、37 脚连接到高频头 4、5 脚的电路上加电阻 R731、R731A，型号为 RT13-0.166W-100Ω，可将取下的 R732、R732A 作为 R731 和 R731A 安装在相应位置；三是将 CPU 的 46、48 脚接在一起

表 2-73　长虹 CH-16 机心超级彩电掩膜片代换参考

掩膜片型号	代换掩膜片型号	代换说明
CH05T1602	CH05T1604、CH05T1607	CH05T1602 与 CH05T1604、CH05T1607 均由 TDA9370 掩膜后命名，三者之间可以直接相互代换。若代换后机器出现 TV 无伴音现象，则应将总线数据中"OP2"项置于"64"
CH05T1609	CH05T1623	CH05T1609 由 TDA9370PS-N2 掩膜后命名，CH05T1623 由 OM8370PS 掩膜后命名，二者可以相互代换。代换时应注意：使用 CH05T1609 芯片时，主板上 C171 的电容量应为 1200pF；使用 CH05T1623 芯片时，C171 的电容量应为 3900pF。CH05T1602、CH05T1604、CH05T1607 不能与 CH05T1609、CH05T1623 互换，两者的内部软件不同，前者为长虹统一软件，后者为飞利浦软件
CH05T1601	CH05T1603	CH05T1601 和 CH05T1603 均由 TDA9383PS-N2 掩膜后命名，二者可以相互代换，但要更换外围元件： 1. CH05T1601 对应 TDA9383 的"N2H"版本，元件表面最下面中间有"N2H"字样，需更换的相关元件如下：R171（2.7kΩ）、C171（4700pF）、C171（820pF） 2. CH05T1603 对应 TDA9383 的"N21"版本，元件的表面最下面中间有"N21"字样，需更换的相关元件如下：R171（3.9kΩ），C171（1200pF），C171A（330pF） 3. 当用 CH05T1601 或 CH05T1603 代换 TDA9383PS 时，应注意 TDA9383PS 的版本及与 CH05T1601、CH05T1603 的对应关系，并更换相应的外围元件

（续）

掩膜片型号	代换掩膜片型号	代换说明
CH05T1606	CH05T1608	CH05T1606 由 TDA9373PS-N2 掩膜后命名，CH05T1608 由 TDA9373PS 掩膜后命名，二者可以互换，但代换后屏幕上显示的字符风格及存储器相关数据不同 CH05T1601、CH05T1603 与 CH05T1606、CH05T1608 原则上不能互换，因为两类机型的电路、遥控器和 PCB 均不同
CH05T1619	CH05T1608	CH05T1619 和 CH05T1608 均由 TDA9373PS 掩膜后命名，二者可以相互代换，但更换后屏幕上显示的字符风格不同。二者的存储器数据不同，总线数据多一白峰限制"PWL"项，其数据为"14"
CH05T1619	CH05T1606	CH05T1619 由 TDA9373PS 掩膜后命名，CH05T1606 由 TDA9383PS-N2 掩膜后命名，二者可以互换，但更换后屏幕上显示的字符风格不同。二者的存储器数据不同，总线数据中增加一白峰限制"PWL"项，其数据为"14" CH05T1601、CH05T1603 与 CH05T1619 原则上不能互换，因为两类机型的电路、遥控器和 PCB 不同
CH05T1611	CH05T1621	CH05T1611 由 TDA9373PS-N2 掩膜后命名，CH05T1621 由 OM8373PS 掩膜后命名，二者可以相互代换，代换后应更换主板上的 C171：用 CH05T1611 芯片时，C171 的电容量应为 1200pF；使用 CH05T1621 芯片时，C171 的电容量应为 3900pF

表 2-74　长虹 CN-18 机心超级彩电掩膜片代换参考

掩膜片型号	代换掩膜片型号	代换说明
CH08T1601	TMPA8803	CH08T1601 由 TMPA8803 掩膜后命名，为 CN-18 机心的早期掩膜芯片，该芯片无直接代换芯片，应急时可参照 TMPA8803 引脚功能对号入座进行代换
CH08T1604	CH08T0609	CH08T1604 和 CH08T0609 均由 TMPA8803 掩膜后命名，二者总线数据不同，屏幕上显示的字符风格不同，不能直接代换，需参照引脚功能对号入座进行代换，并更改总线数据或更换配套存储器
CH08T1602	CH08T0608	CH08T1602 与 CH08T0608 均由 TMPA8829 掩膜后命名，引脚功能相同，硬件与软件基本相同，可以相互代换
CH08T0607	CH08T1610	CH08T0607 和 CH08T1610 均由 TMPA8829 掩膜后命名，但引脚功能和程序不同，不能相互代换，暂时也不能用其他芯片代替。应急代换时需参照引脚功能对号入座，并更改总线数据或更换配套存储器

2.2.2　康佳超级彩电掩膜片代换

康佳采用 TDA/OM、TMPA、VCT 系列超级单片电路开发的超级彩电，大多采用掩膜片，即采用进口母片进行掩膜处理，写入厂家的控制程序，部分芯片会重新命名。康佳超级彩电的常见掩膜片型号和代换见表 2-75 所示。

表 2-75　康佳超级彩电的常见掩膜片型号和代换

掩膜片型号	代换掩膜片型号	代换说明
CKP1403S（TDA9383）	CKP1402S（TDA9380）	CKP1403S（TDA9383）具有枕校功能，用于 25in 及其以上彩电中，CKP1402S（TDA9380）无枕校功能，用于 21in 及其以下彩电中
TDA9373	OM8373	二者引脚功能相同，可以互相代换，具有枕校功能
TDA9370	OM8370	二者引脚功能相同，可以互相代换，没有枕校功能
TMPA8809	TMPA8829	二者引脚功能相同，可以互相代换
CKP1303S（TMPA8823）	CKP1302S（TMPA8829）	CKP1303S（TMPA8823）可以替换 CKP1302S（TMPA8829），反之则不行，前者有枕校功能，后者没有。代换后字符显示内容不同
CKP1604S	CKP1604S1、CKP1602S	CKP1604S（VCT3801A）可以用 CKP1604S1（VCT3801A）代换；CKP1604S1（VCT3801A）可以代换 CKP1602S（VCT3803）。后级 S1 代换 S 时，存储器数据必须更改

2.2.3　海信超级彩电掩膜片代换

　　海信开发的 SA、SC、UOC 机心超级彩电大多采用掩膜片，即采用进口母片进行掩膜处理，写入厂家的控制程序并重新命名。海信 SA 机心超级彩电掩膜片代换参考见表 2-76，SC 机心超级彩电掩膜片代换参考见表 2-77，UOC 机心超级彩电掩膜片代换参考见表 2-78。

表 2-76　海信 SA 机心超级彩电掩膜片代换参考

掩膜片型号	代换掩膜片型号	代换说明
HISENSE8803-1	HISENSE8823-2、TMPA8823CPNG-4PV5	这三种型号的微处理器由 TMPA8801 或 TMPA8821 掩膜后命名，HISENSE8803-1 为第一次掩膜后命名，HISENSE8823-2、TMPA8823CPNG-4PV5 为第二次掩膜后命名。第二次掩膜可代替第一次掩膜，但有拉幕开关机等功能差异，代换时应注意母片数据。主要应用于以 TC2111A 为代表的超级彩电中
H1SENSE8823-2	TMPA8823CPNG-4PV5	H1SENSE8823-2 和 TMPA8823CPNG-4PV5 这两种微处理器由 TMPA8821 掩膜后命名，HISENSE8853-3 由 TMPA8851 掩膜后命名，HISENSE8853-3 可代换 HISENSE8823 和 TM-PA8823CPNG-4PV5，但 HISENSE8853-3 支持频率合成高频头，且外部没有同步分离电路。三种掩膜片也可参照原芯片 TM-PA8821 或 TMPA8851 的引脚功能，对号入座进行代换。主要应用于以 TC2107H、TC2118H 为代表的超级彩电中
HISENSE8853-3	TMPA8851	

表 2-77　海信 SC 机心超级彩电掩膜片代换参考

掩膜片型号	代换掩膜片型号	代换说明
HISENSE8829-1、TMPA8829CPNG-4H83	HISENSE8829-2、TMPA8829CPNG-4PV4	这四种型号微处理器均由 TMPA8827 掩膜后命名，HISENSE8829-1、TMPA8829CPNG-4H83 为第一次掩膜后命名；HISENSE8829-2、TMPA8829CPNG-4PV4 为第二次掩膜后命名。第二次掩膜可代替第一次掩膜，但有拉幕开关机等功能差异，代换时应注意母片数据。主要应用于以 TF2918H 为代表的超级彩电中

（续）

掩膜片型号	代换掩膜片型号	代换说明
HISENSE8829-2	TM-PA8829CPNG-4PV4	HISENSE8829-2 和 TM-PA8829CPNG-4PV4 两种微处理器由 TM-PA8827 掩膜后命名，HISENSE8859-3 和 TM-PA8859CPNG-5J09 由 TMPA8857 掩膜后命名。HISENSE8859-3 和 TM-PA8859CPNG-5J09 可代换上述两种，但视放电路、母块数据需更改，且外部没有同步分离电路。四种掩膜片可参照原芯片 TMPA8827 或 TMPA8857 引脚功能，对号入座进行代换。主要应用于以 TF2906D、TF2902DH 为代表的超级单片彩电中
HISENSE8859-3	TM-PA8859CPNG-5J09	

表 2-78　海信 UOC 机心超级彩电掩膜片代换参考

掩膜片型号	代换掩膜片型号	代换说明
TDA9373PS/N2/A10743、H1SENSE-UOC001	TDA9373PS/N2/A11078、HISENSE-UOC002	四种型号微处理器均由 TDA9373PS/N2/AI 掩膜后命名，TDA9373PS/N2/A10743、H1SENSE-UOC001 为第一次掩膜后命名；TDA9373PS/N2/A11078、HISENSE-UOC002 为第二次掩膜后命名。第二次掩膜可代替第一次掩膜，但有部分总线设置不一样，代换时应注意母块数据。主要应用于以 TF2911UF 为代表的采用超级单片彩电中
TDA9373PS/N2/AI1162	TDA9373PS/N2/AI	TDA9373PS/N2/AI1162 由引进芯片 TDA9373PS/N2/AI 掩膜后命名，TDA9373PS/N2/AI1162 可参照 TDA9373PS/N2/AI 引脚功能，对号入座进行代换，但有功能差异，代换时应注意母块数据。主要应用于以 TC2575GF 为代表的采用超级单片彩电中
TDA9370PS/N2/A11148	TDA9370PS/N2/AI	TDA9370PS/N2/A11148 由引进芯片 TDA9370PS/N2/AI 掩膜后命名，TDA9370PS/N2/A11148 可参照 TDA9370PS/N2/AI 引脚功能，对号入座进行代换，但有功能差异，代换时应注意母块数据。主要应用于以 TC2175GF 为代表的采用超级单片彩电中
TDA9373PS/N2/AI	引进芯片	TDA9373PS/N2/AI 为引进芯片，可直接用引进同型号芯片代换，需根据要求写入程序。主要应用于以 TF2506D 为代表的采用超级单片彩电中
TDA9370PS/N2/AI、TDA9373PS/N2/1I	引进芯片	TDA9370PS/N2/AI 和 TDA9373PS/N2/1I 均为引进芯片，可直接用引进同型号芯片代换，需根据要求写入程序。使用两种引进芯片，软件不同，代换时应注意母块数据。主要应用于以 TF2106D 为代表的采用超级单片彩电中

2.2.4　海尔超级彩电掩膜片代换

　　海尔集团采用 TMPA 系列单片生产的电视机市场占有率较高。由于后期厂家不再提供 Haler8823 V2.0/V3.0 芯片，超级单片损坏后常因无配件或配件价格不菲而无法维修，实际维修证明，完全可以用 8823 V4.0 芯片来代替 2.0 和 3.0 版本的超级单片。海尔彩电东芝超级系列掩膜芯片有 Haier8803-3GV1、Haier8823 V1.0、Haier8823 V2.0、Haier8823 V3.0、Haier8823 V4.0，上述芯片均可代换。海尔 TMPA 系列机心超级彩电掩膜片代换参考见表 2-79。

表 2-79　海尔 TMPA 系列超级彩电掩膜片代换参考

掩膜片型号	可代换掩膜片型号	代换说明
Haier8803-3GV1 和 Haier8823 V1.0、 Haier8823 V2.0、 Haier8823 V3.0	Haier8823 V2.0 和 Haier8823 V3.0	遥控器由 HTR-020 换成 HTR-031，C205 由 0.47μF/50V 改为 1μF/50V，存储器复制相应 V2.0/V3.0 的数据 Haier8823 V2.0 和 Haier8823 V3.0 可以直接代换，但要复制相应的 V2.0/V3.0 的存储器数据
Haier8823 V2.0、 Haier8823 V3.0	Haier 8823 V4.0	1. 由于 8823 V2.0/V3.0 采用电压合成式高频头 ENV59D69F1，换成 8823 V4.0 后采用频率合成式高频头，需改高频头为 TUFB8A9HR 或 TEDE9-299A、TEDE9-276A、TEEC7949PG35E 等频率合成版本高频头 2. Haier8823 V2.0、Haier8823 V3.0 更改为 Haier8823 V4.0 3. 存储器 24C08 更换复制 V4.0 数据 4. 遥控器可更改为 HTR-35D、HTR-051（注：一定要复制 V4.0 的数据，否则开机后容易出现显示红色字符的"欢迎光临"，以及遥控器 HTR-051、HTR-35D 的屏显键和待机键失灵现象） 5. 元器件更改：1）取消：V102、V103（C1815 波段转换管），R907、R908（实物为跨线 8823 V2.0 的 1、2 脚波段转换脚），W935 跨线（8823 V2.0 的 60 脚 VT），R938、R937（为 8823 V2.0 的 1、2 脚供电）。2）增加：R914、R915（大板上有预留位置，为高频头 SDA、SCL 供电），W118、W119、W120、W121 跨线（高频头附近，大板上有预留位置），W902 跨线（在存储器下部）。以上元器件经过改动完成、检查无误后，即可开启彩电，输入信号进行暗/白平衡、行场重显率调整（PAL 制和 NTSC 制分别调整），确认电视图像显示效果正常后老化一段时间，代替工作即告完成

2.2.5　创维超级彩电掩膜片代换

创维开发的 3P30、4P30、4P36 机心超级彩电大多采用掩膜片，采用进口母片进行掩膜处理，写入厂家的控制程序并重新命名。创维 3P30/4P30 机心超级彩电掩膜片代换参考见表 2-80，4P36 机心超级彩电掩膜片代换参考见表 2-81。

表 2-80　创维 3P30/4P30 机心超级彩电掩膜片代换参考

TDA9370 掩膜型号	代换型号 （OM8370 掩膜型号）	代换说明
4706-D93700-64	4706-D83701-64	此版本 CPU 上无公司编号，仅有飞利浦的芯片别名"Leader FM"，其第 5 脚为 M 制伴音吸收切换引脚。两种 CPU 为同一版本，可互相代换
4706-D93701-64	4706-D83701-64	此版本 CPU 为第一次程序掩膜版本，其第 5 脚为 M 制伴音吸收切换引脚。两种 CPU 为同一版本，可互相代换
4706-D93702-64	4706-D83701-64	此版本 CPU 为第二次程序掩膜版本，修改了开机时序程序。其第 5 脚有两个功能：应用于 3P30 机心时，5 脚作为 M 制伴音吸收切换控制引脚；应用于 4P30 机心时，5 脚作为 50/60Hz 识别切换引脚。两种 CPU 为同一版本，可互相代换

（续）

TDA9370 掩膜型号	代换型号 （OM8370 掩膜型号）	代换说明
4706-D93703-64	4706-D83701-64	此版本 CPU 将 5 脚改为 EEPROM 写保护控制脚。其第 63 脚具有两个功能：应用于 3P30 机心时，63 脚作为 M 制伴音吸收切换控制引脚；应用于 4P30 机心时，63 脚作为 50/60Hz 识别切换引脚。在声音菜单中增加了"声音校正"项目。两种 CPU 为同一版本，可互相代换
4706-D83701-64	4706-D83701-64	此版本 CPU 与 4706-D93703-64 基本一样，但在代换时，需对 EEP-ROM 芯片进行初始化。两种 CPU 为同一版本，可互相代换。

注意：1）在 3P30 机心中，4706-D93701-64、4706-D93702-64、4706-D93703-64、4706-D83701-64 基本上可互换（建议最好用后期版本的芯片代换前期版本的芯片），代换时需特别注意第 5 脚的接法。对于不同版本的 CPU，在代换后一定要对 EEPROM 进行初始化。若用无写保护功能的 CPU 去代换原先有写保护功能的 CPU，则需将 EEPROM 第 7 脚接地，否则将无法对 EEPROM 进行初始化。

2）在 4P30 机心中，4706-D93701-64、4706-D93702-64、4706-D93703-64 和 4706-D83701-64 之间互相代换时，需特别注意第 5、63 脚及其原来的相关功能电路的连接方法。如 50/60Hz 切换控制不正确，在接收 NTSC 制式信号时，会出现枕形失真等现象；写保护控制连接错误时，会出现 EEPROM 不能初始化等现象。对于不同版本的 CPU，在代换后一定要对 EEPROM 进行初始化。

表 2-81　创维 4P36 机心超级彩电掩膜片代换参考

TDA9370 掩膜型号	代换型号 （OM8370 掩膜型号）	代换说明
4706-D93705-64	4706-D83702-64	此版本 CPU 为 4P36 机心前期版本，增加了开机厂标显示功能，其 63 脚始终为 50/60Hz 识别切换引脚，5 脚始终为 EEP ROM 芯片写保护控制引脚，62 脚为 TV/AV 切换引脚。两种 CPU 为同一版本，可互相代换
4706-D83702-64	4706-D83702-64	此版本 CPU 与 4706-D93705-64 基本一样，但代换时，需对 EEP-ROM 进行初始化，只能用于 4P36 机心。两种 CPU 为同一版本，可互相代换 4706-D93705-64、4706-D83702-64 只能用于 4P36 机心（有其专门的 LOGO 和 AV 切换逻辑）。在互相代换时，这两种 CPU 不需更改电路，仅需对 EEPROM 进行初始化。若用 OM8370 代换 TDA9370 出现无伴音现象，其原因多是错用 4706-D83702-64 去代换 3P30 机心的 TDA9370

注意：1）初始化 EEPROM 的作用是使 CPU 内部程序和 EEPROM 的版本信息保持一致。为了防止 EEPROM 中的数据丢失或数据错乱，主程序会产生一个与之适配的版本信息，并存入 EEPROM 中。当电视机开机时，主程序会从 EEPROM 中读取版本信息，若 EEPROM 中

的版本信息与当前程序的版本信息不一致，则主程序就无法读写 EEPROM 中的其他数据，会导致不存台、出现英文菜单等故障现象。

2）初始化 EEPROM 的操作步骤如下：①先将音量调至"00"，按住电视机面板上的音量减键不放手，同时按一下遥控器上的屏显键，即可进入工厂调试模式。②在工厂调试模式下，按一下遥控器上的数字键6，屏幕上将显示"P-MOD"菜单（要求输入密码），依次按数字键7、8、9，再连续按4次菜单键，调出"PE-2"菜单，将状态栏（光标）移至"INIT"项，按音量加键，使"INIT"项的数据由"00"变为"FF"。若"INIT"项的参数无法变为"FF"，或变为"FF"后仍为英文菜单（或收不到台等），则应检查 EEPROM 的第⑦脚在初始化时是否为低电平。③按下电视机交流电源开关关机，再重新开机，即可完成初始化操作。然后再进入总线调整模式，调整行场幅度、线性、功能选项等。

2.2.6 TCL 超级彩电掩膜片代换

TCL 采用 TMPA 系列机心开发的超级彩电大多采用掩膜片，采用进口母片进行掩膜处理，写入厂家的控制程序并重新命名。TMPA88××超级彩电掩膜片代换参考见表 2-82。

表 2-82 TCL TMPA88××超级彩电掩膜片代换参考

掩膜片型号	可代换掩膜片型号	代换说明
13-A01V01-TOP、 13-A01V02-TOP、 13-A01V10-TOP	TMPA88××	13-A01V01-TOP、13-A01V02-TOP、13-A01V10-TOP 均由 TMPA88××超级单片电路掩膜后命名。后者可以代换前者，但前者不能代换后者，即 13-A01V10-TOP 可代替 13-A01V01-TOP 和 13-A01V02-TOP，而 13-A01V01-TOP 和 13-A01V02-TOP 不能相互代用，因暂无存储器纠错程序

2.3 开关电源电路

2.3.1 FSCQ0565、FSCQ0765、FSCQ1265、FSCQ1565

FSCQ0565、FSCQ0765、FSCQ1265、FSCQ1565 是日本 FAIRCHILD 半导体公司在 21 世纪初推向市场的新型电源厚膜块。这 4 种型号的内部结构、引脚功能和应用电路基本相同，只是输出功率不同，代换时应引起注意。这 4 种厚膜块内含基准电压源、精密误差放大器、比较放大器、振荡器、驱动器和许多逻辑电路以及大功率场效应晶体管（开关管）等。该厚膜块利用上述电路可实现脉冲形成、脉冲放大、宽度调整（稳压控制）、过电流、过电压、过热等多种功能，而且还具有外围元器件少、工作可靠、效率高、输出功率大（150W）等优点，应用在长虹、康佳、海信、海尔、TCL 等超级彩电中，应用时有的在型号前部省去 FSCQ，有的型号尾部增加 R 或 RT、RF、RP 字符。

FSCQ0765RT 在 TCL 王牌 UL12A 超级机心中的应用电路如图 2-10（见书后插页）所示。FSCQ0565、FSCQ0765、FSCQ1265、FSCQ1565 的引脚功能和 FSCQ0765 在 TCL 王牌 UL12A 机心、FSCQ1265 在创维 6D88 机心中应用时的维修数据见表 2-83。

表 2-83　FSCQ0565、FSCQ0765、FSCQ1265、FSCQ1565 的引脚功能和维修数据

引脚号	引脚符号	引脚功能	王牌 UL12A（FSCQ0765）		创维 6D88（FSCQ1265）	
			电压/V	电压/V	电阻/kΩ	
			开机	开机	黑笔测	红笔测
1	DRAIN	内部开关管 D 极	300	298	500	4.5
2	GND	内部开关管 S 极和控制电路接地	0	0	0	0
3	VCC	内部控制电路供电输入	23.2	18.8	500	4.5
4	FB/OCP	稳压控制电路输入	1.2	1.2	200	5.4
5	SYNC	同步脉冲锁定输入	4.7	5.4	1.4	1.4

2.3.2　KA5Q0565、KA5Q0765、KA5Q1265

KA5Q0565、KA5Q0765、KA5Q1265 是 FAIRCHILD 公司生产的新型电源厚膜块，这 3 种型号的内部结构、引脚功能和应用电路基本相同，只是输出功率不同，代换时应引起注意。该厚膜块内含振荡器、比较电路、延时电路、推动电路和大功率场效应晶体（开关管），具有过电压、过电流、过热保护功能，应用在长虹、康佳、海信、海尔、厦华等超级彩电中，应用时有的在型号尾部增加 RT、RF 字符。

KA5Q0565 在长虹 CH-13 机心中的应用电路如图 2-11 所示。KA5Q0565、KA5Q0765、KA5Q1265 的引脚功能和 KA5Q1265RF 在长虹 PF3495 彩电和海尔 UOC 机心彩电中应用时的维修数据见表 2-84。

表 2-84　KA5Q0565、KA5Q0765、KA5Q1265 的引脚功能和维修数据

引脚号	引脚符号	引脚功能	长虹 PF3495 彩电（KA5Q1265RF）			海尔 UOC 机心（KA5Q1265RF）		
			电压/V	电阻/kΩ		电压/V	电阻/kΩ	
				红表笔测	黑表笔测		红表笔测	黑表笔测
1	DRA IN	内部场效应晶体管漏极	301	4.7	∞	270	3.7	∞
2	GND	内部场效应晶体管源极	0	0	0	0	0	0
3	VCC	电源输入端	16.0	3.7	∞	16.1	3.3	∞
4	FB	反馈信号输入	1.1	8.2	200	1.0	5.6	200
5	SYNC	同步信号输入	5.3	0.4	0.4	6.3	5.3	31.0

2.3.3　MC44608

MC44608 是 MOTOROLA 公司开发的环保、高性能的彩电开关电源控制电路。内部电路设有振荡、稳压控制、驱动电路，从 5 脚输出激励脉冲，推动大功率 MOSFET（开关管）；内设过热保护、短路保护功能，待机时采用间歇脉冲的方式，降低待机功耗，待机时功耗小于 3.5W 。振荡频率有 40kHz、75kHz、100kHz 几种，其命名也有 MC44608P40、MC44608P75 之分，其中 P40、P75 表示其工作频率为 40kHz、75kHz。该芯片常应用在 TCL 等超级彩电中。

MC44608 在 TCL 王牌 Y22 机心中的应用电路见图 2-12 所示。MC44608 的引脚功能和在 TCL 王牌 2916D 和厦华 J 系列彩电中应用时的维修数据见表 2-85。

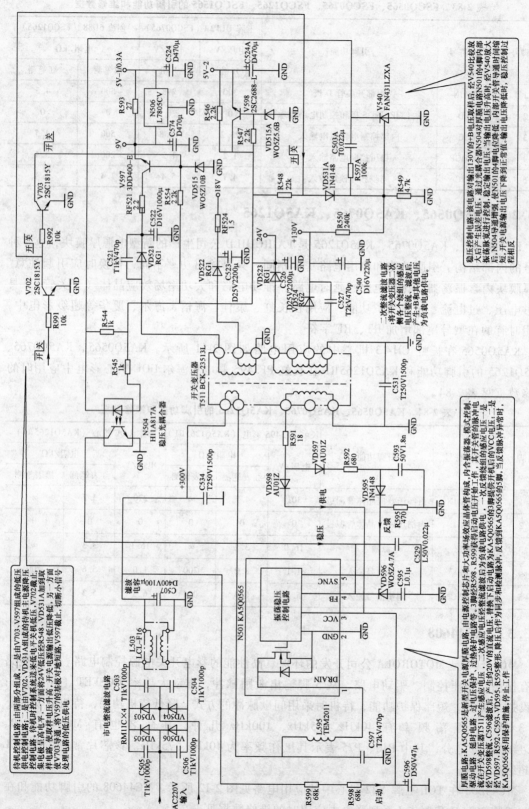

图 2-11 KA5Q0565 在长虹 CH-13 机心中的应用电路

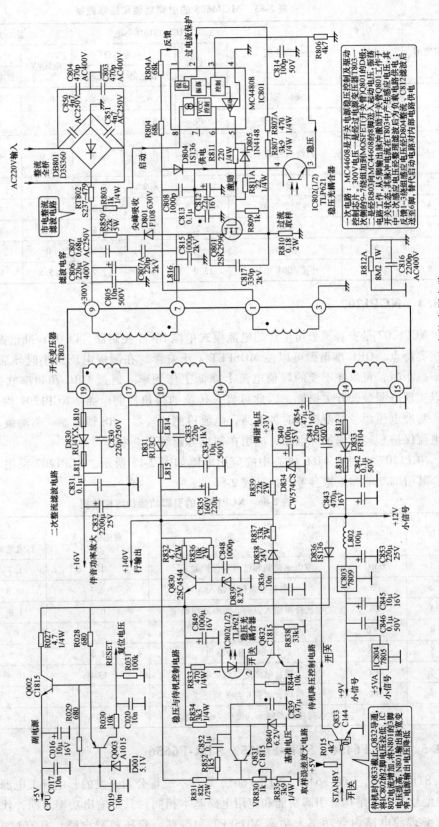

图 2-12 MC44608 在 TCL 王牌 Y22 机心中的应用电路

表 2-85　MC44608 的引脚功能和维修数据

引脚号	引脚符号	引脚功能	TCL 2916D 彩电			厦华 J 系列彩电		
			电压/V	电阻/kΩ		电压/V	电阻/kΩ	
				红表笔测	黑表笔测		红表笔测	黑表笔测
1	DEMAG	去磁、退耦	0.9	∞	2.8	0.8	7.1	75.5
2	ISENSE	过电流保护	0.1	8.9	7.2	0	4.0	4.0
3	CONTROL INPUT	控制信号输入	5.1	9.1	6.3	5.0	4.4	5.2
4	GROUND	接地	0	8.9	8.1	0	0	0
5	DRIVE	控制管开关	0.4		6.8	1.7	4.8	7.6
6	VCC	工作电压	0.2	∞	6.8	14.0	3.8	132
7	NC	空脚	—			0	∞	∞
8	VI	外接 500V 电压	13.0	∞	2.7	15.8	5.5	2000

2.3.4　NCP1207

NCP1207 是安森美公司生产的电流模式单端 PWM 控制器，以 QRC 准谐振和频率软折弯为主要特点。QRC 准谐振可以使 MOSFET（开关管）在漏极电压最小时导通；在电路输出功率减小时，可以在不变的峰值电流上降低工作频率。通过 QRC 和频率软折弯特性配合，可以实现电源最低开关损耗，因此可省去传统的待机控制电路。NCP1207 内含 7.0mA 电流源、基准电压源、可变频率时钟电路，电流检测比较器、RS 锁存器、驱动级、过电压保护、过电流保护和过载保护等电路，应用在创维等超级彩电中。

NCP1207 在创维 4T60 机心中的应用电路如图 2-13 所示。NCP1207 采用 8P-DIP 塑封结构，其引脚功能和维修参考数据见表 2-86。

表 2-86　NCP1207 的引脚功能和维修数据

引脚号	引脚符号	引脚功能	对地电压/V	电阻/kΩ	
				红表笔测	黑表笔测
1	DMG	零电流检测和过电压保护输入	1.9	1.7	1.5
2	FB	电压反馈信号输入	0.7	16.8	51.0
3	CS	电流检测输入识别，间隔周期确定	0.2	1.8	1.6
4	GND	控制电路接地	0	0	0
5	DRV	PWM 驱动脉冲输出	1.6	9.5	9.5
6	VCC	控制电路电源供电端	13.0	10.4	65.0
7	NC	空脚，增强 6 与 8 脚绝缘	—		—
8	HV	高压起动输入，提供 7mA 电流	203	12.4	1.0

2.3.5　STR-F6456、STR-F6465、STR-F6656

STR-F6456、STR-F6465、STR-F6656 是日本三肯公司开发的彩电开关电源厚膜电路，这 3 种型号的内部结构、引脚功能和应用电路基本相同，只是输出功率不同，代换时应引起注意。该厚膜电路内含功率大功率 MOSFET 和振荡、稳压控制电路，具有过电压、过电流、

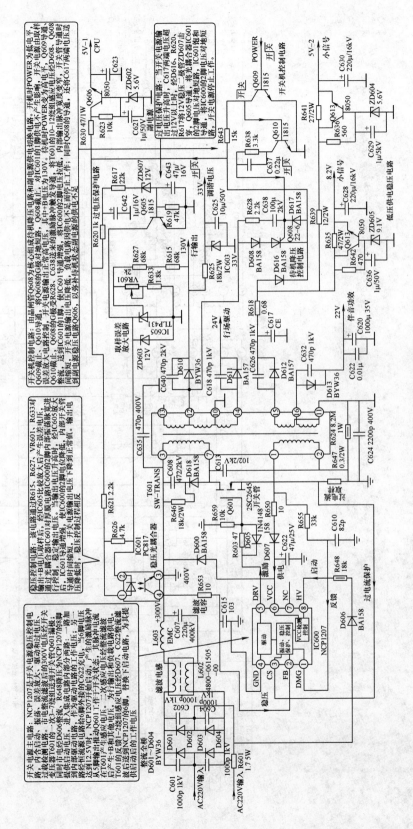

图 2-13 NCP1207 在创维 4T60 机心中的应用电路

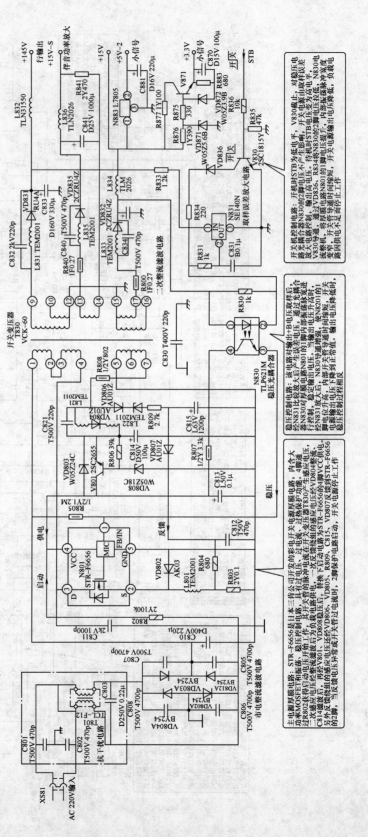

图 2-14　STR-F6656 在长虹 CH-16 机心中的应用电路

过热保护功能，应用在长虹、海尔、创维等超级彩电中，应用时有的在型号中去 F 字符，有的型号尾部增加 S、F 等字符。

STR-F6656 在长虹 CH-16 机心中的应用电路如图 2-14 所示。STR-F6456、STR-F6465、STR-F6656 的引脚功能和 STR-F6456S 在创维 5I30 机心，STR-F6656 在长虹 CH-16 机心、海尔 G5 机心中应用时的维修数据见表 2-87。

表 2-87　STR-F6456S、STR-F6656 的引脚功能和维修数据

引脚号	引脚符号	引脚功能	创维 5I30 机心（STR-F6456）		长虹 CH-16 机心（STR-F6656）		海尔 G5 机心（STR-F6656）		
			电压/V		电压/V		电压/V	电阻/kΩ	
			开机	待机	开机	待机		红表笔测	黑表笔测
1	FB/OCP	稳压控制/过电流检测输入	2.2	0.2	2.1	0.4	1.5	0.7	0.7
2	S	开关管源极	0.1	0	0.04	0	0	0	0
3	D	开关管漏极	298	—	309	318	290	6	0.0025
4	VCC	小信号工作电源	17.2	14.0	18.2	17.7	16.8	5.3	0.0025
5	GND	接地	0	0	0	0	0	0	0

2.3.6　STR-G5653、STR-G6653、STR-G6856、STR-G8656、STR-G9656

STR-G5653、STR-G5665、STR-G6653、STR-G6856、STR-G8656、STR-G9656 是日本三肯公司开发的系列彩电开关电源厚膜电路。这几种型号的内部结构、引脚功能和应用电路基本相同，只是输出功率不同，代换时应引起注意。该厚膜电路内含启动、振荡、锁存、驱动和大功率调整管，具有过电压、过电流、过热保护功能，应用在长虹、海信、海尔、厦华等超级彩电中，应用时有的在型号中去 G 字符，有的型号尾部增加 A、G 等字符。

STR-G5653 在长虹 CN-18 机心中的应用电路如图 2-15 所示。STR-G5653、STR-G5665、STR-G6653、STR-G6856、STR-G8656、STR-G9656 的引脚功能和 STR-G5653 在长虹 CN-18 超级机心、STR-G8656 在康佳 P2960S 超级彩电中应用时的引脚功能和维修数据见表 2-88。

表 2-88　STR-G5653、STR-G5665、STR-G6653、STR-G6856、
STR-G8656、STR-G9656 的引脚功能和维修数据

引脚号	引脚符号	引脚功能	康佳 P2960S 彩电（STR-G8656）			长虹 CN-18 机心（STR-G5653）		
			电压/V	电阻/kΩ		电压/V		电阻/kΩ
				黑表笔测	红表笔测	开机	待机	
1	D	内置开关管漏极	305	6.0	600	297.5	308.5	∞
2	S	内置开关管源极	0.05	0	0	0.03	0	0
3	GND	接地	0	0	0	0	0	0
4	VCC	控制电路电源输入	32	5.5	600	32.1	17.7	∞
5	OCP/FB	稳压控制输入/过电流检测输入	2.4	0.6	0.7	2.1	0.4	0.7

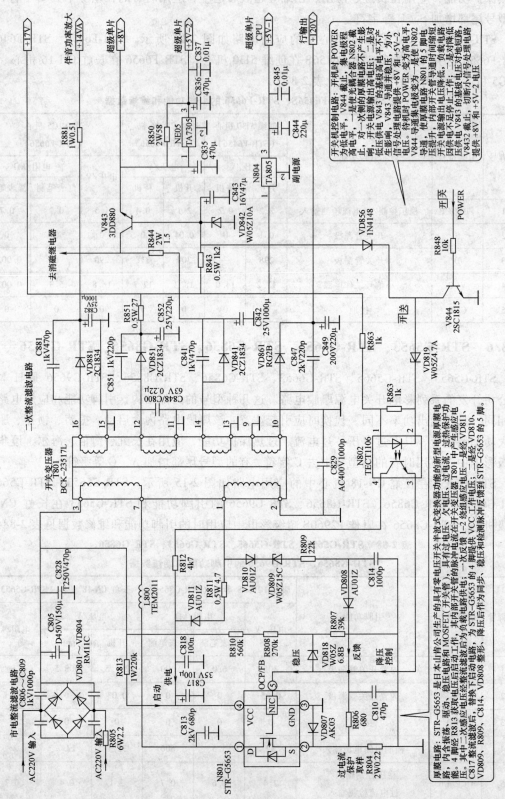

图 2-15 STR-G5653 在长虹 CH-18 机心中的应用电路

2.3.7 STR-W6553、STR-W6556、STR-W6735、STR-W6754、STR-W6756、STR-W6854、STR-W6856

STR-W6553、STR-W6556、STR-W6735、STR-W6754、STR-W6756、STR-W6854、STR-W6856 是新型开关电源厚膜电路，这几种型号的内部结构、引脚功能和应用电路基本相同，只是输出功率不同，代换时应引起注意。该厚膜电路内含稳压控制电路和大功率场效应晶体管，具有过电压、过电流、过载保护功能，应用在长虹、康佳、海信、创维、厦华、TCL 等超级彩电中，应用时有的在型号中去 W 字符，有的在型号尾部增加 A 等字符。

STR-W5653A 在创维 3T60 机心中的应用电路如图 2-16（见书后插页）所示。需要说明的是，该系列厚膜电路为 7 个引脚，其中 2 脚为空脚，增强 1、3 脚之间的绝缘与耐压，部分应用电路图将 2 脚省略，引脚编号变成 6 个引脚，维修时应注意。STR-W6553、STR-W6556、STR-W6735、STR-W6754、STR-W6756、STR-W6854、STR-W6856 的引脚功能和 STR-W6553 在 TCL S13A 机心、STR-W6756 在康佳 TE 系列超级彩电中应用时的维修数据见表 2-89。

表 2-89 STR-W6553、STR-W6556、STR-W6735、STR-W6754、STR-W6756、
STR-W6854、STR-W6856 的引脚功能和维修数据

引脚号	符号	功能	TCL S13A 机心（STR-W6553）	康佳 TE 系列彩电（STR-W6756）		
			电压/V	电压/V	电阻/kΩ	
					黑表笔测	红表笔测
1	D MDSFET	内部 MOS FET 漏极	300	303	∞	4.1
2	NC	空脚	—	—	—	—
3	S/GND	内部 MOS FET 源极	0	0	0	0
4	VCC	启动与工作电源输入	18	18.2	∞	3.8
5	SS/ADJ	软启动与过电流保护	0.01	0.2	10.2	6.4
6	FB	误差输入与间歇振荡控制	5.8	1.3	350	7.0
7	OCP/BD	过流反馈与导通时间调整	3.2	0.8	0.1	0.1

2.3.8 TDA16846

TDA16846 是飞利浦公司推出的开关电源稳压控制电路。内含振荡、比较误差放大、门电路、稳压控制和驱动电路，其振荡频率可采用固定方式，也可采用同步方式或自由调整方式，具有一、二次侧过电压、欠电压保护，功率管过电流保护功能，应用在康佳、TCL 等超级彩电中。

TDA16846 在 TCL UL11 机心中的应用电路如图 2-17（见书后插页）所示。TDA16846 的引脚功能和在康佳 T3498K 和 TCL2106A 彩电中应用时的维修数据见表 2-90。

表 2-90　　TDA16846 的引脚功能和维修数据

引脚号	引脚符号	引脚功能	康佳 T3498K			TCL2106A		
			电压/V	电阻/kΩ		电压/V	电阻/kΩ	
				红表笔测	黑表笔测		红表笔测	黑表笔测
1	OTC	断路时间控制	2.7	8.5	21.0	2.8	9.5	3.5
2	PCS	一次侧电流检测	1.6	9.0	∞	1.7	9.5	1200
3	RZL	过零检测输入	1.7	3.9	3.9	2.8	6.6	6.6
4	SRC	软启动输入	5.6	9.0	20.0	3.2	9.5	23.2
5	OCL	光电耦合输入	2.4	8.5	19.0	4.0	9.0	39.4
6	FC2	故障比较器 2	0	0	0	0	0	0
7	SYC	固定/同步输入	5.6	9.0	120	5.8	10.6	72.5
8	NC	空脚	0	∞	∞	—	—	—
9	REF	参考电压/电流	5.6	9.0	120	5.8	10.6	72.5
10	FC1	故障比较器 1	0	0	0	0	0	0
11	PVC	一次侧电压检测	4.1	8.5	65.5	4.5	6.6	9.0
12	GND	接地	0	0	0	0	0	0
13	OUT	输出驱动	2.2	4.5	4.5	2.2	1.0	1.0
14	VCC	电源	13.2	5.5	400	12.3	7.1	1500

2.3.9　TEA1506P

TEA1506P 是飞利浦公司推出的第二代绿色开关电源振荡驱动控制电路,具有高度集成化、低功耗的优势,并市电适应范围宽,在中、高市电输入电压时,可保持固定频率的准谐振开关状态;在低市电电压或轻载的待机状态下,可工作于低频率开关状态,准谐振状态配合低谷值检测使开关电源在过零区域动作,降低开关损耗;在负载大幅度降低时工作于突发振荡方式,使开关电源输入功耗 $P_{IN} \leqslant 300\text{mW}$,自动适应负载变化;内具脉冲变压器磁通复位检测功能;有精确阈值的超压保护和阈值可调功能、欠电压保护功能,当输入的市电电压过低,而额定负载不变时,其开关频率降低,功耗减小,纹波增大。

TEA1506P 在 TCL TB73 机心中的应用电路如图 2-18（见书后插页）所示。TEA1506P 的引脚功能和维修参考数据见表 2-91。

表 2-91　　TEA1506P 的引脚功能和维修数据

引脚号	引脚符号	引脚功能	参考电压/V
1	VCC	电源供电输入	15.2
2	GND	接地	0
3	CONT	控制电压输入	1.7
4	DEM	过零检测输入	0.32
5	ISEN	过电流检测输入	0.12
6	DOUT	驱动信号脉冲输出	2.9
7	HVS	高压隔离端	0.12
8	D	启动电压输入供给	299

2.4　场输出电路

2.4.1　AN5522

AN5522 是松下公司开发的单列直插式场输出电路，内含场输出和泵电源电路，采用 2 组电源供电，应用在嘉华、厦华超级单片彩电中。

AN5522 在厦华 M 系列超级彩电中的应用电路如图 2-19 所示。AN5522 的引脚功能和在嘉华 21B9T 及厦华 J 系列彩电中应用时的维修数据见表 2-92。

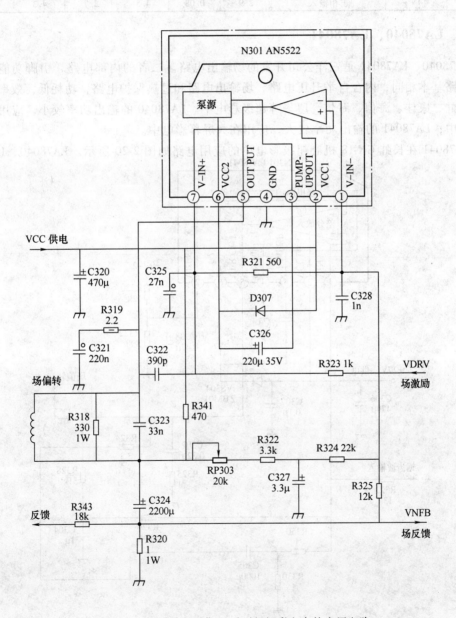

图 2-19　AN5522 在厦华 M 系列超级彩电中的应用电路

表 2-92　AN5522 的引脚功能和维修数据

引脚号	引脚符号	引脚功能	嘉华 21B9T			厦华 J 系列		
			电压/V	电阻/kΩ		电压/V	电阻/kΩ	
				黑表笔测	红表笔测		黑表笔测	红表笔测
1	V-IN –	场激励脉冲反相输入	2.9	0.085	8.5	3.7	2.8	3.3
2	VCC1	场输出级电源	25	0.06	13	23.5	25.2	5.6
3	PUMP-UPOUT	泵脉冲输出	1.2	0.08	25	1.0	40.5	8.8
4	GND	接地	0	0	0	0	0	0
5	OUT PUT	场输出	12.0	0.07	1.5	11.3	18.2	7.1
6	VCC2	电源 2	25.2	0.07	29.0	23.6	30.3	7.6
7	V-IN +	正相输入	2.9	0.08	4.5	3.7	4.3	3.8

2.4.2　LA78040、LA78041

　　LA78040、LA78041 是三洋公司开发的场输出电路。二者的内部电路、引脚功能和外部应用电路基本相同，内含自举升压电路、场输出电路和过热保护电路，功耗低，效率高，应用在长虹、康佳、海信、海尔、厦华等超级彩电中。LA78040 的输出功率较小，应用在小屏幕彩电中；LA78041 的输出功率较大，应用在大屏幕彩电中。

　　LA78041 在长虹 CN-18 机心超级彩电中的应用电路如图 2-20 所示。LA78040、LA78041

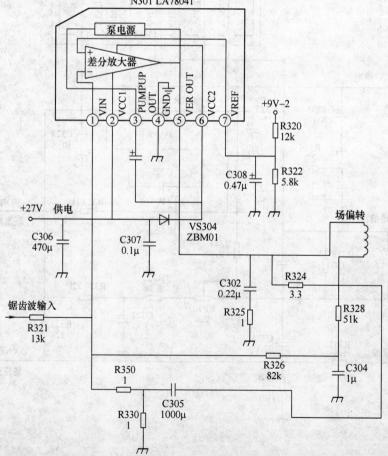

图 2-20　LA78041 在长虹 CN-18 机心中的应用电路

的引脚功能和在长虹 CN-18 彩电中应用时的维修数据见表 2-93。

表 2-93　LA78040、LA78041 的引脚功能和维修数据

引脚号	引脚符号	引脚功能	LA78040（长虹 CN-18）			LA78041（长虹 CN-18）		
			电压/V		电阻/kΩ	电压/V		电阻/kΩ
			有信号	无信号		有信号	无信号	
1	V IN	场锯齿波输入	2.2	2.2	6.4	2.9	2.8	6.4
2	VCC1	场正程供电	26.6	26.6	14.6	30.8	30.8	14.6
3	PUMP UP OUT	场逆程脉冲输出	1.9	1.9	∞	2.4	2	∞
4	GND	接地	0	0	0	0	0	0
5	VER OUT	场锯齿波输出	15.7	15.7	15.7	17.6	17.6	15.7
6	VCC2	泵电源供电	26.9	26.9	∞	31	31	∞
7	VREF	同相输入	2.2	2.2	3.9	2.8	2.8	3.9

2.4.3　LA7840、LA7841

　　LA7840、LA7841 是三洋公司开发的场输出电路。二者的内部电路、引脚功能和外部应用电路基本相同，内含场输出、泵电源电路，内设过热保护电路，适用于 25in 以下的中、小屏幕彩电中，应用在国产康佳、海尔、创维、TCL、新高路华等超级彩电中。

　　LA7840 在长虹超级彩电中的应用电路如图 2-21 所示。LA7840、LA7841 的引脚功能和

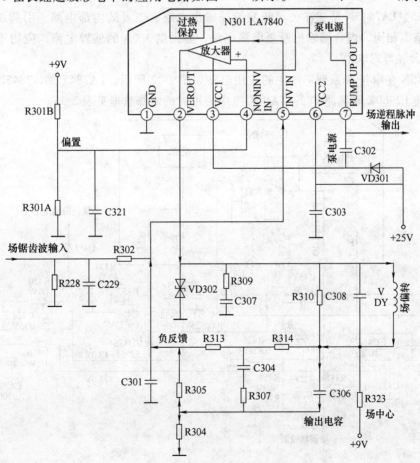

图 2-21　LA7840 在长虹超级彩电中的应用电路

在长虹 R2118、TCL2518E 彩电中应用时的维修数据见表 2-94。

表 2-94　LA7840、LA7841 引脚功能和维修数据

引脚号	引脚符号	引脚功能	长虹 R2118				TCL2518E			
			电压/V		电阻/kΩ		电压/V		电阻/kΩ	
			有信号	无信号	红表笔测	黑表笔测	有信号	无信号	红表笔测	黑表笔测
1	GND	接地	0	0	0	0	0	0	0	0
2	VER OUT	场偏转线圈输出	15.1	15.1	0.5	0.5	16.1	16.3	4.0	0.64
3	VCC1	场输出电源电压	24.8	24.8	4.6	1000	28.1	28.1	4.0	13.1
4	NON INV IN	运算功率放大电路同相输入	2.2	2.2	1.6	1.6	2.5	2.5	3.5	·11.6
5	INV IN	运算功率放大电路反相输入	2.2	2.2	5.5	7.5	2.5	2.5	3.0	0.04
6	VCC2	电源电压输入	24.4	24.4	4.7	16.1	28	28.1	3.0	0.03
7	PUMP UP OUT	泵电源输出	2.5	2.5	5.6	32.2	2.1	2.1	4.5	∞

2.4.4　LA7845、LA7845N

LA7845、LA7845N 是三洋公司开发的场输出电路。二者的内部电路、引脚功能和外部应用电路基本相同，内含场输出及泵电源电路，能提供 3.0A 的偏置电流，应用于康佳 K 系列等 29in 大屏幕彩电中。

LA7845N 在康佳 K 系列彩电中的应用电路如图 2-22 所示，LA7845、LA7845N 的引脚功能和在康佳 P2960K 和高路华 2955AB 彩电中应用时的维修数据见表 2-95。

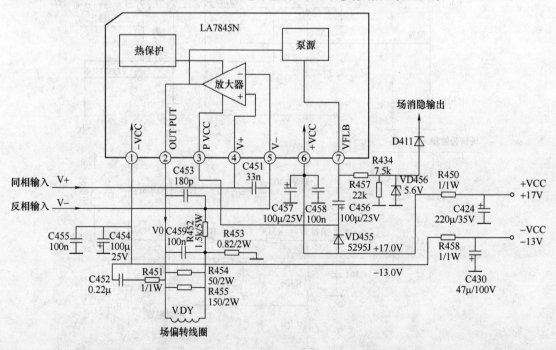

图 2-22　LA7845 在康佳 K 系列彩电中的应用电路

表 2-95　LA7845、LA7845N 的引脚功能和维修数据

引脚号	引脚符号	引脚功能	康佳 P2960K				高路华 2955AB		
			电压/V		电阻/kΩ		电压/V	电阻/kΩ	
			有信号	无信号	红表笔测	黑表笔测		红表笔测	黑表笔测
1	– VCC	负电源供电	– 13.0	– 13.0	50.5	4.5	0	0	0
2	OUT PUT	场扫描输出	0.3	0.3	9Ω	9Ω	18.0	7.1	20.2
3	P VCC	输出级 VCC	17.2	17.2	7.0	∞	24.2	7.6	∞
4	V +	同相输入	0.6	0.6	1.5	1.5	2.5	1.5	1.5
5	V –	反相输入	0.6	0.6	1.5	1.5	2.4	9.1	10.0
6	+ VCC	正电源供电端	17.2	17.2	4.8	55.5	24.2	7.1	46.5
7	VFLB	泵源输出	– 11.0	– 11.0	16.5	16.5	2.0	11.2	46.5

2.4.5　LA7846N

LA7846N 是三洋公司开发的场输出电路，内含场输出及自举升压电路，过热保护电路，可提供 3.0A 的偏转电流，可直接驱动场偏转线圈，多应用于大屏幕彩电中。

LA7846N 应用在长虹 HD-2 超级彩电中，参考应用电路如图 2-23 所示。LA7846N 的引脚功能和在长虹 HD-2 超级机心、厦华 S2935 彩电中应用时的维修数据见表 2-96。

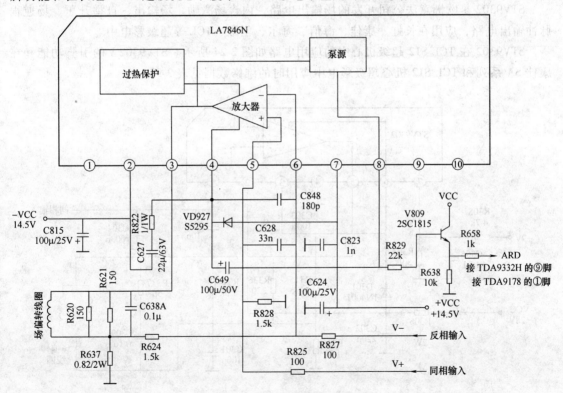

图 2-23　LA7846N 参考应用电路图

表 2-96 LA7846N 的引脚功能和维修数据

引脚号	引脚符号	引脚功能	长虹 HD-2			厦华 S2935			
			电压/V		电阻/kΩ	电压/V		电阻/kΩ	
			有信号	无信号		有信号	无信号	红表笔测	黑表笔测
1	NC	空脚	0	0	∞	0	0	∞	∞
2	VGG	负电源电压输入	-15.3	-15.3	2.9	-14.0	-14.0	120	3.5
3	V OUT	场扫描输出	0	0	0	0	0	0	0
4	VP	泵电源提升端	15.4	15.4	∞	17.8	17.6	4.6	500
5	V +	放大器同相输入	0.6	0.6	1.5	1.9	1.95	2.6	2.6
6	V -	放大器反相输入	0.6	0.6	1.5	1.95	1.9	20.0	7.4
7	VDD	正电源电压输入	15.2	15.2	9.9	17.1	16.9	3.5	9.0
8	GUARD	场逆程脉冲输出	-12.8	-12.8	—	-10.9	-10.7	14.3	14.6
9	NC	空脚	0	0	∞	0	0	∞	∞
10	NC	空脚	0	0	∞	0	0	∞	∞

2.4.6 STV9302

STV9302 是欧洲意法公司开发的场输出电路，内含场激励、场输出、自举升压、场逆程脉冲输出电路，应用在长虹、康佳、海信、海尔、创维、TCL 等超级彩电中。

STV9302 在 TCL S12 超级机心中的应用电路如图 2-24 所示。STV9302A 的引脚功能和在康佳 SA 系列和 TCL S12 机心超级彩电中应用时的维修数据见表 2-97。

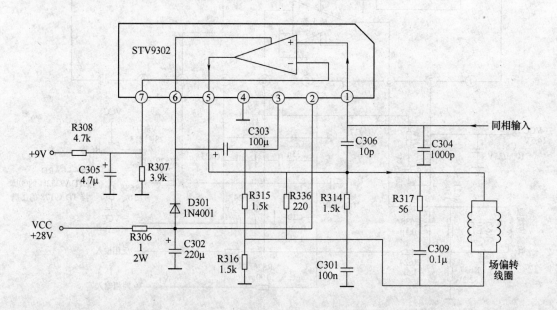

图 2-24 STV9302 在 TCL S12 机心中的应用电路

表 2-97 STV9302 的引脚功能和维修数据

引脚号	引脚符号	引脚功能	康佳 SA 系列			TCL S12 机心
			电压/V	电阻/kΩ		电压/V
				红表笔测	黑表笔测	
1	+ NV IN	同相输入	2.5	8.1	11.2	2.3
2	VCC	电源供电	25.2	5.6	22.4	28.2
3	PUMP OUT	逆程脉冲输出	1.8	9.1	40.5	0.8
4	GND	接地	0	0	0	0
5	VER OUT	场扫描输出	13.5	8.1	50.5	0.9
6	OUT PUTSTAGE	逆程电源	25.2	8.1	∞	28.2
7	MONINV IN	反相输入	2.4	5.0	5.0	8.6

2.4.7 STV9325

STV9325 是一款回扫脉冲达 75V 的场偏转输出电路，内含场激励、场输出、自举升压、场逆程脉冲输出、待机控制、过热保护电路，工作最高电压达到 35V，输出最大峰值电流达 2.5A，工作电压范围为 $10V \leqslant V_s \leqslant 35V$，应用在长虹、康佳、海信等超级彩电中。

STV9325 在长虹 CH-13 机心中的应用电路如图 2-25 所示。STV925 的引脚功能和维修参

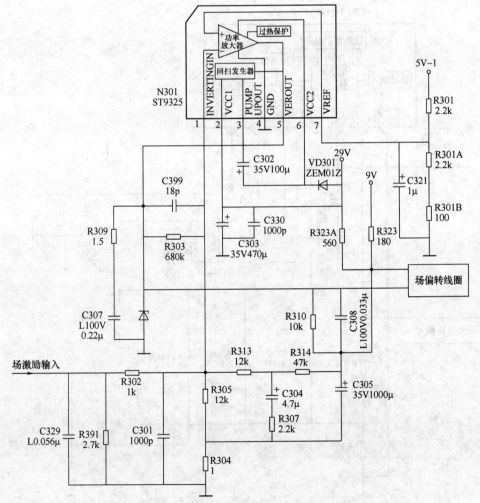

图 2-25 STV9325 在长虹 CH-13 机心中的应用电路

考数据见表 2-98。

表 2-98 STV9325 的引脚功能和维修数据

引脚号	引脚符号	引脚功能	电压/V
1	IN VERTINGIN	场激励脉冲输入	2.5
2	VCC1	+29V 电源供电	29.2
3	PUMP UPOUT	泵电源控制	1.8
4	GND	接地	0
5	VEROUT	场锯齿波输出	15.5
6	VCC2	泵电源输入	29.2
7	VREF	前置放大器偏置电源输入	2.5

2.4.8 TDA4863AJ

TDA4863AJ 是飞利浦公司开发的场输出电路,内含差动输入、基准电路、振荡器、场输出及自举升压电路,具有过热保护功能,应用在海信、创维超级彩电中。

TDA4863AJ 在海信 UOC3 机心超级彩电中的应用电路如图 2-26 所示。TDA4863AJ 的引脚功能和在创维 3P30 机心、海信 UOC3 机心超级彩电中应用时的维修数据见表 2-99。

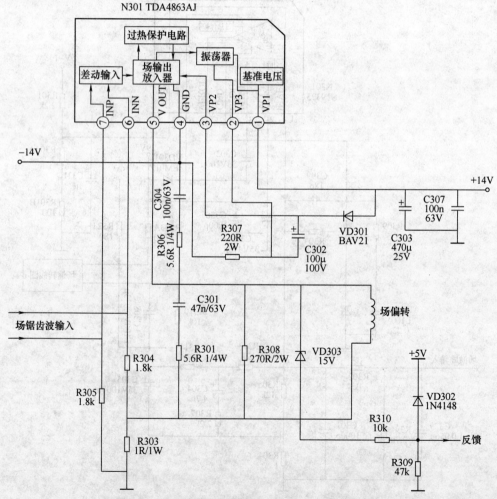

图 2-26 TDA4863AJ 在海信 UOC3 机心中的应用电路

表 2-99　TDA4863AJ 的引脚功能和维修数据

引脚号	引脚符号	引脚功能	创维 3P30 机心			海信 UOC3 机心
			电压/V	电阻/kΩ		电压/V
				红表笔测	黑表笔测	
1	VP1	电源 1	12.5	6.1	16.0	13.6
2	VP3	逆程电压输入	9.8	100	6.5	− 9.3
3	VP2	电源 2	12.5	8.5	∞	14.1
4	VP4/GND	接地或负电源	− 12.5	100	6.0	− 13.6
5	V OUT	信号放大输出	0	0	0	0
6	INN	场激励输入	1.0	1.8	1.8	0.7
7	INP	场激励输入	1.0	1.8	1.8	0.7

2.4.9　TDA8172

　　TDA8172 是飞利浦公司开发的直流对称的场输出电路, 内含场输出、回扫脉冲发生器、泵电源、过热保护电路, 应用在厦华、TCL 超级彩电中。TDA8170 与 TDA8172 的引脚功能相同。

　　TDA8172 在 TCL S21 机心超级彩电中的应用电路如图 2-27 所示。TDA8172 的引脚功能

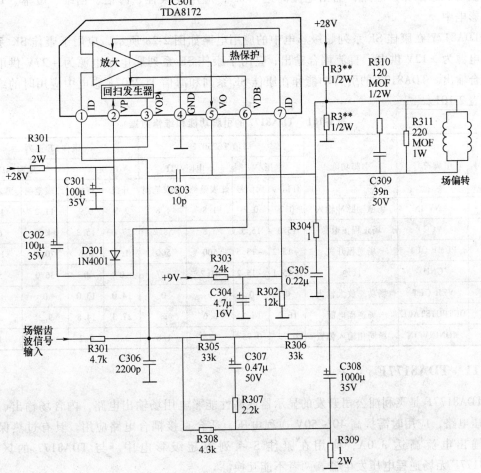

图 2-27　TDA8172 在 TCL S21 机心中的应用电路

和在 TCL S21 机心彩电和福日 HFC253 彩电中应用时的维修数据见表 2-100。

表 2-100　TDA8172 的引脚功能和维修数据

引脚号	引脚符号	引脚功能	TCL S21 机心				福日 HFC253			
			电压/V		电阻/kΩ		电压/V		电阻/kΩ	
			有信号	无信号	红表笔测	黑表笔测	有信号	无信号	红表笔测	黑表笔测
1	ID	反相输入	4.2	4.2	5.6	7.3	2.7	2.6	5.5	15.2
2	VP	供电电源	17.5	17.5	3.9	19.0	2.7	2.7	3.5	11.3
3	VOP	泵电源输出	1.5	1.5	5.3	80.2	0.9	1.0	5.6	31.2
4	GND	电路接地	0	0	0	0	0	0	0	0
5	VO	场扫描输出	16.3	16.3	4.8	26.2	13.7	13.2	0.8	0.8
6	VFB	场输出供电	28.0	27.9	4.9	400	27.3	27.3	4.6	500
7	ID	正相输入	4.2	4.2	1.9	1.9	2.7	2.7	5.2	7.6

2.4.10　TDA8177

TDA8177 是飞利浦公司开发的显示器或高性能彩电用场输出电路，内含场输出、场逆程发生器、过热保护电路，输出电流高达 3.0A，应用在康佳、海信、创维、厦华、TCL 等超级彩电中。

TDA8177 在康佳 SE 系列超级彩电中的应用电路如图 2-28 所示，应用于康佳 SK 系列机心时电源为 ±12V 供电，直流耦合输出；应用于康佳 SE 系列彩电时电源为 +27V 供电，交流耦合输出。TDA8177 的引脚功能和在康佳 SE 系列和海信 TC2507F 彩电中应用时的维修数据见表 2-101。

表 2-101　TDA8177 的引脚功能和维修数据

引脚号	引脚符号	引脚功能	海信 TC2507F				康佳 SE 系列			
			电压/V		电阻/kΩ		电压/V		电阻/kΩ	
			有信号	无信号	红表笔测	黑表笔测	开机	待机	红表笔测	黑表笔测
1	+NV IN	场激励脉冲输入	0.7	0.7	1.8	1.8	2.5	0.9	11.2	12.8
2	VCC	场正程正电源	15.3	15.5	3.8	58.2	27.0	15.3	4.5	6.1
3	PUMP OUT	场逆程开关	-13.2	-13.5	500	500	1.5	0.6	70.0	17.2
4	GND	接地	-15.1	-15.2	61.2	3.7	0	0	36.0	5.2
5	VER OUT	场功率放大输出	0	0	0	0	14.0	13.0	0	0
6	OUTPUTSTAGE	场逆程电源	16.2	16.1	6.6	∞	27.3	14.8	9.3	∞
7	MONINV. IN	场同相输入偏置	0.75	0.75	1.8	1.8	2.5	0.7	1.1	1.1

2.4.11　TDA8177F

TDA8177F 是飞利浦公司开发的显示器或高性能彩电用场输出电路，内含场输出、无自举升压电路，应用时需提高 40～50V 逆程电压，适合直接耦合电路应用，具有过热保护功能，输出电流高达 3.0A，应用在康佳 S 系列等超级彩电中。与 TDA8177 的区别是 TDA8177F 无场逆程电压发生器，两者不能互换。

TDA8177F 在康佳 S 系列超级彩电中的应用电路如图 2-29 所示。TDA8177F 的引脚功能

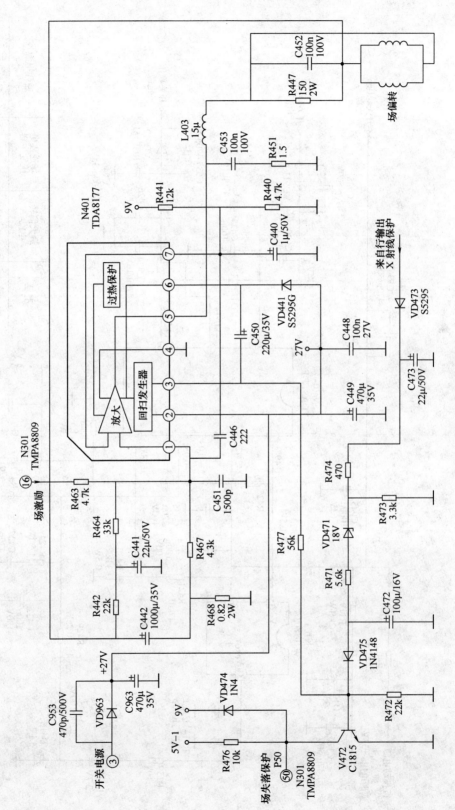

图 2-28　TDA8177 在康佳 SE 系列超级彩电中的应用电路

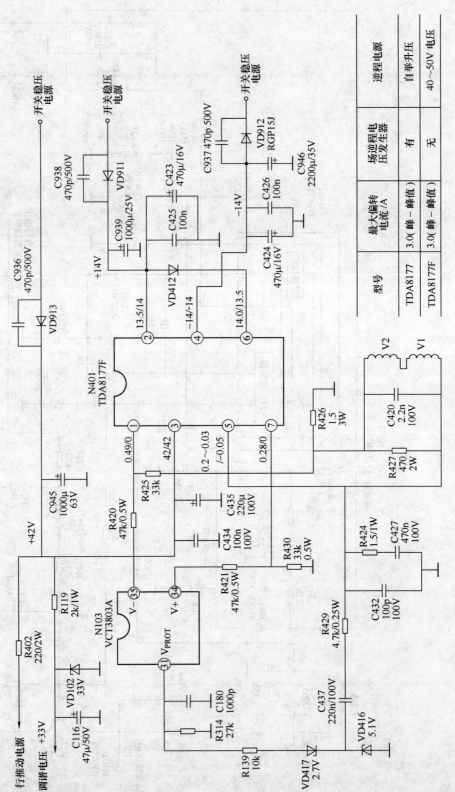

图 2-29 TDA8177F 在康佳 S 系列超级彩电中的应用电路

型号	最大偏转 电流 /A	场逆程电 压发生器	逆程电源
TDA8177	3.0(峰－峰值)	有	自举升压
TDA8177F	3.0(峰－峰值)	无	40~50V 电压

和在康佳 P2971S、T2975S 彩电中应用时的维修数据见表 2-102。

表 2-102　TDA8177F 的引脚功能和维修数据

引脚号	引脚符号	引脚功能	康佳 P2971S				康佳 T2975S			
			电压/V		电阻/kΩ		电压/V		电阻/kΩ	
			有信号	无信号	红表笔测	黑表笔测	有信号	无信号	红表笔测	黑表笔测
1	INVERTING INPUT	反相输入	0.5	0	16.2	20.2	0.6	0.65	19.5	20.0
2	SUPPLY VOLTAGE	电源	13.5	14.1	5.0	28.2	14.1	14.0	3.15	30.0
3	FLYBACK SUPPLY	逆程高压供电	42.2	42.2	5.0	∞	42.5	41.5	3.0	500
4	GROUND	接地	-14	-14	90.5	4.8	-14.5	-14.3	39.0	3.2
5	OUTPUT	场激励信号输出	0.03 ~ 0.2	-0.05	13Ω	13Ω	-0.2	-0.1	0	0
6	OUTPUT STAGE SUPPLY	场逆程信号输出	14.1	13.5	11.1	∞	14.7	14.5	6.2	400
7	NON-INVERTING INPUT	正相输入	0.3	0	20	20	0.6	0.6	19.5	19.5

2.4.12　TDA8350Q

TDA8350Q 是飞利浦公司开发的枕形校正与场输出合并电路，内含场激励、场输出和东西失真校正电路；采用全直接耦合场扫描桥式输出电路，内设场逆程开关电路和过热、短路保护电路，适用于场频为 50 ~ 120Hz 的场合，应用在国产长虹、海尔超级彩电中。

TDA8350Q 在长虹 D2983 彩电中的应用电路如图 2-30 所示。TDA8350Q 的引脚功能和在长虹 D2983 和海尔 UOC 机心超级彩电中应用时的维修数据见表 2-103。

表 2-103　TDA8350Q 的引脚功能和维修数据

引脚号	引脚符号	引脚功能	长虹 D2983				海尔 UOC 机心		
			电压/V		电阻/kΩ		电压/V	电阻/kΩ	
			有信号	无信号	红表笔测	黑表笔测		红表笔测	黑表笔测
1	I+	正极性驱动输入	2.2	2.2	6.2	10.0	2.4	67.5	67.3
2	I-	负极性驱动输入	2.2	2.2	6.2	10.0	2.4	69.9	70.3
3	VIFD	反馈信号输入	7.8	7.8	4.6	5.6	8.3	5.9	5.9
4	VP	+16V 电源	16.1	16.1	3.8	10.0	16.9	6400	2400
5	VOB	场输出	7.8	7.8	4.6	6.0	8.2	6.4	6.1
6	N.C	空脚	0	0	∞	∞	0	—	—
7	GND	接地	0	0	0	0	0	0	0
8	VFB	场逆程泵电源供电	46.2	46.2	3.8	120	48.8	32.5	25.5
9	VOA	场输出	8.0	8.0	4.6	6.2	8.6	5.9	6.1
10	VOG	东西枕校激励输出	0.5	0.5	6.4	10.0	0.9	—	4100
11	VOS	东西枕校输出	12.5	12.5	4.0	8.0	11.1	10.4	10.1
12	Ii	东西枕校输入	0.5	0.5	6.4	10.0	0.7	62.5	62.9
13	IiS	接地	0	0	0	0	0	0	0

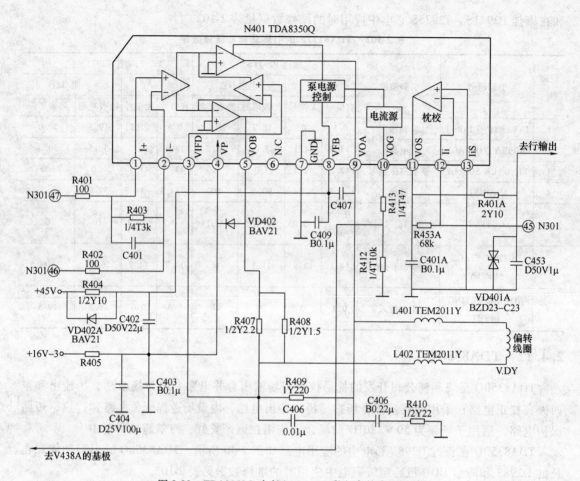

图 2-30　TDA8350Q 在长虹 D2983 彩电中的应用电路

2.4.13　TDA8356

TDA8356 是宽频率场输出电路，内含直接耦合输入推动、桥式场输出电路、场回扫开关电路，具有自动保护功能，工作于 G 类工作状态，直接与偏转线圈耦合，可适用于 90～110°偏转系统，50～120Hz 倍场彩电，应用在长虹、海信超级彩电中。

TDA8356 在长虹 CH-16 超级机心中的应用电路如图 2-31 所示，TDA8356 的引脚功能和在长虹 CH-16 机心和康佳 F2109C 彩电中应用时的维修数据见表 2-104。

表 2-104　TDA8356 的引脚功能和维修数据

引脚号	引脚符号	引脚功能	长虹 CH-16 机心			康佳 F2109C		
			电压/V		电阻/kΩ	电压/V	电阻/kΩ	
			有信号	无信号	红表笔测		红表笔测	黑表笔测
1	V +	场锯齿波输入	2.4	2.4	8.0	2.2	9.0	14.5
2	V -	场锯齿波输入	2.38	2.38	80	2.2	9.0	14.5
3	VP	运行供电电压	15.3	15.3	7.7	15.4	5.0	13.1
4	VO B	输出电压 B	7.5	7.54	5.7	7.5	5.5	5.5
5	GND	接地	0	0	0	0	0	0

引脚号	引脚符号	引脚功能	长虹 CH-16 机心			康佳 F2109C		
			电压/V		电阻/kΩ	电压/V	电阻/kΩ	
			有信号	无信号	红表笔测		红表笔测	黑表笔测
6	VFB	输入回程供电电压	44.1	44.3	41.8	43.2	5.0	5.0
7	VO A	输出电压 A	7.6	7.6	5.7	7.7	5.5	5.5
8	VO GUARD	保护输出电压	0.3	0.3	10	0.4	4.5	4.5
9	VI FB	输入反馈电压	7.5	7.5	5.7	7.5	5.5	5.5

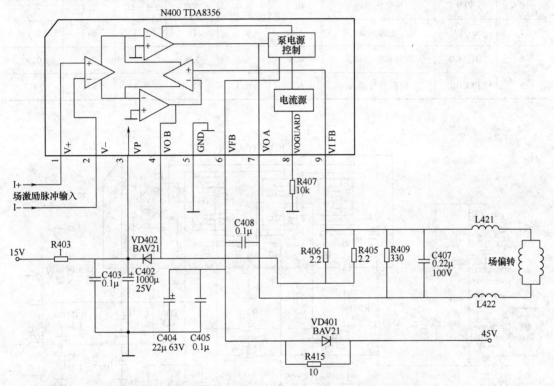

图 2-31　TDA8356 在长虹 CH-16 超级机心中的应用电路

2.4.14　TDA8359

　　TDA8359 是飞利浦公司开发的大电流场输出电路，内含输入与反馈场激励、桥式场输出电路，输出电流高达 3.2A，应用在海信、创维、厦华、TCL 超级彩电中。

　　TDA8359 在 TCL UOC 机心中的应用电路如图 2-32 所示，TDA8359 的引脚功能和在 TCL AT29286 彩电、厦华 V2951 彩电中应用时的维修数据见表 2-105。

表 2-105　TDA8359 的引脚功能和维修数据

引脚号	引脚符号	引脚功能	TCL AT29286			厦华 V2951		
			电压/V	电阻/kΩ		电压/V	电阻/kΩ	
				红表笔测	黑表笔测		红表笔测	黑表笔测
1	INA	正相场输入信号	0.7	1.5	1.5	1.0	0.6	0.6
2	INB	反相场输入信号	0.6	1.5	1.5	1.0	0.6	0.6

116

（续）

引脚号	引脚符号	引脚功能	TCL AT29286 电压/V	TCL AT29286 电阻/kΩ 红表笔测	TCL AT29286 电阻/kΩ 黑表笔测	厦华 V2951 电压/V	厦华 V2951 电阻/kΩ 红表笔测	厦华 V2951 电阻/kΩ 黑表笔测
3	VP	场激励供电	13.1	3.7	9.8	17.2	6.2	9.2
4	OUTB	场输出 B	6.6	4.1	18.5	9.4	6.1	7.6
5	GND	电路接地	0	0	0	0	0	0
6	VFB	场输出供电	46.2	4.0	500	47.4	4.4	9.6
7	OUTA	场输出 A	6.8	4.1	18	9.3	6.1	7.1
8	GUARD	场同步信号输出	0.2	5.2	5.4	0.1	0.9	0.9
9	FEEDB	回扫信号输入	6.2	6.3	22.0	9.4	8.1	10.2

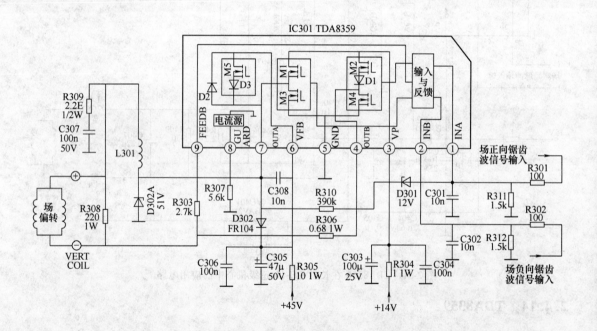

图 2-32　TDA8359 在 TCL UOC 机心中的应用电路

2.4.15　TDA9302H

　　TDA9302H 是飞利浦公司开发的显示器或高性能彩电用场输出电路，内含场输出、自举升压电路，适合直接耦合电路应用，具有过热保护功能，应用在海信、创维、TCL 超级彩电中。

　　TDA9302H 在海信 SA 机心超级彩电中的应用电路如图 2-33 所示。TDA9302H 的引脚功能和在创维 21TR9000 彩电（3T30 机心）、海信 TC-2102A 彩电（SA 机心）、TCL AT25211A 彩电（ULN 机心）中应用时的维修数据见表 2-106。

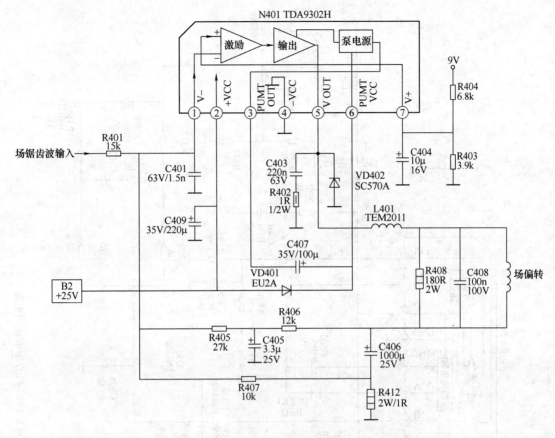

图 2-33　TDA9302H 在海信 SA 机心中的应用电路

表 2-106　TDA9302H 引脚功能和维修数据

引脚号	引脚符号	引脚功能	创维 21TR9000			海信 TC-2102A	TCL AT25211A
			电压/V	电阻/kΩ		电压/V	电压/V
				红表笔测	黑表笔测		
1	V −	反相场输入信号	3.0	5.6	7.6	3.2	1.5
2	+ VCC	场正电源	29.1	3.8	13.5	24.2	12.5
3	PUMT OUT	泵电源输出	1.2	6.0	44.1	1.2	− 11.2
4	− VCC	场负电源	0	0	0	0	− 12.5
5	V OUT	场输出	15.5	2.1	2.1	13.1	− 0.12
6	PUMT VCC	场输出泵电源供电	29.3	5.0	∞	24.2	13.0
7	V +	正相场输入信号	2.0	0.8	0.8	3.2	1.5

2.4.16　STV9302

　　STV9302 是高性能彩电用场输出电路，内含场输出、自举升压电路，最高供电电压达 32V，最大输出电流达 2A，内部回扫脉冲发生器可产生 60V 电压，应用在长虹、康佳、海尔、创维、TCL、创佳超级彩电中。

　　STV9302 在 TCL TB73 机心超级彩电中的应用电路如图 2-34 所示。STV9302 的引脚功能和在创佳 54C2 超级彩电、TCL AT21211 彩电（S11 机心）中应用时的维修数据见表 2-107。

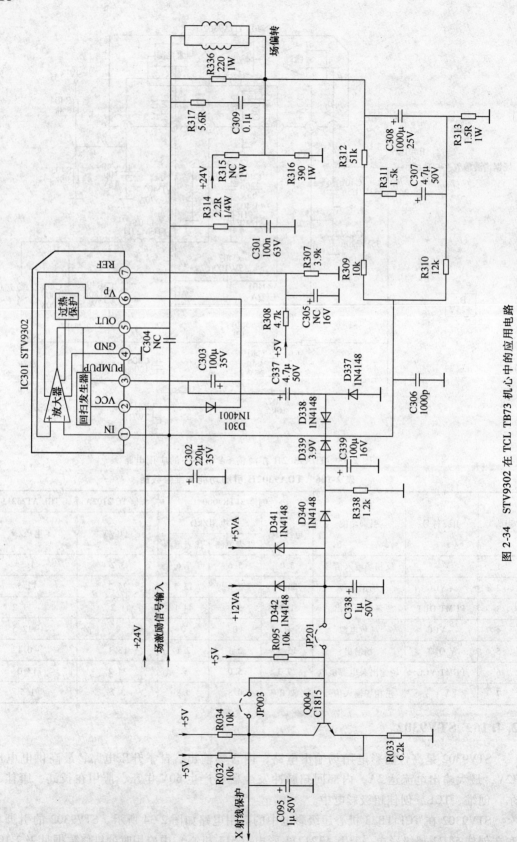

图 2-34　STV9302 在 TCL TB73 机心中的应用电路

表 2-107　STV9302 的引脚功能和维修数据

引脚号	引脚符号	引脚功能	创佳 54C2			TCL AT21211		
			电压/V	电阻/kΩ		电压/V	电阻/kΩ	
				红表笔测	黑表笔测		红表笔测	黑表笔测
1	IN	反相场输入信号	3.1	5.2	7.5	3.7	4.8	5.8
2	+VCC	正电源供电	23.5	4.8	28.2	24.5	2.7	3.0
3	PUMT OUT	回扫发生器	1.3	5.0	65.2	1.2	5.0	9.2
4	GND	负电源或接地	0	0	0	0	0	0
5	OUT	场输出	13.4	1.6	1.6	12.5	1.4	1.4
6	VP	场输出电源供电	23.7	4.7	∞	24.8	4.5	500
7	REF	非反向输入信号	3.0	3.1	3.1	3.7	2.1	2.1

2.5　伴音功率放大电路

2.5.1　AN17821A

　　AN17821A 是一款 5W×2 通道桥接式负载输出音频功率放大器，采用单片综合集成电路设计，内含音频前置放大、音量控制、音频功率放大电路，应用在海信、TCL 超级彩电中。

　　AN17821A 在海信 G2 机心超级彩电的应用电路如图 2-35 所示。AN17821A 的引脚功能和在海信 G2 机心、TCL NX73 机心超级彩电中应用时的维修数据见表 2-108。

表 2-108　AN17821A 的电路引脚功能和维修数据

引脚号	引脚符号	引脚功能	海信 G2 机心	TCL NX73 机心
			电压/V	电压/V
1	VCC	电源供电输入	12.0	12.2
2	OUT1 +	右声道正极输出	2.2	2.3
3	GND	接地	0	0
4	OUT1 −	右声道负极输出	−2.2	−2.3
5	STANDBY	待机状态控制	5.0	5.0
6	IN1	右声道音频信号输入	2.3	2.4
7	GND	接地	0	0
8	IN2	左声道音频信号输入	2.3	2.4
9	VOL	音量控制	1.8	1.8
10	OUT2 −	左声道负极输出	−2.3	−2.4
11	GND	接地	0	0
12	OUT2 +	左声道正极输出	2.3	2.5

2.5.2　AN7522

　　AN7522 是松下公司开发的立体声音频功率放大电路，内含前置音频放大、功率放大电路，具有等待功能，静态功耗小、噪声低，输出功率为 2×3W，应用在海信、海尔、厦华、

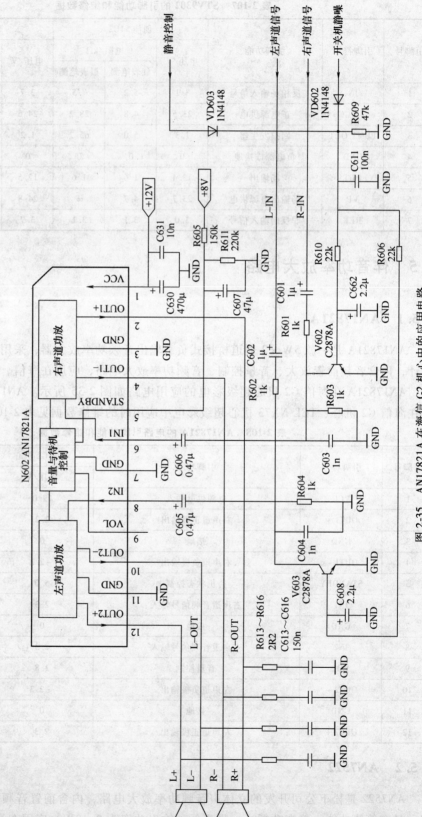

图 2-35　AN17821A 在海信 G2 机心中的应用电路

TCL、熊猫等超级彩电中。

AN7522 在海信 UOC 机心超级彩电中的应用电路如图 2-36 所示。AN7522 的引脚功能和熊猫 29MF08G、厦华 J 系列彩电中应用时的维修数据见表 2-109。

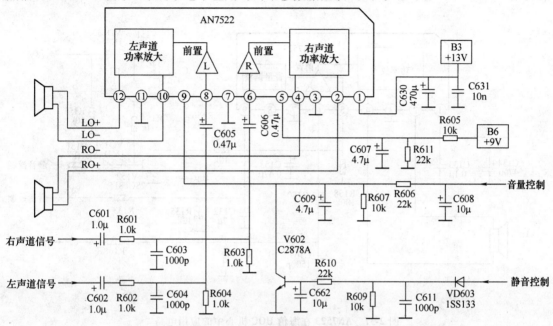

图 2-36 AN7522 在海信 UOC 机心中的应用电路

表 2-109 AN7522 的引脚功能和维修数据

引脚号	引脚符号	引脚功能	熊猫 29MF08G				厦华 J 系列			
			电压/V		电阻/kΩ		电压/V		电阻/kΩ	
			有信号	无信号	红表笔测	黑表笔测	有信号	无信号	红表笔测	黑表笔测
1	VCC	供电电压	10.0	10.0	1.0	1.0	12.2	12.2	80.5	5.4
2	CH1 + OUT	通道 1 + 输出	4.0	4.0	9.0	30.2	4.8	4.8	30.4	7.9
3	GND	接地	0	0	0	0	0	0	0	0
4	CH1 - OUT	通道 1 - 输出	4.0	4.0	9.0	30.2	4.8	4.8	30.4	7.9
5	STANDBY	等待	3.0	3.0	10.0	13.2	2.5	2.5	8.1	7.6
6	CH1 IN	通道 1 输入	1.2	1.2	10.0	150	1.5	1.5	∞	8.6
7	GND	接地	0	0	0	0	0	0	0	0
8	CH2 IN	通道 2 输入	1.2	1.2	10	150	1.5	1.5	∞	8.6
9	VOL	音量控制	0.5	0	7.0	70	0.3	0.3	18.2	8.1
10	CH2 - OUT	通道 2 - 输出	4.0	4.0	9.0	30.2	4.8	4.8	31.4	7.9
11	GND	接地	0	0	0	0	0	0	0	0
12	CH2 + OUT	通道 2 + 输出	4.0	4.0	9.0	30.2	4.8	4.8	31.4	7.9

2.5.3 AN7523

AN7523 是松下公司开发的 BTL 低电压音频功率放大电路，内含前置音频放大、功率放大电路，具有直流音量调整和等待功能，在 8V 工作电压时输出可达 3W，应用在海信、海尔等超级彩电中。

AN7523 在海信 UOC 机心超级彩电中的应用电路如图 2-37 所示。AN7523 的引脚功能和在海信 TC2102D 彩电中应用时的维修数据见表 2-110。

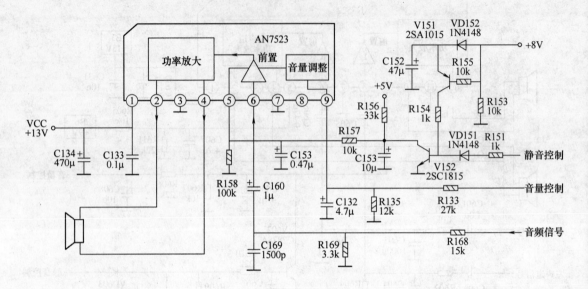

图 2-37   AN7523 在海信 UOC 机心中的应用电路

表 2-110   AN7523 的引脚功能和维修数据

引脚号	引脚符号	引脚功能	海信 TC2102D 电压/V	
			有信号	无信号
1	VCC	电源供电	13.0	13.0
2	OUT +	正音频功放输出	5.2	5.2
3	GND	接地	0	0
4	OUT −	负音频功放输出	5.2	5.2
5	STAND	等待控制	6.0	0.2
6	IN	音频信号输入	1.6	1.6
7	GND	接地	0	0
8	NC	空脚	—	—
9	VOL	音量调整	2.2	0.5

2.5.4   AN7583

AN7583 是松下公司开发的三路音频功率放大电路，内含三路功率放大电路，具有直流音量调整和静音功能。应用在厦华 W 系列超级彩电中。

AN7583 在厦华 W 系列超级彩电中的应用电路如图 2-38 所示。AN7583 的引脚功能和在厦华 W 系列彩电中应用时的维修数据见表 2-111。

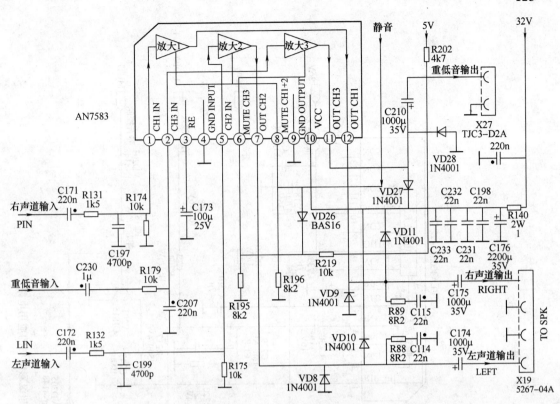

图 2-38　AN7583 在厦华 W 系列超级彩电中的应用电路

表 2-111　AN7583 的引脚功能和维修数据

引脚号	引脚符号	引脚功能	电压/V	电阻/kΩ	
				红表笔测	黑表笔测
1	CH1 IN	右声道音频输入	0	7.2	7.2
2	CH3 IN	重低音音频输入	0.1	10.0	11.0
3	RF	退耦滤波	30.3	8.9	10.0
4	GND INPUT	输入电路接地	0	0	0
5	CH2 IN	左声道音频输入	7.3	7.3	
6	MUTE CH3	重低音静音控制	1.0	5.1	5.3
7	OUT CH2	左声道输出	15.2	6.1	14.0
8	MUTE CH1 + 2	左右声道静音控制	0.7	6.6	7.0
9	GND OUTPUT	功放电路接地	0	0	0
10	VCC	电源供电输入	31.6	5.0	5.0
11	OUT CH3	重低音输出	15.1	5.9	15.0
12	OUT CH1	右声道输出	15.2	5.9	18.0

2.5.5　LA42051

　　LA42051 是三洋公司开发的音频功率放大电路，内含前置音频放大、功率放大电路，具有直流音量调整功能，应用在康佳 TA 机心、创维 3Y36 机心等超级彩电中。

　　LA42051 在康佳 TA 系列超级彩电中的应用电路如图 2-39 所示。LA42051 的引脚功能和

124

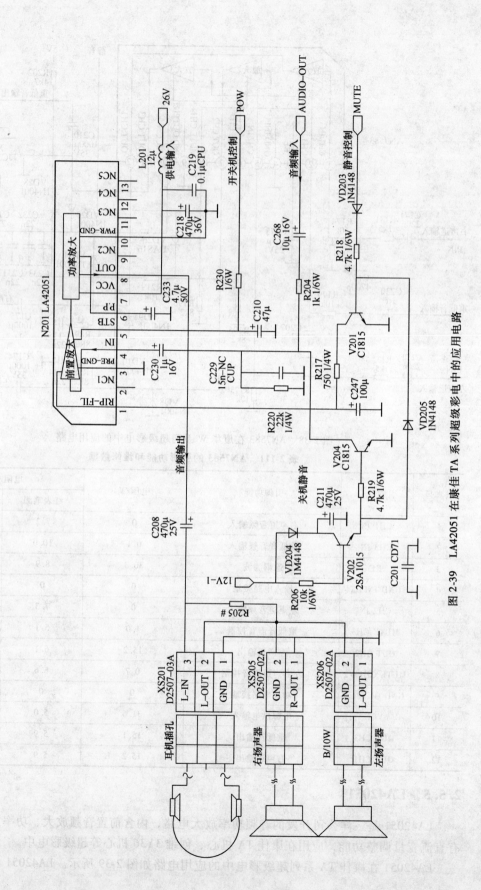

图 2-39 LA42051 在康佳 TA 系列超级彩电中的应用电路

在康佳 TA 系列彩电中应用时的维修数据见表 2-112。

表 2-112　LA42051 的引脚功能和维修数据

引脚号	引脚符号	引脚功能	电压/V	
			有信号	无信号
1	RIP-FIL	前置退耦滤波	9.1	1.0
2	NC1	空脚 1	0	0
3	PRE-GND	前置电路接地	0	0
4	IN	音频信号输入	1.6	1.0
5	STB	开关机控制	1.2	1.2
6	P.P	功率放大滤波	12.1	12.1
7	VCC	电源供电输入	19.2	18.6
8	OUT	音频信号输出	9.2	
9	NC2	空脚 2	0	0
10	PWR-GND	功率放大电路接地	0	0
11	NC3	空脚 3	0	0
12	NC4	空脚 4	0	0
13	NC5	空脚 5	0	0

2.5.6　LA42102

LA42102 是三洋公司开发的两声道音频功率放大电路，典型供电电压为 12V，最高供电电压达 17V，输出功率达 10W×2，最大输出功率达 15W×2，内含前置音频放大、功率放大电路，具有开关机静音控制功能，应用在创维 4Y36 机心等超级彩电中。

LA42102 在创维 4Y36 机心超级彩电中的应用电路如图 2-40 所示。LA42102 的引脚功能和在创维 4Y36 机心彩电中应用时的维修数据见表 2-113。

表 2-113　LA42102 的引脚功能和维修数据

引脚号	引脚符号	引脚功能	电压/V
1	NF1	退耦滤波	5.6
2	IN1	左声道音频输入	1.5
3	PRE GND	前置电路接地	0
4	IN2	右声道音频输入	1.5
5	STBY	开关机控制	3.8
6	P.P	退耦滤波	8.2
7	VCC	电源供电输入	12.0
8	OUT2	右声道音频输出	5.9
9	GND	功率放大电路接地	0
10	OUT1	左声道音频输出	5.9

2.5.7　LA42352

LA42352 是三洋公司开发的两声道音频功率放大电路，具有单声道、立体声、具有音量

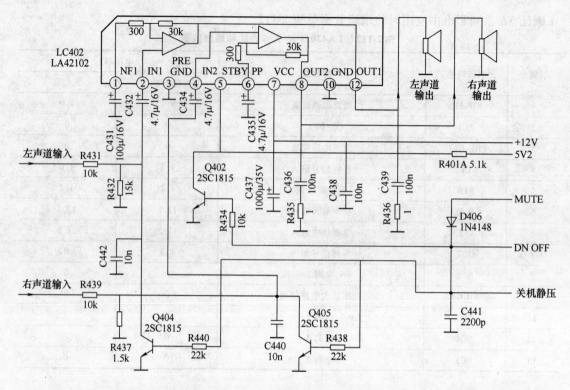

图 2-40　LA42102 在创维 4Y36 机心中的应用电路

自动调整、待机控制、过热保护功能，供电电压为 18V，最高供电电压达 24V，负载 8Ω，输出功率达 5W×2，允许功耗 15V，内含前置音频放大、功率放大电路，具有开关机静音控制功能，应用在创维 3Y31、3Y39 机心和 TCL PH73D、NX73 机心等超级彩电中。

LA42352 在创维 3Y39 机心超级彩电中的应用电路如图 2-41 所示。LA42352 的引脚功能和 TCL NX73 机心超级彩电中应用时的维修数据见表 2-114。

表 2-114　LA42352 的引脚功能和维修数据

引脚号	引脚符号	引脚功能	电压/V	电阻/kΩ	
				红表笔测	黑表笔测
1	RIPPLE FH	滤波退耦	—	6.8	4.8
2	IN1	左声道音频输入	2.0	12000	200
3	GND	接地	0	0	0
4	IN2	右声道音频输入	2.0	11800	4500
5	STB	开关机控制	4.8	1.0	0.9
6	VOL2	右声道音量调整	2.6	0.5	0.5
7	VCC	供电电压输入	18.0	2300	300
8	OUT2	右声道音频输出	9.0	0.5	0.5
9	NF2	右声道反馈	—	1200	1.2
10	GND	接地	0	0	0
11	NF1	左声道反馈	—	1.2	1.3
12	OUT1	左声道音频输出	9.0	0.5	0.5
13	VOL1	左声道音量调整	2.6	0.5	5.8

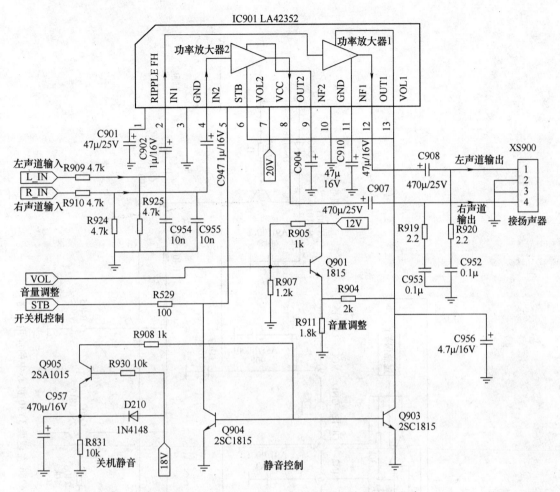

图 2-41　LA42352 在创维 3Y39 超级机心中的应用电路

2.5.8　LA4266、LA4267、LA4268

　　LA4266、LA4267、LA4268 是三洋公司开发的立体声音频功率放大电路。内含前置音频放大、功率放大电路，具有过电压保护功能，三者引脚功能相同。应用在创维、厦华、TCL、乐华、福日等超级彩电中。

　　LA4266 在创维 3Y31 机心中的应用电路如图 2-42 所示。LA4266、LA4267、LA4268 的引脚功能和 LA4263 在 TCL AT21211 超级彩电、LA4267 在福日 HFC-25D11 超级彩电中应用时的维修数据见表 2-115。

2.5.9　TA8246

　　TA8246、TA8246AH、TA8246BH 是双声道音频功率放大电路，这三者的内部电路和引脚功能基本相同，内含两路音频功率放大电路，具有静音和过热、过电压、过电流保护功能，输出功率为 $2 \times 6W$，应用在创维、厦华等超级彩电中。

　　TA8246AH 在创维 6D81 机心的中应用电路如图 2-43 所示。TA8246、TA8246AH、TA8246BH 的引脚功能和在创维 5I30 机心、厦华 MT2935A 彩电中应用时的维修数据见表 2-116。

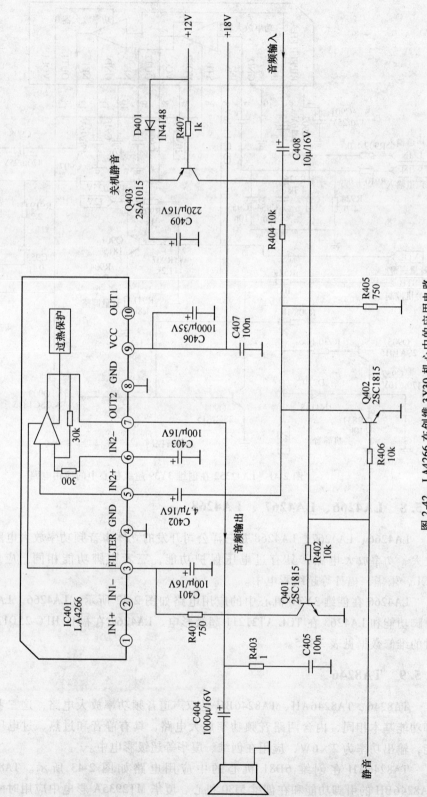

图 2-42 LA4266 在创维 3 Y30 机心中的应用电路

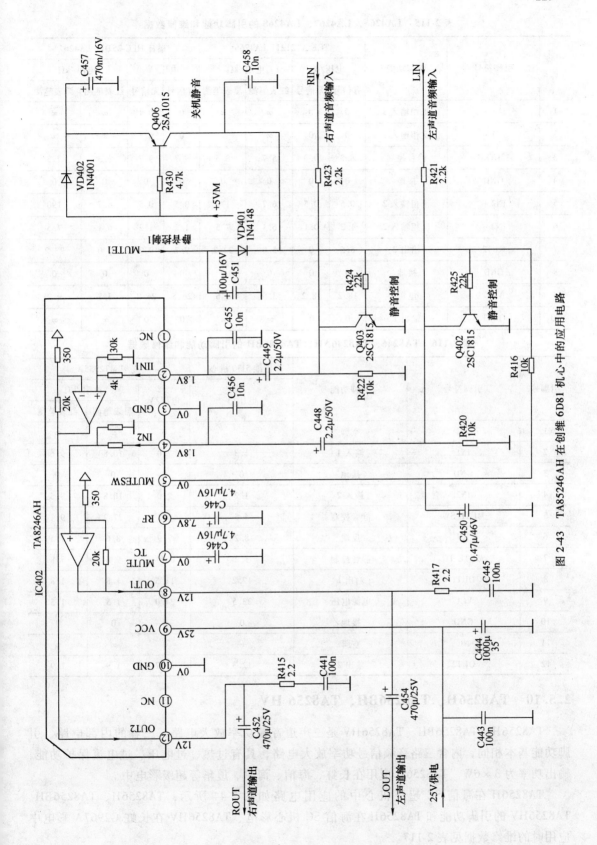

图 2-43 TA85246AH 在创维 6D81 机心中的应用电路

表 2-115　LA4266、LA4267、LA4268 的引脚功能和维修数据

引脚号	引脚符号	引脚功能	TCL AT21211 LA4266				福日 HFC-25D11 LA4267			
			电压/V		电阻/kΩ		电压/V		电阻/kΩ	
			有信号	无信号	红表笔测	黑表笔测	有信号	无信号	红表笔测	黑表笔测
1	IN1 +	正相输入 1	0	0	∞	∞	0	0.1	∞	∞
2	IN1 −	反相输入 1	0	0	∞	∞	0	0.1	∞	∞
3	FILTER	静音控制	8.3	0.3	5.7	8.5	9.7	9.7	6.3	7.3
4	GND	接地	0	0	0	0	0	0	0	0
5	IN2 +	正相输入 2	0.5	0.5	6.7	170	0.5	0.5	6.7	190
6	IN2 −	反相输入 2	1.2	0.1	6.1	7.5	1.2	1.2	6.1	7.5
7	OUT2	输出 2	8.5	0	5.0	22.2	9.7	9.7	5.0	23.2
8	GND	接地	0	0	0	0	0	0	0	0
9	VCC	电源	18.2	18.2	3.5	8.6	26.5	26.2	3.8	9.2
10	OUT1	输出 1	0	0	∞	∞	0	0	∞	∞

表 2-116　TA8246、TA8246AH、TA8246BH 的引脚功能和维修数据

引脚号	引脚符号	引脚功能	创维 5I30 机心	厦华 MT2935A		
			电压/V	电压/V	电阻/kΩ	
					黑表笔测	红表笔测
1	NC	空脚	—	0	∞	∞
2	IN1	输入 1	1.3	2.0	10.8	9.6
3	GND	接地	0	0	0	0
4	IN2	输入 2	1.2	2.0	10.8	9.5
5	MUTE SW	静音控制	4.5	0.2	27.2	9.1
6	RF	反馈	8.2	7.9	8.6	7.5
7	MUTE TC	静音控制	1.2	0.01	9.8	8.8
8	OUT1	输出 1	12.2	11.5	1.8	1.8
9	VCC	电源电压	23.5	24.0	1.5	1.5
10	GND	接地	0	0	0	0
11	NC	空脚	—	0	∞	∞
12	OUT2	输出 2	12.3	11.7	1.9	1.9

2.5.10　TA8256H、TA8256BH、TA8256 HV

　　TA8256H、TA8256BH、TA8256HV 是三声道音频功率放大电路，三者的内部电路、引脚功能基本相同，内含三路音频信号功率放大电路，具有过热、过电压、过电流保护功能，输出功率为 $3 \times 6W$。TA8256H 应用在长虹、海信、海尔、厦华等超级彩电中。

　　TA8256H 在海信 SC 超级机心中的应用电路如图 2-44 所示，TA8256H、TA8256BH、TA8256HV 的引脚功能和 TA8256H 在海信 SC 机心彩电、TA8256HV 在长虹 G2967A 彩电中应用时的维修数据见表 2-117。

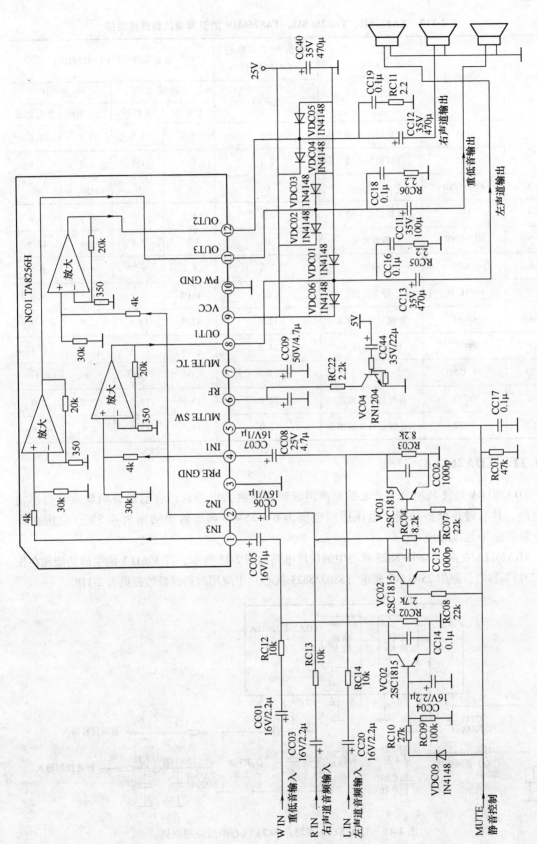

图 2-44 TA8256H 在海信 SC 机心中的应用电路

表 2-117 TA8256H、TA8256BH、TA8256HV 的引脚功能和维修数据

引脚号	引脚符号	引脚功能	海信 SC 机心彩电（TA8256H）	长虹 G2967A（TA8256HV）			
				电压/V		电阻/kΩ	
			电压/V	有信号	无信号	红表笔测	黑表笔测
1	IN3	音频信号 3 输入	2.1	1.7	1.9	7.5	7.6
2	IN2	音频信号 2 输入	2.1	1.7	1.9	7.5	7.6
3	PRE GND	地	0	0	0	0	0
4	IN1	音频信号 1 输入	2.1	1.7	1.9	7.5	7.6
5	MUTE SW	静音控制	0	0	3.8	6.8	12.5
6	RF	滤波	7.6	8.7	8.7	5.6	6.2
7	MUTE TC	静音控制	0	0.05	1.9	6.5	6.6
8	OUT1	音频信号 1 输出	12.0	13.5	13.5	1.9	1.9
9	VCC	电源电压输入	24.0	27.1	27.1	0.7	0.7
10	PW GND	地	0	0	0	0	0
11	OUT3	音频信号 3 输出	12.0	13.5	13.5	2.0	2.0
12	OUT2	音频信号 2 输出	12.0	13.5	13.5	1.9	1.9

2.5.11 TDA2611A

TDA2611A 是飞利浦公司开发的单声道音频功率放大电路，内含前置音频放大、功率放大电路，具有过热保护功能，电压适应范围为 6～35V，典型输出功率为 4.5W，应用在海尔、新高路华超级彩电中。

TDA2611A 在海尔 8803/8823 机心中的应用电路如图 2-45 所示。TDA2611A 的引脚功能和在长虹 2131FB 彩电、海尔 25F3A-T 彩电（8803/8823 机心）中应用时的维修数据见表 2-118。

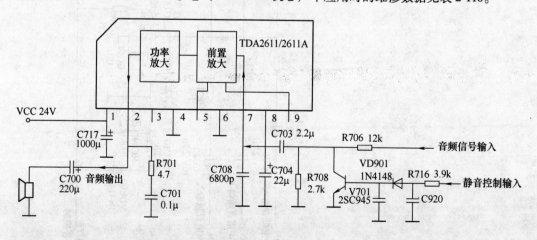

图 2-45 TDA2611A 在海尔 8823 机心中的应用电路

表 2-118　TDA2611A 的引脚功能和维修数据

引脚号	引脚符号	引脚功能	长虹 2131FB				海尔 25F3A-T			
			电压/V		电阻/kΩ		电压/V		电阻/kΩ	
			有信号	无信号	红表笔测	黑表笔测	有信号	无信号	红表笔测	黑表笔测
1	VCC	电源	20.3	20.3	6.6	3.2	24.5	26.2	3.2	6.6
2	OUT	功率放大输出	9.9	9.9	4.5	4.2	10.9	11.5	4.1	4.8
3	NC	空	0	0	∞	∞	0	0	∞	∞
4	GND	地	0	0	0	0	0	0	0	0
5	NF IN	反馈输入	1.3	1.3	8.3	28.2	1.2	1.2	28.3	28.3
6	GND	地	0	0	0	0	0	0	0	0
7	IN	音频输入	1.3	1.3	8.1	70.2	1.2	1.5	69.8	69.8
8	FILTER	外接去耦滤波电容	9.9	9.9	4.2	3.6	13.2	13.2	3.7	3.7
9	NF OUT	反馈输出	0.1	0.1	0.1	0.1	0.1	0.1	0.1	0.1

2.5.12　TDA2614

TDA2614 是飞利浦公司开发的单声道音频功率放大电路，工作电压范围在 15～42V，连续输出电流为 2.2A，功耗为 15W，输出功率为 5～8.5W，内含前置音频放大、功率放大电路，可用 TDA2611A 代换，应用在康佳 SE、SK 系列等超级彩电中。

TDA2614 在海尔 H-2116 彩电中的应用电路如图 2-46 所示。TDA2614 的引脚功能和在海尔 H-2116、康佳 T21SK076 超级彩电中应用时的维修数据见表 2-119。

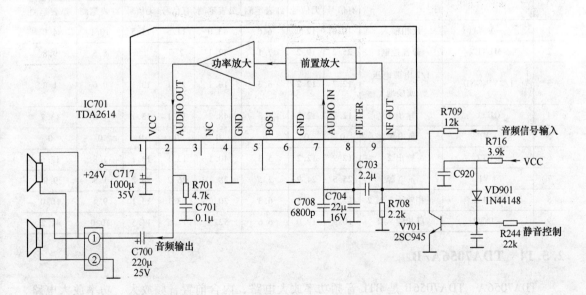

图 2-46　TDA2614 在海尔 H-2116 彩电中的应用电路

表 2-119　TDA2614 的引脚功能和维修数据

引脚号	引脚符号	引脚功能	海尔 H-2116		康佳 T21SK076			
			电压/V		电压/V		电阻/kΩ	
			有信号	无信号	有信号	无信号	红表笔测	黑表笔测
1	VCC	电源供电输入	24.5	26.0	0	0	∞	∞
2	AUDIO OUT	音频功率放大输出	10.9	11.9	22.8	3.0	7.0	37.0
3	NC	空脚	0	0	11.5	11.2	6.3	9.0
4	GND	接地	0	0	0	0	∞	∞
5	BOS1	补偿	1.2	1.2	0	0	0	0
6	GND	接地	0	0	11.5	11.2	5.3	42.0
7	AUDIO IN	音频信号输入	1.2	1.5	22.5	22.5	3.5	24.0
8	FIL TER	滤波	13.2	13.2	11.3	11.2	6.3	9.0
9	NF OUT	反馈输出	0.1	0.1	8.4	9.8	6.7	40.0

2.5.13　TDA2616

TDA2616 是飞利浦公司开发的立体声高保真音频功率放大电路，内含两路音频功率放大电路，具有过热、过电流保护功能，输出功率为 $2 \times 12W$，应用在康佳、创维、TCL 超级彩电中。

TDA2616 在康佳 S 系列、SE 系列超级彩电中的应用电路如图 2-47 所示。TDA2616 的引脚功能和在康佳 SE 系列、S 系列超级彩电中应用时的维修数据见表 2-120。

表 2-120　TDA2616 的引脚功能和维修数据

引脚号	引脚符号	引脚功能	康佳 SE 系列				康佳 S 系列			
			电压/V		电阻/kΩ		电压/V		电阻/kΩ	
			有信号	无信号	红表笔测	黑表笔测	有信号	无信号	红表笔测	黑表笔测
1	− INV1	反相输入	10.8	12.0	6.6	43.0	11.5	11.5	10.1	4.0
2	MUTE	静音控制	25.2	19.2	7.1	42.1	2.6	2.6	8.5	9.8
3	1/2VP-GND	1/2 电源电压 或接地	12.7	12.2	6.3	16.1	13.1	13.1	9.6	1.8
4	OUT1	输出 1	12.7	12.2	5.3	48.2	13.1	13.1	7.8	13.2
5	− VP	负电源	0	0	0	0	0	0	0	0
6	OUT2	输出 2	12.9	12.2	5.3	40.0	13.1	13.1	7.8	12.6
7	+ VP	正电源	25.5	24.9	3.5	28.1	26.2	26.2	1.8	9.9
8	INV1-2	正相输入 1 或 2	12.7	12.2	6.3	20.0	13.1	13.1	9.4	10.0
9	− INV2	反相输入 2	10.9	12.2	6.6	52.3	11.5	11.5	10.0	41.2

2.5.14　TDA7056A/B

TDA7056A、TDA7056B 是 BTL 音频功率放大电路，内含前置音频放大、功率放大电路，具有直流音量调整、开关机静噪、输出负载保护功能，输出功率 3W，应用在康佳、长虹、创维等超级彩电中，多应用于重低音功率放大。

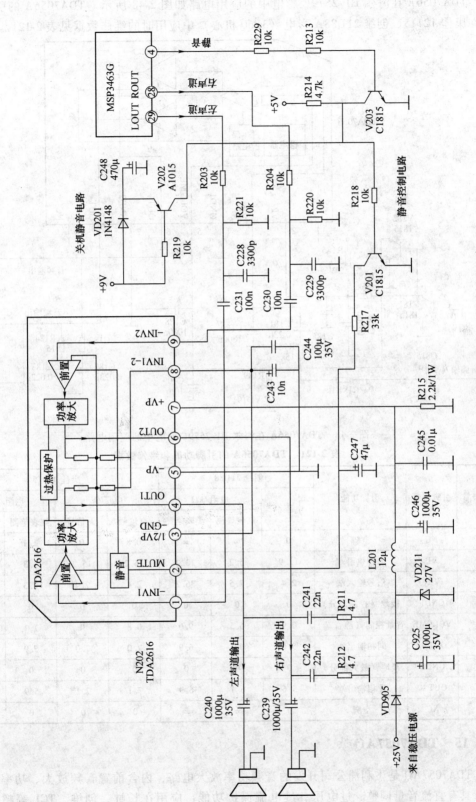

图 2-47　TDA2616 在康佳 S 或 SE 系列超级彩电中的应用电路

TDA7056A 在海尔 HP-2579C 彩电中的应用电路如图 2-48 所示。TDA7056A 的引脚功能和在康佳 T2115、创维 21D88A 彩电（3P60 机心）中应用时的维修数据见表 2-121。

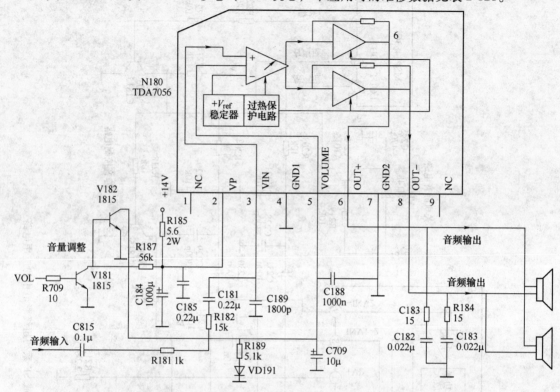

图 2-48　TDA7056A 在海尔 HP-2579C 彩电中的应用电路

表 2-121　TDA7056A 的引脚功能和维修数据

引脚号	引脚符号	引脚功能	创维 21D88A			康佳 T2115			
			电压/V	电阻/kΩ		电压/V		电阻/kΩ	
				红表笔测	黑表笔测	有信号	无信号	红表笔测	黑表笔测
1	NC	空脚	0	∞	∞	0.8	0	1.1	1.1
2	VP	电源供给端	11.9	5.2	13.2	15.2	15.2	3.3	1.4
3	VIN	信号输入端	2.4	7.5	36.2	2.4	2.4	7.3	27.2
4	GND1	接地（控制部分）	0	0	0	0	0	0	0
5	VOLUME	音量控制（静音端）	0.9	6.5	9.0	0.8	0	1.1	1.1
6	OUT +	同相输出端	5.6	6.1	6.9	7.0	7.0	5.9	6.9
7	GND2	接地（放大部分）	0	0	0	0	0	0	0
8	OUT −	反相输出端	5.6	6.1	6.9	7.1	7.1	5.9	6.9
9	NC	空脚	0	∞	∞	0	0	0	0

2.5.15　TDA7057AQ

TDA7057AQ 是飞利浦公司开发的音频功率放大电路，内含前置音频放大、功率放大电路，具有直流音量调整、过电压、过电流保护功能，应用在长虹、创维、TCL 等超级彩电中。

TDA7057AQ 在 TCL S21 机心中的应用电路如图 2-49 所示。TDA7057AQ 的引脚功能和在创维 3P30 机心、康佳 T2979D1 彩电中应用时的维修数据见表 2-122。

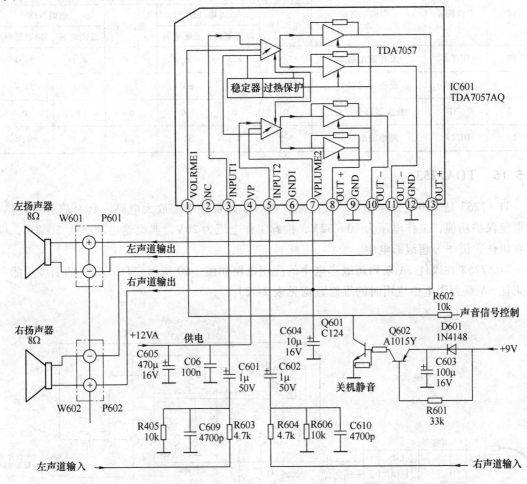

图 2-49   TDA7057AQ 在 TCL S21 机心中的应用电路

表 2-122   TDA7057AQ 的引脚功能和维修数据

引脚号	引脚符号	引脚功能	创维 3P30 机心			康佳 T2979D1		
			电压/V	电阻/kΩ		电压/V	电阻/kΩ	
				红表笔测	黑表笔测		红表笔测	黑表笔测
1	VOLRME1	静音端音量控制 1	1.0	9.1	5.5	0.4 ~ 4	1.8	1.8
2	NC	空脚（接地）	0	0	0	0	0	0
3	INPUT1	信号输入端	2.3	11.5	23.2	2.2	11.2	140
4	VP	电源供给端	12.2	7.1	40.4	16.2	4.0	38.4
5	INPUT2	信号输入端 2	2.6	11.2	160	2.1	11.2	140
6	GND1	控制部分接地	0	0	0	0	0	0
7	VPLUME2	静音端音量控制 2	0.6	9.1	12.2	0.4 ~ 4	1.8	1.8
8	OUT +	同相输出端 2	5.8	8.5	30.4	7.8	8.1	30.4
9	GND	放大器部分接地	0	0	0	0	0	0

（续）

引脚号	引脚符号	引脚功能	创维 3P30 机心			康佳 T2979D1		
			电压/V	电阻/kΩ		电压/V	电阻/kΩ	
				红表笔测	黑表笔测		红表笔测	黑表笔测
10	OUT –	反相输出端 2	5.8	8.5	30.4	7.8	8.1	30.4
11	OUT –	反相输出端 1	5.8	8.5	30.4	7.8	8.1	30.4
12	GND	放大器部分接地	0	0	0	0	0	0
13	OUT +	同相输出端 1	5.8	8.5	30.4	7.8	8.1	30.4

2.5.16 TDA7253

TDA7253 是双声道音频功率放大电路，内含 2 路音频功率放大电路，具有静音和过热、过电流保护功能，工作电压为 10～32V，推荐工作电压为 20V，典型输出功率为 2×8W，应用在康佳、厦华等超级彩电中。

TDA7253 在康佳 SA 系列超级彩电中的应用电路如图 2-50 所示。TDA7253 的引脚功能和在康佳 SA 系列彩电中应用时的维修数据见表 2-123。

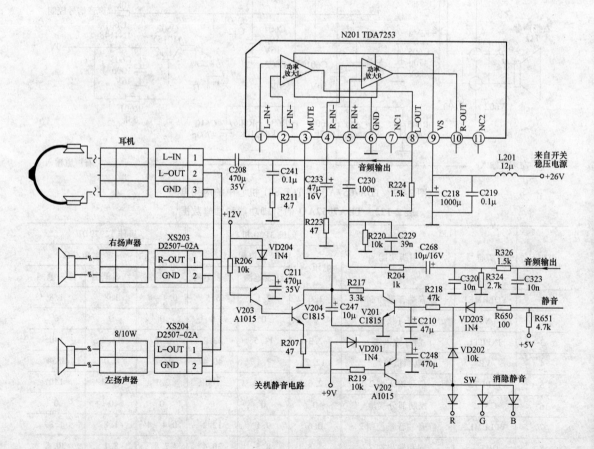

图 2-50 TDA7253 在康佳 SA 机心中的应用电路

表 2-123　TDA7253 的引脚功能和维修数据

引脚号	引脚符号	引脚功能	康佳 SA 系列			
			电压/V		电阻/kΩ	
			有信号	无信号	红表笔测	黑表笔测
1	L IN +	同相输入 L（未用）	0	0	∞	∞
2	L IN -	反向输入 L（未用）	0	0	∞	∞
3	MUTE	静音控制	12.0	2.4	13.2	9.1
4	R IN -	反向输入 R	1.7	3.7	7.1	10.2
5	R IN +	同相输入 R	0.8	0.4	8.1	10.2
6	GND	接地	0	0	0	0
7	NC1	空脚	0	0	∞	∞
8	R-OUT	音频放大输出 R	9.8	0	0.7	0.7
9	VCC	电源	22.2	23.0	41.0	5.0
10	L-OUT	音频放大输出 L（未用）	0	0	∞	∞
11	NC2	空脚	0	0	∞	∞

2.5.17　TDA7266

　　TDA7266 是 ST 公司推出的一款立体声音频功率放大电路，内含两路 BTL 音频功率放大电路，具有待机和静音控制功能和过热、短路保护功能，典型工作电压为 11V，输出功率为 $2 \times 7W$。TDA7266 还有三块姊妹集成块，分别是 TDA7266S、TDA7266L、TDA7266M。TDA7266S 的结构与 TDA7266 完全相同，供电范围也一样，但输出功率为 $2 \times 5W$；TDA7266M 为 15 脚封装的 7W 单声道功率放大电路；TDA7266L 为 10 脚封装的 5W 单声道功率放大电路。TDA7266 应用在创维、厦华、TCL 等超级彩电中。

　　TDA7266 应用在 TCL Y22 机心中的应用电路如图 2-51 所示。TDA7266 的引脚功能和在TCL 的 AT34266Y 彩电（Y22 机心）、TCL AT25S135 彩电（S21 机心）中应用时的维修数据见表 2-124。

表 2-124　TDA7266 的引脚功能和维修数据

引脚号	引脚符号	引脚功能	TCL AT34266Y				TCL AT25S135		
			电压/V		电阻/kΩ		电压/V	电阻/kΩ	
			有信号	无信号	红表笔测	黑表笔测		红表笔测	黑表笔测
1	LO +	L 声道同相输出	8.0	8.0	8.7	∞	8.8	5.9	5.7
2	LO -	L 声道反相输出	7.9	7.9	8.7	∞	8.7	5.9	5.7
3	VCC1	功率放大电路供电	16.0	16.2	5.3	186	13.2	0.8	0.9
4	R IN +	R 声道同相信号输入	5.1	6.3	11.8	153	4.7	4.3	13.0
5	NC/R IN -	空脚或 R 声道反相输入	空脚	0	—	—	3.9	4.1	11.6
6	MUTE	静音控制	3.9	0	9.7	45.8	6.8	6.1	5.7

（续）

引脚号	引脚符号	引脚功能	TCL AT34266Y				TCL AT25S135		
			电压/V		电阻/kΩ		电压/V	电阻/kΩ	
			有信号	无信号	红表笔测	黑表笔测		红表笔测	黑表笔测
7	STBY	待机控制	4.5	4.5	7.4	18.0	6.8	6.1	5.7
8	P GND	功率放大电路接地	0	0	0	0	0	0	0
9	S GND	推动电路接地	0	0	0	0	0	0	0
10	NC	空脚	0	0	—	—	—	—	—
11	NC/L IN −	空脚或 L 声道反相输入	空脚	0	—	—	3.9	4.1	11.6
12	L IN +	L 声道同相输入	5.1	6.3	11.8	153	4.7	4.3	13.0
13	VCC2	推动电路供电	16.0	16.2	5.3	186	13.2	0.8	0.9
14	RO −	R 声道反相输出	8.0	8.0	8.7	∞	8.7	5.9	5.7
15	RO +	R 声道同相输出	7.9	7.9	8.7	∞	8.8	5.9	5.7

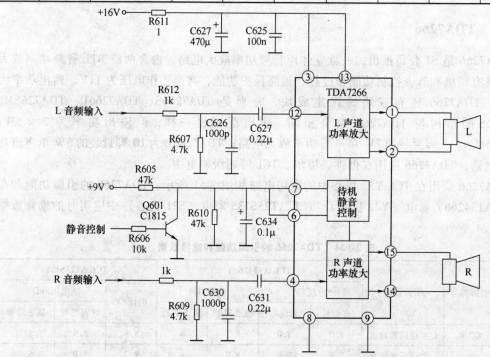

图 2-51　TDA7266 在 TCL Y22 机心中的应用电路

2.5.18　TDA7297

TDA7297 是立体声音频功率放大电路，内含两路音频信号功率放大电路，具有静音和待机控制功能，典型输出功率为 2×15W，应用在海尔 HP-2999 等超级彩电中。

TDA7297 应用在海尔 UOC 机心中的应用电路如图 2-52 所示。TDA7297 的引脚功能和在海尔 UOC 机心和海尔 HP-2999 彩电中应用时的维修数据见表 2-125。

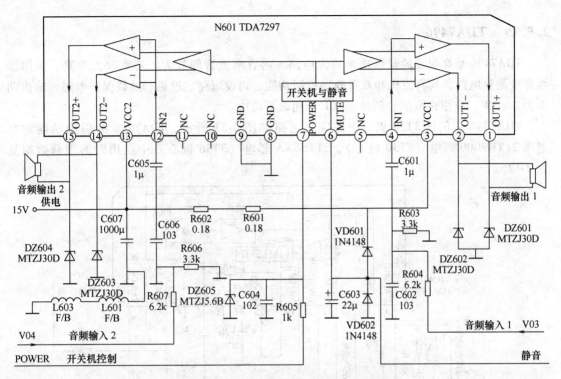

图 2-52　TDA7297 在海尔 UOC 机心中应用电路

表 2-125　TDA7297 的引脚功能和维修数据

引脚号	引脚符号	引脚功能	海尔 UOC 机心			海尔 HP-2999		
			电压/V	电阻/kΩ		电压/V	电阻/kΩ	
				红表笔测	黑表笔测		红表笔测	黑表笔测
1	OUT1 +	右声道伴音输出	8.0	12.8	12.7	8.0	4.5	11.1
2	OUT1 −	右声道伴音输出	8.0	12.8	12.8	8.0	4.5	11.1
3	VCC1	+15V 电源	16.2	—	940	18.2	2.8	12.2
4	IN1	右声道音频信号输入	1.5	86.2	86.6	1.1	8.6	30.4
5	NC	空脚	0	—	—	0	∞	∞
6	MUTE	MUTE 信号输入	5.1	108.8	107.6	2.4	6.5	12.2
7	POWER	POWER 信号输入	5.1	5.6	5.6	3.8	4.5	5.5
8	GND	接地	0	0	0	0	0	0
9	GND	接地	0	0	0	0	0	0
10	NC	空脚	0	—	—	0	∞	∞
11	NC	空脚	0	—	—	0	∞	∞
12	IN2	左声道音频信号输入	1.5	86.3	86.5	1.1	8.5	2.0
13	VCC2	+15V 电源	16.2	—	940	17.2	2.8	12.2
14	OUT2 −	左声道伴音输出	8.2	12.7	12.7	8.0	4.5	11.0
15	OUT2 +	左声道伴音输出	8.2	12.7	12.7	8.0	4.5	11.0

2.5.19 TDA7496

TDA7496 是高保真的音频功率放大电路，内含前置音频放大、功率放大电路，采用线性音量调整电路，具有待机和双重静噪控制功能，内设短路、过热、过载保护电路，输出功率为 2×5W，应用在海尔、创维、TCL 等超级彩电中。

TDA7496 在创维 3T30 机心中的应用电路如图 2-53 所示。TDA7496 的引脚功能和在创维 21TR9000 彩电（3T30 机心）、21T66AA 彩电（3T36 机心）中应用时的维修数据见表 2-126。

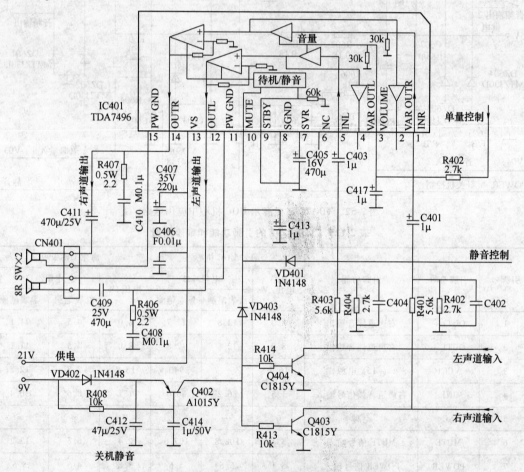

图 2-53　TDA7496 在创维 3T30 机心中的应用电路

表 2-126　TDA7496 的引脚功能和维修数据

引脚号	引脚符号	引脚功能	创维 3T30 机心			创维 3T36 机心			
			电压/V	电阻/kΩ		电压/V		电阻/kΩ	
				红表笔测	黑表笔测	有信号	无信号	红表笔测	黑表笔测
1	INR	右声道音频输入	7.8	8.8	6	8.3	8.5	5.8	17.2
2	VAR OUT R	右声道可变音量辅助输出	10.0	9.0	51.0	9.9	9.9	5.9	51.5
3	VOLUME	音量控制	1.4	6.0	6.1	0.95	0.95	5.2	6.6

引脚号	引脚符号	引脚功能	创维 3T30 机心			创维 3T36 机心			
			电压/V	电阻/kΩ		电压/V		电阻/kΩ	
				红表笔测	黑表笔测	有信号	无信号	红表笔测	黑表笔测
4	VAR OUT L	左声道可变音量辅助输出	10.5	9.0	55.5	9.9	10.2	6.0	54.5
5	IN L	左声道音频输入	10.0	8.6	10.6	8.3	8.5	5.9	18.7
6	NC	空脚	0	∞	∞	0	0	∞	∞
7	SVR	电源电压滤波	10.5	7.0	9.5	9.5	9.5	4.8	14.5
8	S GND	接地	0	0	0	0	0	0	0
9	STBY	待机控制	0	0	0	0	0	0	0
10	MUTE	静音控制	0	9.1	∞	0	4.5	6.0	∞
11	PW GND	接地	0	0	0	0	0	0	0
12	OUT L	左声道音频输出	10.5	7	13.9	9.9	9.9	4.8	12.8
13	VS	电源	22.2	5.1	17	20.8	20.8	3.8	10.5
14	OUT R	右声道音频输出	11.0	6.9	14.8	10.5	10.0	4.8	13.1
15	PW GND	接地	0	0	0	0	0	0	0

2.5.20　TDA8943SF

TDA8943SF 是单声道 BTL 音频功率放大电路，内含前置音频放大、功率放大电路，具有待机、静音、工作三种模式，内设过热、过电流保护电路，在供电电压为 12V，负载为 8Ω 时，其输出功率为 6W，应用在长虹 CH-16 机心、CN-18 机心中。

TDA8943SF 在长虹 CH-16 机心中的应用电路如图 2-54 所示。TDA8943SF 的引脚功能和在长虹 CH-16 机心和长虹 CN-18 机心中应用时的维修数据见表 2-127。

表 2-127　TDA8943SF 的引脚功能和维修数据

引脚号	引脚符号	引脚功能	长虹 CH-16 机心			长虹 CN-18 机心		
			电压/V		电阻/kΩ	电压/V	电阻/kΩ	
			有信号	无信号	红表笔测		红表笔测	黑表笔测
1	OUT −	音频输出 −	5.6	5.9	5.8	5.9	充电	6.0
2	VCC	电源	11.5	12.0	1.2	12.0	充电	4.3
3	OUT +	音频输出 +	5.6	5.9	5.8	0	18.8	6.0
4	IN +	同向输入	5.7	5.9	6.8	5.8	34.2	8.0
5	IN −	反向输入	5.7	5.9	6.6		34.2	7.5
6	TC	滤波	5.7	6.0	6.3	6	30.2	7.9
7	MUTE	静音控制	0	6.0	5.3	0	26.2	7.5
8	GND	接地	0	0	0	0	0	0
9	NC	空脚	0	0	∞	0	∞	∞

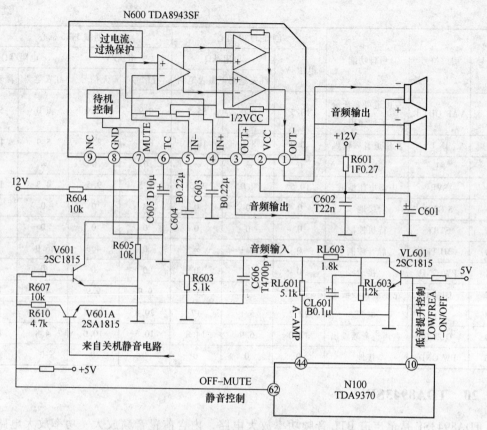

图 2-54　TDA8943SF 在长虹 CH-16 机心中的应用电路

2.5.21　TDA8944J

TDA8944J 是双声道 BTL 音频功率放大电路，内含两路前置音频放大、功率放大电路，具有电源开关时的静音功能，内设良好的过热、短路保护电路，供电电压为 12V，负载为 8Ω 时，每路输出功率为 7W，应用在长虹、康佳、创维、TCL 等超级彩电中。

TDA8944J 应用在 TCL3418ME 彩电（TMPA8827 机心）中的应用电路如图 2-55 所示。TDA8944J 的引脚功能和在长虹 CN-18 机心和 TCL 2999UZ 彩电中应用时的维修数据见表 2-128。

表 2-128　TDA8944J 的引脚功能和维修数据

引脚号	引脚符号	引脚功能	长虹 CN-18 机心			TCL 2999UZ			
			电压/V		电阻/kΩ	电压/V		电阻/kΩ	
			有信号	无信号		有信号	无信号	红表笔测	黑表笔测
1	OUT1 −	L 声道输出 −	7.6	8.1	14.2	9.7	9.7	19.2	3.2
2	GND1	接地	0	0	0	0	0	0	0
3	VCC1	电源 1	15.5	16.2	12.2	19.6	19.6	1.8	3.0
4	OUT1 +	L 声道输出 +	7.6	8.1	14.1	19.7	9.8	1.2	3.4
5	NC	空脚	0	0	∞	0	0.1	0	0
6	IN1 +	L 声道输入 +	8.0	8.0	18.8	9.7	9.7	0.3	0.6

引脚号	引脚符号	引脚功能	长虹 CN-18 机心			TCL 2999UZ			
			电压/V		电阻/kΩ	电压/V		电阻/kΩ	
			有信号	无信号		有信号	无信号	红表笔测	黑表笔测
7	NC	空脚	0	0	∞	0	0.1	0	0
8	IN1 −	L 声道输入 −	8.1	8.1	18.8	9.8	9.8	4.2	0.2
9	IN2 −	R 声道输入 −	8.1	8.1	18.6	9.7	9.8	1.6	3.7
10	MUTE	静音控制	0.3	4.6	19.5	0.2	0.2	0.02	0.2
11	SVR	滤波	8.1	8.2	7.7	9.7	9.8	1.7	4
12	IN2 +	R 声道输入 +	8.1	8.1	11.2	9.8	9.8	0.3	3.5
13	NC	空脚	0	0	∞	0	0.1	0	0
14	OUT2 +	R 声道输出 +	7.6	8.1	14.1	9.7	9.7	0	3.5
15	GND2	接地	0	0	0	0	0	0	0
16	VCC2	电源 2	15.5	16.2	12.2	19.6	19.6	1.2	1.5
17	OUT2 −	R 声道输出 −	7.6	8.1	14.1	9.7	9.7	0	3.5

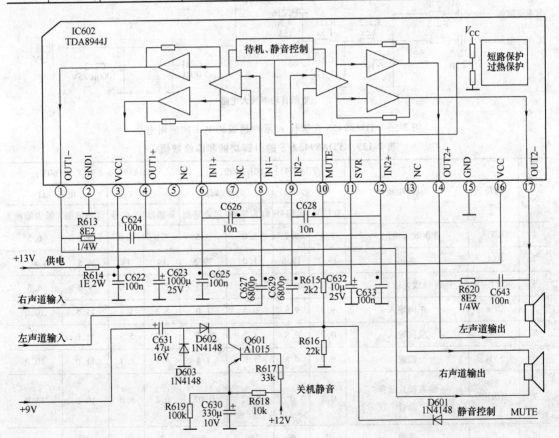

图 2-55　TDA8944J 在 TCL 3418ME 超级彩电中的应用电路

2.5.22 TDA8945S/J

TDA8945S、TDA8945J 是飞利浦公司开发的音频功率放大电路，二者内部电路结构和引脚功能基本相同。内含前置音频放大、功率放大电路，具有直流音量调整，过电压、过电流保护功能，应用在康佳、TCL 超级彩电中。

TDA8945S 在康佳 K 系列超级彩电中的应用电路如图 2-56 所示。TDA8945S/J 的引脚功能和 TDA8945J 在 TCL 2999UZ 彩电、TDA8945S 在康佳 T2960K 彩电中应用时的维修数据见表 2-129。

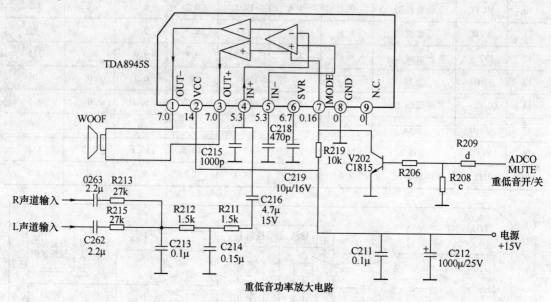

图 2-56 TDA8945S 在康佳 K 系列超级彩电中的应用电路

表 2-129 TDA8945J/S 的引脚功能和维修数据

引脚号	引脚符号	引脚功能	TDA8945J（TCL 2999UZ）				TDA8945S（康佳 T2960K）			
			电压/V		电阻/kΩ		电压/V		电阻/kΩ	
			有信号	无信号	红表笔测	黑表笔测	有信号	无信号	红表笔测	黑表笔测
1	OUT −	音频放大输出 −	9.8	9.7	2.0	3.5	7.0	7.0	9.0	6.5
2	VCC	电源	19.7	19.6	1.0	39.5	14	14	4.5	∞
3	OUT +	音频放大输出 +	9.7	9.7	2.1	3.5	7.0	7.0	9.0	8.5
4	IN +	正向输入	9.8	9.8	0.6	1.0	5.3	5.3	11.5	10.0
5	IN −	反向输入	9.7	9.8	1.2	1.1	5.3	5.3	11.0	10.0
6	SVR	滤波	9.7	9.8	1.8	4.4	6.7	6.7	11.0	10.0
7	MODE	输入模式选择（待机、静音、正常）	0.2	0	0.02	0.02	0.2	8.0	10.0	11.0
8	GND	接地	0	0	0	0	0	0	0	0
9	NC	空脚	0	0.2	0	0	0	0	∞	∞

2.5.23　TEA2025B

TEA2025B 是 16 脚封装的单片立体声音频功率放大电路，内含前置音频放大、功率放大电路，应用在 TCL S13、S21、TB73 机心等超级彩电中。

TEA2025B 在 TCL S13 机心中的应用电路如图 2-57 所示。TEA2025B 的引脚功能和维修数据见表 2-130。

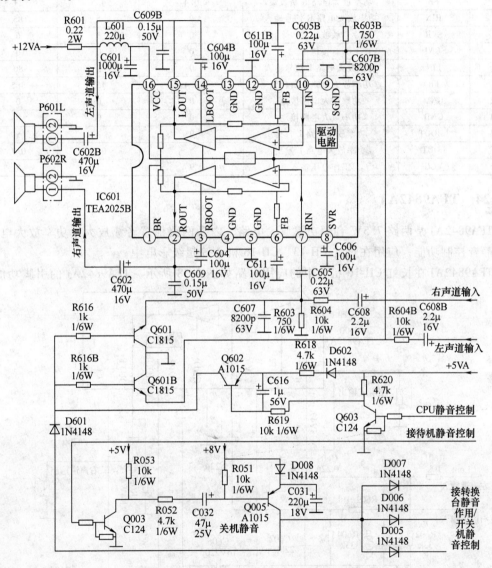

图 2-57　TEA2025B 在 TCL S13 机心中的应用电路

表 2-130　TEA2025B 的引脚功能和维修数据

引脚号	引脚符号	引脚功能	电压/V	电阻/kΩ	
				红表笔测	黑表笔测
1	BR	BTL 辅助输出	0	0	0
2	ROUT	功率放大电路 R 输出	5	0.5	0.8

（续）

引脚号	引脚符号	引脚功能	电压/V	电阻/kΩ	
				红表笔测	黑表笔测
3	RBOOT	功率放大电路 R 自举	9	0.5	5
4	GND	功率放大电路接地	0	0	0
5	GND	功率放大电路接地	0	0	0
6	FB	功率放大电路 R 负反馈	0.4	4.5	11
7	RIN	功率放大电路 R 信号输入	0	5	85
8	SVR	纹波滤波	0	3	6
9	SGND	接地	0	0	0
10	LIN	功率放大电路 L 信号输入	0	5	80
11	FB	功率放大电路 L 负反馈	0.4	4.5	8.5
12	GND	功率放大电路接地	0	0	0
13	GND	功率放大电路接地	0	0	0
14	LBOOT	功率放大电路 L 自举	9	3	5
15	LOUT	功率放大电路 L 输出	5	0.5	0.7
16	VCC	工作电压输入	9	3	5

2.5.24　TFA9842AJ

TFA9842AJ 是两路 7.5W 音频功率放大电路，内含两路前置音频放大、功率放大电路，设有静音控制功能，应用在长虹 CH-13、CH-16 机心等超级彩电中。

TFA9842AJ 在长虹 CH-16 机心中的应用电路如图 2-58 所示。TFA9842AJ 的引脚功能和

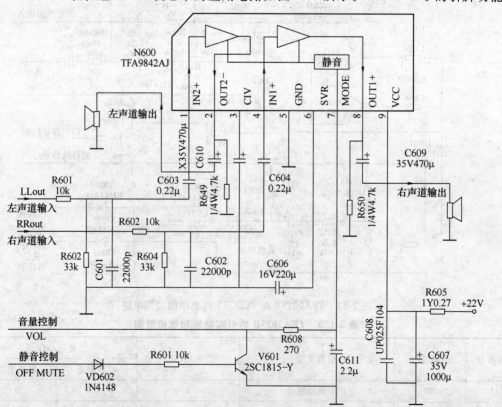

图 2-58　TFA9842AJ 在长虹 CH-16 机心中的应用电路

维修参考数据见表 2-131。

表 2-131 TFA9842AJ 的引脚功能和维修数据

引脚号	引脚符号	引脚功能	电压/V	
			有信号	无信号
1	IN2 +	左声道输入	4.7	4.7
2	OUT2 −	左声道输出	10.5	10.4
3	CIV	输入电路滤波	4.9	4.8
4	IN1 +	右声道输入	4.7	4.7
5	GND	接地	0	0
6	SVR	供电滤波	12.2	12.0
7	MODE	静音控制	4.9	1.3
8	OUT1 +	右声道输出	10.5	10.4
9	VCC	电源供电输入	22.6	22.8

第3章 超级彩电总线调整方法速查

超级彩电都采用 I^2C 总线控制方式，对功能设置、图像和伴音的调整，需要进入维修模式。当彩电更换存储器、超级单片电路、被控集成电路，或彩电总线系统数据发生错误时，都需要进入维修模式，对出错的项目数据进行调整。

为了防止用户随意调整造成故障和电视机图像、声音质量的改变，其总线维修模式的进入，往往需要输入密码，并且对彩电用户保密。为了防止工厂设置数据被维修人员调乱，造成彩电功能丢失或死机，有的彩电将维修模式分为两种：一种是调整模式，一般简称为"S"模式，该模式下主要显示和调整与光栅、图像质量有关的维修调整项目；另一种是工厂模式或工程师模式，一般简称为"D"模式，该模式下主要显示与功能设置有关的工厂设置项目。厂家一般只将维修模式的调整方法透漏给维修人员，对工厂模式的调整方法保密，或只能使用工厂调试专用遥控器，方能进行工厂设置数据的调整。由于总线彩电的调整密码由各个彩电生产厂家自行设置，各种品牌和型号的总线彩电总线调整的密码各不相同，必须从厂家技术部门和相关书籍中查找被调电视同型号或机心的总线调整方法和调整项目的数据，方能进行调整。

为了满足上门维修超级彩电时调整总线彩电的需要，本篇广泛搜集了国产超级彩电的总线调整方法，供维修调整时参考。有关各品牌、机心的电路配置和同类机型，请参见本书的第1章。

3.1 长虹超级彩电总线调整方法

3.1.1 HD-1 机心总线调整方法

模式	调整步骤	调整方法
维修模式	进入维修模式	先按"音量－"键将音量减到 0，然后按住本机遥控器"静音"键，屏幕上显示红色静音符号，5s 以后松开"静音"键；按彩电面板上的"菜单"键，即进入维修模式
	项目选择和调整	进入维修模式后，屏幕上显示调整菜单，按"菜单"键可进行翻页，按"频道+/-"键选择调整项目，按"音量+/-"键调整所选项目数据
	退出维修模式	调整完毕，交流关机或遥控关机均可退出维修模式，并自动记忆存储数据
工厂模式	进入工厂模式	进入维修模式后，按"菜单"键至白平衡调试页时，按遥控器上的数字键"0816"输入密码，即可进入工厂模式
	项目选择和调整	进入工厂模式后，通过"菜单"键循环翻页，选择调整菜单，按"频道+/-"键选择调整项目，按"音量+/-"键调整所选项目数据
	退出工厂模式	调整完毕，交流关机或遥控关机均可退出工厂模式，并自动记忆存储数据

3.1.2　HD-2 机心总线调整方法

调整步骤	调整方法
进入调整模式	先按"音量－"键将音量减到0，然后按住本机遥控器"静音"键2s以上，直到屏幕上显示红色静音符号，同时按电视机面板上的"菜单"键，即进入维修模式，屏幕上显示主菜单
项目选择和调整	进入维修模式后，按遥控器上的"上/下"键选择调整项目，按"左/右"键调整所选项目数据。其中帘栅电压、聚焦电压的调节方法如下：①接收电视信号，将亮度置为"60"，对比度置为"50"；②按"VSD"键，进入AVG调整项，屏幕上方出现暗带，下方显示红色"WBC：OUT"，若为绿色"WBC：IN"可不调；③调整行输出变压器上帘栅电压调整电位器，使屏幕下方红色"WBC：OUT"显示为"WBC：IN"（绿色），或在绿色"WBC：IN"与红色"WBC：OUT"间跳变；④再按遥控器上的其他键，使场输出正常，按如下方法调节FBT聚焦电位器 FBT为单聚焦：调节FBT聚焦电位器（上面一只电位器），使光栅聚焦良好，画面清晰度最佳 FBT为双聚焦：调节FBT聚焦电位器F1、F2（上面两只电位器）；使光栅聚焦良好，画面清晰度最佳 　用户遥控器中的"几何菜单"只在VGA信号下才显示，可以调整VGA的水平位置、水平幅度、垂直位置和垂直幅度，此4项调整为偏移量调整，最多可偏移＋10；操作出厂设置时均初始化为"0" 注意：由于PW52芯片本身功能的限制，SVGA（800×600）和XGA（1024×768）下信号的重现率不能达到100%，而高清信号无"几何菜单调整项"
退出调整模式	调整完毕，按遥控器上的"开/关"键关机，即可退出维修模式，并自动记忆存储数据

3.1.3　ETE-3 机心总线调整方法

调整步骤	调整方法
进入调整模式	先按"音量－"键将音量减到0，然后按住遥控器"静音"键的同时按电视机上的"菜单"键，即可直接进入维修模式
项目选择和调整	该机心总线系统有Page 0~Page 13共14个调整菜单。进入维修模式后，默认进入Page 0菜单，上部显示软件版本号；按"菜单"键向后顺序翻页，或直接按"数字"键选择相应的菜单，按遥控器上的"上/下"键选择调整项目，按"左/右"键调整所选项目的数据，调整后的数据被储存，部分项目数据需退出维修模式，关机重启后有效
退出调整模式	调整完毕，按遥控器上的"开/关"键关机，即可退出维修模式，并自动记忆存储数据

3.1.4　CH-13 机心总线调整方法

模式	调整步骤	调整方法
第1种方法	进入调整模式	用遥控器6K6I或K6F进行调整：方法是先按遥控器上的"M"键，接着按"返回"键和"AV"键，再按未露出的"未标识"键，最后同时按下"显示"键和"图像"键3~5s，便可进入维修模式
	项目选择和调整	进入维修模式后，当菜单变红时，按"音量＋/－"进行前后翻页，按"频道＋/－"键进行选项，选项后再按"音量＋/－"键进行数据调整
	退出调整模式	调整结束后，按"M"键或遥控关机，调整后的数据自动储存，并退出维修模式

（续）

模式	调整步骤	调整方法
第2种方法	进入调整模式	主芯片采用 CH04T1303、CH04T1306，则可用遥控器 K18G 和 K13A 进行调整：方法是用遥控器将音量减到 0，将图像模式置为"亮丽"状态，接着长按"排序"键，即可进入维修模式，屏幕上显示 M 字符
	项目选择和调整	进入维修模式后，按菜单键，屏幕上显示出菜单，再按排序键进入总线数据状态；进入总线数据状态后，用左、右方向键进行翻页，用上、下方向键进行数据调整
	退出调整模式	调整结束后，按 M 键或遥控关机，数据被储存，并退出维修模式
第3种方法	进入调整模式	用遥控器 K18G 进行调整；方法是将音量调整到最小，按住遥控器上的"静音"键不放，紧接着按住电视机上的"菜单"键不放，并持续 3s 以上，当电视机屏幕中上部出现红色 S 字符及黄色字符"V. POS/50H 8"时，表示已经进入维修模式
	项目选择和调整	进入维修模式后，用上、下方向键进行翻页，用左、右方向键进行数据调整
	退出调整模式	调整结束后，遥控关机即可退出维修模式
第4种方法	进入调整模式	主芯片采用 CH04T1301 或 CH04T1302，按住遥控器上的"M"键不放，同时按住遥控器上的"显示"键和"图像"键 3s 以上，即可进入维修模式
	项目选择和调整	进入维修模式后，当菜单变红时，按"音量 +／-"进行前后翻页，按"频道 +／-"键进行选项，选项后再按"音量 +／-"键进行数据调整
	退出调整模式	调整完毕，遥控关机即可退出维修模式，并自动记忆存储数据

3.1.5　CH-16 机心总线调整方法

调整步骤	调整方法
进入调整模式	使用本机附带的 K16、K16C、K16D、K16H 系列遥控器或 K3A、K3D、K3E、K9 遥控器，先将电视机音量减到 0，再按遥控器上的"静音"键不放，屏幕上显示红色的"静音 X"字符，紧接着按电视机上的"菜单"键，便可进入维修模式。这时，屏幕上显示红色"S"，同时屏幕上显示"TAB"数据表，是总线系统调整参数列表，该页数据只能查看，不可调整
项目选择和调整	进入维修模式后，按遥控器上的"节目 +／-"键选择调整项目，按"音量 +／-"键调整所选项目数据
退出调整模式	调整完毕，遥控关机即可退出维修模式，并自动记忆存储数据

3.1.6　CH-18 机心总线调整方法

调整步骤	调整方法
进入调整模式	先将电视机音量减到 0，再按住遥控器上的"静音"键 5s 后，再按电视机上的"菜单"键，屏幕上显示"S"字符，表示进入维修模式
项目选择和调整	进入维修模式后，按遥控器上的"节目 +／-"键进行翻页选择调整项目，按"音量 +／-"键调整所选项目数据
退出调整模式	调整完毕，遥控关机即可退出维修模式

3.1.7　CN-18 机心总线调整方法

调整步骤	调整方法
进入调整模式	使用本机附带的 K18 系列遥控器或长虹 K1Q、K11、K8C、K10B 遥控器，先将电视机音量减到 0，再按住遥控器上的"静音"键不放，同时按下电视机上的"菜单"键，便可进入维修模式；小屏幕彩电右上角上显示绿色"S"字符，大屏幕彩电右上角上显示绿色"D"字符，同时屏幕左上角显示调整项目和数据
项目选择和调整	进入维修模式后，按遥控器上的"节目 +/−"键进行翻页选择调整项目，按"音量 +/−"键调整所选项目数据
退出调整模式	调整完毕，遥控关机即可退出维修模式

3.2　康佳超级彩电总线调整方法

3.2.1　SK 系列超级彩电总线调整方法

调整步骤	调整方法
进入调整模式	使用随机通用遥控器，按下遥控器"菜单"键，再连续按"回看"键 5 次，即可进入维修模式
项目选择和调整	进入维修模式后，屏幕上显示调整菜单，有 FA1～FA7 共 7 个调整菜单；按"菜单"键可顺序选择调试菜单 FA1～调试菜单 FA7，按遥控器上的"频道 +/−"键选择调整项目，按"音量 +/−"键调整所选项目数据
退出调整模式	调整完毕，再按一次"回看"键即可退出维修模式

3.2.2　SE 系列超级彩电总线调整方法

调整步骤	调整方法
进入调整模式	一是使用随机 KK-Y271C 遥控器，按下遥控器"菜单"键，再连续按"呼号"键 5 次，屏幕上显示"FAC ON"，表示进入维修模式；二是使用工厂调试专用遥控器，按工厂遥控器"FAC"键，直接进入维修模式，显示工厂调试菜单
项目选择和调整	进入维修模式后，有 10 个调整菜单；按遥控器上的数字键 0～9，则可进入对应的调试菜单 FAC0～FAC9；按遥控器上的"频道 +/−"键选择调整项目，按"音量 +/−"键调整所选项目数据；自动调整项目，待调整结束显示"OK"，表示调试完成；按"−"键可使屏幕呈水平亮线，再按"−"键，屏幕恢复正常 在 FAC ON 状态下，不进入调试菜单时，可进行频道加减、音量加减、TV/AV 等操作
退出调整模式	调整完毕，再按一次"呼号"键即可退出维修模式

3.2.3　TA 系列超级彩电总线调整方法

调整步骤	调整方法
进入调整模式	使用 KK-Y271T 用户遥控器，按遥控器上的"菜单"键后，再连续按 5 次"回看"键，屏幕顶部显示"FACTORY MENU00"等英文字母，表示进入了工厂模式首页

（续）

调整步骤	调整方法
项目选择和调整	进入工厂模式后，当光标在屏幕的最顶端选项时，按遥控器"音量 +／－"键可以进行工厂菜单 FACTORY MENU00 ~ FACTORY MENU05 翻页；按遥控器"频道 +／－"键进行子菜单项目选择；按"音量 +／－"键进行项目数据调整，调整完毕必须退出工厂菜单才能保存已经调试的数据，否则调整的数据会丢失
退出调整模式	调整完毕，按一下"菜单"键，待屏幕菜单消失后再遥控关机，即可退出工厂模式
童锁功能设置	可以设置一个开机密码，在设置密码后，开机必须输入密码才能收看频道；电视机出厂时童锁是不设任何密码的，所以用户首次使用童锁功能时要设置一个密码，具体操作如下： 进入功能菜单，选中"童锁"，然后按遥控器上的数字键输入 4 位数的密码；输入密码后会出现一个锁的图标，此时按"音量 +／－"键可以选择"开"和"关"两种状态。"开"表示开锁，启动电视机时不需要输入密码；"关"表示上锁，每次启动电视机都要先输入密码才能收看频道。若丢失密码，在需要输入密码的时候按下静音键，再按"999"，可解除童锁密码

3.2.4　TE 系列超级彩电总线调整方法

调整步骤	调整方法
进入调整模式	使用 KK-Y294M 遥控器，按遥控器上的"菜单"键后，在屏幕上主菜单字符未消失前，连续按信息键 5 次，即可进入维修调试状态
项目选择和调整	进入维修模式后，有 FAC1 ~ FAC10 共 10 个调试菜单，按遥控器上的"数字"键"0 ~ 9"，可选择相应的菜单；用"频道 +／－"键进行调试项目选择，用"音量 +／－"键进行项目数据调整。若接入计算机进行项目自动调整，调试结束时显示"OK"，表示调试完成
退出调整模式	调整完毕，在显示调试菜单内容时，按信息键即可退出维修调试状态

3.2.5　TK 系列超级彩电总线调整方法

调整步骤	调整方法
进入调整模式	使用 KK-Y294P 遥控器，按遥控器上的"菜单"键后，在屏幕上主菜单字符未消失前连续按"回看"5 次，屏幕出现"FACTORY PAGE1"等字符，表示进入了工厂模式首页 注：按"菜单"键，在屏幕上主菜单字符未消失前，按遥控器上的数字"5"、"5"、"6"、"6"键，可进入酒店菜单设置模式
项目选择和调整	进入工厂模式后，工厂菜单分 FACTORY PAGE1 ~ FACTORY PAGE9 共 9 页，按"菜单"键向前翻页，按"睡眠定时"键向后翻页，按数字"1 ~ 9"键直接进入相应的工厂菜单；进入各个菜单后，用"频道 +／－"键进行调试项目选择，用"音量 +／－"键进行项目数据调整
退出调整模式	调整完毕，按"电视／视频"键或者遥控关机都可退出工厂模式

3.2.6　FG 系列超级彩电总线调整方法

调整步骤	调整方法
进入调整模式	使用用户遥控器，先按一下"MENU"菜单键，在屏幕上显示用户调整菜单未消失之前，快速连续按"回看"5 次，即可进入维修模式

调整步骤	调整方法
项目选择和调整	进入维修模式后，有 6 个调整菜单，按遥控器上的数字 1~6 键可选择 FACTORY1~FACTORY6 调整菜单，进入菜单后，用"频道 +/-"键选择调整项目，选中的项目变为红色，用"音量 +/-"键改变所选项目数据 工厂菜单 1 和工厂菜单 2 的各种显示模式的行、场扫描及几何校正参数，需要输入相应的测试信号，根据各种显示模式需要分别进行调试，行、场重显率调整为 92% ±2%
退出调整模式	全部调整完毕，再按一次遥控器上的"回看"键，即可退出维修模式

3.2.7　FT 系列超级彩电总线调整方法

调整步骤	调整方法
进入调整模式	使用用户遥控器，先按一下"MENU"菜单键，在屏幕上显示用户调整菜单未消失之前，快速连续按"回看"键 5 次，即可进入维修模式
项目选择和调整	进入维修模式后，有 6 个调整菜单，按遥控器上的"数字 1、2、3、4、5、6"键，可选择 FACTORY1~FACTORY6 调整菜单，进入菜单后，用"频道 +/-"键选择调整项目，选中的项目变为红色，用"音量 +/-"键改变所选项目数据
退出调整模式	全部调整完毕，再按一次遥控器上的"回看"键，即可退出维修模式

3.2.8　SA 系列超级彩电总线调整方法

调整步骤	调整方法
进入调整模式	用客户遥控器进行调整，先按遥控器上的"MENU 菜单"键，再连续按遥控器上的"智能显示"键 3 次，即进入工厂模式，屏幕上显示工厂调整菜单
项目选择和调整	进入工厂调整菜单后，有 4 个调整菜单；按遥控器上的"频道加/减"键选择调试项目，按"音量加/减"键调整所选项目的数据
退出调整模式	调整完毕，按"智能显示"键退出工厂模式

3.2.9　K 系列超级彩电总线调整方法

调整步骤	调整方法
进入调整模式	使用用户 K 系列彩电遥控器或工厂遥控器 KK-Y252 均可进行调整，二者使用方法相同： 按"MENU"菜单键，显示菜单，菜单显示一般保持 10s 左右，在菜单未消失之前，连续按"回看"键 5 次，便可进入工厂模式
项目选择和调整	进入工厂模式后，按"MENU"菜单键可依次选择菜单 1~菜单 6；进入菜单后，用"节目 +/-"键选择调整项目，选中的项目变为红色，用"音量 +/-"键改变所选项目数据
退出调整模式	调整完毕，再按一次"回看"键，即可退出维修模式

3.2.10　S 系列超级彩电总线调整方法

调整步骤	调整方法
进入调整模式	采用随机附带的用户遥控器，先按"菜单"键，待屏幕上显示主菜单"图像、声音、节目、功能"等字符时，再按 5 次"回看"键，屏幕上显示本机的调试内容编号——"SerVice Menu22/04 2002VCTexit ok"，表示已进入工厂调试菜单
项目选择和调整	用遥控器的"1～8"数字键选择和进入第 1～8 子菜单，进入子菜单后，用"节目 +/－"键选择调整项目，用"音量 +/－"键改变调试项目数据，直到满意或达到要求；每调整完一个项目，必须按一次"回看"键，将调整后的数据存储；按数字键"9"可进入 EEPROM 存储器数据核对状态，屏幕上显示存储器的地址和数据，供维修人员核对；当核对屏幕上显示的地址数据与标准数据不符时，可用"音量 +/－"键选择 address 地址值，用"节目 +/－"键改变 data 数据值
退出调整模式	全部调整完毕，按"0"键，再按"回看"键，即可退出工厂模式

3.3　海信超级彩电总线调整方法

3.3.1　G2 机心总线调整方法

调整步骤	调整方法
进入调整模式	按"菜单"键，进入用户声音调整菜单，在音量调整项目下，按遥控器上的数字键"0532"，输入密码，即可进入维修模式，屏幕的右上角显示绿色"M"字符，此时有 23 项调整项目；再按一下"广告跳跃"键，屏幕的右上角显示绿色"WB"字符，表示进入 WB 调整模式，此时可调整项目增加为 149 项
项目选择和调整	进入维修模式后，按"频道 +/－"键选择调整项目，按"音量 +/－"键调整所选项目数据或执行当前项的操作
退出调整模式	调整完毕，遥控关机即可退出维修模式，并自动记忆存储数据

3.3.2　USOC 机心总线调整方法

调整步骤	调整方法
进入调整模式	先按"音量 －"键，将音量调到最小，然后按住"菜单"键4s以上，屏幕上显示密码菜单后，按遥控器上的数字键"0398"输入密码，屏幕左上角显示"M"字符，表示已经进入维修模式
项目选择和调整	进入维修模式后，按"－/－－"键显示副亮度项目，按"频道 +/－"键可顺序显示光栅几何失真和白平衡调整项目，按"音量 +/－"键调整项目数据 按"菜单"键选择进入 ADJUST 状态，共有 MENU0～MENU17 共 18 个调整菜单；按"菜单"键向后选择菜单，按"图像"键向前选择菜单；进入菜单后，按"频道 +/－"键选择调整项目，按"音量 +/－"键调整项目数据
退出调整模式	调整后，至少进行一次调整操作后，遥控直流关机或交流关机后，才能退出维修模式；如果不进行操作，关机后再开机仍显示"M"字符
童锁解除方法	按住 CALL 屏幕显示键4s；限时收看万能密码为 7681

3.3.3　LA76933 机心总线调整方法

调整步骤	调整方法
进入调整模式	先按"音量 −"键,将音量调到最小,然后按住"菜单"键4s以上,屏幕上显示密码菜单后,按遥控器上的数字键"0398"输入密码,屏幕左上角显示"M"字符,表示已经进入维修模式
项目选择和调整	进入维修模式后,按"− /−−"键显示副亮度项目,按"频道 + /−"键可顺序显示光栅几何失真和白平衡调整项目,按"音量 + /−"键调整项目数据 按"菜单"键选择进入 ADJUST 状态,共有 MENU0 ~ MENU20 共21个调整菜单;按"菜单"键向后选择菜单,按"图像"键向前选择菜单;进入菜单后,按"频道 + /−"键选择调整项目,按"音量 + /−"键调整项目数据
退出调整模式	调整后,至少进行一次调整操作后,遥控直流关机或交流关机后,才能退出维修模式

3.3.4　UOC3 机心总线调整方法

调整步骤	调整方法
进入调整模式	先按"菜单"键,然后按遥控器上的数字键"1147"输入密码,此时屏幕左上角显示绿色字符"M",表示已经进入 M 维修调整模式
项目选择和调整	进入 M 维修调整模式后,按"数字0"键,屏幕上显示"023 VLIN"项目,按"频道 + /−"键选择调整项目,按"音量 + /−"键调整项目数据 在 M 维修调整状态下,按"精细扫描"键直接进入"005 VG2"项,按"音量 +"键,屏幕变为水平亮线状态,再按一下"音量 +"键,光栅恢复正常 注意:3s内不作任何调整,则自动回到 M 状态,不再显示调整项目,需重新按"数字0"键进入项目显示状态
退出调整模式	调整完毕,遥控直流关机,即可退出 M 维修调整模式

3.3.5　UOC-TOP 机心总线调整方法

调整步骤	调整方法
进入调整模式	使用随机用户遥控器,按"菜单"键屏幕上显示用户调整菜单,选择并进入"声音"调整菜单,在"音量"选项下,按遥控器上的数字键"0532",输入密码,屏幕左上角出现绿色"M"字符,表示进入维修模式
项目选择和调整	进入维修模式后,屏幕显示调整菜单;按"菜单"键顺序翻页选择菜单,进入各个菜单后,按"频道 + /−"键选择调整项目,按"音量 + /−"键调整所选项目数据
退出调整模式	调整完毕,遥控关机即可退出维修模式

3.3.6　SC(8829)机心总线调整方法

调整步骤	调整方法
进入调整模式	使用 HYDFSR-0076 型遥控器进行调整,将遥控器拆开,在遥控器的右下角位置装上新按键,此键即为"F1";先按"F1"键,再按"声音模式"键,屏幕右上角显示"M1",表示进入维修模式

（续）

调整步骤	调整方法
项目选择和调整	在维修模式下，按"频道 +/−"键进行选项，按"音量 +/−"键调整当前显示项的数据
退出调整模式	调整完毕，按 HYDFSR-0076 型遥控器的"F1"键或执行遥控关机，即可退出维修模式
通用密码	先切换到 186 频道，再切换到 AV1，用遥控器依次输入"88090916"，即可解开密码

3.3.7　SC（8859）机心总线调整方法

调整步骤	调整方法
进入调整模式	使用 HYDFSR-0076 型遥控器进行调整，将遥控器拆开，在遥控器的右下角位置装上新按键，此键即为"F1"；先按"F1"键，再按"声音模式"键，屏幕右上角显示"M1"，表示进入维修模式
项目选择和调整	在维修模式下，按"频道 +/−"键进行选项，按"音量 +/−"键调整当前显示项的数据
退出调整模式	调整完毕，按遥控器"F1"键或执行遥控关机，即可退出维修模式
通用密码	先切换到 186 频道，再切换到 AV1，用遥控器依次输入"88090916"，即可解开密码

3.3.8　UOC 大屏幕机心总线调整方法

调整步骤	调整方法
进入调整模式	一是使用工厂调试专用遥控器，按"M"键即可进入维修模式；二是使用用户遥控器 HYDFSR-0072，依次快速按"静音"、"屏显"、"9"、"8"、"0"键，屏幕上左上角显示"M"字符，表明已进入维修模式
项目选择和调整	进入维修模式后，共有 9 个调整菜单，按"菜单"键选择调整菜单，按"频道 +/−"键选择调整项目，按"音量 +/−"键对所选项目的数据进行调整
退出调整模式	调整完毕，遥控关机即可退出维修模式，调整后的数据被自动存储
通用密码	9012

3.3.9　UOC 小屏幕机心总线调整方法

调整步骤	调整方法
进入调整模式	使用用户遥控器，依次按"静音"、"屏显"、"9"、"8"、"0"，屏幕左上角显示出"M"，表明已进入维修模式
项目选择和调整	按遥控器上的"菜单"键，即可显示出一组调试菜单，共有 10 组调试菜单，按"菜单"键即可顺序选择调试菜单，按"频道 +/−"键可选择调试项目，按"音量 +/−"键可调整数据
退出调整模式	调整完毕，按"遥控开关机"键进行遥控关机，即可退出维修模式
通用密码	1963

3.3.10　SA 机心总线调整方法

调整步骤	调整方法
进入调整模式	在正常收视模式下，先切换到 30 频道，再切换到 88 频道，将音量减小到 0，迅速按"静音"键，屏幕上显示字符"M"，表示已进入维修 M 模式；在维修 M 模式下，按"屏显"键一下，再按（0076 遥控器上的）"声音模式"键一次或（0076A 遥控器上的）"广告跳跃"键，可进入 WB 调整模式，屏幕右上角显示"WB"字符

调整步骤	调整方法
项目选择和调整	进入 M 模式，只能查看、调整白平衡和扫描调整项目，而进入 WB 模式调整模式下，可以调整所有数据项；进入总线调整模式后，按"节目 + / −"键选择调整项目，按"音量 + / −"键改变所选项目数据
退出调整模式	调整完毕，遥控关机便可退出维修模式，调整后的数据被自动存储

3.4 海尔超级彩电总线调整方法

3.4.1 TMPA8803（G5）机心总线调整方法

调整步骤	调整方法
进入调整模式	有两种方法，一是使用工厂调试专用遥控器调整进入工厂模式，按遥控器上的"D-MODE ON/OFF"键，即可进入工厂模式，屏幕右上角显示字符"D"，屏幕左上角显示调整项目与数据；二是使用用户遥控器，进入维修模式，先按住电视机上的音量减键，直到屏幕上显示的音量为"00"，不要松手，同时按住用户遥控器上的"DISP"键，屏幕右上角显示字符"S"，屏幕左上角显示调整项目与数据
项目选择和调整	进入维修或工厂模式后，用遥控器上的上下方向键选择调整项目，用左、右方向键调整所选项目数据
退出调整模式	调整完毕，遥控关机即可退出维修或工厂模式，调整后的数据被自动存储

3.4.2 TMPA8807/09 机心总线调整方法

调整步骤	调整方法
进入调整模式	有两种方法：一是使用工厂调试专用遥控器调整，进入工厂模式，按遥控器上的"D-MODE ON/OFF"键，即可进入工厂模式，屏幕右上角显示字符"D"，屏幕左上角显示调整项目与数据 二是使用用户遥控器，进入维修模式，先按住电视机上的"音量 −"键，直到屏幕上显示的音量为"00"，不要松手，同时按住用户遥控器上的"屏显"键，屏幕上显示字符"S1"调整项目与数据，表示已经进入维修模式；若要进入工厂模式，按"屏显"键，先退出维修模式，再同时按下"音量 −"键和"屏显"键，即可进入工厂模式
项目选择和调整	进入维修或工厂模式后，按"频道 + / −"键选择调整项目，按"音量 + / −"键调整所选项目数据或执行当前项的操作；按" − / − −"键屏幕变为一条水平亮线，配合调整加速极电压；按"AV"键出现测试信号，供维修调试用，每按一次"AV"键改变一次信号内容，共有 14 种测试信号，分为 NTSC 和 PAL 两种制式
退出调整模式	调整完毕，遥控关机即可退出维修、工厂模式，调整后的数据被自动存储

3.4.3　TMPA8823 机心总线调整方法

调整步骤	调整方法
进入调整模式	有两种方法：一是使用工厂调试专用遥控器调整，按遥控器上的"D-MODE ON/OFF"键，即可进入工厂调试"D-MODE"模式，屏幕上显示字符"D"和调整项目 RCUT 与数据；二是使用用户遥控器，先按住电视机上的"音量－"键，直到屏幕上显示的音量为"00"，不要松手，同时按住用户遥控器上的"屏显"键，屏幕上显示字符"S"字符和调整项目 RCUT 与数据，表示已经进入维修模式 　　若要进入工厂模式，则可按遥控器上的"屏显"键先退出维修模式，然后再同时按下电视机面板上的"音量－"减键和遥控器上的"屏显"键，即可进入工厂模式
项目选择和调整	进入维修模式后，按"频道＋/－"键选择调整项目，按"音量＋/－"键调整所选项目数据或执行当前项的操作；进入工厂模式后，按"↑/↓"键选择调整项目，按"←/→"键调整所选项目数据或执行当前项的操作
退出调整模式	调整完毕，遥控关机即可退出维修模式和工厂模式，调整后的数据被自动存储

3.4.4　TMPA8829 机心总线调整方法

调整步骤	调整方法
进入调整模式	使用随机用户遥控器，先按电视机上的"音量－"键，将音量调整到最小，屏幕上显示 00，此时不松手，再同时按下用户遥控器上的"DISP"键，此时，屏幕上显示"S"字符，表示已经进入"S-MODE"调试模式，同时屏幕的左上方和中间部位上方也显示出"RCUT"和数据"20"字样，表示进入维修模式 　　使用工厂调试专用遥控器调整，按遥控器上的"D-MODE ON/OFF"键，即可进入工厂调试"D-MODE"模式，屏幕上显示字符"D"和调整项目 RCUT 与数据；表示进入工厂模式
项目选择和调整	进入维修模式后，按"频道＋/－"键选择调整项目，按"音量＋/－"键调整所选项目数据或执行当前项的操作；进入工厂模式后，按"↑/↓"键选择调整项目，按"←/→"键调整所选项目数据或执行当前项的操作
退出调整模式	调整完毕，遥控关机即可退出维修模式和工厂模式

3.4.5　TMPA8830 机心总线调整方法

模式	调整步骤	调整方法
维修模式	进入调整模式	用手按住电视机上的"音量－"键，直至屏幕显示到音量为"00"，不要松手，同时按下遥控器的"DISP"键；此时屏幕右上角会显示"S"字符，即可进入"S-MODE"维修状态
	项目选择和调整	"S-MODE"调整菜单只显示最常用的几个项目，按动"频道＋/－"键可以选择所需调整的项目；选择所需要调整的项目后，再按动"音量＋/－"键，可以调整该项目的数据
	退出调整模式	调整完毕，再用遥控器关机，以退出"S-MODE"维修状态
工厂模式	进入调整模式	按下工厂遥控器上的"D-MODE ON/OFF"键，即可进入维修状态；此时在屏幕的右上角会显示字符"D"及左上部分显示可调整的项目和数据，表示已经进入工厂模式

（续）

模式	调整步骤	调整方法
工厂模式	项目选择和调整	进入工厂模式后，按"↑"或"↓"键可选择调整项目；按动"←"或"→"键可调整该项目的数据
	退出调整模式	调整完毕后，再按一下"D-MODE ON/OFF"键，此时屏幕右上角的"D"字符消失，或者用遥控关机也可退出工厂模式

3.4.6 TMPA8873 机心总线调整方法

模式	调整步骤	调整方法
维修模式	进入调整模式	用手按住电视机上的"音量－"键，直至屏幕显示到音量为00，不要松手，同时按下遥控器的"屏显"键；此时屏幕右上角会显示"S"字符，即可进入维修模式 若要进入工厂模式，按"屏显"键，先退出维修模式，再同时按下"音量－"键和"屏显"键，即可进入工厂模式
	项目选择和调整	"S-MODE"调整菜单只显示最常用的几个项目，按动"频道＋/－"键可以选择所需调整的项目；选择所需要调整的项目后，再按动"音量＋/－"键，可以调整该项目的数据 按下工厂调试遥控器上的"目"键或用户遥控器的"－/－－"键，屏幕上出现一条水平亮线，可配合白平衡项目和帘栅极（G2）电位器调整
	退出调整模式	调整完毕，再用遥控器关机，以退出维修模式
工厂模式	进入调整模式	按下工厂遥控器上的"D-MODE ON/OFF"键，即可进入维修状态。此时在屏幕的右上角会显示字符"D"及左上部分显示可调整的项目和数据，表示已经进入工厂模式
	项目选择和调整	进入工厂模式后，按"↑"或"↓"键可选择调整项目；按"←"或"→"键可调整该项目的数据
	退出调整模式	调整完毕后，退出"D-MODE"维修状态，可再按一下"D-MODE ON/OFF"键，此时屏幕右上角的"D"字符消失，或者用遥控关机也可退出工厂模式

3.4.7 UOC-TOP 机心总线调整方法

调整步骤	调整方法
进入调整模式	在任一模式下，按"菜单"键屏幕上显示主菜单，然后按遥控器上的数字键"8893"，输入密码，即可进入工厂模式
项目选择和调整	进入工厂模式后，且在屏幕左边出现工厂主菜单；按"菜单"键顺序翻页选择菜单，也可按遥控器上的"数字"键1～9，直接进入对应的调试菜单1～9；进入各个菜单后，按"频道＋/－"键选择调整项目，按"音量＋/－"键调整所选项目数据或执行当前项的操作
退出调整模式	调整完毕，在工厂模式下，按"退出"键或"待机"键退出工厂模式

3.4.8　UOC-9370 机心总线调整方法

调整步骤	调整方法
进入调整模式	在正常开机后，先按住遥控器上的"菜单"键将色饱和度减到 0 后，按"菜单"键退出；再次按住遥控器上的"交替回看"键不放，约 4s 后松开，再按"菜单"键，即可进入维修模式
项目选择和调整	进入维修模式后，屏幕上显示工厂维修菜单；按遥控器上的数字键 1～9，可快速选择和进入菜单 MENU 1～MENU 9 中 注意：按数字键 1～3 时，可直接进入维修菜单 MENU1～MENU3；要想进入维修菜单 MENU 4～MENU 9，需要按数字键输入密码"828" 进入菜单后，可按遥控器上的"频道 +/-"键选择调整项目，按"音量 +/-"调整所选项目的数据
退出调整模式	调整完毕后，按遥控器上的待机键遥控关机，即可退出维修模式

3.4.9　UOC-9373 机心总线调整方法

调整步骤	调整方法
进入调整模式	开机后，依次按用户遥控器上的"静音"、"屏显"、"-/--"、"屏显"、"静音"键后，即可进入维修模式
项目选择和调整	进入维修状态后，有 8 个调整菜单；按数字键"0～7"选择调整菜单，用"频道 +/-"键选择调整项目，用"音量 +/-"键改变所选项目数据；按"MUTE"键进行静音/非静音切换，在进行白平衡调整时，按"数字 0"键可关闭或打开场扫描
退出调整模式	调整完毕，按遥控器"屏显"键，可退出维修模式，调整后的数据被自动存储

3.5　创维超级彩电总线调整方法

3.5.1　3P90、3P91 机心总线调整方法

调整步骤	调整方法
进入调整模式	一是使用工厂调试专用遥控器，按工厂遥控器"工厂模式"键，即可进入工厂调试模式，键值是 0x3F 二是通过键控面板按键进行调整，先调节音量为 0，同时按遥控器"屏显"键，也可进入工厂模式
项目选择和调整	进入工厂模式后，屏幕上显示工厂模式界面，显示机心编号、版本号、日期、主芯片代码等，EEP 版本号可以通过"EEP-WRITE"菜单编辑：存储在 EEPROM 中的 0x7d6 到 0x7df 共 10 个地址。例如，"6"的输入码值为 0x06，"P"的输入码值为 0x20，"V"的输入码值为 0x20 屏幕上显示的调整项目分为单项界面和菜单形式界面两种。进入菜单形式界面时，按"菜单"键选择调试菜单，按"频道 +/-"键选择调整项目，按"音量 +/-"键调整所选项目数据或执行当前项的操作；进入单项界面时，按"频道 +"键或快捷键选择调整项目，按"音量 +/-"键调整所选项目数据 1. 帘栅电压调整：按一次"工厂模式"键，再按一次"屏显"键，进入调整状态；旋转帘栅电位器，先使得屏幕上显示为"VG2：HIGH"，然后向下调节帘栅，使得屏幕上显示为"VG2：OK"；按清除键退出

调整步骤	调整方法
项目选择和调整	2. 聚焦调整：接收方格信号；电视机图像模式设为标准；旋转聚焦电位器慢慢调至图像中心和四周都达到最清晰状态 3. 几何调整：在 TVPAL 制下将图像模式设为标准，接收飞利浦测试卡信号，进入工厂模式后按菜单键，进入第 1 页菜单，按菜单顺序逐项调，调完第 1 页菜单项目再调第 2 页菜单项目，将圆垂直和水平都对称成正圆，直到几何调试到最佳状态 4. 白平衡调整：用快捷键调节单项 GRN、RED、WPB、WPG、WPR，通过 CA100 调试，直到白平衡最佳为止 5. RFAGC 调整：接收 60dB 数字卡信号；按一次遥控器上的"工厂模式"键，进入工厂调试状态；按"频道＋"键选择 RFAGC 项；按"音量＋/－"键调整 RFAGC 的值，直至图像上的噪声消失止；调完后按两次遥控器上的"工厂模式"键退出系统调试菜单 6. 副亮度调整：副亮度调整在做母片时已调好，一般可免调；也可以进入工厂模式后按"频道＋"键副亮度 SUBB 7. 老化模式调整：电视机老化之前，按一次遥控器上的"工厂模式"键后，按"频道＋"键，再按"音量＋/－"键，进入老化模式，屏幕显示"AGINGBUSY"；这时无信号白光栅，且不自动关机。在老化状态下，按任意键退出老化模式以及工厂模式
退出调整模式	调整完毕，再按"工厂模式"键即可退出工厂模式

3.5.2　3T30、3T36、4T36 机心总线调整方法

模式	调整步骤	调整方法
维修模式	进入调整模式	使用用户遥控器进行调整，先按电视机上的"音量－"键，将音量减至 00，再按电视机上的"音量－"键不松手，同时按遥控器上的"屏显"键，屏幕上显示字符"S"，表示已经进入维修模式 4T36 机心新的程序增加了进入维修模式的新方法：按"菜单"键后，顺序按数字键"3"、"6"、"9"，也可进入维修模式
维修模式	项目选择和调整	进入维修模式后，按遥控器上的"频道＋/－"键选择调整项目，按遥控器上的"音量＋/－"键改变被选项目数据
维修模式	退出调整模式	调整后，遥控关机即可退出维修模式，调整后的数据自动存储
工厂模式	进入调整模式	有两种方法：一是使用工厂调试专用遥控器，按遥控器上的"工厂模式"键，即可进入工厂模式；二是使用用户遥控器，先进入维修模式，然后，按遥控器上的"屏显"键，屏幕上的"S"字符消失，退出维修模式；再按电视机上的"音量－"键不松手，同时按遥控器上的"屏显"键，即可进入工厂模式，屏幕右上角显示字符"D"
工厂模式	项目选择和调整	按工厂专用遥控器的"↑"/"↓"键或数字键等选择调整项目，按工厂专用遥控器的"→"/"←"键改变项目数据
工厂模式	退出调整模式	调整后，按工厂专用遥控器上的"工厂模式"键或按用户遥控器上的"待机"键关机即可退出工厂模式，调整后的数据自动存储

3.5.3　4T30、5T30、5T36 机心总线调整方法

模式	调整步骤	调整方法
维修模式	进入调整模式	使用用户遥控器进行调整，先按电视机上的"音量－"键，将音量减至00，再按电视机上的"音量－"键不松手，同时按遥控器上的"屏显"键，屏幕上显示字符"S"，表示已经进入维修模式
	项目选择和调整	进入维修模式后，按遥控器上的"频道＋/－"键选择调整项目，按遥控器上的"音量＋/－"键改变被选项目数据
	退出调整模式	调整后，遥控关机即可退出维修模式，调整后的数据自动存储
工厂模式	进入调整模式	有两种方法：一是使用工厂调试专用遥控器，按遥控器上的"工厂模式"键，即可进入工厂模式；二是使用用户遥控器，先进入维修模式，然后，按遥控器上的"屏显"键，屏幕上的"S"字符消失，退出维修模式；再按电视机上的"音量－"键不松手，同时按遥控器上的"屏显"键，即可进入工厂模式，屏幕右上角显示字符"D"
	项目选择和调整	按工厂专用遥控器的"↑"/"↓"键或数字键等选择调整项目，按工厂专用遥控器的"→"/"←"键改变项目数据
	退出调整模式	调整后，按工厂专用遥控器上的"工厂"模式键或按用户遥控器上的"待机"键关机即可退出工厂模式，调整后的数据自动存储

3.5.4　3T60、4T60 机心总线调整方法

调整步骤	调整方法
进入调整模式	使用用户遥控器进行调整，先按电视机上的"音量－"键，将音量减至00，再按电视机上的"音量－"键不松手，同时按遥控器上的"屏显"键，屏幕上显示字符"S"，表示已经进入维修模式 进入维修模式后，按遥控器上的"屏显"键，屏幕上的"S"字符消失，退出维修模式；再按电视机上的"音量－"键不松手，同时按遥控器上的"屏显"键，即可进入工厂模式，屏幕右上角显示字符"D" 按工厂遥控器的"菜单"键，可直接进入工厂模式 4T60 机心新的程序增加了进入维修模式的新方法：按"菜单"键后，顺序按数字键"3"、"6"、"9"，也可进入维修模式
项目选择和调整	进入维修或工厂模式后，按用户遥控器上的"频道＋/－"键选择调整项目，按遥控器上的"音量＋/－"键改变被选项目数据；按工厂专用遥控器的"↑"/"↓"键或数字键等选择调整项目，按工厂专用遥控器的"→"/"←"键改变项目数据
退出调整模式	调整后，遥控关机即可退出维修模式，调整后的数据自动存储

3.5.5 3T66、4T66 机心总线调整方法

模式	调整步骤	调整方法
维修模式	进入调整模式	使用用户遥控器进行调整，先按电视机上的"音量 -"键，将音量减至00，再按电视机上的"音量 -"键不松手，同时按遥控器上的"屏显"键，屏幕上显示字符"S"，表示已经进入维修模式 4T66 机心新的程序增加了进入维修模式的新方法：按"菜单"键后，顺序按数字键"3"、"6"、"9"，也可进入维修模式
	项目选择和调整	进入维修模式后，按遥控器上的"频道 +/-"键选择调整项目，按遥控器上的"音量 +/-"键改变被选项目数据
	退出调整模式	调整后，遥控关机即可退出维修模式，调整后的数据自动存储
工厂模式	进入调整模式	有两种方法：一是使用工厂调试专用遥控器，按遥控器上的"工厂模式"键，即可进入工厂模式；二是使用用户遥控器，先进入维修模式，然后，按遥控器上的"屏显"键，屏幕上的"S"字符消失，退出维修模式；再按电视机上的"音量 -"键不松手，同时按遥控器上的"屏显"键，即可进入工厂模式，屏幕右上角显示字符"D"
	项目选择和调整	按工厂专用遥控器的"↑"/"↓"键或数字键等选择调整项目，按工厂专用遥控器的"→"/"←"键改变项目数据
	退出调整模式	调整后，按工厂专用遥控器上的"工厂模式"键或按用户遥控器上的"待机"键关机即可退出工厂模式，调整后的数据自动存储

3.5.6 3Y30、3Y36（老）机心总线调整方法

调整步骤	调整方法
进入调整模式	3Y30 机心和 3Y36 机心的老版本采用此方法：在电视机正常收视状态下，按遥控器上的"-/- -"键，将其切换到三位数输入状态"- - -"，用遥控器数字键输入"579"，使电视机进入"SERVICE"状态；在"SERVICE"状态下，按一次"菜单"键，接着按"频道 +"键，即可进入维修模式，同时屏幕上出现总线调整菜单
项目选择和调整	在维修模式下，屏幕上显示出调整菜单，按遥控器上的"频道 +/-"键选择调整项目，按"音量 +/-"键改变所选项目的数据或状态，按"静音"键存储，按"屏显"键恢复
退出调整模式	调整完毕，按遥控器上的"MENU"键退出维修模式

3.5.7 3Y31、3Y36、4Y36 机心总线调整方法

调整步骤	调整方法
进入调整模式	一只手先按电视机键控板上的"菜单"键不放，然后另一只手依次按遥控器上的数字键"9"、"7"、"8"输入密码，即可进入工厂模式
项目选择和调整	进入工厂模式后，屏幕上显示本机数据和版本号；按"静音"键向前翻页，按"交替"键向后翻页；按遥控器上的"频道 +/-"键选择调整项目；按"音量 +/-"键改变所选项目的数据 调整完毕，若需进行非工厂菜单检查，依次按遥控器上的"菜单"键、"声音模式"键，保存内容并清屏，此时再按"菜单"键、"屏显"键重新回到调试菜单

（续）

调整步骤	调整方法
退出调整模式	调整完毕，依次按遥控器上的"菜单"键、"声音模式"键，使屏幕上无菜单显示，然后关闭电视机电源即可

3.5.8 3Y39 机心总线调整方法

模式	调整步骤	调整方法
维修模式	进入调整模式	一只手按电视机键控板上"菜单"键不放，另一只手依次按遥控器的数字键"9"、"7"、"8"输入密码，即可进入维修模式调试菜单
	项目选择和调整	进入维修模式后，屏幕上显示调整菜单，按"频道 +／-"键选择需调整项目；按"音量 +／-"键改变所选项目的值或状态；按"静音"键（MUTE 键）向前翻页，按"交替"键（CH. REV 键）向后翻页 调完后，若需进行非工厂菜单检查，需依次按遥控器"菜单"键、"声音模式"键保存内容并清除调试菜单，此时仍在工厂模式状态
	退出调整模式	调整完毕，依次按遥控器上的"菜单"键、"声音模式"键，使屏幕上无菜单显示，然后关闭电视机电源即可
工厂模式	进入调整模式	按电视机键控板上"菜单"键不放，再依次按遥控器上的"交替"、"静音"键，即可进入工厂模式
	项目选择和调整	进入工厂模式后，屏幕上显示深层菜单，按"静音"键向前翻页，按"交替"键向后翻页；按"频道 +／-"键选择需调整项目；按"音量 +／-"键改变所选项目数据
	退出调整模式	调整完毕，依次按遥控器上的"菜单"键、"声音模式"键，使屏幕上无菜单显示，然后关闭电视机电源即可

3.5.9 3P30、4P30、5P30、5P36 机心总线调整方法

调整工具	调整步骤	调整方法
工厂遥控器	进入调整模式	按遥控器上的"工厂模式"键，即可进入工厂模式工厂调试模式，屏幕上显示超级单片电路的版本号
	项目选择和调整	工厂模式中共有 11 个外围菜单和 4 个核心菜单，按"工厂模式"键显示调整菜单，要想进入后两个核心菜单，必须在第 11 个外围菜单中输入密码"789"；外围菜单通过"频道 +／-"键切换，核心菜单通过"菜单"键切换；进入各菜单后，遥控器上的"频道 +／-"键选择调整项目，按遥控器上的"音量 +／-"键改变被选项目数据
	退出调整模式	调整后，按工厂专用遥控器上的"工厂模式"键退出工厂模式
用户遥控器	进入调整模式	按住机器面板"音量 -"键使之为 00 后不松手，再按遥控器上的"屏显"键，即可进入维修模式
	项目选择和调整	在显示进入维修模式（如 4P30 VERO.11 或 5P30040624-EEP：5P3004621）时，按遥控器"菜单"键进入第一大项，如果直接按遥控器"频道 +／-"键可进入第二大项，不停地按"频道 +／-"键将循环显示所有选项。按"音量 +、-"键调整数据；按数字"6"进入密码项，输入密码"789"后，再按"菜单"键进入 PE1、PE2 选项；进入工厂模式后，按遥控器上的快捷键，可直接进入各菜单或调整项目
	退出调整模式	调整完毕，按"消除"键或关闭电源，即可退出维修模式

3.5.10　3P60 机心总线调整方法

调整步骤	调整方法
进入调整模式	按电视机面板上的"音量－"键至音量为 0，同时按随机遥控器（5P30 遥控器亦可操作）上的"屏显"键；即可进入维修模式
项目选择和调整	进入维修模式后，屏幕上显示版本信息菜单，继续按"菜单"键翻页选择调整菜单，按"频道 +／－"键选择调整项目选项，按"音量 +／－"键调整所选项目数据 维修状态下，按数字键"1"、"2"、"3"、"4"、"5"可分别直接选择白平衡调整项目，按数字"6"选择密码选项，输入密码"789"后，再按"菜单"键翻页，可进入功能设置等深层次菜单
退出调整模式	调整完毕，遥控关机即可退出维修模式，并自动记忆存储数据

3.5.11　4P36 机心总线调整方法

调整步骤	调整方法
进入调整模式	按住机器面板"音量－"键使之为 00 后不松手，再按遥控器上的"屏显"键，即可进入维修模式
项目选择和调整	进入维修模式后，有 11 个外围菜单和 5 个核心菜单，要想进入后 3 个核心菜单必须在第 11 个外围菜单中输入密码"789"。外围菜单间的切换通过"频道 +／－"键来实现，而核心菜单的切换则是通过"菜单"键来实现；所有菜单项的参数可通过"音量 +／－"键实现调整，每个核心菜单中各项的选择通过"频道加/减"键实现 对于外围菜单的白平衡调整项目，可按数字键"1"、"2"、"3"、"4"、"5"直接选择 WPR、WPG、WPB、RED、GRN 项目，通过"音量 +／－"键调整数据
退出调整模式	调整完毕，按"消除"键或关闭电源，即可退出维修模式

3.5.12　3I30、5I30 机心总线调整方法

调整步骤	调整方法
进入调整模式	先按电视机上的"音量－"键，将音量减至 00，再按电视机上的"音量－"键不松手，接着按遥控器上的"屏显"键，即可进入维修模式
项目选择和调整	进入维修模式后，按遥控器上的"频道 +／－"键选择调整项目，按遥控器上的"音量 +／－"键改变被选项目数据，调整后的数据自动存储
退出调整模式	调整后，按"清除"键退出维修模式

3.6　厦华超级彩电总线调整方法

3.6.1　TK 系列超级彩电总线调整方法

调整步骤	调整方法
进入调整模式	先按遥控器上的"MENU"键，再依次按遥控器上的数字键"6"、"4"、"8"、"3"4 个数字键，在电视机的屏幕左上角显示"M"字样，就表示已经进入维修模式

（续）

调整步骤	调整方法
项目选择和调整	进入维修模式后，按下遥控器上的数字"1"、"2"、"3"、"4"键，可分别选择和进入 MEN-U1、MENU2、MENU3、MENU4 四个子菜单，屏幕显示调整项目和数据；此时，再按下菜单"MENU"键，依次按遥控器上的"6"、"4"、"8"、"3"和"童锁"键，则可进入更高级别的 M0、M5、M6、M7、M8、M9 工厂菜单。按下遥控器上的数字"0"、"5"、"6"、"7"、"8"、"9"键，可分别选择和进入 MENU0、MENU5、MENU6、MENU7、MENU8、MENU9 子菜单；按遥控器上的"频道 +/−"键选择调整项目，用"音量 +/−"改变选定项目的数据 注意：调整 PAL 制式下的项目数据时，NTSC 制式下的数据会随之改变，但是，调整 NTSC 制式数据时，PAL 制式数据不变
退出调整模式	调整完毕后，按遥控器上的 STANDBY 键，即可退出维修模式

3.6.2 TL 系列超级彩电总线调整方法

调整步骤	调整方法
进入调整模式	依次按遥控器上的"菜单"键和数字键"2"、"5"、"8"、"0"，即可进入维修模式
项目选择和调整	进入维修模式后，屏幕上显示调整菜单，按"频道 +/−"键在主菜单中选择调整子菜单，按"音量 +/−"进入该子菜单，按遥控器上的"频道 +/−"键选择调整项目，用"音量 +/−"键改变选定项目的数据
退出调整模式	调整完毕，按"菜单"键，退出维修模式

3.6.3 TN 系列超级彩电总线调整方法

调整步骤	调整方法
进入调整模式	使用本机遥控器，依次按组合键"伴音模式"、"常看频道"、"宽屏幕"、"伴音制式"，即可进入维修模式
项目选择和调整	按上、下方向键选择调整菜单，按左、右方向键进入菜单；按上、下方向键选择调整项目，按左、右方向键调整项目数据 注意：AGING 菜单是工厂老化模式，不要轻易进入调整；一旦进入，电视机出现老化时的白屏幕，需按 5 次"− − −"键方可退出
退出调整模式	调整完毕，反复按"菜单"键返回主菜单，按上、下方向键选择 SHIPMENT 项目，再按"音量 +/−"键即可退出维修模式

3.6.4 TQ 系列超级彩电总线调整方法

调整步骤	调整方法
进入调整模式	依次按遥控器上的"菜单"键和数字键"2"、"5"、"8"、"0"输入密码，即可进入维修模式
项目选择和调整	进入维修模式后，屏幕上显示调整菜单，按遥控器上的"静音"键进行菜单翻页，按"频道 +/−"键选择调整项目，按"音量 +/−"键调整所选项目数据
退出调整模式	调整完毕，按"菜单"键返回主菜单，选择"SHIPMENT RESET"项目，按"音量 +/−"键显示 OFF，再按"菜单"键便可退出维修模式

3.6.5 TR 系列超级彩电总线调整方法

调整步骤	调整方法
进入调整模式	进入维修菜单可以使用厦华公司 RC-C07 遥控器进行，开机后依次按遥控器上的"视频"键和数字"2"、"5"、"8"、"0"键，此时屏幕显示"F"，表示即可进入维修模式
项目选择和调整	按遥控器上的"静音"键进行菜单翻页，按"频道 +/-"键选择调整项目，按"音量 +/-"键调整项目数据；按"常看频道"键可进行出厂预置，按"视频"键可关闭菜单，但是不能退出调整模式，再按"静音"键继续进入工厂菜单
退出调整模式	调整后，按遥控器上的"睡眠"键，退出维修模式，并自动记忆存储数据

3.6.6 TS 系列超级彩电总线调整方法

调整步骤	调整方法
进入调整模式	使用 ARC-A13 型遥控器，按"工厂"键，即可进入维修模式；如果使用用户遥控器，先按一下遥控器上的"屏显"键，然后快速按"静音"键 3 次，也可进入维修模式
项目选择和调整	进入维修模式后，按 RC-A13 工厂遥控器的"工厂"键对菜单进行翻页，用户遥控器按"SLEEP"键向上翻页，按"返回"键向下翻页；按"频道 +/-"键选择调整项目，按"音量 +/-"键调整项目数据；按"视频"键屏幕会显示一条水平亮线，配合暗平衡和加速极电压调整
退出调整模式	调整完毕，TS2130 等彩电按"菜单"键退出调整模式；TS2916 等彩电按"待机"退出维修模式

3.6.7 TU 系列超级彩电总线调整方法

调整步骤	调整方法
进入调整模式	使用随机用户遥控器进行调整，依次按下遥控器上的"菜单"键、数字"2"、"5"、"8"键，即可进入维修模式
项目选择和调整	进入维修模式后，屏幕上显示调整菜单，按遥控器上的"频道 +/-"键选择子菜单和调整项目，按"音量 +/-"键进入子菜单和调整所选项目数据
退出调整模式	调整完毕，再按用户遥控器上的"菜单"键，即可退出维修模式

3.6.8 TW 系列超级彩电总线调整方法

调整步骤	调整方法
进入调整模式	使用随机用户遥控器进行调整，依次按遥控器上的"AV"键和数字"2"、"5"、"8"、"0"键，即可进入维修模式，屏幕上显示调整菜单
项目选择和调整	进入维修模式后，屏幕上显示调整菜单，按遥控器上的"频道 +/-"键选择子菜单和调整项目，按"音量 +/-"键进入子菜单和调整所选项目数据
退出调整模式	调整完毕，在工厂调整菜单下，按用户遥控器上的"菜单"键，即可退出维修模式

3.6.9　T 系列超级彩电总线调整方法

调整步骤	调整方法
进入调整模式	使用厦华 RC-C02 遥控器进行。每次主电源开机后依次按遥控器上的"睡眠"键、"静音"键、"视频"键、"菜单"键，即可进入维修模式
项目选择和调整	进入维修模式后，屏幕上显示调整菜单，按遥控器上的"上/下"或"频道 +/-"键选择子菜单和调整项目，按"左/右"或"音量 +/-"键进入子菜单和调整所选项目数据
退出调整模式	按遥控器上的"睡眠"键或"0"键退出菜单，按"静音"键进行出厂预置

3.6.10　TD 系列超级彩电总线调整方法

调整步骤	调整方法
进入调整模式	使用厦华 K20 或 K32 型遥控器进行；开机后，依次分别按"暂停"键和数字"3"、"6"、"9"键，即可进入维修模式
项目选择和调整	进入维修模式后，屏幕上显示调整菜单，再按"暂停"键进入不同的子菜单；按遥控器上的"频道 +/-"键调整项目，按"音量 +/-"键调整所选项目数据
退出调整模式	按遥控器上的"待机"键遥控关机，即可退出维修模式

3.6.11　W 系列超级彩电总线调整方法

调整步骤	调整方法
进入调整模式	依次按遥控器上的"SLEEP"、"PIC"、"DSP"、"菜单"键，操作时间应在 5s 内完成，即可进入维修模式
项目选择和调整	进入维修模式后，屏幕上显示调整菜单，反复按"菜单"键，进入 PAGE1 ~ PAGE5 工厂调试菜单，按"上/下"方向键选择调整项目，按"左/右"方向键调整项目数据
退出调整模式	调整完毕，按遥控器上的"SLEEP"键，即可退出维修模式

3.7　TCL 超级彩电总线调整方法

3.7.1　S11、S12 机心总线调整方法

调整步骤	调整方法
进入调整模式	用户遥控器调整：收视状态下，按面板上的"音量 -"键将音量调到最小，在不松手的情况下，按 3 次遥控器上的"0"键，屏幕右上角显示"S"时，表明已进入维修模式 使用工厂专用遥控器：在电视机正常收视状态下，按工厂专用调试遥控器上的"D-MODE ON/OFF"键即进入工厂模式；此时屏幕右上角显示字符"D"，左上角显示总线调整项与数据
项目选择和调整	按"回看"键进入 D-MODE，按"显示"键，使 FACTORY 项为"开"，屏幕上显示调整菜单。工厂模式与维修模式调整模式的区别：前者的调整项目多于后者，包括了维修模式的全部项目。电视机进入维修模式或工厂模式后，直接按遥控器上的数字键 1 ~ 9、"显示"键、"TV/AV"键选择进入调整菜单，按工厂遥控器上的"上/下"键选择调整项目，按"左/右"键调整所选项目的数据；按用户遥控器上的"频道 +/-"键选择子菜单和调整项目，按"音量 +/-"键调整所选项目数据 在进行白平衡项目调整时，按数字"0"键使场扫描停止，屏幕上显示一条水平亮线；调整后再按"0"键场扫描恢复正常

（续）

调整步骤	调整方法
退出调整模式	调整后，按"菜单"键退出工厂菜单，遥控关机即可退出维修模式或工厂模式
酒店模式设置	酒店模式启动后，使用用户遥控器进行设定：进入维修模式，按数字"电视/视频"键进入酒店功能，按遥控器上的"频道 +/-"键设置调整项目，按遥控器上的"音量 +/-"键改变设置项目数据

3.7.2　S13、S13A 机心总线调整方法

调整步骤	调整方法
进入调整模式	两种方法：一是连续按遥控器上的"显示"、"静音"键，重复 3 次，即可进入维修模式；二是按面板上的"音量 -"键将音量调到最小，在不松手的情况下，按 3 次遥控器上的"0"键，也可进入维修模式
项目选择和调整	进入维修模式后，按"回看"键进入 D-MODE，按"显示"键，使 FACTORY 项为"开"，屏幕上显示调整菜单，按遥控器上的数字键 1~9 和"导航"、"显示"、"图像"、"AV/TV"键选择相应的调整菜单，按遥控器上的"频道 +/-"键选择调整项目，按遥控器上的"音量 +/-"键改变被选项目数据
退出调整模式	调整完毕，按"菜单"键，即可退出维修模式
酒店模式设置	酒店模式启动后，使用用户遥控器进行设定：进入维修模式，按数字"电视/视频"键进入酒店功能，按遥控器上的"频道 +/-"键设置调整项目，按遥控器上的"音量 +/-"键改变设置项目数据

3.7.3　S21 机心总线调整方法

调整步骤	调整方法
进入调整模式	按电视机控制面板上的"音量减"键，将音量减小到 00，不松手，同时快速按遥控器上的数字键"0"3 下，直到屏幕上显示"D"字符，表示已进入工厂模式
项目选择和调整	进入工厂模式后，按数字键 0~9 选择调整菜单，按遥控器上的"频道 +/-"键选择调整项目，按遥控器上的"音量 +/-"键改变被选项目数据
退出调整模式	调整后，按遥控器上的"待机"控制键遥控关机，即可退出工厂模式
酒店模式设置	进入调整模式后，将总线调整菜单中的"HOTEL OFF、ON"项，设定为"ON"，启动"酒店"模式 酒店模式启动后，使用用户遥控器进行设定：按住电视机控制面板上的"音量 -"键，使音量为"0"，同时按遥控器上的"显示"键一次，即可进入酒店模式

3.7.4　S22 机心总线调整方法

调整步骤	调整方法
进入调整模式	采用用户遥控器进行调整，首先按彩电面板按键"音量 -"键，将音量减小到 0，并且保持按住"音量 -"键不放，然后再按遥控器上"数字 0"键连续 3 次，即可进入工厂模式 进入工厂模式后，按"显示"键，设置"FACTORY"项为"开"；以后就可以用遥控器上的"回看"键直接进入工厂菜单了

（续）

调整步骤	调整方法
项目选择和调整	进入工厂模式后，直接按遥控器上的"数字"键选择相应的工厂菜单，进入菜单后，按遥控器上的"音量+/-"和"频道+/-"键对每个项目进行调整
退出调整模式	调整完毕，按"显示"键，设置"FACTORY"项为"关"，直接关机即可退出工厂模式；用遥控器上的"回看"键直接进入工厂菜单的，再按"回看"键可以直接退出工厂模式
酒店模式设置	在工厂模式下按"显示"键，设置"酒店开关"项为"ON"，再按"TV/AV"键，即可进入如下的酒店菜单；在"酒店开关"为"开"的前提下，先按"显示"键，然后在紧接着的2s内按初始密码"6157"，即可进入酒店菜单进行设置与调整

3.7.5　S23 机心总线调整方法

调整步骤	调整方法
进入调整模式	方法一：连续按遥控器上的"显示"键、"静音"键3次，即可进入工厂模式 方法二：按遥控器上的"回看"键，直接进入工厂模式
项目选择和调整	进入工厂模式后，按"显示"键选择并设置"FACTORY SW"项为"ON"，以后就可以用"回看"键直接进入或退出菜单了；调整完毕或出厂前，将"FACTORY SW"项设置为"OFF"，直接关机即可 按"数字1~9"键、"导航"键、"TV/AV"键，可选择进入相应的调整菜单；按遥控器上的"频道+/-"键选择调整项目，按遥控器上的"音量+/-"键改变被选项目数据；在白平衡调整状态，按"0"键屏幕变为一条水平亮线
退出调整模式	调整完毕，按"菜单"键退出工厂模式；也可按"回看"键退出工厂模式
酒店模式设置	酒店模式启动后，使用用户遥控器进行设定：进入维修模式，按数字"电视/视频"键进入酒店功能，按遥控器上的"频道+/-"键设置调整项目，按遥控器上的"音量+/-"键改变设置项目数据

3.7.6　T08 机心总线调整方法

调整步骤	调整方法
进入调整模式	按电视机面板上的"音量-"键，将音量减到0不放手，然后按遥控器"屏显"键，进入老化模式，屏幕显示"FACTORY"；在老化模式下，按遥控器"屏显"键退出老化模式，进入白平衡模式；在白平衡模式下，按"屏显"键进入工厂模式
项目选择和调整	进入工厂模式后，按"静音"键，正向翻页调试菜单，按"返回"键反向翻页调试菜单；按数字键1~7和"屏显"键直接进入相应的调整菜单。在工厂模式 F0~F7 菜单中，按数字键"6"、"4"、"8"、"3"可进入 F8~F15 菜单，按"静音"键正向翻页选择菜单，按"返回"键反向翻页选择菜单；在 F15 页，按数字键"2"、"4"、"8"、"4"进入 F16 页，同时打开 F16~F18 页；按"静音"键正向翻页菜单，按"返回"键反向翻页 进入各个菜单后，按遥控器上的"频道+/-"键选择调整项目，按"音量+/-"键调整所选项目数据 在加速极调整或白平衡模式下，按"MUTE"或"-/--"键，可出现水平亮线，再按"MUTE"或"-/--"键退出

（续）

调整步骤	调整方法
项目选择和调整	手动调整白平衡时，在水平亮线下，调整白平衡可采用快捷键：数字键"1"、"4"调整红偏压，数字键"2"、"5"调整绿偏压，数字键"3"、"6"调整蓝偏压 调整时，按"SLEEP"键显示芯片内部 6 种测试信号。PAL 制白场：测试亮平衡；方格：调PAL 线性、行场幅；十字架：调 PAL 制行场中心值；黑场：测试暗平衡；NTSC 制十字架：调NTSC 制行场中心值；方格：调 NTSC 线性、行场幅
退出调整模式	调整完毕，在工厂模式下按"屏显"键可退出工厂菜单
童锁功能设置	长按"DISP"键 5s，屏幕左下方显示一把锁，这时锁定所有按键操作，主电源关机后，面板也不能开机，实现限制儿童观看电视的功能；只有再长按"DISP"键 5s，屏幕左下方显示一把锁时，继续按"DISP"键 5s，此时屏幕左下方所显示的一把锁消失，这时代表取消童锁功能

3.7.7 TB73 机心总线调整方法

调整步骤	调整方法
进入调整模式	方法一：连续按遥控器上"显示"、"静音"键 3 次，即可进入工厂模式 方法二：按遥控器上的"回看"键，直接进入工厂模式
项目选择和调整	按"方法一"进入工厂模式后，按"显示"键选择并设置"FACTORY SW"项为"ON"，以后就可以用"回看"键直接进入或退出工厂菜单了；按方法二进入工厂模式后，按"显示"键，使 FACTORY SW 项为"ON"，有下面的调试菜单；直接按遥控器上的"数字"键查看和选择相应的工厂菜单，按遥控器上的"频道+/-"键选择子菜单和调整项目，按"音量+/-"键调整所选项目数据 遥控器的数字键对应选择的菜单为：数字"0"键对应加速极调整菜单；数字"1"键对应场特性调整菜单；数字"2"键对应行特性调整菜单；数字"3"键对应白平衡调整菜单；数字"4"、"5"键对应副模拟量设置菜单；数字"6"键对应 OSD 位置调整；数字"7"键对应伴音制式及伴音曲线设置菜单；数字"8"键对应各种专用寄存器调整；数字"9"键对应伴音陷波器的调整；"导航"对应电视机功能选择项调整；"电视/视频"对应为酒店菜单调整项；在工厂模式下按数字"0"键关断场扫描，配合加速极电压调整和暗平衡调整，再按一次数字"0"键接通场扫描
退出调整模式	当调试完毕，需将"FACTORY SW"项设置为"OFF"；出厂前需将"FACTORY SW"项设置为"OFF"，直接关机即可。调整完毕，在"方法一"情况下按遥控器上的"菜单"键可以直接退出工厂模式；在"方法二"情况下按遥控器上的"回看"键可以直接退出工厂模式

3.7.8 UL11 机心总线调整方法

调整步骤	调整方法
进入调整模式	一是使用工厂调试遥控器，按遥控器右下角的"工厂设定"键，然后在 2、3s 内按"静音"键，即可进入工厂模式 二是先对用户遥控器进行改装，拆开 RC-R07T 遥控器，在菜单键和显示键之间标有 SERVICE的空闲键位上，安装一个导电橡胶按键，作为"工厂设定"键；按一下此"工厂设定"键，然后快速按"静音"键，即可进入工厂模式

（续）

调整步骤	调整方法
项目选择和调整	进入工厂模式后，按相应键进入相应的工厂菜单，用"频道 +/-"键选择项目，按"音量 +/-"键调整所选项目数据。调整暗平衡等项目时，按遥控器上的"静音"键，屏幕上出现水平亮线，再按此键光栅恢复正常
退出调整模式	调整完毕后，按遥控器上的"显示"键，即可退出工厂模式

3.7.9　UL12、UL12A 机心总线调整方法

调整步骤	调整方法
进入调整模式	使用用户遥控器进行调整，拆开用户 RC-R07T 遥控器，在"菜单"键和"显示"键之间标有 SERVICE 的空闲键位上，安装一个导电橡胶按键，作为"工厂设定"键；按一下此"工厂设定"键；然后快速按"静音"键，即可进入工厂模式 也可使用工厂遥控器，按右下角"工厂设定"键，然后快速按"静音"键，即可进入工厂模式
项目选择和调整	进入工厂模式后，按"游戏"键进入行中心菜单，按"智能音量"键进入场特性菜单，按"收音机"键进入暗白平衡菜单，按"图像"键进入 OPTION 0 菜单，按"音响"键进入 OPTION 1 菜单，按"加锁"键进入 OPTION 2 菜单，按"睡眠定时"键进入 OPTION 3 菜单，按"重低音"键进入 OPTION 4 菜单。进入相应菜单后，用"频道 +/-"键选择项目，按"音量 +/-"键调整数据。按"静音"键，屏幕上出现水平亮线
退出调整模式	调整完毕后，按遥控器上的"显示"键，即可退出工厂模式

3.7.10　UL21 机心总线调整方法

调整步骤	调整方法
进入调整模式	在用户遥控器上右下边增加一个导电橡胶按键，作为"工厂设定"键。按一下此"工厂设定"键，然后在 2~3s 内快速按"静音"键即可进入工厂模式
项目选择和调整	进入工厂模式后，按相应键进入相应的工厂菜单，用"频道 +/-"键选择项目，按"音量 +/-"键调整所选项目数据。调整暗平衡等项目时，按遥控器上的"静音"键，屏幕上出现水平亮线，再按此键光栅恢复正常
退出调整模式	调整完毕后，按遥控器上的"显示"键，即可退出工厂模式

3.7.11　US21、US21A 机心总线调整方法

调整步骤	调整方法
进入调整模式	在工厂模式关闭的状态下，按电视机面板上的"音量减"键，将音量减小到 00，再按住电视机面板上的"音量减"键不放手，在 2s 内迅速按遥控器上的"数字 0"键 3 次，即可进入工厂模式；在工厂模式开启的状态下，按遥控器右下角的"工厂设定"键，也可进入工厂模式
项目选择和调整	进入工厂模式后，按遥控器上的数字键 1~9 和"显示"、"TV/AV"键，分别选择场特性、行特性、白平衡调整、副亮度速度、制式设置、FM 捕捉、功能设置 1、功能设置 2、拉幕选择、芯片选择、开机设置调整菜单 进入菜单后，按遥控器上的"频道 +/-"键选择调整项目，按"音量 +/-"键调整所选项目数据

（续）

调整步骤	调整方法
退出调整模式	调整完毕，按"菜单"键，退出工厂模式
存储器初始化	工厂模式下按"8"键进入 CLEAR INFO 项；按"音量 +"键设定值由 NO 变为"请等待…"。当显示 OK 并变为 NO 时，表明电话本、频道导航、图像音量设定初始值已被复位，同时工厂模式置关，开机模式置 LASTSTATE，此过程不能断电

3.7.12　HU21 机心总线调整方法

调整步骤	调整方法
进入调整模式	在工厂模式关闭的状态下，按电视机面板上的"音量减"键，将音量减小到 00，再按住电视机面板上的"音量减"键不放手，在 2s 内迅速按遥控器上的"数字 0"键 3 次，即可进入调整模式；在工厂模式开启的状态下，按遥控器右下角的"工厂设定"键，也可进入工厂模式
项目选择和调整	进入工厂模式后，按遥控器上的数字键 1~9 和"显示"、"TV/AV"键，分别选择调整菜单。进入菜单后，按遥控器上的"频道 +/-"键选择调整项目，按"音量 +/-"键调整所选项目数据
退出调整模式	调整完毕，按"菜单"键，退出工厂模式
存储器初始化	工厂模式下按"8"键进入 CLEAR INFO 项，按"音量 +"键设定值由 NO 变为"请等待…"。当显示 OK 并变为 NO 时，表明电话本、频道导航、图像音量设定初始值已被复位，同时工厂模式置关，开机模式置 LASTSTATE，此过程不能断电

3.7.13　NX73 机心总线调整方法

调整步骤	调整方法
进入调整模式	在工厂模式关闭的状态下，按电视机面板上的"音量减"键，将音量减小到 00，再按住电视机面板上的"音量减"键不放手，在 2s 内迅速按遥控器上的"数字 0"键 3 次，即可进入调整模式；在工厂模式开启的状态下，按遥控器右下角的"工厂设定"键，也可进入工厂模式
项目选择和调整	进入工厂模式后，按遥控器上的数字键 1~9 和"显示"、"TV/AV"键，分别选择调整菜单。进入菜单后，按遥控器上的"频道 +/-"键选择调整项目，按"音量 +/-"键调整所选项目数据
退出调整模式	调整完毕，按"菜单"键，退出工厂模式
存储器初始化	工厂模式下按"8"键进入 CLEAR INFO 项，按"音量 +"键设定值由 NO 变为"请等待…"。当显示 OK 并变为 NO 时，表明频道导航、图像音量设定初始值已被复位，同时工厂模式置关，开机模式置 LASTSTATE，此过程不能断电

3.7.14　Y12 机心总线调整方法

调整步骤	调整方法
进入调整模式	本机操作菜单有 3 种模式：用户模式、工厂模式、工程师菜单模式。用户模式为用户操作而设，工厂模式和工程师菜单模式专为工厂生产或维修调试使用 持续按面板"音量 -"键，将音量调整到 0 后不放，并按遥控器上"0"键 3 次，即可进入工厂菜单；或使用带"工厂"键的遥控器，按"工厂"键，也进入工厂模式

（续）

调整步骤	调整方法
项目选择和调整	进入工厂模式后，按"数字"键进入相应页数的工厂菜单项目，按"静音"键进入"BUS OFF"状态，按遥控器"显示"键和数字键"6"、"1"、"5"、"8"可进入工程师菜单进行调节 进入各个菜单后，按遥控器上的"频道+/-"键选择调整项目，按"音量+/-"键调整所选项目数据；进入工厂模式，按"0"键出现一条亮线，配合调整加速极电压和暗平衡调整，再按遥控器上"0"，使场幅还原
退出调整模式	调整完毕，按"静音"键退出 BUS OFF 状态，遥控关机即可退出工厂模式
酒店模式设置	在已被锁定为酒店状态下时可按"显示"键和数字键"6"、"1"、"5"、"7"进入酒店模式菜单，设置内容如下： 1. 开机最大音量设置是指一旦设定某个数值，用户最大音量只能开到设定的数值 2. 开机信号如设定为 AV1，则每次开机进入 AV1，其他状态类推；如设为 OFF 则恢复至关机前的状态 3. 自恢复设置设为 ON 时，可以进入下面的图像模式设置和开机音量设置，酒店可以自行设定每次开机图像模式及开机音量 4. 当自恢复设置设为 OFF 时，则图像模式设置和开机音量设置无法设定，恢复至关机前状态

3.7.15 Y12A 机心总线调整方法

调整步骤	调整方法
进入调整模式	本机操作菜单有三种模式：用户模式、工厂模式、工程师菜单模式。用户模式为用户操作而设，工厂模式和工程师菜单模式专为工厂生产或维修调试使用 一是使用用户遥控器进行调整：持续按电视机机面板上的"音量-"键，将音量调整到 0 后不放，并按遥控器上"0"键三次，即可进入工厂菜单 二是使用带"工厂"键的遥控器，按"工厂"键进入工厂菜单模式，按"数字"键进入相应页数的工厂菜单项目，按静音键进入"BUS OFF"状态
项目选择和调整	进入工厂模式后，按"数字"键选择和进入相应页数的工厂菜单项目，按遥控器"显示键"和"6"、"1"、"5"、"8"可进入工程师菜单进行调节，在已被锁定为酒店状态下时可按"显示键"和"6"、"1"、"5"、"7"进入酒店模式菜单 进入各个菜单后，按遥控器上的"频道+/-"键选择调整项目，按"音量+/-"键调整所选项目数据；进入工厂模式，按"0"键出现一条亮线，配合调整加速极电压和暗平衡调整，再按遥控器上"0"，使场幅还原
退出调整模式	调整完毕，按"菜单"键及"工厂"键可退出工厂菜单
存储器初始化	调整项目与数据工厂菜单 04 中的 CLEAR INFO 为自编辑内容清除功能；此功能为出厂前初始化用，可将用户菜单中各项恢复至默认状态，进入工厂菜单 04，将 CLEAR INFO 设置为 YES，运行自动清除功能，清除完毕，该参数自动恢复为 NO，清除过程约为 15s，期间不可以断电

3.7.16　Y22 机心总线调整方法

方法	调整步骤	调整方法
第1种方法	进入调整模式	先按电视机上的"音量－"键，将音量减小到 00，不松手，在 2s 内快速按遥控器数字"0"键 3 次，即进入工厂模式，屏幕上出现调整菜单
	项目选择和调整	进入工厂调整菜单后，按"频道＋/－"键选择调试项目，按"音量＋/－"键调整所选项目的数据
	退出调整模式	调整完毕，按"菜单"键即可退出工厂状态
	酒店模式设置	该系列彩电具有酒店模式设置功能，连续按遥控器上的"显示"键及数字键"6"、"1"、"5"、"7"，在 2s 内完成上述操作，即可进入酒店模式设置状态。按"频道＋/－"键选择酒店菜单调整项，按"声音＋/－"键设置酒店功能
第2种方法	进入调整模式	本机操作菜单有两种模式：用户模式和工厂模式，前者为用户操作而设，后者专为工厂生产或维修调试使用 为方便调试、提高效率，本机遥控器特设了两个快捷键："T1"键（在 T1 状态下，无信号不关机，无蓝屏只有雪花点）和工厂模式（D 模式）键；一个快捷复合键，V-KILL（一条亮线，在进工厂模式后按"静音"键）
	项目选择和调整	进入工厂调整菜单后，按"频道＋/－"键选择调试项目，按"音量＋/－"键调整所选项目的数据
	退出调整模式	调整完毕，按"菜单"键即可退出工厂状态
	酒店模式设置	连续按遥控器上的"显示"键及数字键"6"、"1"、"5"、"7"（2s 内）即可进入酒店模式；按"频道＋/－"键选择酒店菜单调整项，按"声音＋/－"键设置功能。设置项目和内容如下： 1. 开机最大音量设置是指一旦设定某个数值，用户最大音量只能开到设定的数值 2. 开机信号如设定为 AV1，则每次开机进入 AV1，其他状态类推；如设为 OFF 则恢复至关机前的状态 3. 自恢复设置设为 ON 时，可以进入下面的图像模式设置和开机音量设置，酒店可以自行设定每次开机图像模式及开机音量 4. 当自恢复设置设为 OFF 时，则图像模式设置和开机音量设置无法设定，恢复至关机前状态

3.7.17　SY31 机心总线调整方法

调整步骤	调整方法
进入调整模式	有三种模式：用户模式、工厂模式、工程师菜单模式。用户模式为用户操作，工厂模式和工程师菜单模式专为工厂生产或维修调试使用 1. 使用用户遥控器进行调整：按住面板上的"音量－"键使音量减到 0，再连续按遥控器上的"0"键 3 次，即可进入工厂菜单 2. 使用带"工厂"键的遥控器：按"工厂"键进入工厂模式，按"数字"键选择菜单，按静音键进入"BUS OFF"状态
项目选择和调整	进入工厂模式后，工厂模式有 MENU 01～MENU16 共 16 页菜单，按遥控器的"显示"键及数字键"6"、"1"、"5"、"8"可进入工程师菜单；已被锁定为酒店状态下时，按"显示"键及数字键"6"、"1"、"5"、"7"可进入酒店模式菜单 进入各个调整菜单后，按遥控器上的"频道＋/－"键选择子菜单和调整项目，按"音量＋/－"键调整所选项目数据

（续）

调整步骤	调整方法
退出调整模式	调整完毕，按"菜单"键及"工厂"键可退出工厂菜单
存储器初始化	自编辑内容消除功能为出厂前初始化用，可将用户菜单中各项恢复至默认状态；进入工厂菜单04，将 CLEAR INFO 设置为 YSE，运行自动消除功能，清除完毕，该参数自动恢复为 NO，清除过程约为 15s，在此期间不可以断电；老化模式无法在自编辑时清除；需手动关闭

3.7.18　A21 机心总线调整方法

调整步骤	调整方法
进入调整模式	若"FACTORY SWITCH"（工厂模式开关）为1，直接按"回看"键进入工厂模式，显示工厂菜单；若"FACTORY SWITCH"为0，按面板上的"音量－"键，调节音量到0，并按住"音量－"不放，同时按遥控器上的"0"键3次，并在3s内完成，按"回看"键进入工厂菜单
项目选择和调整	工程师菜单进入方法及调整项目：若"FACTORY SWITCH"为0，按面板上的"音量－"键，调节音量到0，再按"静音"键，在按下"静音"键后3s内依次按数字键"9"、"7"、"3"、"5"；按"回看"键进入工厂菜单 工厂菜单所用数值为16进制，按"数字"键进入相应页数的工厂菜单，按"1"键选择场几何参数菜单，按"2"键选择行几何参数菜单，按"3"键选择白平衡参数菜单，按"4"键选择副模拟量参数菜单，按"5"键选择伴音曲线、制式设置菜单，按"7"键进入功能设置选项 进入各个调整菜单后，按上、下方向键选择调整项目，被选中的项目名称变红色，按左、右方向键调整所选项目数据 在调整加速极电压和暗平衡时，按"0"键场幅关闭，屏幕显示一条水平亮线，配合调整，调整后再按"0"键，场幅度恢复正常
退出调整模式	调整完毕，按遥控器上的"菜单"键退出工厂模式
存储器初始化	按"7"键进入功能设置选项菜单，选择初始化 INITIAL 项目；出厂前将此位用左、右方向键自动执行以下功能： 1. 出厂音量设置到"30" 2. "自设"图像状态模拟量数据与"标准"图像状态模拟量数据相同 3. 出厂图像状态设置为"明亮"状态 4. 出厂后所用台伴音制式设置到"D/K" 5. 出厂后信号源设置到"TV"，且在1频道 6. 所用频道都 SKIP ON 7. 所用频道导航信息全清除 8. 定时开、关机和儿童限制全清除 9. 自动关闭工厂模式开关 10. 退出工厂菜单

3.7.19　PH73D 机心总线调整方法

调整步骤	调整方法
进入调整模式	在工厂模式为关的状态下，按本机"音量－"键至音量为0不放，在2s内快速按遥控器数字键"0"3次，即可进入工厂模式；在工厂模式为开的状态下，按遥控器右下角的"工厂设定"键，也可进入工厂模式

（续）

调整步骤	调整方法
项目选择和调整	进入工厂模式后，按"数字"键进入相应的调整菜单，按"频道 +／−"键选择调整项目，按"音量 +／−"键调整所选项目数据 在 SCREEN 电压调整时，按"0"键场幅关闭，屏幕显示一条水平亮线，调整后再按"0"键，场幅度恢复正常 1. PAL/NTSC 制信号行、场特性调整：在输入相应制式的信号下（PAL 制使用飞利浦测试卡信号，N 制使用虎头信号），按数字"1"键进入场特性调整菜单，按数字"2"键进入行特性调整菜单，对各个项目数据进行调整 2. YPbPr、VGA 信号行、场特性调整：YPbPr 格式下的几何偏移量为固定值，无需调整 3. 白平衡调整：按数字"3"键进入白平衡调整菜单，调整暗、亮白平衡相关值至色温为 11500K-1MPCD；暗白平衡默认值为 31，亮白平衡默认值均为 31 时，若满足色温坐标值范围则无需调整，否则调整 R/G-偏置、R/G-驱动两项，使之达标
退出调整模式	调整完毕，按遥控器上的"菜单"键退出工厂模式
初始值复位	工厂模式下按数字"8"键进入 CLEAR INFO 项，按"音量 +"键设定值由 NO 变为"请等待…"；当显示 OK 并变为 NO 时，表明节目导航、图像音量设定等用户信息已被复位等待（同时工厂模式置关，开机模式置 LASTSTATE）；此过程中不能断电

3.7.20 UOC（TDA9380）机心总线调整方法

调整步骤	调整方法
进入调整模式	根据机型不同，有以下 3 种方法：一是将普通用户遥控器拆开，在电路板上的 J03 位置插上 1N4148 二极管，二极管方向与 D03 相同，然后按"菜单"键（21in 的彩电按"美化画面"键）2 次，即可进入工厂模式；二是将用户遥控器拆开后，在遥控器"音效"和"图像"键下部，"菜单"键的上部空闲键位上安装导电橡胶，从左到右分别为"初始化"键、"行特性"键、"场特性"键、"白平衡调整"键，在遥控器左下角空闲键位安装导电橡胶，作为"工厂设定"键，在确认遥控器内有二极管 D04 的情况下，同时按"工厂设定"键和"初始化"键，即可进入工厂模式；三是按遥控器右下角的"工厂设定"键，然后迅速按"静音"键，也可进入工厂模式
项目选择和调整	进入工厂模式后，按"静音"键进入 SCREEN 项目，调整 FBT SCREEN 电位器，使屏幕出现一条水平亮线；按特定的按键，进入相应的调整菜单或项目。例如：按"睡眠"键进入 RF AGC 调整，按"图像"键进入 OPTION0 项目，按"音效"键进入 OPTION1 项目等，进入选定的项目后，按"音量 +／−"键调整项目数据
退出调整模式	调整完毕，按"显示"键即可退出维修模式，调整后的数据被自动存储

3.8 其他超级彩电总线调整方法

3.8.1 乐华 TMPA8803 机心总线调整方法

方法	调整步骤	调整方法
第 1 种方法	进入调整模式	按电视机上的"音量 −"键直到音量指示为 00，且保持按住不放手，同时按遥控器上的"0"键 3 次，必须在 2s 内完成，屏幕右上角显示"D"字符，即可进入工厂模式

（续）

方法	调整步骤	调整方法
第1种方法	项目选择和调整	进入工厂模式后，按数字键"0～9"和"菜单"键选择并进入各调整菜单，按"频道+/-"键选择调整项目，按"音量+/-"改变项目数据；按"静音"键屏幕上出现一条水平亮线，再按此键光栅恢复正常
	退出调整模式	调整完毕，按"待机"键退出维修模式，调整后的数据自动存储
第2种方法	进入调整模式	适用机型：乐华 N21K7 等机型。 电视机正常收视状态下，按遥控器上的"菜单"键，待屏幕上显示出菜单选项后，再按遥控器上的数字键输入密码"6"、"4"、"8"、"3"；再按遥控器上的"菜单"键1次，再按遥控器上的数字键输入密码"6"、"4"、"8"、"3"；第3次按遥控器上的"菜单"键1次，再按遥控器上的数字键输入密码"6"、"4"、"8"、"3"。3次输入密码后，屏幕上将显示字符："AUTO VCJ、S TRAP OK、VIF VCO OK"，表示进入维修模式
	项目选择和调整	进入维修模式后，按数字键"0～9"和"菜单"键选择并进入各调整菜单，按"频道+/-"键选择调整项目，按"音量+/-"改变项目数据
	退出调整模式	调整完毕，按"待机"键退出维修模式，调整后的数据自动存储

3.8.2　乐华 TMPA8809 机心总线调整方法

调整步骤	调整方法
进入调整模式	按电视机上的"音量-"键，将音量指示减到00，且保持按住不放手，同时按遥控器上的"0"键3次，必须在2s内完成，屏幕右上角显示"D"字，即可进入工厂维修模式
项目选择和调整	进入工厂模式后，按数字键"1"、"2"、"3"选择并进入各调整菜单，按"频道+/-"键选择调整项目，按"音量+/-"改变项目数据；按"静音"键屏幕上出现一条水平亮线，再按此键光栅恢复正常
退出调整模式	调整完毕，按"菜单"键退出工厂模式，调整后的数据自动存储

3.8.3　乐华 TMPA8829 机心总线调整方法

方法	调整步骤	调整方法
第1种方法	进入调整模式	按电视机上的"音量-"键直到音量指示为00，且保持按住不放手，同时按遥控器上的"0"键3次，必须在2s内完成，屏幕右上角显示"D"字，即可进入工厂模式
	项目选择和调整	进入工厂模式后，按数字键1～9、"TV/AV"键和"显示"键，分别选择并进入各调整菜单，按"频道+/-"键选择调整项目，按"音量+/-"改变项目数据；按"0"键屏幕上出现一条水平亮线，再按此键光栅恢复正常
	退出调整模式	调整完毕，按"显示"键将"FACTORY 开"设置为"FACTORY 关"，按"回看"键退出工厂模式，调整后的数据自动存储

（续）

方法	调整步骤	调整方法
第2种方法	进入调整模式	按住电视机面板上的"音量－"键，将音量减小到00，且保持按住"音量－"不放手，同时按遥控器上"0"键3次；必须在2s之内完成即可进入工厂菜单
	项目选择和调整	进入维修模式后，按数字键1~8和"显示"键、"视频"键，则分别进入其工厂调整菜单。按"频道＋/－"键选择调整项目，按"音量＋/－"改变项目数据；按"静音"键屏幕上出现一条水平亮线，再按此键光栅恢复正常
	退出调整模式	调整后，按"静音"键．屏幕显示 ALARM：BUS-OFF，再按此键退出工厂模式

3.8.4 新高路华 TMP 机心总线调整方法

模式	调整步骤	调整方法
维修模式	进入调整模式	在电视机正常收视状态下，首先按住机箱控制面板上的"音量－"键，将音量减到最小，然后按住电视机上的"音量－"键不要松手，再按遥控器上的"屏显"键，即可进入维修模式，此时屏幕上显示"S"字符及总线调整项目和数据
	项目选择和调整	进入维修模式或工厂模式后，按"节目＋/－"键选择调整项目，按"音量＋/－"键改变所选项目数据
	退出调整模式	调整完毕，按"待机"控制键即可退出维修模式，调整后的数据被自动存储
	存储器初始化	更换存储器24C08 后，将24C08 的2脚不接，开机按电视机上的节目键后，TMP8803 就会自动对存储器进行初始化，将原始数据写入存储器中
工厂模式	进入调整模式	在维修模式下，再按一下"屏显"键，屏幕上显示的"S"字符和调整项目消失，右上角出现节目号；此时，再重复一次进入维修模式的操作，即可进入工厂模式，屏幕右上角显示"D"字符，表明已进入工厂模式
	项目选择和调整	进入维修模式或工厂模式后，按"节目＋/－"键选择调整项目，按"音量＋/－"键改变所选项目数据
	退出调整模式	调整完毕，按"待机"控制键即可退出工厂模式，调整后的数据被自动存储

3.8.5 熊猫 TMPA8823 机心总线调整方法

调整步骤	调整方法
进入调整模式	先按遥控器上的"音量－"键，将音量调到最小，然后同时按电视机上的"音量－"和遥控器上的"屏显"键，即可进入维修模式；然后再按"屏显"键使维修模式消失；再同时按电视机上"音量－"和遥控器上"屏显"键，即可进入工厂模式
项目选择和调整	进入维修模式后，用遥控器上的上、下方向键或"节目＋/－"键选择调整项目，按遥控器上的左、右方向键或音量＋/－键调整所选项目数据
退出调整模式	调整完毕，按遥控器上的"待机"键遥控关机，即可退出工厂模式

第4章 超级彩电总线调整项目速查

在总线型彩电中，由于总线系统控制功能不断完善，赋予微处理器的控制功能不断增加，总线系统的调整和控制项目越来越多，除了常规遥控彩电的开/关机、选台、音量、亮度、色度、对比度等常规操作外，还替代了常规遥控彩电可变电阻的调整项目，以及常规彩电中利用开关完成的转换功能，部分机型还具有故障自检显示和保护功能。因此总线型彩电的调整项目较多，少则几十项，多则几百项。维修调整项目和工厂设置项目，大多用英文缩写和简称的方式显示，有些显示项目就是查找中、英文翻译资料也无法找到相关解释。要了解相关调整项目的含义，必须阅读与总线型彩电调整相关的专业书籍和资料。本章搜集了超级彩电的常用总线调整项目，编辑了超级彩电总线调整项目的中英文对照，供维修调整超级彩电时参考。

4.1 A、B、C、D

英文项目名称	中文项目内容	英文项目名称	中文项目内容
4.5M	4.5MHz 设置	ABLTH	ABL 门限值调整
4.5M OPTION	4.5MHz 伴音制式选择	AC POWER	开机模式设置
5.5M	5.5MHz 伴音制式选择	ACL	自动彩色控制设置
5.5M OPTION	5.5MHz 伴音制式选择	ACL ST	自动色度限制起点
6.0M	6.0MHz 伴音制式选择	AC-POWERON	开机方式选择
6.0M OPTION	6.0MHz 伴音制式选择	AD SWAPOPT	广告换台功能设置
6.5M	6.5MHz 伴音制式选择	AFC EHT	高压变化行频自动调整
6.5M OPTION	6.5MHz 伴音制式选择	AFC G	AFC 增益设定
VIDEO.LVL	TV 视频输出幅度	AFC GAIN	AFC 增益控制选择
A LINE	水平亮线开关	AFC GAIN	AFC 增益设置
A MONI SW	音频信号输出选择	AFC ON/OFF	自动频率调节开关
A2 SW	立体声模式选择	AFC.G.G	行 AFC 环路增益调整
AAS	黑电平延伸区域设置	AFC1 GAIN	行 AFC 增益调整
ABCL	ABC、ACL 设置决定束电流调整	AFCFIX	AFC GAIN 是否固定开关
ABL	自动亮度控制	AFC-GAIN-AND-GATE	行 AFC 门限/增益开关设置
ABL GAIN	自动亮度限制放大	AFC-GAIN-GAIT	AFC 增益影响
ABL POINT	自动亮度限制起点	AFT SENS	AFT 灵敏度
ABL.GAIN	自动亮度控制增益	AFTCH	AFT 检查
ABL.POINT	自动亮度控制起始点	AGC	高频放大 AGC 调整
ABLGN	自动亮度增益调整	AGC SPEED	高频放大 AGC 反应速度调整
ABL-LOWLIMIT	束流保护门限	AGC T	自动增益控制

英文项目名称	中文项目内容	英文项目名称	中文项目内容
AGCS	AGC 反应速度调整	AUSTP	音量调节数据调整
AGCT	自动增益调整	AUTO	彩色制式自动转换开关
AGC-TAK	RFAGC 设定	AUTO OFFSET	N 制几何数据自动调整
AGING	老化状态设置	AUTO OPT	彩色自动识别选项
AGINGBUSY	老化模式中	AUTO OPTION	彩色制式 AUTO 选择
AGN	FM 解调增益	AUTO SET	个人设置与自动设置选择
AGNE	FM 伴音解调增益	AUTO SND SYS	自动制式识别设置
AI. SW	德国立体声模式选择	AUTO SOUND	伴音自动识别设置
AKB	黑电流检测开关	AUTO SOURCE	来电通功能设置开关
ALC	自动音量控制伴音输出 的 VPP 限制值	AUTO. FRESH	自动肤色校正
		AUTO. VLINE	自动设置水平亮线
ALC GAIN	音量自动控制等级	AUTO-FRESH	自动肤色校正
ALC LEVEL	自动音量限制等级设置	AUTO-SOURCE	自动信源搜索选择
ALCSW	自动音量开关	AV	视频通道数设置
AMLOW	信号 AM 调制时声音输出	AV COL	自动音量控制
AMPL	场幅度调整	AV MEM	关机 AV 状态记忆
ANALOGADJ	调整主菜单模拟量时， 是否消失主菜单设置	AV MODE	AV 选项设置
		AV NR	视频组合
ANGLE	平行四边形失真校正	AV NUM	侧 AV 输入设置
AOC GAIN	三基色增益调整子菜单	AV ON	AV 开关设置
ARABIC	语言选择阿拉伯文	AV OPTION	AV 输入选择
AREA	菜单图标底色选择	AV SOURCE	AV 输入设置
ASSFI	清晰度不对称控制	AV VOL	AV 音量设置
ASSH	不对称清晰度调整	AV. DET. LEVEL	自动音量控制检测电平调整
ASY SHAP	清晰度设置	AV. MODE	自动音量控制模式选择
AT. FLESH	自动肤色调整	AV. MUTE	AV 无信号静音控制
ATLEVEL	AT 状态动态频谱起始值	AV. ONLY	AV 路数选择
ATT	使用 TC90L01 时其内部的衰减	AV. OPT	AV 控制选择
AU ATT2	音量增益设定	AV. SLOPE	自动音量控制斜率调整
AU GAIN	NTSC 音频幅度调整	AV1-IN	AV1 功能选项设置
AUATT	音频衰减设置	AV2	AV2 输入功能选择
AUD. MUTE	音频静音开关	AV2-IN	AV2 功能选项设置
AUDIO	声音处理菜单	AV-AGCT	AV 输入增益控制
AUDIO IN	伴音输入组合设置	AVAUO	AV 状态下音量衰减
AUDIO SW	音频开关	AVG	加速极调整显示
AUDIO SW UNUSABLE	音频通道开关设置	AV-IN	AV 开关设置
AUDIO. SW	音频开关设置	AVL	自动音量幅度控制

（续）

英文项目名称	中文项目内容	英文项目名称	中文项目内容
AVLE	显像管选择	BASX	低音最大值调整
AVLT	自动音量控制范围	BB	暗平衡蓝色调整
AVMUT	视频状态下黑屏幕时间长短	BB. COUNT	蓝屏同步头记数调整
AVOPT	AV 输入菜单设定	BBCT	蓝屏延时调整
AVOUTOAVLl	AV 输出与 AVL 选择	BBR	黑屏打开且无信号时亮度的设定值
B –	蓝截止调整	BC	蓝截止电压设定
B CUT	蓝截止调整	BCBS	消隐与黑电平控制
B CUT OFF	B CUT OFF 地址	BCCB	底部边角失真校正
B DRIVE	蓝驱动调整	BCL LEVEL	亮度限制电压幅度
B DRV	蓝驱动调整	BCL TIME64MS	亮度限制时间设置
B GAIN	蓝色增益调整	BCP	下角失真校正
B OFFSET	蓝电平延伸微调	BCUIS	YCBCR 输入方式 B 截止偏移量
B STRETCH	黑电平延伸调整	BCUT	暗平衡蓝色调整
B WIDTH	蓝电平延伸增益调整	B-CUT	蓝截止调整
B. B	暗平衡蓝色调整	BCUTS	YUV 蓝截止调整
B. BIAS	暗平衡蓝色调整	BD	亮平衡蓝色调整
B. D	亮平衡蓝色调整	BDRV	亮平衡蓝色调整
B. DRIVE	亮平衡蓝色调整	B-DRV	蓝驱动调整
B. OFFSET	选择蓝扩展校正范围	BDRVC	冷色状态蓝激励调整
B. WIDTH	选择蓝扩展校正范围	BDRVS	YUV 蓝激励调整
B/G	B/G 制选择开关	BDRVW	暖色状态蓝激励调整
B/W H SIZE	行宽补偿调整	BDVR	蓝亮平衡调整
BACK COLOR	无信号静噪时背景选择	BG	BG 制伴音功能选择
BACKCOVEROPTION	拉幕功能选择	B-G	白平衡绿色故障
BACKGROUND	字符背景亮度调整	BG STRAP FO	BG 制伴音低频陷波设置
BACT	低音调整	BG STRAP HP	BG 制伴音高频陷波设置
BAL	音量左右声道平衡调整	BG STRAP QGD	BG 制伴音中频陷波设置
BALANCE OPT	左右声道平衡选项	BG. CUR	菜单反白条选择
BALC	左右声道平衡中间值设定	BG. SEMI	背景半透明开关设置
BAND MODE	波段控制模式选择	B-GAIN	亮平衡蓝色调整
BAND OPTION	高频头 UHF 波段的传送格式选择	BGD. COLOR	无信号时屏幕底色设定
BANK	要改值的 BANK 或 IC	BIOLOGY OPT	人体生物钟功能选择
BANKLIGHT	触摸屏功能设置	BIU. ABL. TH	ABL 起控点调整
BAS	伴音低音设定	BK STR GAN	黑电平延伸增益设置
BASC	低音中心值调整	BK STR STA	黑电平延伸起始点调整
BASS	低音音量值调整	BK STRGAN	黑电平延伸增益调整
BASSMAX	低音最大设置	BKTN	亮度最小值调整

英文项目名称	中文项目内容	英文项目名称	中文项目内容
BKTX	亮度最大值调整	BLUE LEVEL	暗平衡蓝色调整
BLACK STRETCH	黑延伸设定	BLUE SCREEN	蓝色拉幕
BLACKB B	暗平衡蓝色调整	BLUE STRETCH	蓝延伸设定
BLACKB G	暗平衡绿色调整	BLUEBACK	蓝背景选择
BLACKB R	暗平衡红色调整	BLUE-BIAS	蓝色截止电平调整
BLANK DEF	RGB 输出行场消隐开关	BLUE-DRIVE	蓝色增益调整
BLANK LINE	消隐线性调整	BLU-YCBCR	暗平衡调整 B 偏移量
BLANK. DEF	消隐状态设置	BOFFSET	设置 RB 量实现蓝电平有效控制
BLG	亮白平衡绿色调整	B-OFFSET	暗平衡蓝色调整
BL-G	绿偏置调整	BOOKINGPRO	无实时时钟功能
BLK AREA	黑电平区域	BOOT COVERON	开机拉幕设置
BLK PROCESS	换台过程中是否出现黑屏	BOT CONER	下边角失真校正
BLK STR	黑电平延伸调整	BOT CORNER	下边角失真校正
BLK STR GAIN	黑电平延伸增益设定	BOTTOM	屏保移动时下边位置限定
BLK STR STA	黑电平延伸起始点设定	BOUT	蓝色截止调整
BLK STR STA START	黑电平延伸起始点设置	BOW	弓形失真校正
BLK STR. START	黑电平扩展起点设置	BPB	伴音带通滤波器设置
BLK STROPT	菜单中"图像透亮"项设定	BPB2	旁路伴音带通滤波器选择
BLK. STR GAIN	黑电平扩展增益调整	BPS	色带通滤波器延时线设置
BLK. STR. ST	黑电平扩展起控点设置	B-R	白平衡红色调整
BLKSTRDEPTH	黑电平延伸	BRAND	有厂标设置
BLNK. DEF	场消隐状态	BRBI	明亮模式亮度设定
BLOB	暗平衡调整蓝枪激励电压调整	BRCOL	明亮模式色度设定
BLOB-C	蓝基色亮平衡	BRCON	明亮模式对比度设定
BLOC	暗电平偏置设定	BRI	亮度调整
BLOG-C	红基色亮平衡	BRI ABLDEF	亮度 ABL 控制开关
BLOR	暗平衡调整红枪激励电压调整	BRI. ABL	亮度 ABL 控制开关
BLOR-C	红基色亮平衡	BRI. MAX	最大亮度选择
BLR	亮白平衡红色调整	BRI-BOCO	亮度曲线微调
BL-R	红偏置调整	BRIGHT	亮度调整
BLS	黑电平纠错设定	BRIGHT MAX	亮度最大值
BLU	暗平衡调整 B（非 YCBCR 信号源下）	BRIGHT MIN	亮度最小值调整
		BRIGHT NESS MID	亮度中间值
BLUE	蓝背景控制设置	BRIGHT OFFSET	亮度扩展校正范围
BLUE BLACK NOMUTE	无信号屏显设定	BRI-VKILL	水平亮线状态亮度调整
BLUE GAIN	亮平衡蓝色调整	BRSHP	明亮模式画质设定
BLUE GROUND	无蓝屏功能设置	BRT ABL DEF	自动亮度控制

（续）

英文项目名称	中文项目内容	英文项目名称	中文项目内容
BRT ABL TH	自动亮度控制门限值	C BYPASS	是否绕过彩色带通滤波器开关
BRT ABL. DF	自动亮度控制	C D MODE	场频计数模式
BRT-ABL-DEF	ABL 开关	C KILLER OPE	消色起始点设定
BRT-ABL-THRESHOLD	ABL 门限设置	C OFF B	暗平衡蓝色调整
BRTC	副亮度中间值调整	C OFF G	暗平衡绿色调整
BRT-MID-STOP-DEF	ABL 的亮度控制开关	C OFF R	暗平衡红色调整
BRTN	副亮度最小值调整	C TRAP 358	色度陷波 3.58 控制
BRTS	副亮度调整	C TRAP 443	色度陷波 4.43 控制
BRTX	副亮度最大值调整	C TRAP TEST	色度陷波控制
BS. START	黑电平延伸起始点（0：30IRE；1：40IRE；2：50IRE；3：75IRE）设置	C VCO ADJ	微调 VCO 频率
		C. BPF	彩色 BPF 中心频率设置
		C. BPF T	彩色带通滤波器特性设置
BS. SW	黑电平延伸开关（0：OFF；1：105IRE）	C. BPF TEST	色度滤波测试
		C. BPFADJ	彩色 VCO 滤波器频率调整
BSD	黑电平延伸设置	C. BPFTEST	色度滤波器设置
BSNS	蓝检测设置	C. BYPAA	色度信号内部旁路设置
BSTRETCH	黑电平延伸调整	C. BYPASS	色度陷波开关
BT	亮度调整	C. EXT	外部色度信号输入选择
BTMCR	下边角失真校正	C. KILL. OFF/ ON	消色开关
B-TRE	音效预置	C. TRAP FO/NTSC	NTSC 色度陷波调整
BUS	总线开关设置	C. TRAP FO/PAL	PAL 色度陷波调整
BUS CONT	总线控制	C. TRAPADJ/NTSC	N 制陷波调整
BUS LINE	总线检测	C. TRAPADJ/PAL	PAL 制陷波调整
BUS OFF	切换总线控制	C. TRAPT	色陷波器频率设置
BUS OPEN	总线开关设置	C. VCO	色载波频率微调
BWIDTH	设置 RB 量实现蓝电平有效控制	C. VCO ADJ	色副载波频率调整
B-Y DC LEV	B-Y 分量直流电平设置	CALENDAR	万年历功能选择
B-Y DCLEVEL	B-Y 直流电平调整	CALLER ID	来电显示设置
B-Y DCLEVELYUV	YUV 状态 B-Y 直流电平调整	CATHODE	阴极激励电平设定
BY. DC. LVL	B-Y 暗平衡直流电平调整	CB	色带通滤波器中心频率设置
B-Y/DC	B-Y 白平衡微调	CB/CR-IN	YUV 输入选择
B-Y/DC. DVD	DVD 白平衡微调	CB/W	内部信号选择
B-Y/DVD	DVD 白平衡调整	CBCR-IN	YUV 输入选择
B-YDC LEV	B-Y 直流电平调整	CBVS-OUT	视频输出选项设置
B-YDC LEVEL	B-Y 白平衡调整	C-BYPASS	色度带通滤波器旁路开关
BYDC. LVL	B-Y 直流电平（暗平衡）调整	CCT	PAL 制亮度延迟设置
C BPF TEST	色度带通控制	CD. FIX	场分频频率锁定

（续）

英文项目名称	中文项目内容	英文项目名称	中文项目内容
CD. MODE	场计数分频模式设置	CLTM	M 制式 TV 彩色控制数据
CENT	水平拉幕中心位置调整	CLTO	非 M 制 TV 彩色控制
C-EXT	内外部色度输入选择	CLTS	SECAM 制清晰度设置
CH	频道选择	CLVD	M 制式 YUV 彩色控制
CH CHANGE	换台是否黑屏设定	CLVN	视频为 N 制式彩色控制数据
CH CHANGE MUTE	换台是否黑屏设定	CLVO	非 M 制式 YUV 彩色控制
CH DARK	转台黑屏设置	CLVP	视频为 P 制式彩色控制数据
CH METE ON	换台黑屏开关设置	CNTC	对比度中心值调整
CH SHADE	转台渐亮开关设置	CNTN	对比度最小值调整
CH. OSD. BLACK	设定搜台时的 OSD	CNTX	对比度最大值调整
CHANELS	输入通道选择	COBTM	EW 下边角校正
CHANGE CHANNEL	频道转换设置	COF	RGB 截止控制范围设置
CHANGE PROMODE	柔性换台功能设置	C-OFF B NT	NTSC 制暗平衡蓝色调整
CHANGEPRO	频道转换设置	C-OFF B YCBCR	YCBCR 信号暗平衡蓝色调整
CHANNEL	TV 换台黑屏或静像	C-OFF G NT	NTSC 制暗平衡绿色调整
CHANNEL COVERON	换台拉幕设置	C-OFF G YCBCR	YCBCR 信号暗平衡绿色调整
CHILD LOCK	童锁功能选择	COFF R NT	NTSC 制暗平衡红色调整
CHILD LOCK ON	童锁开关设置	C-OFF R YCBCR	YCBCR 信号暗平衡红色调整
CHINESE	屏显中文设置	COL	色度调整
CHINESE OSD	中文 OSD 选择	COL AMMA	彩色伽玛校正
CHINESE	语言选择中文	COL KIL OP	消色电路开关
CHIP. VOL	TV 音频的输出幅度调整	COL. KIL. OPE	选择消色电平调整
CHN	菜单语言-中文设置	COL. KILLEROPE	彩色消色设置
CHN. OSD	中文菜单选择	COL-AUTO	彩色制式 AUTO 开关
CHR COLOR	菜单字符颜色选择	COLC	NTSC 制色度中间值调整
CHROMATRAP	彩色陷波器带宽调整	COLD START	开机进入 TV 状态设置
CHSE	彩色灵敏度调整	COLN	彩色最小值调整
C-KILL	消色点设置	COL-N443	N443 制式选择开关
CKILLER OPE	消色起始点设定	COL-NTSC	NTSC 制式选择开关
C-KILL-NO	自动消色设置	COLOR	色度调整
C-KILL-OFF	消色开关设置	COLOR KILLER OPE	消色工作点设定
CL	阴极驱动设置	COLOR MID	色度中间值 50 寄存器值
CLEARINFO	消除自编辑内容开关	COLOR SYS	彩色制式选择
CLO	中频滤波器	COLOR TEMP	用户色温调整菜单开
CLOSE CURT	关机拉幕设置	COLOR. TEST	色度测试模式
CLTB	BG 制式 TV 彩色控制数据	COLOUR	色度设置
CLTD	非 BG/M 制 TV 彩色控制数据	COLP	PAL 制色度中间值调整

（续）

英文项目名称	中文项目内容	英文项目名称	中文项目内容
COL-PAL	彩色制式 PAL 开关	CUR STEP	拉幕速度调整
COLS	SECAM 制色度中间值调整	CUR TAIN	拉幕模式
COLUMN POSITION	屏显字符垂直位置调整	CURCEN	拉幕位置调整
COLVD	DVD 状态清晰度设置	CURT. CENT	拉幕中心位置调整
COLX	彩色最大值调整	CURT. WAIT. TIME	拉幕等待时间调整
COM	梳状滤波器模式	CURTAIN	开关机拉幕功能设定
COMB	梳状集成电路设置	CURTAIN COLOR	拉幕颜色设置
COMBFI	亮色分离开关设置	CURTAIN COLOUR	拉幕颜色调整
COMBFILTER	无梳状滤波器功能设置	CURTAIN HP	拉幕中心设定
COMER	PAL 制边角调整	CURTAIN MODE	拉幕模式设置
COMP-IN	分量输入功能设置	CURW	拉幕中间位置调整
CON	对比度调整	CUS-LOGO	厂家标志设置
CONT	对比度调整	CUT OFF	设置帘栅亮度
CONTRAST	对比度调整	CUTOFF B	暗平衡蓝色调整
CONTRAST-MAX	对比度最大值	CUTOFF G	暗平衡绿色调整
CONTRAST-MID	对比度中间值	CUTOFF R	暗平衡红色调整
CONTRAST-VKILL	垂直水平亮线状态对比度调整	CVBS. PASS	CVBS 输出是否通过带通滤波设置
COOL	白平衡冷色调调整	D/K	D/K 制选择开关
COOL BD OFFSET	冷色状态蓝激励偏移量调整	DATE	日期
COR	降噪功能设置	DBE HARMONIC	数字低音增强和声
COR-DEF	降噪、自延伸设置	DBE LIMIT	数字低音增强范围
COREV	画质开关图像清晰度控制	DBE STRENGTH	数字低音增强程度
CORING	核化降噪功能设置	DC RESET	亮度直流电平恢复
CORING GAIN	核化增益调整	DC REST	直流恢复电平设定
CORING W/DEF	消噪增益控制	DCBS	视频细节亮度及黑电平延伸调整
CORING. GAN	核化消噪调整	DCRESET	亮度信号直流电平恢复
CORN. BOT	底部边角失真校正	DCREST	亮度信号直流电平恢复
CORN. TOP	顶部边角失真校正	DCXO	压控振荡频率设置
CORZNG	挖芯处理设定	DEECOLOR	默认彩色制式选择
COSDF	日历屏显字符大小调整	DEEM. TC	伴音去加重时间常数设置
COTOR	EW 上边角校正	DE-EMPHASIS-TC	去加重时间常数切换开关
COUNT-DOWN-MODE	场频模式切换	DEF	场锯齿波基准电流调整
CPU VER	显示 CPU 版本信息	DEF. COLOR	默认彩色制式选择
CROS. B/W	测试信号设置	DEF. SOUND	默认伴音制式
CRT ADJ	白平衡调整子菜单	DEFAULT	系统默认伴音制式
CT	对比度调整	DEFAULT SOUND	伴音默认制式为 DK 制式
CUR CEN	拉幕中心设定	DEFSOUND	默认伴音制式设置

英文项目名称	中文项目内容	英文项目名称	中文项目内容
DEG	手动消磁功能预置	DRIVE G	亮平衡绿色调整
DEGAUSS	菜单中显示消磁	DRIVE R	亮平衡红色调整
DEIAY	场外消亮脉冲形成时间调整	DRV-B	亮平衡蓝色调整
DEMO. PHASE	彩色解调幅度及相位调整	DRV-B NT	NTSC 制亮平衡蓝色调整
DFL	FLASH 保护模式设置	DRV-R	亮平衡红色调整
DIGITAL OSD	数字 OSD 选择	DRV-R NT	NTSC 制亮平衡红色调整
DK	DK 制伴音制式选择	DRV-R YCBCR	YCBCR 制亮平衡红色调整
DK STRAP FO	DK 制伴音低频陷波设置	DSG	伴音音量增强设置
DK STRAP QGD	DK 制伴音中频陷波设置	DSGAV	立体声/单声道声音增益选择
DK STRAPHP	DK 制伴音高频陷波设置	DSGLS	声音增益选择
DLAY	延迟调整	DSP POSITION	台标显示位置设置
DMODE	DMODE 设置项目	DUAL	双通道开关
DOCL	DVD 色度中心值设置	DURATION	钳位脉冲宽度设定
DOW TEXT NOVE	菜单下面选中字符颜色选择	DVD B-Y	DVD 输入白平衡设置
DOWN	垂直拉幕中心位置调整	DVD B-Y DC LEVEL	DVD 白平衡微调
DOWN BOX BACKGROUND	菜单下面窗口底色选择	DVD CHANNEL	DVD 通道选择
DOWN BOX MOVE	菜单下面移动条颜色选择	DVD OPTION	DVD 功能选择
DOWN TEXT BACKGROUND	菜单下面字符颜色选择	DVD R-Y	DVD 输入白平衡设置
DOWN2	上下拉幕且为 60Hz 时的中间数据	DVD R-Y DC LEVEL	DVD 白平衡微调
DPC	枕形失真校正调整	DVD SOURCE	DVD 输入设置开/关
DPCS	60Hz 枕形失真校正	DVD/DVB	DVD 通道显示 LOGO 选择
DRIVE B	亮平衡蓝色调整	DVD-IN	YUV 功能选项设置

4.2 E、F、G

英文项目名称	中文项目内容	英文项目名称	中文项目内容
E/W AMP	桶形失真校正	ECCTS	顶部边角校正
E/W CBTM	底部失真校正	EEPROM	存储器
E/W COR SW	角位校正模式选择	EEPROM DATA RESET	恢复为初始值设置
E/W CTOP	顶部失真校正	EEPROM ERROR	EEPROM 读错检测
E/W DC	行幅调整	EEPROM INI	开机时存储器不恢复初始设定
E/W TEST	E/W 测试模式选择	EEPROM VER	显示纠错版本信息
E/W TINT	梯形失真校正	EHT	场高压/行高压调整
E2D	声音去加重设置	ELTO	TV 状态 NOTM 设置
E2PVER	显示纠错版本信息	ENG	字符菜单语言选择
ECCB	底部边角失真校正	ENG. OSD	英文菜单选择
ECCT	顶部边角失真校正	ENGLISH	语言选择英文

（续）

英文项目名称	中文项目内容	英文项目名称	中文项目内容
ENGLISH OSD	英文字符显示选择	FFI	中放锁相快速滤波设定
EPRAP	EW 抛物波校正	FILT. SYS	Y/C 滤波器模式设置
EPW	枕形失真校正	FILTER-SYSTEM	色度陷波频率切换设置
EQUALIZER	音响均衡显示设置	FLAG	屏保设置
ETRAP	EW 平行四边形校正	FLG	中频模式选择设置
EVERY DAY	时间菜单功能项有效次数选择	FLGO	图像中频设置
EVG	场电路保护设置	FM	FM 开关
EW	光栅左右枕形失真校正	FM ATT	FM 设置
EW. AMP	枕形失真校正	FM AUDIO OUT	FM 检波输出调整
EW. COR. BOT	下角失真校正	FM GAIE	调频增益调整
EW. COR. SW	边角失真校正	FM GAIN	FM 增益调整
EW. COR. TOP	上角失真校正	FM LEVEL	音频鉴频电平选择
EW. DC	行幅度调整	FM PRESCALE	调频频率设置
EW. TILT	梯形失真校正	FM WS	伴音锁相设置
EWBTM	下角失真校正	FM. AUD OUT	检频输出设置
EWPA	枕形失真校正	FM. GAIN	FM 增益选择
EWT	梯形失真校正	FM. LEVEL	FM 输出电平调整
EWTOP	上角失真校正	FM. MUTE	调频静音开关
EWTRAP	梯形失真校正	FMBAND	伴音中频调制宽度
EWW	行幅度调整	FM-GAIN	FM 检波输出切换开关
EXT. SPEAKER	无外置音箱功能设置	FMWS	伴音频偏宽度调整
EXTRGB CONT	外部 RGB 对比度调节	FMWS WINDOW	伴音锁相
F0	中频偏移设置	FMWS-INSTALL	伴音解调窗口，仅在搜台时起作用
FA	调试菜单	FMWS-NORM	伴音解调窗口，正常工作时调用
FAC	工厂调试菜单	FOR	蓝屏幕设置
FACT	工厂状态设置	FRAME	主菜单边框颜色设置
FACTORY MENU	工厂调试菜单	FREQ	频率设定
FACTORY ON/OFF	调试菜单 开关	FREQ BIAS	频率设定
FACTORY PAGE	工厂菜单	FS	高频头型号选择
FACTORY SW	工厂快捷键选择	FS MODE	高频头型号选择
FACTORY SWITH	工厂模式开关	FSC OR VIDEO OUT	色载波与频率选择
FACTORY TUNE	工厂搜台选择	FSC VSYNC	副载波频率同步
FACTROY	工厂设定键开关	FSL	场同步幅度选择
FBC	关机放电电流设置	FSVH	V-H 频段
FBPBLK. SW	行消隐选择开关	FSVHH	VHH 频段
FBP-BLK-SW	行消隐开关设置	FS-VH-H	FS MODE 项波段设定
FCO	弱信号不消色设置	FSVHL	VHL 频段设定

（续）

英文项目名称	中文项目内容	英文项目名称	中文项目内容
FS-VH-L	FS MODE 项波段设定	G-CUT	绿截止调整
FS-VL-H	FS MODE 项波段设定	GCUTC	冷色状态绿截止调整
FSVLL	VLL 频段	GCUTS	YUV 绿截止调整
FS-VL-L	FS MODE 项波段设定	GCUTW	暖色状态绿截止调整
FULLBG	无信号背景选择	GD	亮平衡绿色调整
FULL-OSDCON	全屏 OSD 对比度调整	GDRV	亮平衡绿色调整
FUNC	功能设置	G-DRV	绿驱动调整
FUXL BG	背景色选择	GDRVC	冷色状态绿激励调整
G –	绿激励调整	GDRVS	YUV 绿激励调整
G CUT	绿截止调整	GDRVW	暖色状态绿激励调整
G DRIVE	绿驱动调整	GEOMETRY	光栅失真校正子菜单
G DRV	绿驱动调整	G-GAIN	亮平衡绿色调整
G GAIN	绿色增益调整	GLD-SCART	GOLDENSCART 选项设置
G OFFSET	绿色扩展校正范围	G-OFFSET	暗平衡绿色调整
G. B	暗平衡绿色调整	GOUT	绿色截止调整
G. BIAS	暗平衡绿色调整	GRAAY MOD	测试信号设置
G. D	亮平衡绿色调整	GRAY	维修测试信号
G. DRIVE	亮平衡绿色调整	GRAY MDDE	选择内部测试信号输出电平
G. Y ANGLE	G-Y 解调角调整	GRAY-MODE	维修模式设置
G. Y. AMP	调整 G-Y 幅度	GREE	暗平衡绿枪调整
GAIN	增益控制	GREEN GAIN	亮平衡绿色调整
GAME	游戏功能选择	GREEN LEVEL	暗平衡绿色调整
GAME BRI. ADJ	游戏状态亮度对比度调节开关	GREEN-BIAS	绿基色偏置电压调整
GAME OPTION	游戏功能选择	GREEN-DRIVE	绿基色驱动电压调整
GAME SUB BRI	游戏状态下副亮度值调整	GRN	暗平衡绿色调整
GANE OSD-CON	游戏状态下 OSD 对比度设置	GRN-YCBCR	暗平衡调整绿色偏移量
GATHDDE LEVEL	电平调整	GSNS	绿检测设置
GB	暗平衡绿色调整	GSSIF	伴音中频增益控制
GBY	VCBCR 白平衡调整	G-Y AMP	G-Y 解调幅度
GC	白平衡绿色校正	G-Y ANGLE	G-Y 解调角选择
GCUT	暗平衡绿色调整		

4.3 H、I、J、K

英文项目名称	中文项目内容	英文项目名称	中文项目内容
H AMP	水平幅度调整	H BOW	行弓形失真校正
H B TOW	弓形失真校正	H CENT	行中心调整

（续）

英文项目名称	中文项目内容	英文项目名称	中文项目内容
H EHT	高压变化时行幅调整	HBLANK TIME	消隐时间
H FREQ/ES	行频微调	H-BLK-L	左边行消隐调整
H OSD	字符水平位置调整	H-BLK-R	右边行消隐调整
H PARA	行枕形失真校正	HBOW	弓形失真校正
H PARABOLE	枕形失真校正	H-BOW	弓形失真校正
H PARALLER	平行四边形失真校正	HCENT	行中心调整
H POS	行中心调整	HDMI SOURCE	HDMI 输入功能设置
H POS OFFSET	行中心设置	HDOL	阴极驱动电平设置
H SBLK	行左右消隐	HDTV SOURCE	HDTV 分量输入功能设置
H SHIFT	行中心调整	HEADPHONE	耳机设置
H SIZE	行幅度调整	HEALTH OPT	休息提示
H SIZE CMP	行线性	HEFP	基准脉冲位置调整调整
H SYNC	行同步模式	HEHT	行高压稳定性校正
H TRAPE	梯形失真校正	H-FREQ	行频调整
H VCO	行振荡调整	HISENSE LOGO	标志选择
H. AFC GAIN	行同步信号 AFC 增益调整	HIT	场幅度调整
H. BLK. L	左侧行消隐调整	H-L. CORNER	下角失真校正
H. BLK. LEFT	左消隐调整	HLOCK. VDEF	场同步模式选择
H. BLK. R	右侧行消隐调整	HOF	字符水平位置
H. BLK. RIGHT	右消隐调整	HOTE LMODE	旅馆功能设置
H. FREQ	行频调整	HOTEL	无 HOTEL 模式
H. LOCK. DET	选择帧同步	HOTEL MODE	酒店宾馆模式开关
H. PAHSE	行中心调整	HOTEL SW	酒店宾馆模式开关
H. PH	行中心调整	HOTEL VOLUME	宾馆模式最大音量控制
H. SBLK. LEFT	行左边消隐调整	HOUR A-OFF	无操作自动关机功能选择
H. SBLK. RIGHT	行右边消隐调整	HP	平行四边形失真校正
H. SIZE	高压补偿行幅度调整	HPAR	平行四边形失真校正
H. SIZE CONP	行幅补偿调整	HPARA	平行四边形失真校正
H. TONE	HALF-TON 底色调整	H-PARABOLA	枕形失真校正
H. TONE. MENU	HALF-TONE 选择开关	H-PARALLEL	平行四边形失真校正
HA	行幅度调整	HPARP	平行四边形失真校正
HAFC	AFC 增益控制	H-PHASE	行中心位置调整
HALF TONE	半透明幅度调整	HPHME	行相位调整
HALF-TONE-DEF	半透明开关设置	H-PRO DATA	速流保护值调整
HB	弓形失真校正	HPS	行中心调整
HBL	沙堡信号前后沿调整	HSH	行中心调整
HBLANK PHASE	消隐相位	HSHIFT	行中心位置调节

（续）

英文项目名称	中文项目内容	英文项目名称	中文项目内容
H-SHIFT	行中心调整	IF-AGC SW	中频 AGC 开关
HSIZ	行幅度调整	IFFS	中频频率设定
H-SIZE	PAL 行幅度调整	IFO	微调中频
H-SIZE OFFSET	行幅度设置	IFOFF	中放通道关闭时间间隔
H-TRAPE	梯形失真校正	IFS REDUCE	搜台时降低灵敏度调整
HTVOLUME	旅馆模式时的最大音量设定	IFVCO FREQ	VCO 频率设置
H-U. CORNER	上角失真校正	IFVCOADJ	中频 VCO 调整
HUEMID	色调中间值调整	INCL-AV	按 "频道 + / -" 键 是否含有 AV 设置
HVCO	行频自动调整	INDON	语言选择印尼文
HVCO ADJ	行振荡调整	INDONESIA	语言选择印尼文
HVOL	旅馆模式时最大音量设定	INIT	存储器初始化
H-WIDTH	行幅度调整	INIT EEPROM	存储器数据复位
I	I 制伴音制式选择	INIT TV	数据初始化
I STRAP FO	I 制伴音低频陷波设置	INITIAL	存储器初始化
I STRAP HP	I 制伴音高频陷波设置	INT OFFSET	存储器初始化功能设置
I STRAP QGD	I 制伴音中频陷波设置	ISP	进入 ISP 标志
ICON COLOR	菜单图标颜色选择	KEY	面板矩阵电路设置
ICVER	集成电路选择	KEY	梯形失真校正
IDWAT	中频放大通道打开检测 信号等待时间	KEY BACKLIGHT	触摸屏背景灯选择开关
IF	中频频率设置	KEY LOCK	面板按键锁定开关
IF ADJUST	中频调整点设置	KEYLOCK	面板键锁定开关
IF AGC	高频放大 AGC 设置	KEYQUANTITY	本机面板按键设置
IF AGC SPEED	高频放大 AGC 速度为常速设置	KEYS	NTSC 制式梯形调整
IF FREQUENCY	图像中频设置	KILLER. OFF	消色电路开关设置
IF VCO FREQ	VCO 频率设定		

4.4　L、M、N

英文项目名称	中文项目内容	英文项目名称	中文项目内容
L. CORNER	下角失真校正	LED ON/OFF	冷光源功能开关
LANG	屏幕显示字符语言选择	LEFT	屏保移动时左边位置限定
LANGUAGE	菜单语言选择	LEVEL	动态频谱起始值
LANGUAGESWCE	语言控制设置	LIGHT	触摸屏设定
LCNR	底部边角失真校正调整	LIGHT SENSOR	光感功能设置
LCP	下角失真校正	LIM SET OPT	限时收看功能选择
LCR	下角失真校正	LINE BRI	水平亮线状态下的亮度设定

（续）

英文项目名称	中文项目内容	英文项目名称	中文项目内容
LINE BRIGHT	亮线状态下亮度模拟量值	MAX CONT	最大对比度调整
LINE COLOR	亮线状态下色度模拟量值	MAX CONTRAST	最大对比度调整
LINE CON	水平亮线状态下对比度设定	MAX SHA	最大清晰度
LINE CONTR	亮线状态下对比度模拟量值	MAX SHARP	最大锐度设置
LLMEZONE	世界时钟时区设定	MAX VOL	最大音量调整
LNA SPPT	超强接收功能开关	MAX VOLUME	最大音量设置
LOCK	童锁功能设置	MAX ZOOM	最大聚焦调整
LOGO	工厂标志显示开/关	MAXVOL	最大音量控制设置
LOGO BRI. ADJ	工厂标志亮度限设置	M-BRI	最大亮度设置
LOGO HPOSI	工厂标志左右位置调整	MCOLOR	中间部分文字颜色选择
LOGO MODE	工厂标志项目设置	M-CON	最大对比度设置
LOGO OPTION	工厂标志选项	MEM	存储器检查
LOGO OSD-CON	工厂标志对比度限制值调整	MENU	配置菜单
LOGO SUB. BRI	工厂标志亮度限制值调整	MENU BACK	菜单背景选择
LOGO SWITCH	工厂标志开关	MENU CONTROL	菜单对比度色度设置
LOGO VPOSI	工厂标志上下位置调整	MENU FRAME	主菜单边框颜色设置
LOGO. BACK	无信号屏保背景	MENU ICON	主菜单图标显示选择
LOGO-ACT	用户工厂标志预置	MENU ITEM	菜单风格设置
LOGO-SCROOL-SPEED	工厂标志闪动速度	MENU SET SWITCH	设定菜单开关
LOGOYEND	无信号位置 Y 结束	MENU. IL	一级半菜单选择
LOG-T	工厂标志设置	MESSAGE	留言设定
LOW CPRNER	底部边角调整	MID	中心值设置
LOW EW	底部失真枕校	MID BRIGHT	中间亮度设置
LTM	TV 状态 M 设置	MID BRIGHTNESS	中间亮度调整
M	M 制伴音功能选择	MID COLOR	中间色度设置
M STRAP FO	M 制伴音低频陷波设置	MID CONTRAST	中间对比度设置
M STRAP HP	M 制声音限波	MID SHARP	中间锐度设置
M STRAP QGD	M 制伴音中频陷波设置	MID STP DEF	自动亮度中心控制
M. ICON	菜单图标选择开关	MID VOLUME	中间音量设置
M. SCE. TIME	拉幕式关机时间调整	MID. STOP	ABL 亮度控制开关
M. SCR. POS	拉幕式开机位置调整	MID. STP. DEF	亮度 ABL 中间控制
M/N-AUTO	伴音制式选择	MID. STP. DET	亮度 ABL 限制调整
MAX	最大值设置	MID. STP. DF	亮度控制中部
MAX BRI	最大亮度调整	MIN	最小值设置
MAX BRIGHT	最大亮度设置	MIN BRI	最小亮度调整
MAX BRIGHTNESS	最大亮度设置	MIN BRIGHT	最小亮度设置
MAX COLOR	最大色度设置	MIN BRIGHTNESS	最小亮度设置

（续）

英文项目名称	中文项目内容	英文项目名称	中文项目内容
MIN COLOR	最小色度设置	N. KEY	NTSC 制倾斜校正调整
MIN CONTRAST	最小对比度调整	N. LCNR	NTSC 制底部边角失真校正调整
MIN SHARP	最小锐度设置	N. VLIN	NTSC 制场线性调整
MIN VOUJME	最小音量设置	N. VPS	NTSC 制场中心调整
MOD	模式数据设置	N. VSC	NTSC 制场 S 失真校正
MODE	模式设定	N. WID	NTSC 制行宽度调整
M-ON	开机状态设置	N3. 58	彩色 NTSC3. 58 制式选择
MTIME	工厂检测时间控制	N3. 58 OPTION	彩色制式 NTSC3. 58 选择
MTXF	解码矩阵选择设定	N4. 43	彩色 NTSC4. 43 制式选择
MUBAS	音乐模式低音设定	N4. 43 OPTION	彩色制式 NTSC4. 43 选择
MULTI AV SW	AV 输入设置	NABAS	标准模式低音设定
MUSICTV	有音响电视功能设置	NABRI	标准模式亮度设定
MUSUR	音乐模式环绕声设定	NACOL	标准模式色度设定
MUTE REM	静音状态关机是否记忆	NACON	标准模式对比度设定
MUTE-OFF	关机图像关闭设置	NASHP	标准模式画质设定
MUTRE	音乐模式高音设定	NASUR	标准模式环绕声设定
MUTT	软件启动静音时间设置	NATRE	标准模式高音设定
MUWOF	音乐模式重低音设定	NAWOF	标准模式低音设定
MX-COL	最大色度设置	NDTC	噪声检测计数
M 制	系统 M 制式设置	NICAM	丽音开关
N HPOS OFST	NTSC 行中心调整	NOIS	弱信号时行 AFC 控制设定
N HSIZE OFST	NTSC 行幅度调整	NOISE	检测是否噪声相比较的值调整
N LOW CORNER	NTSC 底部边角调整	NOISE DET	弱信号判定门限设定
N PARA OFST	NTSC 枕形调整	NOISE SET SWITCH	降噪功能开关
N TOP CORNER	NTSC 顶部边角调整	NOISE. COUNT	检测确认是噪声需要记数的值
N TRAPE OFST	NTSC 梯形调整	NOISE. SW	噪声检测开关
N VLIN OFST	NTSC 场线性调整	NO-SIG	无信号提示功能预置
N VPOS OFST	NTSC 场中心调整	NOT MENU BB	菜单背景亮度设置
N VSIZE OFST	NTSC 场幅调整	NQSG. LOGO	无信号厂标设置
N. CORN. BOT	NTSC 底部边角失真校正	NT. H. PHASE	NTSC 制式行中心调整
N. CORN. TOP	NTSC 顶部边角失真校正	NT. HBOW	弓形失真修正
N. DPC	NTSC 制枕形校正幅度调整	NT. HPARA	平行四边形失真修正
N. EW. AMP	NTSC 枕形失真校正	NT. V. LIN	NTSC 场线性补偿调整
N. EW. DC	NTSC 行幅度调整	NT. V. POS	NTSC 制式场中心调整
N. EW. TITL	NTSC 梯形失真校正	NT. V. SC	NTSC 制式场整形调整
N. HIT	NTSC 制场幅调整	NT. V. SHIFT	NTSC 场中心调整
N. HPS	NTSC 制行中心调整	NT. V. SIZE	NTSC 场幅补偿调整

（续）

英文项目名称	中文项目内容	英文项目名称	中文项目内容
NTC	色调中心值设置	NTSC. C. TRAP	NTSC 彩色陷波中心频率调整
NTSC	NTSC 制式预置	NTSC-M	搜台设置
NTSC DL	NTSC 亮度延迟调整	NTSCM ATRIX	NTSC 制矩阵设置
NTSC MATA	NTSC 解调器设置	NTV SHIFT	NTSC 制场飘移调整

4.5 O、P、Q

英文项目名称	中文项目内容	英文项目名称	中文项目内容
OSD-H-POSITION	OSD 水平位置调整	OPT BLUE STRETCH	黑电平延伸开关
OFF COLOR	关机拉幕颜色选择	OPT D/K	D/K 制伴音设置
OFF-CURT	关机拉幕设置	OPT DVD	DVD 设置
OFF-MUTE	关机静图像设置	OPT I	I 制伴音设置
OFFSET	字符位置调整	OPT IIC	总线兼容选择
OFF-SET IF	中频关断设定	OPT KEY	面板矩阵按键数量选择
OFF-TIME	无信号自动关机	OPT S/AV2	选择 SVHS-Y 输入或者 AV2 视频输入
OFF-V. DELAY	关机延时调整		
OIF	中频频偏量设置	OPT. ADKEY	按键位置设置
OIFIF	解调偏置设定	OPT. ANG	屏幕显示语言设置
O-LANG	预置出厂 OSD 语言（注2）	OPT. AUTO	自动彩色制式设置
ON COLOR	开机拉幕颜色选择	OPT. AV1/AV2	AV1、AV2 设置
ON DELAY	开机延迟时间调整	OPT. AVKEEP	关机状态记忆选择
ON DELAY M	出厂开机延迟时间预调值	OPT. B/G	B/G 伴音制式预制
ON POSITION	宾馆模式开机频道选择	OPT. CHANG	长虹商标选择
ON TV/AV	宾馆模式开机 TV/AV 选择	OPT. D/AV2	DVD 和 AV2 设置
ONCOLOR	开机拉幕颜色选择	OPT. D/K	D/K 伴音制式预制
ON-CUER	开机拉幕设置	OPT. DVD	DVD 设置
ON-CURT	开机拉幕设置	OPT. HALF-T	字符半透明设置
ON-DLY	开机延时调整	OPT. I	I 伴音制式预制
ON-SEARCH	开机搜台设置	OPT. ICON	菜单图标显示
ON-TV/AV	开机信号源选择	OPT. LANG	屏幕显示语言设置
OP	预置功能	OPT. LOGO	LOGO 显示设置
OP AUDIO CONFIG	声音模式设置	OPT. M	M 伴音制式预制
OP BILING	声音双语设置	OPT. PW-ON	开机状态选择
OPC	枕校调整	OPT. SAVERS	屏保开关选择
OPEN BLK	总线设置	OPT. SCREEN	开关机拉幕选择
OPEN CURT.	开机拉幕设置	OPT. SCR-SV	屏保设置
OPT	功能选项	OPT. SECAM	SECAM 制式选择

（续）

英文项目名称	中文项目内容	英文项目名称	中文项目内容
OPT. SIF	伴音制式设置	OPT-RTC-TEMP	温度显示和实时时钟设置
OPT. SIFSEL	伴音制式设置	OPT-SCROLL	OSD 菜单滚动速度设置
OPT. S-VHS	S 端子选择	OPT-SEARCH-SPEED	搜台速度设置
OPT. TV/AV	TV/AV 选择	OPT-SEARCHVOL TAGE	搜台切换设置
OPT. VID SW	视频输入选择开关	OPT-STRETCT	黑电平延伸开关
OPT. VS/FS	VS/FS 调谐器选择	OPT-SUPER RECEIVE	超强接收开关
OPT-ABL. P	束流保护开关	OPT-SVIDEO	S-VIDEO 通道选择
OPT-AC-VER-OFF	交流关机屏外消亮	OPT-S-VIDEO	S 端子开关
OPT-AV	AV 端口选择	OPT-TUNER	高频头软件选择
OPT-AV-MUTETV	AV 时 TV 射频静噪开关	OPT-TUNER	高频头厂家选择
OPT-AV-SYSTEM	AV 状态制式设置	OPT-TV-GAME	外接游戏开关
OPT-B/G-SYSTEM	伴音制式 B/G 设定	OPT-V. PROTECT	场保护开关
OPT-BACK-LED	背景灯设置	OPT-V-PROTECT DET	场保护开关设置
OPT-BALANCE	平衡开关设置	OPT-VS-TUNER	VS/FS 高频头选择
OPT-BEAUTY-COUOR	丽彩开关	OPT-YUV	YUV 状态设置
OPT-BLUE-STRETCH	美化画面开关	OSD	屏显字符水平位置调整
OPT-COLDR-AUTO	彩色制式自动设定	OSD BRIGH	屏显字符亮度调整
OPT-CONTRAST	OSD 菜单对比度设置	OSD BRT	屏显字符亮度调整
OPT-CURTAIN	拉幕式开关机选择	OSD CLOCK	OSD 振荡频率设置
OPT-D/K-SYSTEM	伴音制式 D/K 设定	OSD CLOCKF	OSD 振荡频率设置
OPT-DVD	DVD 通道选择	OSD CONTRAST	OSD 对比度调整
OPT-GAMES	游戏设置	OSD FORM	屏显设置
OPT-HALF-TONE	OSD 半透明开关	OSD GRAY COLOR	菜单灰色峰值
OPT-H-PRO	速流保护开关设置	OSD H. POS	字符位置设置
OPTION	功能选项	OSD LANGUAGE	屏显语言为中文设置
OPT-I-SYSTEM	伴音制式 I 设定	OSD LEVEL	字符亮度设定
OPT-LAST-POWER	开机待机或直接开机	OSD POSITION	字符显示位置调整
OPT-LAST-TV/AV	开机进入 TV 或 AV 选择	OSD V-POS	屏显字符上下位置调整
OPT-LOGO	商标显示设定	OSD WHITE COLOR	菜单白色峰值
OPT-M/N-SYSTEM	伴音制式 M/N 设定	OSD. CONT	字符对比度设定
OPT-NO-VIDEO-MUTE	转台黑屏开关	OSD. H. POS	字符左右位置调整
OPT-NT3. 58-SYSTEM	彩色制式 NTSC 3. 38 设定	OSD. H. POSI	字符左右位置调整
OPT-NT4. 43-SYSTEM	彩色制式 NTSC 4. 43 设定	OSD. HPOS	字符左右位置调整
OPT-OSD-LANGUAGE	字符显示中英文切换	OSD. POS	字符左右位置调整
OPT-PAL-SYSTEM	彩色制式 PAL 设定	OSD. V. POS	字符上下位置调整
OPT-PTC-TEMP	实时时钟与温度选择开关	OSD. V. POSI	字符上下位置调整
OPT-REALTIME-IR	实时时钟提醒开关	OSDA	屏显亮度对比度调整

（续）

英文项目名称	中文项目内容	英文项目名称	中文项目内容
OSD-CON	字符对比度调整	P. OFF. RGB	关机消亮设置
OSD-CONTRAST	字符对比度调整	P. ON. LOGO	选择开机有无 LOGO
OSDF	字符振荡频率设置	P/N ID	彩色灵敏度调整
OSDH	字符水平位置调整	P20 VOLUME	中小音量设置
OSDH. POINT	字符位置设定	PAL	彩色 PAL 制式选择
OSDHP	字符行位置调整	PAL APC SW	PAL 制 APC 开关设定
OSDHPOS	字符左右位置设定	PAL OPTION	PAL 彩色制式选择
OSD-H-POSITION	屏显水平位置调整	PAL. C. TRAP	PAL 彩色陷波中心频率调整
OSDL	字符亮度调整	PALAPC SW	PAL 色相位控制开关
OSDTHEME	菜单配色选择	PAL-M OPTION	彩色制式 PAL-M 选择
OSDV	屏显上下位置调整	PAL-N OPTION	彩色制式 PAL-N 选择
OSDVP	PAL 制式字符垂直位置调整	PANEL KEY DETECT	开机是否检测按键板电平
OSDVS	NTSC 制字符垂直方向位置	PAR	平行四边形失真校正
OSD-V-START	字符垂直位置调整	PARA	平行四边形失真校正
OSO	场过扫描保护选择	PARABOLA	枕形失真校正
OSVE	去掉场暗电流检测线设置	PARAL	平行四边形失真校正
O-SYS	预置出厂伴音制式	PARALLEL	平行四边形失真校正
OTHER	设置菜单	PBOLA	枕形失真校正
OV MOD LEV	过调制特性调整	PCOLOR	文字颜色选择
OV MOD LEVEL	过调制调整量设置	PEAK FREQ	勾边频段设置
OV MOD SW	过调制特性形状	PEAK FREQ AV	AV 状态勾边频段设置
OVER MOD SW	过调制功能开关	PEAK RATIO OVSHOT	峰值比率设置
OVER MODE	过调制模式设置	PEAK WHITE	峰化白电平设定
OVER SHOOT ADJ	过冲调整	PEAK WL	白场峰值调整
OVER SHOOT	亮度信号后沿过冲调整	PFAV	PFAV AV 时清晰度提升频率设定
OVER SHOOTADJ	预、过冲开关设置	PFN4	NTSC4.43 制式时清晰度提升频率设定
OVER. MOD. LEVEL	过调制幅度调整		
OVER. MOD. LVL	过调制工作点设置	PHOTO	USB 接口开关
OVER. MOD. SW	选择过调制功能	PIC	图像模式设置
OVER. SHOOT	调整 Y 信号过冲调整	PIC. MUTE	画面静噪背景选择
OVERMOD SW	过调制功能开关	PICQ	自动彩色起控点调整
OVER-SHOOTADJ	过冲调整	PICTURE	图像模式设置
OVMO	过调制开关	PICTURE ADJ	画面调整子菜单
OVMOD LEV	过调制的特性设置	PIF DETLV	图像中频检测电平
OVMOD SW	选择过调制设置	PIF. LEVEL	CVBS 输出幅度控制
OVMODLEVEL	过调制调整量	PIFVCO	图像中频振荡器
P SEARCH OTP	用户菜单是否有频道搜索项	PILE. SHOOT	调整 Y 信号预冲

英文项目名称	中文项目内容	英文项目名称	中文项目内容
PIN	色度信号输入还是 CVBS 输入	PRO. MUTE	图像静止选择
PINBAIANCE	平衡调整	PRO. NAME EDIT	频道编辑锁定开关
PINCUSHION	水平枕形失真校正	PRO-C	低位为副彩色
PLACENET	钳位脉冲位置设定	PROD. AGING	老化模式开关
PLL TUNER	高频义软件选择	PROGRAM BLACK	换台黑屏功能设置
P-MOD	密码输入	PROGRAM NO	总线状态调台
PMODE MILD	柔和状态	PROGRAM NR	超多频道设置
PMODE NORMAL	标准状态	PROTECT	场保护，过电流保护开关
PMODE SHARP	鲜明状态	PSNS	频谱模式设置
PMODE VIVIII	亮丽状态	PTIME	用户开机时间长短控制
PMODE. ADJ	图像模式参数调节	PV-BR-BR	明亮模式亮度调整
P-MUTE H/L	静音时 PMUTE 输出电平控制选择	PV-BR-SO	柔和模式亮度调整
PN ID	PAL/NTSC 制式选择	PV-BR-ST	标准模式亮度调整
PNAGN	伴音制式设置	PV-BR-WK	自动模式亮度调整
PODE	开机延时	PV-CL-BR	明亮模式色度调整
PODE ADJ	图像模式调整	PV-CL-SO	柔和模式色度调整
POS	场中心	PV-CL-ST	标准模式色度调整
POS OFFSET	POS 设置子菜单	PV-CL-WK	自动模式色度调整
POS. NO.	频道数选择	PV-CT-BR	明亮模式对比度调整
POS. TIMER	转台黑屏时间调整范围	PV-CT-SO	柔和模式对比度调整
POSITION L/R	频道号 OSD 显示位置	PV-CT-ST	标准模式对比度调整
POW. CONT	开机或转台亮度提升速度设置	PV-CT-WK	自动模式对比度调整
POWER	开机状态设置	PV-SH-BR	明亮模式清晰度调整
POWER LOGO	开机屏显示选择	PV-SH-SO	柔和模式清晰度调整
POWER OFF TIMER	直流关机屏外消亮延迟时间调整	PV-SH-ST	标准模式清晰度调整
POWER ON MODE	开机处于状态设置	PV-SH-WK	自动模式清晰度调整
POWER ON TIME	开机时间设置	PW	枕形失真校正
POWER OPTION	冷开机初始状态设定	PWL	白峰限制幅度调整
POWER SIGNAL	开机信号设置	PWL-DAC	白峰限幅起控点，越大起控越晚
POWER VOL	开机音量设置	PWM. LOGO	PWM 输出逻辑设置
POWER. TIME	冷开机电源控制等待时间设置	PWM. VOL	选择 PWM 输出
POWERLOGOY	开机 LOGO 位置 Y 起始	PWR	自动检测开机方式
POWONTIM	开机延时控制	PWR. MEN	选择开机方式
PRBR	枕形失真校正	PWR-ONKEY	频道 +/- 键解除待机功能
PRE SHOOT	亮度信号前沿过冲调整	PWR-PERF	开机启动模式设置
PRESHOOT ADJ	预冲幅度调整	PWR-REST	开机时状态设定
PRE. SHOOT	Y 信号预冲调整	PWR-SAVING	省电模式设置

（续）

英文项目名称	中文项目内容	英文项目名称	中文项目内容
PYNN	正常时行同步最小值调整	PYXS	搜索时行同步最大值调整
PYNS	搜索时行同步最小值调整	Q-ASMOPTNON	快速搜台功能选择
PYNX	正常时行同步最大值调整	QPLL	高频头选择

4.6 R、S、T

英文项目名称	中文项目内容	英文项目名称	中文项目内容
R –	红激励调整	RC	暗平衡红色调整
R CUT	红截止调整	RCUT	暗平衡红色调整
R GAIN	红色增益调整	RCUTC	冷色状态红截止调整
R OFFSET	蓝电平延伸截止调整	RCUTS	YUV 红截止调整
R WIDTH	蓝电平延伸增益范围调整	RCUTW	暖色状态红截止调整
R WIDTHL	蓝电平延伸增益范围调整	RD	亮平衡红色调整
R. B	暗平衡红色调整	RDRV	亮平衡红色调整
R. BIAS	暗平衡红色调整	RDRVC	冷色状态红激励调整
R. D	亮平衡红色调整	RDRVW	暖色状态红激励调整
R. DRIVE	亮平衡红色调整	RECEVE	超强接收功能设置
R. OFFSET	选择蓝扩展校正范围	RED	暗平衡红色调整
R. WIDTH	选择蓝扩展校正范围	RED GAIN	红色白平衡调整
R. Y/B. YANG.	R-Y/B-Y 解调角调整	RED LEVEL	红色暗平衡调整
R/B ANG	R-Y/B-Y 解调角调整	RED-BIAS	红色截止电平调整
R/B ANGLE	R-Y/B-Y 解调角调整	RED-DRIVE	红基色驱动电压调整
R/B BANG.	R-Y/B-Y 解调角度	RED-YCBCR	暗平衡调整 R 偏移量
R/B G. BAL	R-Y/B-Y 平衡调整	REFP	AKB 脉冲位置设置
R/B GAIN	R-Y/B-Y 解调比调整	REG	要改值的寄存器的地址
R/BANGLE	解调角调整	REMOTE	遥控码选择
R/BGAIN	解调角调整	REMOTE KEY LOVE	喜爱频道按键设置
RADIO	FM 收音机功能设置	RESET	复位开关，出厂初始化设置
RAGC	高放自动增益控制设定	RF AGC	高频放大自动增益控制
RAPA	平行四边形失真校正	RF DELAY	高频放大 AGC 延迟量
RASTER ADJ	光栅调整子菜单	RF-AGC-AUTO	高频放大 AGC 自动调整
RATE	地磁校正	RF-AGC-DELAY	高频放大 AGC 延迟调整
RB	亮平衡红色调整	RFAMP	RF 放大器设置
RB. ANGLE	调整 R-Y 和 B-Y 解调角	R-GAIN	亮平衡红色调整
RB. GAIN. BAL	调整 R-Y 和 B-Y 解调比	RGB	三基色调整或字符亮度调整
RBG. TEP SW	RGB 输出直流电平温度特性开关	RGB CUT	帘栅电压调节设置
RBY	VCBCR 白平衡调整	RGB TEMIP SW	RGB 输出温度特性补偿开关

英文项目名称	中文项目内容	英文项目名称	中文项目内容
RGB. IV	RGB 温度补偿调整	S. AUDEO	S 视频输入时，伴音跟随 AV1，还是 AV2
RGB. TEMP. SW	RGB 输出 DC 温度特性调整		
RGCN	字符对比度最小值调整	S. B	副亮度调整
RIF VCO	高中频压控振荡器设定	S. BY	SECAM 时 B 黑电平调整
RIGHT	屏保移动时右边位置限定	S. CORR	S 失真校正
R-OFFSET	暗平衡红色调整	S. RY	SECAM 时 R 黑电平调整
ROM CORRECT	ROM 校正程序进入	S. S. SEL	屏幕图案设置
ROT	地磁校正设置	S. STRAT. CH	搜台频道开始频道
ROTA SET SWITCH	旋转功能开关	S. SUB. COLOR	SECAM 彩色饱和度调整
ROTATION	菜单中显示旋转	S. TRAP	伴音陷波中心频率调整
ROUT	红色截止调整	S. TRAP FO	伴音陷波中心频率宽度调整
ROW POSITION	屏显字符水平位置调整	S. TRAP HP/LP	伴音陷波 HP/LP 值调整
RPA	圈像勾边-前沿调整	S. TRAP T	伴音陷波器频率设置
RPO	勾边幅度调整	S. TRAP. BG	BG 伴音陷波中心频率调整
RSNS	红检测设置	S. TRAPGD	伴音陷波 GD 值调整
RT. ABL. DF	ABL 控制失效参数设置	S. WOOFER	重低音开关设置
RVDC. LVL	R-Y 暗平衡直流电平调整	SOFT CUP	边缘处理设定
RWIDTH	设置 RB 量实现蓝电平有效控制	S1GNA SYMIN	图像保持同步频率下限设定
R-Y DC LEV	R-Y 分量直流电平设置	S1IAT	软启动时对比度起来时间
R-Y DCLEVEL	R-Y 直流电平调整	S1-IN	S1 功能选项设置
R-Y DCLEVELYUV	YUV 状态 R-Y 直流电平调整	S2-IN	S2 功能选项设置
R-Y/DC AV	AV 状态 R-Y 电平调整	S-AUTO	S 端子自动识别功能设置
RY. DC. LVL	R-Y 直流电平（暗平衡）调整	SAVER BOTTOM	屏幕保护下边界
R-Y/B-Y ANG	R-Y/B-Y 解调角调整	SAVER LEFT	屏幕保护左边界
R-Y/B-Y ANGLE	R-Y/B-Y 解调角调整	SAVER RIGHT	屏幕保护右边界
R-Y/B-Y G. BL	R-Y/B-Y 幅度调整	SAVER TOP	屏幕保护上边界
R-Y/B-Y GAIN-BAL	R-Y/B-Y 解调比调整	SAVING	自由听功能设置
R-Y/DC	白平衡微调	SAV-VOL	省电模式下音量设置
R-Y/DC. DVD	DVD 白平衡微调	SB	副亮度调整
R-Y/DVD	DVD 白平衡调整	SBRI	副亮度设置
R-YDC LEV	R-Y 直流电平调整	SBRT	副亮度调整
R-YDC LEVEL	R-Y 白平衡调整	SBY	SECAM 制 B-Y 黑电平调整
S TRAP ADJ	伴音中频陷波频率微调	SC	场 S 形失真校正
S TRAP Q	伴音陷波 Q 值调整	SC BRIGHT	副亮度调整
S TRAP SW	内部外部陷波器选择开关	SC BRIGHTNESS	水平亮线亮度调整
S TRAP TEST	伴音中频陷波频率微调	SCL	场 S 形失真校正
S VIDEO	S 端子位置	SCNT	副对比度调整

（续）

英文项目名称	中文项目内容	英文项目名称	中文项目内容
SCOL	副彩色设置	SET MIN SHARPNESS	最小清晰度设置
S-CON	副对比度设置	SET P32 BRIGHTNESS	中间亮度设置
S-CORR	场 S 形失真校正	SET P32 COLOR	中间色度设置
SCR H COMP	开机拉幕行幅补偿	SET P32 CONTRAST	中间对比度设置
SCR. H. POSI	拉幕的起始位置调整	SET P32 SHARPNESS	中间清晰度设置
SCR. SAVER	屏保选择	SET VPOS	PAL 制半场中心设置
SCREEN LARGE	大小屏幕选择	SH ADJ	锐度特征调整
SCREEN OPT	开关机拉幕选择	SHADIUST	锐度特性设置
SCREEN SAVER	无信号时屏幕保护方式选择	SHARP	清晰度调整
SCREEN TIME	开机拉幕前黑屏等待时间选择	SHARP BRI	锐丽亮度调整
SCREEN TYPE	拉幕方式选择	SHARP COL	锐丽色度调整
SCREENOPT	开关机拉幕选择	SHARP CON	锐丽对比度调整
SDF	字符振荡频率设定	SHARP. BALANCE	竖线条左右勾边平衡调整
SEARCH	自动搜台算法设置	SHARPNESSMID	清晰度中间值寄存器值
SEARCH CHECK	冷开机时检查无频道 存储则自动搜台	SHIFT	场中心调整
		SHIPMENT	退出维修模式
SEARCH SPEED	搜索速度调整	SHIPMENT RESET OFF	退出维修模式
SEARCH SY MAX	搜台锁定的频率上限设定	SHIPPING	装载
SEARCH SY MIN	搜台锁定的频率下限设定	SHP	柔和清晰度调整
SEAUD	自动搜台时，没信号 是否向下搜索信号	SHPN	清晰度最小值调整
		SHPX	清晰度最大值调整
SECAM	SECAM 制式预置	SIF 5.0MHz	5.0MHz 伴音制式选择
SECAM BLK-B	SECAM 黑电平蓝色调整	SIF 5.5MHz	5.5MHz 伴音制式选择
SECAM BLK-R	SECAM 黑电平红色调整	SIF 6.0MHz	6.0MHz 伴音制式选择
SECAM B-Y DC	SECAM 时的白平衡调整	SIF 6.5MHz	6.5MHz 伴音制式选择
SECD	SECAM 制模式设置	SIF PRIORITY	第二伴音中频设置
SELF	自检	SIF SYS	伴音中频制式设置
SENSITIVITY	超强接收功能选择	SIF. BG	伴音 BG 制式选择
SERVICE	维修状态设置	SIF. DK	伴音 DK 制式选择
SERVICE MENU	服务菜单	SIF. I	伴音 I 制式选择
SET MAX BRIGHTNESS	最大亮度设置	SIF. MN	伴音 MN 制式选择
SET MAX COLOR	最大色度设置	SIF. SYS. SW	伴音中频选择
SET MAX CONTRAST	最大对比度设置	SIF-B/G	B/G 制选择开关
SET MAX SHARPNESS	最大清晰度设置	SIF-D/K	D/K 制选择开关
SET MIN BRIGHTNESS	最小亮度设置	SIF-I	I 制选择开关
SET MIN COLOR	最小色度设置	SIF-M/N	M/N 制选择开关
SET MIN CONTRAST	最小对比度设置	SIFRRI	伴音中频选择

英文项目名称	中文项目内容	英文项目名称	中文项目内容
SIF-SYS. SW	S 频率设定	SRY	SECAM 制 R-Y 亮度调整
SIGNA SYMAX	图像保持同步频率上限设定	SS BG	BG 滤波器参数调整
SIGNAL SY MIN	图像保持同步频率下限设定	SS BG	BG 陷波器带宽选择
S-IN	S 端子输入功能设置	SS DK	DK 滤波器参数调整
SLOPE	场线性调整	SS DK	DK 陷波器带宽选择
SMD	速调模式选择	SS I	I 滤波器参数调整
SMD-OSD-TM	OSD 速调输出时间提前于 RGB	SS I	I 陷波器带宽选择
SMODE	生产调试设置	SS M	M 滤波器参数调整
SNDFL	伴音滤波器设置	SS M	M 陷波器带宽选择
SOBRI	柔和模式亮度设定	SS-SB	高位清晰度
SOC	软件控制钳位电平	ST BG	BG 制式滤波器开关
SOCOL	柔和模式色度设定	ST DK	DK 制式滤波器开关
SOCON	柔和模式对比度设定	ST I	I 制式滤波器开关
SOD. CONT	OSD 对比度调整	ST M	M 制式滤波器开关
SOFT BRI	柔和亮度调整	ST3	NTSC3. 58 电视清晰度中间值调整
SOFT CIIP LEVE1	白峰限制基准电平设置		
SOFT CLIP	白场延伸强调设置	ST4	NTSC4. 43 电视副清晰度中间值调整
SOFT COL	柔和色度调整		
SOFT CON	柔和对比度调整	STA	开关机状态选择
SOLAR OPT	农历节气显示设置	STANBY. MODE	开机电源脚记忆状态设置
SOSHP	柔和模式画质设定	STANDARD BRI	标准亮度调整
SOTT CLIPPER	图像降噪设置	STANDARD COL	标准色度调整
SOUND BG	伴音 BG 制式设置	STANDARD CON	标准对比度调整
SOUND CONFIG	无重低音功能设置	STANDBY	开机状态设定
SOUND DK	伴音有 DK 制式设置	START MODE	交流开机方式选择
SOUND I	伴音 I 制式设置	START ON	启动状态设置
SOUND IC	音频处理 IC 选择	START TIME	延时时间调整
SOUND M	伴音 M 制式设置	STAT	软件启动对比度上升时间设置
SOUVND DK	伴音 DK 制式设置	STBG	BG 带通滤波器带宽选择
SPBAS	语言模式低音设定	STBY	待机数据设置
SPL TEST	测试模式	STDK	DK 带通滤波器带宽选择
SPSUR	语言模式环绕声设定	STEREO OPT	声音控制选择
SPTRE	语言模式高音设定	STI	I 带通滤波器带宽选择
SPWOF	语言模式重低音设定	STM	M 带通滤波器带宽选择
SRCH SPEED	调谐搜索速度设置	STON-SEARCH	开机搜台设置
SRS	SRS 环绕声设置	SUB	副亮度调整
SRT	SECAM 制 R-Y 黑电平调整	SUB BRICNT	副亮度调整

（续）

英文项目名称	中文项目内容	英文项目名称	中文项目内容
SUB BRTS	副亮度调整	SV4	NTSC4.43 AV 锐度中心值设定
SUB COLOR	副色度调整	SVD	DVD 清晰度中间值调整
SUB COLOR P	PAL 制副色度调整	SVHS	调谐器设置
SUB COLOUR	副色度设置	SVHS ON	S 端子开关设置
SUB CON	最大对比度调整	SVHS-IN	S 端子开关输入
SUB CONT	副对比度调整	S-VIDEO	S 端子输入功能选择
SUB CONTRAST	副对比度设置	S-VIDEO OPT	S 端子输入功能选择
SUB SAT	最大色度调整	SVM	扫描速度调制设置
SUB SHA	最大清晰度调整	SVM DELAY	扫描速度延时
SUB SHARP	副清晰度调整	SVM DL	速度调制延迟调整
SUB SHARPNESS	副清晰度设置	SVM EXIST	扫描速度调整
SUB TINT	副色调设置	SVM GAIN	扫描速度增益
SUB TINT AV	AV 副色调调整	SVM ON OFF	速调开关设置
SUB TINT TV	TV 副色调调整	SVM OPTION	SVM 选择
SUB TINT YCBCR	YCBCR 信号副色调调整	SVM PIPE	扫描速度设置
SUB. BRIGHT	副亮度调整	SVM STEP	扫描速度步进
SUB. COL	副饱和度调整	SVMA	速调输出信号基准幅度调整
SUB. COLOR	副色度设置	SVMI	速调状态 1
SUB. CONT	副对比度调整	SVM-OSD-PW	OSD 速调脉宽调整
SUB. SHARP	副清晰度调整	SVO	中频伴音陷波通过群延时再输出设定
SUB. SHP	副清晰度调整	SVO ORFSC	IC 引脚输出信号选择
SUB. TINT	副色调设置	SVO. FSC	IC 引脚输出信号选择
SUBB	副亮度调整	SVO. SW	视频/色副载波输出选择
SUBTINT AV	AV 副色调调整	SVOL	音量线性设置
SUP BASS	重低音选择	SVSH SOURCE	无 S 端子输入功能设置
SUPER RECEIVE OPT	超强接收功能设置	SWITCHL	程序开关
SUPER-TUNER	超强接收高频头选择	SY DET NOR	高频头标准状态检测
SUR	环绕声设置	SY DET SCR	屏保模式下设定
SUR EFT	环绕声设置	SY DET TUN	高频头同步检测
SUR MODE	环绕效果选择	SYB BRIGHT	副亮度调整
SURROUND SPATIA	环绕声空间效果	SYBBF	蓝屏关时同步检测设定
SURROUND STRENG	环绕声强弱调整	SYBBN	蓝屏开时同步检测设定
SV0. SW	视频/色副载波输出选择	SYDK	DK 带通滤波器带宽选择
SV3	NTSC3.58 视频清晰度中间值调整		

（续）

英文项目名称	中文项目内容	英文项目名称	中文项目内容
SYNC	同步信号相关参数的设定	TINT	色调调整
SYNC CHAT	同步时间设置	TINT DEF NTSC	N 制色调设置
SYNC CONT	同步头设置，搜台判定有无信号或蓝背景显示	TINT DEF OTHERS	其他状态色调设置
		TINT DEF YCBCR	YUV 状态色调设置
SYNC COUNT	搜台同步计数设置	TINT FLAG	拉幕开机时间调整
SYNC SEP SEN	场同步分离灵敏度选择	TINT THR	色调控制开关
SYNC SEP. S	同步分离电平调整	TINT. TEST	色调 DAC 测试模式
SYNC. BB	蓝屏时同步探测方式设置	TN. GAIN	输入电平调整
SYNC. DET	行同步检测方式设置	TNTC	副色调中间值调整
SYNC. SEARCH	内同步搜台时，同步头探测方式设置	TNTCAV	AV 色调中心值调整
		TNTN	色调最小值调整
SYNC. SEP	行同步分离程度	TNTX	副色调最大值调整
SYNC. SKEW	检测行同步倾斜模式	TOFAC	进入工厂模式方法设置
SYNC. SLI	弱信号同步电平	TONE LVL	半透明度选择
SYNC-KILL	同步开关设置	TOP	屏保移动时上边位置限定
SYS	彩色制式调整菜单	TOP CONER	上边角失真校正
SYS. SHARP	不同状态 SHARP 值调整	TOP CORNER	顶部边角调整
SYSR	搜台换台同步信号检测	TOP EW	顶部失真枕校
T. DISBLE	测试模式	TOPCR	上边角失真校正
T. MOD	EHT 补偿方式	T-PATTREN	维修测试信号
T. VIET	越南文设置	TRACK. MODE	高压 EHT 跟踪模式设置
TAB	数据检查表	TRAP	梯形失真校正
TAS. TUNE	选台速度设置	TRAPE	梯形失真校正
TAST. TUNE	选台速度设置	TRB MAX	高音最大设置
TC	梯形失真校正	TRCT	高音调整
TCOLOR	菜单上半部分颜色选择	TRE	高音设定
THENE	配色主题设置	TREBLE	高音音量调整
TILT	地磁校正调整	TREC	高音中间值设定
TILT CORRECT	地磁校正功能选择	TRIMMNER SWITCH	重低音功能开关
TIME	时间设定	TRUM	梯形失真校正
TIME ZONE	世界时钟时区设定	T-SET	图文语言设置，图文版本时才有此项
TIM-OFF	定时器定时关机选项		
TIM-REM	定时器提醒功能选项	T-SPEED	搜台速度选择
TIM-RT	定时器时钟选项	TUBE-TYPE	显像管种类设置
TIM-SKP	定时器广告跳跃选项	TUN. ADR	高频头总线地址选择
TIM-SLP	定时器睡眠选项	TUNER	高频头选择
TIM-SW	定时器定时开机选项	TUNER ALPS	高频调谐器选择

（续）

英文项目名称	中文项目内容	英文项目名称	中文项目内容
TUNER KINDS	高频头种类	TV. OFF. SCR	拉幕式关机设置
TUNER OPTION	调谐方式选择	TV. OUT	AV 状态下 TV 通道开关
TUNER PICK	高频头选择	TVMD	开机渐亮的时间设置
TUNER. TYPE	频率合成高频头选择设置	TVMUT	电视状态下黑屏幕时间长短
TUNERSPEED	搜台速度选择	TXCX	屏显对比度最大值设置
TUNING	调谐与图文调整菜单	TXT-H-POS	图文水平位置调整
TUNING LOCK	选台菜单锁定开关	TXT-ON	图文功能设置
TUNING. MODE	搜台方式设置	TXT-RGB	图文字符亮度调整
TV	TV 开关	TXT-SPLIT	双窗图文功能设置
TV. MUTE	TV 无信号静音设置		

4.7 U、V、W

英文项目名称	中文项目内容	英文项目名称	中文项目内容
U BAND	高频头波段电平选择	V AGC DC	场 AGC 供电选择
U CORNER	上角失真校正	V AMP	场幅度调整
U CORNER BTM	下角失真校正	V AMPL	场幅度调整
U CORNER TOP	上角失真校正	V BLACK	V 信号黑电平调整
U OFFSET	U 分量白平衡偏移量	V BLK SW	场消隐开关
UB COLOR	副彩色调整	V BLK TOP	场上边消隐调整
UBLACK	U 信号消隐电平设置	V BOW	弓形失真校正
UBLK ADJ	U 分量黑电平调整	V CD MODE	场分频模式设置
UCNR	顶部边角失真校正	V CD4T	场中心调整
UCOM	色度自动相位控制设置	V CEN	场相位调整
UCP	上角失真校正	V CENT	场中心设置
UCR	上角失真校正	V COMP	场幅补偿量调整
UNUSABLE	确认功能选择	V COUNT AUTO	场频自动设置
UOC VOL	副音量设置	V EHT	高压变化时场幅调整
UP BOX BACKGROUND	菜单上面窗口底色选择	V G2	帘栅电压调节
UP BOX MOVE	菜单上面窗口移动窗颜色选择	V GUARD	场保护设置
UP CORNER	上角线性调整	V K	白平衡调整时亮线设置
UP ICON BACKGROUND	菜单上面图标颜色选择	V KILL	场扫描开关
UP ICON MOVE	菜单上面选中图标颜色选择	V LEV OFFSET	视频检波直流偏置设定
USB SOURCE	无 USB 输入功能设置	V LIN	场线性调整
USPER RECEIVE	超强接收选择开关	V LINE	场线性调整
UV CONV	色差平衡调整	V LINEAR	场线性调整
UVBIACK	色差分量的黑电平调整，调整 DVD 偏色	V LINEARRITY	场输出线性调整

（续）

英文项目名称	中文项目内容	英文项目名称	中文项目内容
V LVL	视频幅度调整	VBB TM	场底部消隐设置
V LVL OFS	视频输出幅度调整	VBLACK	V 信号消隐电平设置
V MUTE	视频静噪设置	VBLK	场消隐调整
V MUTE P OFF	选择关机消亮点方式	VBLK ADJ	V 分量黑电平调整
V OFFSET	V 分量白平衡偏移量	VBLK STAR	场消隐起控点设置
V OSD	屏显垂直位置调整	VBLK STOP	场消隐截止调整
V PHASE	场相位设置	VBLK SW	场消隐开关设置
V POS	场中心调整	VBTMK	场下部消隐调整
V POS OFFSET	场总线设置	VBTOP	场顶部消隐设置
V POSSHIFT	场中心微调	VCD	图像相关设置
V POSTION	场中心调整	VCD MODE	场分频模式
V PRO DATA	场保护门限值调整	VCEN	场中心调整
V PROTECT DET	场保护选择开关	VCENT	场中心调整
V PROTEVTTH	场保护门限	VCO ADJ	VCO 频率调整
V RESET TIMING	场复位时机选择	VCO ADJUST	图像中频 VCO 频率自动调整
V SC	场 S 失真校正	VCO FREQ	图像中频 VCO 频率调整
V SCORR	场 S 失真校正	VCO PREG	压控振荡器频率调整
V SCROLL	场卷帘调整	VCO TEST	压控振荡器频率测试
V SEPUP	场同步分离灵敏度增强设定	VCO FREQIF/ES	VCO 频率设置
V SHIFT	场中心调整	VCR	录相机接入设置
V SIZE	场幅度设置	VDC	场线性调整
V SIZE CMP	场幅补偿调整	VEHT	场高压稳定性校正
V SIZE OFFSET	场幅度设置	VEIN	场线性
V SLOPE	场线性调整	VER/SHOOT	过偏转调整
V SLP	场斜率调整	VERTSEROLL	场卷边调整，场扩展模式有作用
V SYNC	场同步调整	VERTZOOM	场变焦调整
V TEST	场测试模式	VERTGUARD	场保护功能开关设置
V TRANS	选择数据传送时机	VFREQ	场频设置
V UNE	场线性调整	VG2	帘栅电压调整
V ZOOM	场缩放因子调整	VG2 B	帘栅极电压
V BLK BTM	场下边消隐调整	VG2 BRI	白平衡亮线状态亮度设置
VA	场幅度调整	VG2 BRIGHT	栅帘调整时的亮度设置
VALUE	寄存器中的值	VGA OVERLAY	小窗口稳定
VAM	场幅度校正	VGA SOURCE	有 VGA 输入功能设置
VAMP	场幅度调整	VGB	配合帘栅调整
VATT	音频补偿参数	VGUARD	场保护设置
VBAMP	场输出脉冲相位	VH/UHF FREQ	高频头的 VH/UHF 分频点选择

（续）

英文项目名称	中文项目内容	英文项目名称	中文项目内容
VHLK	场消隐开始/停止设置	VOLUME	音量调整
VHS	场中心校正	VOLUME OPT	音量线性控制方式选择
VIA	视频信号输出（PIN1）幅度	VOLUME OUT	立体声内部音量输出选择
VID	宽度调整	VOOFFR OPT	场关断选项
VID LVL OF	TV 视频输出幅度设置	VP	场中心调整
VID MUTE	视频静噪开关	VPHASE	场相位调整
VIDEO LVL OFFSET	视频截止电平调整	VPHS	场相位调整
VIDEO DSP USB	AV1 显示 USB	VPOS	场中心调整
VIDEO LEVEL	视频电平调整	VPS	场中心调整
VIDEO LVL	TV 视频输出幅度调整	VPOS NT	NTSC 制场中心调整
VIDEO MUTE	视频静噪选择开/关	VR ESET T	场复位时间调整
VIDEO SW	视频开关设置	VR TIME	CDMODE 复位时间调整
VIDEO LEVEL	视频幅度调整	VS	场 S 失真校正
VIF	图像中频选择	VS COR	场 S 失真校正
VIF FREQ	图像中频选择	VS CORE	场 S 失真校正
VIF SYS	图像中频选择	VS SUBT	场 S 失真校正
VIF SYS SW	图像中频选择	VSC	场 S 失真校正
VIF VCO	中频振荡频率调整	VSCR	场卷轴调整
VK	白平衡亮线维修开关设置	VSD	水平亮线亮度调整
VL/VH FREQ	高频头的 VL/VH 分频点选择	VSD BRIGHT	调帘栅前亮度设置
VLI	场线性校正	VSEP UP	场同步分离灵敏度调整
VLIN	场线性调整	VSH	场中心设置
VLINE	场线性调整	VSHIFT	场中心调整
VLIS	60Hz 场线性调整	VSIZE	场幅度调整
VM DELAY ADJ	VM 延迟时间调整	VSIZECMP	场线性调整
VMA	速调幅度调整	VSL	场斜度校正
VM GAIN	VM 增益设置	VSLOPE	场线性调整
VMUTE P OFF	选择关机消亮点方式	VSLP	垂直倾斜调整
VOF	字符垂直位置	VSORR	场 S 失真校正
VOL	副音量设定	VSS	场 S 线性调整
VOL ADJ POINT	音量最小调整	VSTART	场消影开始相位调整
VOL ADJ VALUE	音量最大调整	VSTOP	场消影停止相位调整
VOL CUR	音量设置	VTD	无电压显示
VOL FIL	音量调整 DAC 滤波器设置	VTEST	场保护功能开关设置
VOL FILTER	音量控制滤波功能	VTIST	场保护设置
VOL LINEAR MEASURE	音量控制调整	VTOPK	场上部消隐调整
VOL PIN	音量失真校正	VTRANS	场逆程数据传输
VOLACT LOW	音量控制曲线选择	VTST	立体声分离度调整

英文项目名称	中文项目内容	英文项目名称	中文项目内容
VUN	场线性调整	WID	行幅调整
VX	场延伸调整	WID TH	行宽度调整
VX COMPR	压缩场幅设置	WIDC	行幅度调整
VX EXPAND	扩展场幅设置	WIDE	场消隐调整
VX NORMAL	正常场幅设置	WIDS	NTSC 制行幅度调整
W B	暗平衡蓝色调整	WIG	暗白平衡绿色调整
W G	暗平衡绿色调整	WOFC	重低音中心值调整
W R	暗平衡红色调整	WOFF	重低音关闭时输出电平调整
W TONE	白平衡调整菜单	WON	重低音输出电平设定
W/B BRIGHT	W/B 状态下亮度模拟量值	WOOF	重低音开关
W/B COLOR	W/B 状态下色度模拟量值	WOOF VOL	重低音音量调节
W/B CONTRAST	W/B 状态下对比度模拟量值	WOOFER	重低音音量调整
WAIT TIME	开机等待时间调整	WOOFER GAIN	重低音增益控制
WARM	白平衡暖色调调整	WOOFER LFE	重低音滤波设置
WARM RD OFFSET	暖色状态红激励偏移量调整	WPB	白平衡蓝色调整
WB BRIGHT	白平衡下亮度设置	WPB C	蓝基色暗平衡
WB COLOR	白平衡下色度设置	WPB YCBCR	白平衡调整 B 偏移量
WB CONTRAST	白平衡下对比度设置	WPG	白平衡绿色调整
WBBRI	白平衡亮度设定	WPG C	绿基色暗平衡
WBCON	白平衡对比度设定	WPG YCBCR	白平衡调整 G 偏移量
WBF	水平起始消隐调整	WPL	白峰限制电平调整
WBR	水平结束消隐调整	WPL OPE	白峰限制
WCTL	低音控制状态数据设置	WPL POINT	白峰限幅电平选择
WEAKSIGNAL	超强接收开关	WPLOPE	白峰限制起始点设定
WELCOME LOGO	酒店 LOGO 设置	WPLOPE POINT	白峰限制设置
WFL	重低音滤波调整	WPR	白平衡红色调整
WHITE OUT	白平衡调整子菜单	WPR C	红基色暗平衡
WHITE STRETCH	白延伸设定	WPR YCBCR	白平衡调整 R 偏移量
WHITEB B	白平衡蓝色调整	WRITE	更新标志
WHITEB G	白平衡绿色调整	WSS	宽屏信号扫描设置
WHITEB R	白平衡红色调整	WVOL MAX	重低音音量设置

4.8 X、Y、Z

英文项目名称	中文项目内容	英文项目名称	中文项目内容
XDT	高压保护模式设置	Y APF	彩色陷波器选择开关
XDTX	X 射线保护功能，系统会自动重启	YCBCR IN	分量信号开关设置

（续）

英文项目名称	中文项目内容	英文项目名称	中文项目内容
YCBCR S/L	YCBCR 的显示选择	Y GAMMA START	Y 信号 Y 补偿调整
YCBCR SW	YUV 开关设定	YNTSC	NTSC 制亮度信号延时调整
Y DELAY	亮度延迟时间设定	YPAL	PAL 制亮度信号延时调整
Y DELAY AV	AV 亮度信号延时调整	YPL	亮度峰值限制开关
Y DELAY NTSC	NTSC 制亮度信号延时调整	YSECAM	SECAM 制亮度信号延时调整
Y DELAY PAL	PAL 制亮度信号延时调整	YSVH S	S 状态亮度信号延时调整
YDAV	AV 亮度延迟	YTH	蓝扩展 Y 信号灵敏度调整
YDEL	亮度信号延时设置	YUV	分量输入功能选择
YDFN	NTSC 制亮度延迟	YUV BY DC	YUV 输入 BY 直流电平调整
YDFP	PAL 制亮度延迟	YUV COL	YUV 彩色幅度调整
YDL	亮度延迟调整	YUV DL	YUV 色彩延迟调整
YDL AV	AV 信号亮度延迟量设定	YUV ON	YUV 开关设置
YDL NT	NTSC 制亮度延迟量设定	YUV OPTION	YCBCR 输入功能选择
YDL PAL	PAL 制亮度延迟量设定	YUV R Y DC	YUV 时的 RY 白平衡调整
YDL AV	AV 信号亮度延迟调整	YUV DIS	YUV 显示状态
YDTP	TV 亮度延迟	ZOOM	放大缩小功能
YGAIN	蓝电平延伸增益调整	ZOOM EX	ZOOM 图像场幅调整
YGAMST	Y 信号伽玛校正	ZOOM N	4∶3 图像场幅调整
YGAMMA	亮度伽玛校正	ZOOM OPTION	选择 ZOOM 功能
YGMA	亮度伽玛校正	ZOOM VISZE	场幅放大方式场幅调整
Y GAMMA STA	Y 信号伽玛校正起始点设定		

第 5 章　超级彩电速修与技改速查

　　超级彩电微处理器的控制项目较多，与控制密切相关的软件数据一旦出错，就会引发彩电发生软件故障，特别是功能设置项目和模式设置项目数据出错，轻者造成出错的项目功能丢失，重者造成控制系统功能紊乱，各项控制功能失灵或进入死机状态。软件故障一直是家电维修的焦点，也是造成修不好、修成死机的重要原因之一。其主要原因：一是不知道调整方法和数据；二是不知道调整哪个项目；三是不知道准确数据。由于总线调整项目的数据因机而异，特别是功能设置和模式设置的项目，即使是相同的机心，由于开发的功能不同，电路的改进，其项目数据往往不同；再加上项目数据是固定数据，不是连续可调的数据，如果调乱，轻者造成相关功能丢失，重者引发彩电功能紊乱或造成死机。排除软件数据出错故障，必须首先掌握该彩电进入维修状态的密码和方法，方能对软件数据进行纠正和调整。

　　另外，在设计和生产彩电的过程中，由于选配元器件的质量不佳、元器件设计参数的偏差、安装位置的拥挤、电路原理的设计不完善等原因，往往存在先天不足，引发原发性硬件故障。例如：分压电阻的设计参数偏差，可能引发电路的工作状态改变，放大状态质量变坏；限流和降压电阻的参数偏差，可能引发相关信号的过大或过小，功率不足可能容易变质和烧毁；电容器的电容量参数偏差，可能引发滤波不良、信号延迟或提前、形成的信号幅度不足；电容器耐压不足，可能击穿；由于发热元器件安装过于密集，不利于散热，引发元器件受热变质等。一般的彩电维修，大多按照电路图中标注的元器件参数对元器件进行检测和更换，很少怀疑元器件参数设计不足的问题，往往使检修陷入困境。电视机生产厂家，在新机型上市一段时间，根据售后维修的反馈信息，往往对电路设置和硬件参数做相应的技术改进，以改正电路设计缺欠和生产时的先天不足，提高电视机的质量和稳定性，这些技改资料是厂家内部技改方案，或由售后服务部门掌握，很少外流，资料珍贵。

　　本章将期刊、书籍、网站中刊载的超级彩电常见软、硬件易发故障和排除方法收集到一起，特别是搜集了有关功能设定、模式设定数据出错引发的奇特的软件故障和因厂家设计缺欠引发的硬件故障的排除方法。由于采用相同机心或相同微处理器、相同被控电路的机型，可能发生相同的故障现象，本章提供的超级彩电速修与技改速查，不但适用于表中列出的机型和机心，对主控微处理器和被控主电路相同的其他机型也可能适用，其故障机型的主控微处理器和被控主电路资料，请根据所属机心，查阅本书的第 4 章。软件故障排除方法，大多需要进入维修模式，对相关数据进行修改和设置，有关总线调整方法和项目内容参见本书的第 3 章和第 4 章；涉及的集成电路请参阅本书的第 2 章。

5.1　长虹超级彩电速修与技改方案

5.1.1　CH-13 机心速修与技改方案

故障现象	故障原因	速修与技改方案
超级单片损坏后，代换问题1	CH04T1306 代换 CH04T1301、CH-04T1302、ICH04-T1304，代换后更改数据	必须按照 CH04T1306 的总线状态设置原机功能，或更换空白存储器，如 SF2166K 为 VS 调谐、一路 AV 输入、一路 DVD、无 S 端子，要在附件的存储器数据上做些更改及用户遥控将音量减少至 0，图像模式设定到"亮丽"状态，在"亮丽"两字未消失的情况下，按"排序"键不放，大约 3s，可以看到屏幕正上方出现"M"；接着，按一下遥控器"菜单"选项，在该选项未消失的情况下，按住"排序"键不放，便能进入"M"总线模式。将总线数据 MENU11 中 OPT. VS/FS 设为"0"；MENU12 中 OPT. TV/AV 设置为"1"，OPT. AV1/AV2 设置为"0"，OPT. AV3 设置为"0"，OPT. DVD 设置为"1"。如果代换后不进行上述更改，用户操作遥控器时会出现 AV1、AV2、S-VHS、DVD 等功能字符，但电视机并无此功能，因此会引起不必要的麻烦 注：使用空白存储器时，需要设置 PMODE. ADJ 图像模式参数，随便增减一下参数，再恢复原状，以实现存储器初始化；未经初始化的存储器，配 CH04T1306 时，连续开/关主电源，可能会出现 2 频道丢失问题
超级单片损坏后，代换问题2	CH04T1308 代换 CH04T1306 时，部分机器可以直接代换，代换后更改数据	有些机器直接代换后会出现光栅发紫、字符右移、按键错乱、不记忆数据等问题 解决方法：将存储器 24C08 换成 24C16，进入总线后将菜单 MENU12 项内 OPT. ADKEY 改为 0；MENU11 项内 OPT. VS/FS 改为 1，TUN. ADR 改为 1；MENU10 项内 OPT. IIC 改为 0 即可
F2166K（F25）的 VD366、行管容易同时损坏	原电路设计不足，更改电路	维修时，在 VD366 正端与地线之间背焊一只 1000pF/2kV 的电容，VD366 采用 2CZ4406E 即可排除此故障
PF21300 发出行频叫声	原电路设计不足，更改电路	由于此问题的具体原因目前不明确，经以下处理方案可以得到解决： 1. 将行线性电感去皮，点 502 胶（改变谐振频率） 2. 补焊行线性电感（改变谐振频率） 3. 剪短行部分的器件引脚 4. 在开关变压器、行线性电感处点胶（增加谐振阻力） 对于后期生产的 CH-13 机心行扫描电路发出叫声的情况，可在开关变压器、行线性根部点 87 胶（增加谐振阻力），或将行线性电感改为 HXT25，后续产品采用 HXT25A
PF21300 机型，指示灯闪烁，不开机	待机控制电路中 R548 的电阻值小	将待机控制电路中 V703 集电极的 R548 由 10kΩ 改为 24kΩ 后，故障排除
PF21300 机型，自动关机	开关电源 VD598 漏电	开关电源 KA5Q1265 的 3 脚外部 VD598 漏电，导致 KA5Q1265 工作电压不足，停止工作，更换 VD598
S2166K 彩电（CH-13 机心），黑屏，字符不同步	N101 的 41 脚外围瓷片电容 C710 漏电	先检查字符不同步故障，字符振荡以及字符输出的电路均设计在超级单片电路 CH04T1303（N101）内部，仅 41 脚外接字符振荡滤波电路，测得 N101 各供电端电压正常，但 41 脚电压不足 2V，低于正常值 2.8V；检查 41 脚外围电路，发现瓷片电容 C710 漏电，换新后试机，图像及字符显示正常

故障现象	故障原因	速修与技改方案
SF2166K 的 + B 电压异常，升高到 140V 以上	取样电阻 R550 的参数不足	SF2166K 的 + B 取样电阻 R550 为一只 RJ15-0.5W-240kΩ 的电阻，这只电阻在市场上反馈损坏较多，损坏后 + B 升高到 140V 以上，容易造成行管损坏等故障。维修时使用两只 RJ14-0.25W-120kΩ 的电阻（R550、R551）替代原电阻。该问题只出现在早期的 SF2166K 上，其他产品无此问题
SF2166K 机型，电源指示灯一亮一灭闪烁，整机三无	稳压取样电路 R550A 阻值变大	检查开关电源输出电压在 45～75V 之间跳变，测量稳压取样电路 R550A 由正常时的 120kΩ 增大到 400kΩ，换新后故障排除
SF25366 彩电，不定时开机困难	尖峰脉冲吸收电路 C821 开路	查不开机时开关电源不启动，补焊开关电源后故障依旧，最后检查开关电源一次电路，发现 FSCQ1265RT 的 1 脚外接尖峰脉冲吸收电路 C821（1000Pf/2kV）表面开裂，更换后故障排除
伴音音量小	原电路设计不足，更改电路	将 R104 改小，目前装的是 33kΩ 电阻，可改为 22kΩ 或 18kΩ；更改后，可能伴音功率放大电路的温升较高；更改时还可以将 RF524 适当增加（改为 1.5Ω）
伴音正常，图像发白	CHMT1308 损坏	首先测量视频放大电压为 200V 正常，各部分电路的供电也正常，调试对比度发现没有变化，所以判定图像发白是无对比度现象所造成的。此电视采用 CH04T1308 主芯片，主芯片的 10 脚为自动亮度控制脚，测此脚电压只有 0.3V，而正常时电压应为 3.3V；10 脚外围有 R422 和 R424 串联，接至高压包，测 R424 一端有 26V 电压过来，R422 无电压，怀疑 R422 开路，断开测量 R422，测其阻值正常；脱开 CHMT1308 后，10 脚电压正常，代换 CH04T1308 后，图像正常
伴音正常，图像上有干扰线	消磁线圈电流偏大，影响偏转线圈正常扫描	测量场扫描电路各脚电压正常，场振荡电路各脚电压正常，怀疑场输出电路损坏，代换后无效；代换 B + 滤波电容、场滤波供电电容、300V 滤波电容均无效，维修陷入困境；在修板过程中拔掉消磁线圈，故障消失，更换同值消磁电阻，开机故障依旧，经分析应该是环境气温低导致消磁电阻阻值偏低，通过消磁线圈的电流偏大，影响偏转线圈正常扫描而造成图像抖动，在消磁线圈插座上并联 400V/12nF 电容后，故障排除
本机按键功能错乱	OPT ADKEY 项目数据出错	进入软件数据调整模式，将 MENU11 菜单中的 OPT ADKEY 按键位置设置项目的数据改为 1 即可
不定时出现自下向上运动的横黑带干扰，无图像时更明显	ABL 电路中的 C444 未装	开机不定时出现此现象，怀疑电源滤波电容不良，用万用表查各组电压，没有发现滤波异常情况；又分析此现象好像是 ABL 电路故障，顺路查下去，发现在路电阻无异常后，发现电容 C444 没有装上，装上 C444 后，故障排除
不定时限时收看	存储器数据出错	1. 换用新的存储器 2. 在使用新存储器的情况下，将锁定收看菜单中的限时收看项设定为 15min，让它到时间自动关机（也就是使用一下该功能） 3. 再次打开电视机，让它再交流关机一次；如果连续 255min 没有出现该问题，说明存储器的数据已经正常
不接信号时电视机正常开机，插上信号自动关机	开关电源 V703 轻微漏电	该机曾遭雷击，送来时主 IC 有，存储器却已更换，重新写数据后，故障还是未排除；测量各组电压都相差不大，但 B + 电压（130V）却只有 100V，说明还是因电压过低而保护；断开行负载，将光耦合器 1、2 脚短接，瞬间测 B + 电压能上升到 170V，说明问题还是在一次稳压控制部分；经检查，为 V703 轻微漏电，代换 V703 后，电视机恢复正常

（续）

故障现象	故障原因	速修与技改方案
不开机，继电器有"哒哒"响声	行输出变压器内部交流短路	开机检测主电压，待机时为 60V，二次开机瞬间上升到 135V，而后又回落到 60V 左右，短路开/待机控制电路，故障依旧；检查电源二次侧，行负载无明显短路故障，怀疑行输出变压器内部绕组短路，代换高压包后机器正常
待机交流声大	设计问题，进行技改	电视机待机时发出"嘶嘶"的交流声，可将 RF524 改列 6.8Ω/2W，将 C607 由 1000μF/25V 改为 2200μF/25V，将 C596 由 47μF 改为 22μF/50V 或 10μF/50V
电源指示灯亮，不能二次开机	电容 C436 击穿	开机后电源指示灯亮，但不能二次开机，更换电容 C436(820pF/2kV)，开机恢复正常
调整音量到最小（为 0）或静音时还有声音	静音控制 VD205 开路	首先怀疑静音电路有问题，测伴音功率放大电路 LA42352 的 6 脚、13 脚电压，当声音关到 0 时，还有 3V，确定是静音电路不受控；测静音电路中的晶体管 V202 基极为负电压，进一步查出从 CH04T1307 的 30 脚输出的静音控制电压没有通过 VD205 送到 V202；拆下 VD205 检测，发现 VD205 已接近开路，更换 VD205，机器一切正常
更换空白存储器后，节目号 2 丢失	数据不符	该机心更换存储器后，需对 PMOCE ADJ 图像模式项目的数据做一下调整，随便增减一下数据，再恢复原始数据，以实现存储器初始化，即可消除故障
光栅上下不满且卷边，字符正常，无噪波点	5V-1 稳压电路 N506（CW7805）故障	有光栅说明电源、行电路工作正常，字符正常说明 CPU 工作正常，应该是场扫描电路故障；由于没有噪波点，故障同时出现在 2 个不同电路中，分析应该是供电不正常；首先测 5V-1 供电，发现只有 3.6V，查 5V-1 稳压电路 N506(CW7805)输入端电压正常，输出端电压低于 5V，更换 N506 后故障排除；+5V-1 一路供给 CH04T1308 中频放大电路，一路供给场输出电路 1 脚，所以此电压异常，同时造成中频放大电路和场输出电路工作异常
接收 TV 信号无伴音、无图像	AV/TV 切换电路设置项目出错	该机心的 AV/TV 切换电路分为两种，一种机型采用 LA7693X 的内部 AV/TV 切换电路，另一种机型采用外置的 AV/TV 切换电路，采用哪种电路受总线系统 OPT.SW 项目数据的控制。OPT.SW 项目数据为 1 时，启动 LA7693X 内部 AV/TV 切换电路；VIDEO.SW 数据为 0 时，让内部的 TV 信号去后级电路处理，如果项目数据出错，就会出现 TV 无伴音、无图像故障
冷机搜索不存台	4.43MHz 晶体振荡电路损坏	机器冷机搜索不存台，热机大约 2min 后再搜索就会存台，但第二天开机后，又显示无台；仔细观察后发现在搜索过程中，所搜到的台一晃而过，怀疑 4.43MHz 晶体振荡电路损坏，更换该晶体振荡电路，故障排除
图像上下抖动	CH04T1307 的 55 脚供电滤波电感 L103 不良	该机不定时场抖，严重时场幅收缩，而且上边比较严重。先查场输出供电电压正常，但输出端中点电压在 19~20V 变化，显然不正常，正常应该在 13~15V，代换所有与场有关的元器件，故障依旧；最后检测超级单片电路 CH04T1307 的工作电压，发现 CH04T1307 的 55 脚供电只有 4.5V 左右，更换供电电路中的滤波电感 L103 后，故障排除，机器正常
图像上有线条干扰	场输出 C302 开路	该故障一是电源滤波不良，二是场输出电路不良。先代换 300V 滤波电容，故障依旧；再检测场扫描电路，发现 C302 电容已开路，更换 C302，机器恢复正常

（续）

故障现象	故障原因	速修与技改方案
图像异常，在有图像情况下，屏幕中间出现"十"字，周围出现长形条块形状；更换存储器正常以后，工作几天又出现同制问题	总线 CROS. B/W 数据出错	将总线 CROS. B/W 数据改为"0"即可
图像正常，伴音中有杂音	伴音供电绕组与功率放大电路之间的地线过细，产生干扰	将音量减到 0，噪声消失，音量加大，噪声出现，但噪声不随着音量增大而增大；试代换伴音功率放大电路 TDA7262，故障不变，增大功率放大电路供电的滤波电容也无效；仔细观察电路板的铜箔走向，伴音供电由单独的绕组提供，伴音供电绕组与功率放大电路之间的地线过细，这样有可能造成伴音电路的地电位与整机的地产生电压，导致功率放大电路产生较大的噪声；接一根导线在开关变压器下面，将伴音供电绕组的接地端直接连在 + B 滤波电容的负极，故障排除
无伴音，黑屏幕	IF AGC 项目数据出错	LA7693X 的 2、61 脚形成的 AGC 电压分别控制中频放大和调谐器的增益，两脚电压受总线参数 IF AGC 控制；当该项目的数据设置为 0 时，IF/RF AGC 处于正常控制状态；设置为 1 时，将关闭 2、61 脚的 AGC 电压输出，中频放大电路停止工作，出现无伴音，黑屏幕故障
无彩色或偏色	彩色项目数据出错	影响彩色处理的项目数据有：直通或旁路选择项目 C. KILL. ON，通常设置为 0；Y/Cb/Cr 输入选择项目 Cb/Cr-IN，数据设置为 0 时，选择视频输入，数据设置为 1 时，选择 Y/Cb/Cr 输入，依实际电路而定；彩色制式设定项目 COLOR. SYS，正常接收 PAL/NTSC 制式信号时设置为 2，C. VCO. ADJ 应设置为 4；上述项目数据出错，就会发生无彩色和色调偏色故障
用 CHT04T1308 更换 CH04T1306 和存储器后，自动搜索无台	OPT IIC 数据出错	进入软件数据调整状态，根据软件数据查找书籍资料，逐一对比调整项目数据，发现 MENU10 菜单中的"OPC IIC"的数据为 0，而正常值为 1。该项目是指总线系统是否控制调谐器，调谐器为电压调谐时数据为 0，为总线控制频率合成调谐器时，数据为 1。将 OPC IIC 的数据改为 1 后，退出维修状态，开机搜索，所有电视节目一网打尽
中英文版本 CH04T1305 替换其他 IC 后出现异常	代换后没有更改数据和电路	1. 替换 CH04T1301 时应在总线参数表基础上做如下更改： 1）将 MENU09 菜单中的 OPT. VS/FS 选项更改为"0" 2）将 MENU11 菜单中的 OPT. AV1/AV2 选项更改为"0" 3）将 MENU11 菜单中的 OPT. DVD 选项更改为"0" 4）将 MENU11 菜单中的 OPT. S/AV2 选项更改为"0" 2. 替换 CH04T1302 和 CH04T1306 时，应在总线参数表的基础上做如下更改：将 CH04T1305 的 46 脚与 48 脚连接在一起（保证 AV2 功能正确） 3. 替换 CH04T0306 绿色电源（带继电器电路）时，主板上应做如下更改： 1）加跨接线 I018（消磁电阻旁边，原继电器 2 脚处）；取消 R733（消磁电阻旁）、R741（V705 旁）、R732 和 R732A（芯片 31、32 脚连接高频头的电路上） 2）加电阻 R731、R731A（芯片 36、37 脚连接到高频头 4、5 脚），型号为 RT13-0. 166W-100Ω，可将取下的 R732、R732A 安装在 R731 和 R731A 上 3. 将 CPU 的 46、48 脚接在一起

（续）

故障现象	故障原因	速修与技改方案
自动搜索不存台	存储器故障数据出错	搜台有正常的图像出现，但节目号不变，不记忆；能搜到图像说明高频头和中频放大电路正常，节目号不变是因为 CPU 没有识别到电台识别信号，分析故障应该出在集成块或者存储器；首先换存储器 24C16，开机搜台，故障排除
自动搜索状态下，搜索的频段、频道字符显示不变	对调谐器数据进行调整	调谐器受总线系统 TUN. ADR、OPT. VS/FS 项目数据控制时，TUN. ADR 的数据为 1，受电压调谐控制时数据为 0；OPT. IIC 与 OPT. VS/FS 在（VS 电压调谐、PS 频率调谐）0 和 1 之间设置，确认存储器工作正常后，检查调谐器和 UOC 相关电路

5.1.2　CH-16 机心速修与技改方案

故障现象	故障原因	速修与技改方案
PF21156 彩电，二次不开机	单片电路 VCC 电源电压低	+3.3V 电压偏低，将 R565 改成 680Ω/0.25W，或直接并联一只 2.2 ~ 2.7kΩ 电阻，提升待机时的 3.3V 电压，即可恢复开机。实修发现，使用超级单片电路 TDA9370、TDA9383 和 TDA9373 的机型，只要 +3.3V 电源电压在 3.1V 以上就可正常开机，但使用 OM8370 或 OM8373 的机型，一旦 +3.3V 电源电压低于 3.3V，将出现开机困难故障，这时只需改动电路提高 +3.3V 供电，使之在开、待机状态电压是 3.3 ~ 3.6V 即可
PF21156 彩电，二次不能开机，操作电视机按键，指示灯闪烁一下	CPU 供电电路设计不足	由于二次开机后电压就会下降，CPU 无法正常工作，导致二次不开机，指示灯闪烁。技改方案：将 C564 由原来的 470μF/16V 改为 1000μF/16V，R555A 由原来 33kΩ/2W 改成 15kΩ/2W 即可
PF2118 彩电，按键功能错乱，没有声音，换台时黑屏	存储器损坏	用一支空白存储器代换后，进入维修状态，选择功能设置项目，针对该机的正常数据进行重新设置，将其数据设置为 "OP1" 的数据为 "3C"，"OP2" 的数据为 "40"，"OP3" 的数据为 "32"，"OP4" 的数据为 "CE" 后，遥控关机退出维修状态，再开机电视机恢复正常
PF2155 彩电，图像正常，工作 2h 左右，伴音中出现 "叭叭" 声	CH05T1631 的 36 脚外部 R2132 故障	测量伴音功率放大电路 TDA8943SF 的各脚电压正常，故怀疑故障在公共通道电路。测 CH05T1631 各脚电压时，发现其 36 脚电压为 0V，因 36 脚是 EHT 高压检测输入端，正常电压为 1.58V 左右；检查 36 脚外部分压电阻 R232 已开路，更换 R232 后故障排除
PF2188 彩电，屏幕有一条垂直的无光区	AFC 外接电容器 C157 失效	屏幕中部有一条垂直的无光区，图像被分成两半，CH05T1607 的 16 脚行 AFC 外接电容器 C157 失效
PF2198 彩电，二次启动彩电后，面板指示灯一明一暗变化，无光无声	行输出二次供电中，8V 供电电路 R471 开路	测电源各路输出电压正常，查超级单片电路 N100（TDA9370）33 脚（行激励脉冲输出端）电压在 0 ~ 0.7V 之间反复跳变，测 N100 的 63 脚（开/待机）电压果然在不断高低跳变；再测 N100 的 14 脚、39 脚 8V 电压为零，该机 8V 电压是由行输出变压器输出的脉冲经 R471 限流、VD471 整流、C472 滤波后产生 11V 电压，然后再经 N401（L7808）稳压后产生的，经查 R471 开路，换新后试机故障消失

（续）

故障现象	故障原因	速修与技改方案
PF2198 彩电，屏幕中间有一竖直无光区，图像被左右分开	TDA9370 的 3、16 脚外接的行 AFC2 锁相环滤波电容 C157 失效	测 TDA9370 的 33 输出的行激励脉冲波形异常，其故障原因可能有以下两个：一是 TDA9370 的 16 脚外接的行 AFC2 锁相环滤波电容 C157 不良，导致 AFC2 电路工作异常；二是 TDA9370 的 34 脚无行逆程脉冲输入或输入的行逆程脉冲波形异常。本着先易后难的原则，先更换 16 脚外接的行 AFC2 锁相环滤波电容 C157(2200pF)后试机，故障排除
PF2198 彩电，无法选择 I 制伴音制式	软件数据中伴音制式的选择项目数据出错	进入维修状态，屏幕上显示红色"S"字符，同时屏幕上显示"TAB"数据表。按遥控器上的"节目增/减"键选择与伴音制式有关的 OP1 设置项目，按"音量增/减"键将 OP1 的数据在原始数据的基础上增加 4，遥控关机退出维修状态，I 制伴音制式恢复正常
PF2198 等彩电，无规律自动关机	集成电路 36 脚外部电路故障	此故障多为集成电路 36 脚外部的电容器 C891 漏电，或 35 脚 EHT 检查电路 V890 外部 R896(270kΩ)开路，更换 C891、R896 即可，并将 R896 功率适当增大
PF25118 彩电，伴音失控，场幅缩小	存储器故障	进入维修模式，能将场幅、伴音调整正常；判断存储器性能不良，更换存储器后，用户使用几天又出现相同故障，怀疑机内有打火现象，用两只 6V 稳压二极管分别接到存储器的 5、6 脚与地之间，故障没再出现
PF2598、PF2939 彩电，光栅幅度随图像亮度变化	行供电退耦电容器 C490 和电源电路 C815、R803 故障	检查更换行供电退耦电容器 C490(10μF/250V)和电源电路的 C815、R803
PF29118（F28）彩电，开机后自动关机	保护电路 R825B 已开路	测量 N100 与保护有关的引脚电压，发现 36 脚为高电平，判断高压过高保护电路启动；采取解除保护的方法，断开 VD820，开机不再保护，看来是关机静音消亮点电路发生故障，引起误保护；检查该电路发现 R825B 已开路，该机采用 1/4W 电阻，功率较小，易发烧毁故障，改用 1/2W120kΩ 电阻代换，故障排除
PF29118 彩电，音量不能控制，在 1～100 之间音量不能变化	伴音功率放大电路 TDA8944AJ 损坏	查看总线数据 OPT1(F0)、OPT2(68)、OPT3(C6)和 OPT4(DF)正确；检查 CH05T16021 的 7 脚(音量控制端)、8 脚(静音控制端)外围电路均无异常。经查此机伴音功率放大电路 TDA8944AJ 损坏，更换后故障排除
PF2939 彩电，个别电视台节目伴音有噪声	C171A 或高频头不良	检查更换集成电路 31 脚外部的电容器 C171A 或高频头
PF2939 彩电，光栅幅度不稳定，图像左右摆动	行激励管基极二极管 VD431 不良	如果行管发热严重，检查更换行激励管 V432 的基极二极管 VD431
PF2986 彩电，电源指示灯亮，不能二次开机	存储器损坏	更换存储器并搜索到一个节目，进入维修状态，先对存储器进行初始化，再对相关项目进行适当调整，遥控关机退出维修状态，再开机恢复正常
PF2986 彩电，按遥控器和本机面板上的任意按键，均会关机	集成电路的 17 脚电容器 C162 不良	检查更换集成电路的 17 脚带隙去耦外接电容器 C162

（续）

故障现象	故障原因	速修与技改方案
PF2986 彩电，开机的瞬间 + B 电压升高	电容器 C835 不良	开机的瞬间 + B 电压升高到 170V 左右后，慢慢下降，检查更换电容器 C835（470μF）
PF2986 彩电，图像正常，无伴音	音频处理电路电容器 C664 不良	检查更换音频处理电路 TDA9859 的 4 脚基准电压滤波电容器 C664
PF2998A 彩电，屏幕上显示的菜单为英文，光栅枕形失真	功能设置项目"OP1～4"数据出错	进入维修状态，选择有关功能设置项目数据，将其功能设置项目"OP1"的数据调整为"F2"，"OP2"的数据调整为"68"，"OP3"的数据调整为"C6"，"OP4"的数据调整为"5F"或"DF"后，再对枕形失真项目的数据进行适当调整，遥控关机退出维修状态，再开机，使用用户遥控器可改变字符显示为中文
PF2998 彩电，开机 10 多分钟后自动关机，电源指示灯闪烁	关机消亮点 V890 基极偏置电路中的 C890 漏电	测得开关电源各组输出电压正常，怀疑机器进入了保护状态，检测 TDA9370（N100）36 脚电压在 1.6～1.9V 间波动，在自动关机前瞬间有大幅度波动现象，问题出在 N100 的 36 脚外围的过电压检测电路中，36 脚既通过 R481A 接 ABL 电路，又通过 VD892 接关机消亮点电路。为了判断故障是否是关机消亮点电路异常所致，断开 VD892 后长时间试机，无自动关机现象；判断故障在由 R896、R893、C890 组成的关机消亮点 V890 基极偏置电路中，经查 C890 漏电，换新后故障排除
PF3998 彩电，开机十几分钟后自动关机，电源指示灯闪烁	过电压保护电路中的 R896 开路	过电压保护电路的 R896 易开路，R896 开路后，关机消亮点晶体管 V890 导通，TDA9370 的 36 脚电压上升（正常值为 1.6V～1.9V），内部过电压保护电路启动，从而自动关机
SF2139 彩电，屏幕上显示红色"M"字符，模板和遥控失灵	遥控接收头漏电	用解锁方法进行解锁无效，测量 TDA9370PS 的 64 脚电压仅为 0.2V，且没有变化，正常时应在 4.0～4.7V 之间变化；再测量遥控接收头 NPK11（HS0038）的 5V 供电也为 0.2V；检查接收头，内部电路短路，更换 NPK11 后故障排除
SF2151 彩电，电源指示灯亮，不能二次开机	N100 的 58、59 脚外接晶体振荡器 G200 不良	该彩电采用 TDA9370，掩膜后型号为 CH05T1606（N100）。测量 63 脚行工作状态控制端电压始终为 2.7V，而遥控发射与输入电路均正常，怀疑 N100 微处理器未工作；经查 N100 供电电压均正常，于是转向检查 58、59 脚外接的晶体振荡电路；正常工作时 12MHz 晶体振荡器（G200）两端应有约 0.2V 的电压差，但实测两脚无电压差，估计由 G200 与 N100 内部相关电路组成的时钟振荡电路未工作，试换 G200 后故障排除
SF2183 彩电，TV 图像正常，但无伴音	与伴音解调电路有关的 OPT2 设置项目数据出错	TV 图像正常，但无伴音，音量调到最大后扬声器中有"嘶嘶"声。进入维修状态，选择与伴音解调电路有关的 OPT2 设置项目，该项目数据为"6CH"；选择机外伴音解调电路，按"音量增/减"键将 OPT2 的数据由"6CH"改为"64H"；选择机内伴音解调电路，遥控关机退出维修状态，再开机后 TV 状态伴音恢复正常
SF2183 彩电，图像正常，伴音时有时无，时大时小	功率放大电路的抗干扰电容 C603 失效	图像正常，伴音时有时无、时大时小，换台时有非常大的"扑扑"声，TV/AV 状态都是如此。检查功率放大电路 TDA8943S 发热严重，更换 4 脚外接电容 C603（0.22μF/35V）后，一切正常；C603 为抗干扰电容，失效后，TDA8943S 自激振荡，出现发热严重症状，从而引起伴音输出异常

故障现象	故障原因	速修与技改方案
SF2183 彩电，有时不能二次开机	5V 供电电路 VD05 变质	该机内置芯片为 CH05T1607，遥控开机其 63 脚无开关机电压变化；检查 CPU 部分的供电、晶体振荡、复位电路，未见异常，代换存储器 24C08 后可实现开机，检查存储器损坏的原因，发现 5V 稳压供电电路的稳压二极管 VD05 不良，致使供电高达 8V 且不稳定，更换 VD05 后故障排除
SF2198 彩电，更换 CH05T1604 后 AV 正常，TV 有图像，无伴音	存储器伴音解调电路选择功能相关数据出错	进入维修状态，选择与伴音解调电路有关的 OPT2 设置项目，按"音量增/减"键将 OPT2 的数据由"6CH"（选择外部伴音解调电路）改为"64H"（选择内部伴音解调电路）；选择内部解调电路后，遥控关机退出维修状态，再开机 TV 状态伴音恢复正常
SF2198 彩电，屡损场输出电路 TDA8356	TDA9370 的 22 脚外接电容 C163 漏电	更换损坏的场输出电路 TDA8356，测量 16V 和 45V 供电正常，但 4、7 脚的低压差逐渐增大，正常时为 0；向前看 1、2 脚激励脉冲输入端也不平衡，检查 1、2 脚外部元器件，发现 TDA9370 的 22 脚外接电容 C163 有 30kΩ 漏电电阻，换之故障排除
SF2198 彩电，在 AV/TV 转换时有 FM 显示，但无 FM 收音机功能	与 FM 收音有关的"OP2"设置项目出错	进入维修状态，按遥控器上的"节目增/减"键选择与 FM 收音有关的"OP2"设置项目，按"音量增/减"键将"OP2"的数据由"6E"改为"6C"，遥控关机退出维修状态，再开机，FM 收音功能恢复正常
SF2198 彩电，自动关机	过电压保护电路中的 R896 功率过小	若断开 R891 后不再停机，应重点检查过电压保护电路中的 R896，因该机心部分机型中的 R896 采用 1/8W 电阻，功率较小，故障率较高
SF2199 彩电，屏幕上只有英文菜单显示，无中文字符显示	与语种有关的项目 OP2 数据出错	进入维修状态，选择与语种有关的项目 OP2 6C0 ~ FF，其数据为"01101100"，将数据改为"11111000"，这时菜单 OSD 的显示变为"1"（中英文参数），遥控关机退出维修状态，再开机中英文显示恢复正常
SF2199 彩电，图像正常，无伴音	与伴音制式控制有关的项目 OP2 数据出错	进入维修状态，选择与伴音制式控制有关的项目 OP2 6C0 ~ FF，其数据为"01101100"，将其数据调整到"00000000"时，伴音恢复正常，但所有的字符均为英文，根据上例的经验，将数据改为"11111000"，遥控关机退出维修状态，再开机伴音和字符均符合要求
SF2199 彩电，只有英文字符，无中文字符显示	与字符语言有关的软件数据出错	进入维修状态，屏幕上显示红色"S"；按遥控器上的"节目增/减"键选择与字符语言有关的 OP2 设置项目，按"音量增/减"键将 OP2 的数据"6C"改为"68"，这时菜单 OSD 显示变为"1"，遥控关机退出维修状态，再开机，中、英文菜单字符显示恢复正常
SF2511 彩电，屏幕两侧有黑边，图像正常	存储器数据出错	开机，测电源输出的 16V、5V、145V 均正常。于是怀疑 N200（24C08）存储器数据丢失，重新复制数据后正常
SF2539（F05）彩电，光栅暗，进入菜单时呈黑屏	ABL 电路电阻 R482 故障	测量 N100（CH05T1611）黑电流检测输入端 50 脚电压，为 5.6V 正常，而 49 脚电压为 1.3V，比正常值偏低，将 N100 的 49 脚与 ABL 电路断开后开机，图像亮度正常，此时 49 脚电压上升到 3.4V，由此判定故障在 ABL 电路，经查与 8V 相连接的 R482 开路，换新后故障排除

（续）

故障现象	故障原因	速修与技改方案
SF2539 彩电，不开机，指示灯不亮	稳压二极管 VD808 性能不良	开关电源厚膜电路 STR-F6656 的 4 脚外部供电稳压电路中 V801 的基极稳压二极管 VD808 性能不良，更换后故障排除
SF2551 彩电，无图无声，关掉蓝背景后，屏幕无光有字符	V241 放大电路故障或 ABL 电路中的 R452 阻值变大	TDA9383 的 38 脚视频输出外部的 V241 放大电路故障或 ABL 电路中的 R452 阻值变大，更换电阻后，故障排除
SF2583 彩电，无亮度信号	TV/AV 切换电路 HEF4053 损坏	检测视频放大板、高频头、CH05T1603 及外围相关电路，未发现异常，怀疑 TV/AV 切换电路存在故障；检查 TV/AV 切换电路 HEF4053 各脚电压及外围电路元器件均正常，试代换 HEF4053 后故障排除
SF2598 彩电，先出现枕形失真故障，不久便损坏场块	枕形校正电路 C426、L440 损坏	先检查枕形校正电路的易损元件 C426，再代换 L440；若 L440 性能变差，过强的行脉冲会送至场块 N400 的 11 脚，N400 易损坏
SF2598 彩电，有时能开机，有时不能开机	N100 的 61 脚电感 L181 有数百欧的直流电阻	开机测得 +5V、+3.3V 电压正常，不开机时测得 +B 电压（+145V）约为 100V，开关电源处于待机状态。检查超级单片电路 CH05T1606（N100）的 CPU 部分（1～11 脚及 56～64 脚内外电路），测得 N100 的 54、56 及 61 脚的 3.3V 供电正常，代换晶体振荡器、存储器后试机故障依旧；用热风枪对 N100 及其周围元器件进行局部加热，终于发现在故障出现时 61 脚电压仅有 2.5V，经测量电感 L181 有数百欧的直流电阻，明显异常，换新后故障排除 无独有偶，几天后又接修一台长虹 CH-16 机心彩电，同样的故障，同样是 N100⑨脚电压低，但故障原因为 61 脚外接电容 C181 漏电
SF2951F 彩电，保护性停机	保护电路启动所致	该机的超级单片电路为 TDA9383PS，二次开机后出现约 8s 的蓝屏幕和字符，2s 后变为黑屏幕，然后又出现 8s 的蓝屏幕，如此周而复始；测量 N100 与保护有关引脚电压，发现 36 脚电压蓝屏幕时为 5V，判断保护电路启动；检查保护电路启动原因，发现行逆程电容器开路
SF2998 彩电，开机三无，指示灯一明一暗闪烁	存储器损坏	SF2998 彩电，开机三无，指示灯一明一暗闪烁，行推动级的工作电压在 10～15V 之间波动；更换外部存储器，开关机电压恢复正常，恢复开关电源的负载电路，开机进入维修状态，对功能设置项目的数据和光栅校正项目的数据进行适当调整后，遥控关机退出维修状态，再开机电视机恢复正常
SF3415、SF2911F、SF2539A 彩电，行中心偏移	AFC 滤波电容器不良	检查更换集成电路 16 脚外部的 AFC 滤波电容器 C156、C157 和 17 脚外部的 C158、C159
SF3939 彩电，在换台或搜索节目时自动关机	N100（CH05-1601）及其 C188 故障	首先进入总线，查看 OP1～OP3 数据是否正确，然后检查 N100（CH05T1601）54、56、61 脚的 +3.3V 供电与 14、39 脚的 +8V 供电是否正常，54 脚外部的 C188 易失容而引发本故障
TV 状态有噪声，但无伴音	C216A 严重漏电	输入 AV 伴音正常，说明功率放大电路正常，经查发现 V260 工作在饱和状态，当检查到 C216A 时，发现它已经严重漏电，更换 C216A 后伴音正常
伴音有杂音，用户调整菜单只有 I、B/G 伴音制式，无 D 制式可供选择	总线系统 OP1 数据出错	将音量减到 0，按遥控器上的"静音"键不松手，再按下电视机上的"菜单"键，进入维修状态，待屏幕上显示 TAB 及几行数据时，表示进入维修状态；选择 OP1 模式数据 1，查看原始数据为 05，改为 0C 后，遥控关机退出维修模式；再进入用户调整菜单，将伴音制式调整在 D/K 制式即可

（续）

故障现象	故障原因	速修与技改方案
二次不开机，指示灯闪烁	关机消亮点电路中 R825A（150kΩ）阻值变大	测 B＋电压正常，但行不工作，怀疑保护电路动作，试将 CH05T1641 的 36 脚 EHT 保护脱开，开机行幅窄，无伴音；说明保护电路起控，检查保护电路元器件，发现关机消亮点电路中 R825A（150kΩ）阻值变大，更换后故障排除
二次开机指示灯闪烁，一段时间后才出现图像，然后待机	C809 失效，退耦滤波不良	先检查电源和待机电路，测量 B＋电压基本正常，接上假负载，二次开机，B＋电压不到 30s 就回到待机状态；检查 VD817、R817、V805、R820、R821 均正常，试换光耦合器 V802，故障不变；后来发现 C809 处有水渍，立即取下 C809 用数字表测其容量为 0.5μF，换上新的 C809，一切恢复正常
个别台无伴音	图声分离电路的谐振电感 L260 开路	个别台无伴音首先要判断电视台播放的 RF 信号是否标准，排查后确定与电视机有关。首先对 N100（CH05T1641）的 31、30、28、29 脚与预中频放大电路进行检查，未发现异常，试改变 31 脚外的 CA171、CA171A 电容容量也不见效；测 32 脚电压为 5.23V，电压基本正常，用手干扰 32 脚，噪声正常发出，怀疑外围元器件应有不良；对 V260、V261 本身和周围偏置电路进行检查，发现 L260 开路，此电感为图声分离电路的谐振电感，经更换后试机，声音完全正常，故障排除
个别台噪声大	预中频放大电路 V047 的集电极反馈电阻 R047 和附近地线焊点搭接	试代换声表面波滤波器，故障依旧，仔细检查预中频放大电路，发现预中频放大电路 V047 集电极所接的反馈电阻 R047 和附近地线焊点搭接，将其焊开后开机，故障排除
换空白存储器后图像正常，无伴音	OP2 项目数据出错	在长虹 CN-16 机心彩电中，TDA9370 的伴音中频信号既有外部连接方式又有内部连接方式，由 OP2 中的 SIF 位决定；更换空白存储器并首次进入维修状态后，CPU 将自动对存储器进行初始化，其 SIF 默认值为"1"；而部分机型 TDA9370 的 32 脚没有伴音中频输入电路，因此无伴音；遇此情况，将 OP2 的值改为"64"即可
金锐系列 PF2939 彩电，开机后自动关机	静音电路 R894 阻值变大引起保护	检查 N100 上的 36 脚 EHT 电压，电压有 5V 左右，比正常的 2.3 左右高出很多，判断电压过高保护电路启动；断开二极管 VD892 解除保护，开机无伴音；检查关机静音消亮点电路元器件，电阻 R894 阻值变大，使 V890 的基极电压低于发射极，使 V890 导通，引发自动关机故障。更换 R894，故障排除
开机后能出现光栅，随即光栅消失	高压保护电路中的 R894 功率过小损坏	由于原机高压保护电路中的 R894 采用 1/16W 的电阻，易开路造成本故障；这时 N100（CH05T1601）36 脚（高压保护输入端）电压已近 4V（正常值为 1.8V），机器进入保护状态；建议换用 1/8W 或 1/4W 同值电阻
开机起振后，立即停振	3.3V 供电滤波电容 C189 失效	怀疑 CPU 电路工作不正常，分别检测 CPU 供电、晶体振荡、复位电路及总线，均正常；测量中发现 3.3V 供电在通电瞬间有交流成分，给供电电路加一滤波电容后试机正常；然后取下电容 C189，测量其容量已变小；代换 C189，故障排除
开机图像暗，将亮度、对比度调到最大时，图像也很暗	ABL 电路中的 R482 开路	判断故障应在 CRT 及视频放大电路、ABL 电路或超级单片电路本身。首先调整 CRT 加速极电压，出现回扫线，检测视频放大电路也没发现问题，测 TDA9373 的 49 脚自动亮度控制电压为 0.1V，正常值应大于 3V，将 49 脚及 ABL 电路断开，开机图像恢复正常，再测 49 脚电压已恢复到 3.0V，由此判断故障为 ABL 电路造成；查 ABL 电路，发现 R482 开路，换 R482 后机器恢复正常

（续）

故障现象	故障原因	速修与技改方案
蓝屏回扫线	管座 SY01（GZS10-2-108）内部短路	测蓝阴极(KB)电压只有 3.15V，说明 VY03(D4544)截止，其基极电压为 0.79V，发射极电压为 0.45V，集电极电压为 12.5V；取下 VY03 检查正常，检查上偏置电阻 RY10 正常，随后取下视频放大板，测 KB 脚对地阻值只有 5.21Ω，经检查发现为 SY01(GZS10-2-108 管座)内部短路；更换该管座，开机测 VY03 基极电压为 0.79V，发射极电压为 0.45V，集电极电压为 165.2V，KB 阴极电压为 164.3V，故障排除
图像亮暗变化时偏色	C490 容量明显减小	测加速极电压，发现其高低变化，试换加速极电容后无效；测视频放大板 195V 电压也随图像变化而变化；由此可判断可能是行供电不稳而造成的；检测 B+输出 140V 稳定，测行输出变压器 B+脚却有轻微摆动，进一步检测，发现 C490 容量明显减小，用同型号电容代换 C490 后故障排除
图像下半部压缩	-14V 供电只有 6V，行输出变压器损坏所致	测量场扫描供电端，发现 -14V 供电只有 6V 左右，更换 VD413、C429 故障依旧，怀疑是行输出变压器损坏所致；更换行输出变压器(BSC68Z)后，故障排除
图像行不同步	N001 的 16 脚外接 C157 失效	判断故障是行鉴相电路出现故障引起的。检查 N001 的 16、17 脚外围电路，发现 16 脚电压只有 0.3V，由于不能断开该脚检查(断开后开机会烧行管)，直接更换 C157，故障排除
图像只有上半部有图像，下部没有图像	N001（CH05T1623）的 22 脚外接 C163 漏电	检查场小信号输出电路 N001(CH05T1623)的 21、22 脚电压，正常情况下都在 2.3V 左右，检查发现 22 脚电压为 0.6V，该脚电压明显不正常；断开 22 脚，电压恢复正常，判断该脚外围有问题，检查外围电路，发现 C163 漏电，更换 C163 后故障排除
图像中、上部有 3 根回扫线	场输出电路 VD401 不良	测量场输出电路 STV9302(N402)各脚电压基本正常，代换 STV9302 无效；测量二极管 VD401，其正端电压为 12.36V，负端电压为 12.30V，而正常时，VD401 正端电压应为 12.36V，负端电压应为 12.60V；取下 VD401，测量其正、反向电阻，均为 200kΩ 左右，更换 VD401，故障排除
无伴音，自动关机	高压检测电路测量晶体管 V890 不良	自动关机后指示灯闪烁，测量开关变压器各组输出电压在开机与待机电压之间跳变，断开待机控制晶体管 V805 基极后，开关电源输出电压为开机电压，且很稳定，但行激励管基极电压仍在跳变，经分析主芯片使用 CH0ST1646，断开芯片高压检测脚(即 8 脚)，试机行能起振且工作正常，由此说明该故障是由高压检测电路引起的；测量晶体管 V890 集电极电压为 11.2V(正常应为 0V)，静音控制晶体管 V601 基极电压为 0.6V(正常应为 0V)，更换晶体管 V890，试机一切正常
雪花点正常，搜不到台	5V 稳压电路 V002 基极的 5.6V 稳压二极管不良	检测高频头供电，正常时的 +5V 电压实际只有 +3.1V，由电路图发现 +5V 是由 +8V 经 V002 稳压得到的，测 V002 电压，集电极有 +8V，而基极却只有 3.3V，不正常，因为基极接的是 5.6V 稳压二极管，怀疑其性能不良，代换该稳压二极管后，机器正常
音量为"0"时无声，为"1"时最大	OP1 项目数据出错	进入总线，将"OP1"项改成"FC"即可

故障现象	故障原因	速修与技改方案
音量小，将音量调大反而无声，并有噪声	C666A 电解电容漏液失效	先将音频输出端接到另一个 AV 输入端试机，伴音正常，这说明伴音中频放大是正常的；检测功率放大电路 N600（TDA8944AJ），未见异常；仔细观察主板发现 C666A 电解电容有漏液痕迹，取下 C666A 用表测量，发现已无容量，立即更换 C666A，试机，伴音出现，故障排除
指示灯亮，不开机	场输出电路 TDA4864AJ 损坏	开机测电源 140V 正常，但高压包发出"咝咝"的响声，CH05T1641 的 39 脚 8V 供电只有 5V，说明行已工作，分析若行负载有问题，可能出现此现象。断开场输出电路供电电阻 R424 及 R425 后，开机出现水平亮线。代换场输出电路 TDA4864AJ 后，一切恢复正常
指示灯亮，不开机	电源厚膜电路 CQ1265 损坏，行输出变压器损坏	开机指示灯闪一下，测电源电压无输出，把行负载断开，接入 100W 灯泡，测 B+仍无电压，查电源部分相关元器件无问题，换 CQ1265 电源厚膜电路，开机 B+电压正常，接上行负载，开机行管又击穿，查行逆程电容，上阻尼二极管无异常，说明行输出损坏，将其更换，开机不再烧行管，但光栅出现枕形失真，进入总线也无法调节。查枕校管失效，接入 TV 信号，按菜单键无调谐项，更换存储器后，搜台正常，整机故障排除
指示灯亮，不能二次开机	场输出电路 TDA4864 和负电压供电整流管 VD413 损坏	开启电源后按本机频道键，主电源可由待机电压转变为稳定的正常值，故初步确认单芯片的 CPU 部分供电、振荡等相关电路正常；测单芯片 CH05T1628 的 2 脚（SCL）、3 脚（SDA）的电压在 3~5V 波动，判断 CPU 检测不到相应硬件或保护电路动作；先检查总线上挂接的高频头（TAFS. C4121）正常，再排除保护故障，试断开 CH05T1628 的 36 脚（EHT），故障依旧，怀疑高压包及其负载短路。检查发现场输出负电压整流管 VD413（2CZRU2）击穿，顺藤摸瓜测场输出电路（TDA4864）的正电源供电端 1、3 脚，对地阻值分别为 300Ω 和 10Ω，更换 TDA4864 后故障排除
指示灯亮，但不开机	21V 整流二极管性能不良	检查判断应该是电源电路问题，通电检测各输出电压，发现 B+电压为 130V 正常；测其他电压时，只有 21V 端无电压输出，断开 21V 的负载，还是无电压输出；取下该路整流二极管，测其正、反向电阻均正常，用相同的二极管代换后，开机正常，因此该故障是二极管性能不良而引起的
自动关机	3.3V 供电感电 L188 不良	造成自动关机故障可能是 CPU 控制部分出故障，仔细对 3.3V 供电进行检测，61 脚为 3.25V，56 脚为 3.22V，54 脚为 3.08V，怀疑电感 L188 不良，取下测量发现有超过 10Ω 的阻值，更换 L188 后，故障排除
自动关机，指示灯闪烁	CH05T1641 的 36 脚外部电阻 R825A 开路	开机时，能听到高压起振声，但还没有出现光栅，立即进入保护状态，指示灯不停闪烁。测量主电压有 138V 且波动，测量行推动管基极无电压，测量 CH05T1641 集成块的 36 脚，其电压在 0.7~0.2V 变化，正常应有 2V 电压；断开 36 脚，电视机仍保护，断开电阻 R830，不再保护，光栅正常；仔细测量保护电路，发现电阻 R825A 已开路，更换 R825A 后一切正常
自动搜索漏台	调谐电压滤波电容 C001 不良	首先通电观察三个频段都有信号，只是在 U 段个别台没有，测试各路电压、信号相关电路、高频头各脚相关电压、5V 调谐电压、波段控制电压都正常；测 CPU 调谐控制脚，在自动搜索时都正常，更换其高频头后，故障依旧；反复调台发现有频漂现象，观察其相关电路，并未发现有电容冒泡现象，又更换调谐电压滤波电容 C001，再通电搜索，发现能搜到所有的台

5.1.3 CN-18、CH-18 机心速修与技改方案

故障现象	故障原因	速修与技改方案
HD29933 彩电，行中心偏移	行逆程脉冲电路 R409 阻值变大	进入维修模式，试调整行中心 H-POS 数据，行中心无任何变化，检查 N210（CH08T0608）的 12 脚的行逆程脉冲输入/沙堡脉冲输出端电压为 0.18V，正常时该脚电压为 1.05V 左右，说明该脚的行逆程脉冲异常；查外接电路，发现 R409 由 10kΩ 变为 160kΩ，且阻值不稳定，更换 R409，行中心位置处于最佳状态
HD29966 彩电，屡损场输出电路 LA78041	逆程电容 C421 不良	经查逆程电容 C421 顶部有一条黑色裂纹，引发行输出提供的 27V 电压升高，屡损场输出电路；将该电容更换后，再将 LA78041 装上，试机多日，故障未再出现
PF2118E 彩电，无信号蓝屏幕状态下不再显示"长虹商标"	与"长虹商标"显示设置有关的 MODE1 数据出错	进入维修状态，选择与"长虹商标"显示设置有关的项目 MODE1，按"音量增/减"键将 MODE1 的数据调整为"1E"，遥控关机退出维修状态，再开机无信号蓝屏幕状态下，屏幕上显示"长虹商标"恢复正常
PF21500 彩电，开机后出现马赛克图像或单色图像	电路设计 R813 数据不准确	原因是 3.3V 和 5V-2 开机上电时序处于临界状态，造成开机时主芯片解码有问题。解决方法：将电阻 R813 由 0.27Ω/0.5W 改为 1.2Ω/0.5W，并取消电容 C825；将 C239 改为 2200μF/16V
PF21600 彩电，对比度弱，无对比度调整项目	总线数据出错	如果进入维修调整状态，只有白平衡和几何失真调整菜单，此时将音量减小到 0，再按住"静音"键 5s 放手，按本机菜单键进入维修；进入白平衡调整菜单，输入"0816"密码，即可进入工厂模式，调整所需项目
PF-25118 彩电，存储器数据易丢失	面板上的静电过强	在电源开关外面及按键面板处接一根导线，通过一只 1MΩ 电阻接地，消除感应静电即可
PF2518E 彩电，接收 TV 时无图无声，呈蓝屏	TMPA88295 脚 C224 漏电	自动搜索行场不同步且一闪而过，AV 图声正常，检查 TMPA8829 中频电路，供电 36 脚电压为 5V，正常，35 脚电压从 3.5V 降至 0.8V；经查 C224 已漏电，换新后故障排除。分析故障原因是 35 脚外接元器件漏电，造成内部锁相环视频检波电路失常，无法输出彩色全电视信号，同时造成中频放大 AGC、高频放大 AGC 电压上升
PF2591E 彩电，多功能 AV/TV 输入接口不能接收 DVD 接口信号	与 AV 设置有关的 MODE3 设置项目数据出错	进入维修状态选择与 AV 输入设置有关的项目 MODE3 设置，其数据为"5F"，按"音量增/减"键将 MODE3 的数据改为"58"，将此十六进制数转换为二进制是 01011000，其 AV 输入功能设置含义是 TV、AV1、AV2、AV3、DVD，恢复了全部 AV 输入功能设置，遥控关机退出维修状态，再开机 DVD 输入功能恢复正常
PF2918E 彩电，图像暗淡，伴音正常，但控制功能失效	集成电路 TA1343 不良	检查微处理器的工作条件正常，更换 CH08T0608 超级单片电路无效，更换写有其他 CN-18 机心数据的存储器无效；更换空白存储器后控制功能恢复，但调整 MODE4 项目数据到"D4H"时，电视机死机；怀疑与该项目相关的被控电路故障，更换集成电路 TA1343 后，故障排除
PF2955E 彩电，无伴音或扬声器发出"噗噗"杂音	音频信号处理电路 TA1343 不良	无论是 AV 状态还是 TV 状态，故障依旧，从伴音功放电路输入端用电容器对地短路输入信号，杂音消失，怀疑音频信号处理电路 TA1343 不良，更换 TA1343 后，故障排除

故障现象	故障原因	速修与技改方案
PF2970E 彩电，关机亮点	待机控制电路的 V803 不良	如果待机电压偏高，检查更换待机控制电路的 V803 试试
PF2991E 彩电，开机屏幕显示奇怪的字符，然后消失，光栅上部有一寸宽的亮带，亮画面时图像闪动扭曲	存储器损坏	更换写好有 PF2991E 彩电厂家数据的存储器，开机恢复正常，只是图像颜色偏红，进入维修模式，对白平衡项目进行适当调整后，电视机恢复正常
PF 系列彩电，不开机或机内有焦糊味	逆程电容质量欠佳	行管 C 极上的高压尖峰脉冲吸收电容（1000pF/2kV），质量欠佳，易击穿损坏
SF2170E 彩电，出现图像无彩色故障	IC201 的 47 脚外接 C237 一脚焊点裂纹	该机所用芯片 IC201 为 TMPA8803（掩膜后型号为 CH08T0601），更换 IC201 的 6、7 脚外接的 8MHz 晶体振荡器，故障依旧；检查 IC201 的 47 脚外接的锁相环路滤波元件 R224、238 和 C237，发现 C237（0.22μF/50V）一脚焊点出现裂纹，补焊后，彩色出现，故障排除
SF2191E（F26）彩电，光栅暗且图像行幅窄	待机控制管 V803 漏电	对开关电源二次侧各输出端电压进行测量，发现均低于正常值，其中 + B 电压在 90V 左右，且不停跳变；测量 N202（CH08T2601）64 脚的开/待机控制，一直为低电平，测量开/待机控制管 V803 漏电，换用同型号的晶体管后，故障排除
SF2191E 彩电，音量控制失控，调整到 1 时音量非常大	与音量调整有关的 MODE3 设置项目数据出错	进入维修状态，选择与音量设置有关的"V100"（音量 100% 设定），"V50"（音量 50% 设定），"V25"（音量 25% 设定），"V01"（音量 1% 设定）项目的数据均正常，后来试验调整 MODE3 模式 3 设置项目的数据，将其设置为"10"时，音量调整恢复正常
SF2996E 彩电，音量调整不正常，调整音量显示格上升一小格即变为最大音量	与音量调整相关的 MODE2 数据出错	进入维修模式，按"节目增/减"键选择 MODE2 项目，按"音量增/减"键将 MODE2 的数据由"1D"调整为"11"，遥控关机退出维修状态，再开机音量调整恢复正常
按 TV/AV 时，不显示"DVD YCbCr"字符	MODE3 数据改变	按 TV/AV 时，屏上只显示"TV"、"AV1"、"AV2"、"AV3"字符，不显示"DVD YCbCr"字符；此故障是软件数据调整中 MODE3 数据改变所致，将其调整为"58"即可
无法开机	VD807（AU01Z）不良	通电测电源输出为 0V，判断故障在电源一次侧，测 N801（G5653）的 4 脚电压为 12V 左右，正常应该在 30V；断开 N801 的 4 脚，开机测 4 脚电压还是在 12V 左右，怀疑给 4 脚二次供电整流电路有问题；更换 VD807（AU01Z）开机，一切正常，用数字万用表二极管挡测此二极管正常，当用电阻挡测试其反向电阻时有 500kΩ 阻值，已变质
开机 3min 后无彩色，伴音正常	+ 9V 供电滤波电容 C416 故障	首先测 C411 处沙堡脉冲，实测正常；再检测 N210 的 47 脚 APC 鉴相外接阻容元件也正常，决定更换 N210（CH08T0607）试机，观看图像还是无彩色，但发现图像有网纹干扰，联想到冷机 3min 前有彩色，怀疑与哪级供电滤波电容不良有关。测量 + 12V 正常，+ 9V 约有 + 8.5V，再测 + 5V 约为 + 4.9V；将上述三组电压与标称电压对比，发现 + 9V 低了 0.5V。怀疑是该电压供电不良引起。取下 C416 用数字万用表测量，结果只有 6μF，很明显，C416 已损坏，更换 C416 试机，一切正常，观察很长时间，机器各项指标稳定，本机故障排除

（续）

故障现象	故障原因	速修与技改方案
开机后行幅小，机内有"吱吱"叫声	VD813 不良，改进电路	测 B + 电压为 98V，测行电流为 300mA 左右，接入假负载，电源输出电压仍然为 98V；断开待机控制电路中的跨接线 W109，B + 电压变为 120V，接上跨接线 W109，二次开机电压下降至 100V 左右；将伴音供电电路中的二极管 VD809 正极接到 N802，将 VD813 断开，开机 B + 输出正常的 120V 电压，将 VD813 取消，将 N802 输入端接到 VD809 正极，整机正常，故障排除
三无	+ 15V 电压供电电容 C835 漏液	此机 B + 电压高达 220V，把所有的供电电压负载断开，如此高电压一般由光耦合器及稳压电路引起；查这些电路的元器件都正常，更换开关变压器，故障依旧；仔细推敲图样，发现光耦合器的 1 脚有两路供电，一路由 VD832 整流出来的 + 15V 电压为光耦合器提供偏置，测量此处却无电压，发现电容 C835 漏液，更换 C835 机器正常
条纹干扰	A78040 与散热板之间的螺钉没有拧紧	这是软故障，开机待出现故障时，检查电源 300V 电压正常，B + 电压也正常，由于用户刚买不久，排除电容失效的可能；在无意翻转电路板的时候，感觉场输出电路 LA78040 很烫手，仔细检查，发现 LA78040 与散热板之间的螺钉没有拧紧，导致 LA78040 散热不好，出现该故障，将螺钉拧紧后，故障排除
行中心偏移	TMPA8873 的 12 脚外部 VD406（8.2V 稳压二极管）击穿	根据故障进行分析，软件、硬件都能引起该故障，先进入总线状态，试调整行中心数据，故障现象无变化，初步判定行中心偏移是由于元器件故障造成的。根据电路进行分析，此故障只与 TMPA8873 的 12 脚送入的行逆程脉冲和芯片本身有关；先测 TMPA8873 的 12 脚的行逆程脉冲输入端电压为 0.25V，正常时该脚电压为 1V 左右，说明该脚的行逆程脉冲异常；逐一查外接电路元器件，发现 VD406（8.2V 稳压二极管）击穿，更换 VD406 后故障排除
枕形失真	枕校电路 V402 不良	测 N201（CH08T0608）的 28 脚 EW 输出电压有 3.3V 左右，问题应在 EW 电路上；测 V403（C3852）的集电极无电压，断开 R412 后测电压有 73V，这也说明枕校电路后级正常；测电阻 R411 正常、VD401A 正常，当测 V402 时发现无阻值，取下 V402，发现其基极已断，更换 V402 后，开机测 V403 集电极已有 17V 电压，同时图像枕形失真消失，机器已修复
自动搜索不存台	电台识别电路 Q912 不良	检查中频放大 AFC 电路未见异常，检查电台识别电路，发现 Q912 不良
自动搜索不存台，无电台识别信号	软件 OPTION 项 bit3 数据出错	根据故障现象初步判定无同步信号，按图样对同步信号输入脚（62 脚）进行检查，发现 62 脚为空脚，说明超级单片电路内部有电台识别信号通道，可以通过总线进行设定。总线数据 OPTION 项的第 3 位 bit3 数值为"1"时，同步识别信号从 62 脚输入；当 bit3 数值为 0 时，同步信号走块内通道；将 OPTION 项 bit3 数据由原来的 1 改为 0 后，整机恢复正常
自动搜索无图像，节目号不变	AFT 项目数据出错	采用 CH08T2602、CH08T2601 生产的 SF2191E（F26）、PF2115（F26）彩电，由于自动搜索所需的 AFT 控制电压在 IC 内部完成，与自动搜索有关的电路只有 62 脚的外电路，而有的机型却使用外 AFT 电路，使用哪种 AFT 电路由软件数据 MODE3 控制，将该项目数据设置为 30 即可；这时即使 62 脚设计外电路，也可不用此电路而改用内部电路

5.2 康佳超级彩电速修与技改方案

5.2.1 S系列超级彩电速修与技改方案

故障现象	故障原因	速修与技改方案
P2171S彩电，自动搜台时自动关机	束电流保护检测电路元件设计偏差	分别断开R957(束电流保护)和R935(X射线保护，灯丝电压约超过6.9V将保护)以确定是何种保护，如是前一种，将R957改大一点，如是后一种，将R934改小一点
P2971S彩电，面板及遥控按键均无效，有时按面板按键会自动关机	N103的6脚外部保护检测电路18V稳压二极管VD915漏电	由于按键失效，检查超级芯片VCT3803A(N103，掩膜后的型号为CKP1602S)的系统控制部分的供电、复位电压正常，代换晶体振荡无效，代换存储器N104(24C16)后故障依旧；测得N104的5、6脚SDA、SCL电压分别为3.7V、2.7V，与正常值4.9V相差较远，依次断开SDA、SCL与高频头、音量处理器MSP3463G的电路，仍不能排除故障。在试机中发现连续按几下面板按键时会自动关机，怀疑保护电路启动，N103的6脚为保护检测端，外接ABL及灯丝电压检测电路，正常时N103的6脚电压为4.8V；若因某种原因导致高压过高或X射线超标时，V909、V948导通，N103的6脚电压降至1.2V，N103的7脚输出关机指令(低电平)，整机进入保护待机状态；由于V909、V948为单向晶闸管连接形式，一旦触发导通，将维持锁定导通状态，只有切断电源方能解除。断开6脚外部V948的E极试机，面板及遥控按键恢复正常，查6脚外部保护检测电路，18V稳压二极管VD915有近60kΩ的漏电电阻，换新后故障排除
P2971S彩电，面板及遥控按键均无效。有时按面板按键会自动关机	18V稳压二极管VD915漏电，引发保护	测得N104的5、6脚的电压分别为3.7V、2.7V，与正常值(均为4.9V)相差较远，N103的6脚为保护检测端，外接ABL及灯丝电压检测电路；断开N103的6脚外部V948的发射极试机，面板及遥控按键恢复正常。检查发现，18V稳压二极管VD915有近60kΩ的漏电电阻，换新后故障排除 正常时，N103的6脚电压为4.8V；若因某种原因导致高压过高或X射线超标时，V909、V948导通，N103的6脚电压降至1.2V，N103的7脚输出关机指令(低电平)，整机进入保护待机状态
P2971S彩电，无光栅，黄色指示灯亮	VCT3803A的31脚外部VD416、VD418漏电不良	测量显像管灯丝电压正常，提高加速极电压，出现带回扫线的白光栅，说明视频放大电路截止；检查相关电路发现VCT3803A的31脚电压几乎为0，测量外部电路元器件未见异常，实验更换稳压二极管VD416、VD418后故障排除
P2971S彩电，指示灯由红色变为橙色，黑屏幕	存储器内部损坏	转换为AV状态时，屏幕的左边为白色，右边为黑色，更换一个写有厂家数据的存储器24WC16后，图像出现，但光栅几何失真；先按用户遥控器"菜单"键，待屏幕上显示主菜单"图像、声音、节目、功能"等字符时，再按5次"回看"键，进入工厂调试菜单，对光栅几何失真项目进行适当调整后，按"0"键，再按"回看"键，退出维修模式，故障彻底排除
P3472S彩电(采用VCT3801A，掩膜命名CKP1604S1)，出现无光栅、无伴音故障，且指示灯一闪一灭	CT3801A供电25脚3.3V电压输出管V106的C、E极内阻过大	经查开关电源输出的+B电压正常，检测VCT3801A的24脚输出行激励脉冲电平，开机瞬间有0.4V电压输出，随即降为0V，但1s后又有输出，如此周而复始。检测CT3801A各供电端电压，发现25脚(行振荡电路供电端)电压时有时无；经查3.3V电压输出管V106的C、E极内阻过大，一旦输出电流过大，其发射极电压(3.3V输出)就降为零，更换V106(D400)后试机，故障排除

（续）

故障现象	故障原因	速修与技改方案
S 系列彩电 VCT3801/3803 机心，图像上有白色带状干扰条	频率合成式高频头损坏	AV 输入图像正常，TV 状态图像有干扰线，更换频率合成式高频头，故障排除
S 系列彩电黑屏，但能听到高压启动声	X 射线保护二极管 VD915 性能不良	X 射线保护二极管 VD915（18V 稳压二极管）性能不良是本故障的常见原因；另外，VD915 损坏后还会产生遥控、面板操作失效而图像正常的特殊故障
S 系列彩电开机困难，能开机后，图像正常，但伴音声小	晶体振荡器 Z201 不良	代换 MSP3463G 的 62、63 脚外接晶体振荡器 Z201
S 系列彩电图像上有白色带状干扰条，部分台轻微，部分台严重	频率合成式高频头损坏	更换与之型号相同的高频头
S 系列彩电无图、无声、无字符，但屏上有带回扫线的暗光栅	二极管 VD104 漏电	测得 VCT3803A 的 37 脚 RGB 静态检测端电压为 2.9V，远高于正常值 0.25V，该脚与 +5V 相连的二极管 VD104 易漏电
T2173S 彩电，图像正常，伴音中有"沙沙"声	自动增益滤波电容 C117 失效	中频放大集成电路 STVS223B 的 22 脚外接的自动增益滤波电容 C117（1μF）失效
T2926S 彩电，开机后图像逐渐变亮，变为回扫线白屏，伴音正常	二极管 VD104 漏电	VCT3801A 的 37 脚黑电流检测端外接二极管 VD104 漏电
T2973S 彩电，更换写有原厂数据存储器，开机黑屏幕	声音制式设置项目数据出错	进入工厂调试菜单，先将菜单 3 中的 MSPUSED 设为"NO"，菜单 4 中的 AUDIO SUBCARRIER 调整为"6M"、"6.5M"，Audio only 调整为"YES"，按"0"键，再按"回看"键，退出维修模式后，按"声音"键，将"M"制式改为"D/K"制式，黑屏幕故障立即消失，图像和伴音再现；再次进入维修模式，将图像和光栅调整到最佳状态后，故障排除
T2973S 彩电，黑屏幕，无图像	MSPUSED 声音处理模块选择项目数据出错	进入维修模式，进入第 3 个调整菜单，选择第 1 个项目，即 MSPUSED 声音处理模块选择项目，将其数据由"YES"改为"NO"，图像出现，退出维修模式，故障排除
T2973S 彩电，无伴音或收看中图像漂移，伴音不良，甚至无图无声	AGC 滤波电容 C117 失效	中频放大块 STV8223B（N101）22 脚外接 AGC 滤波电容 C117（1μF/50V 钽电解电容）失效，更换后故障排除

（续）

故障现象	故障原因	速修与技改方案
T3473S 彩电，图声正常，但图像底部压缩	N401 损坏和 R912 阻值变大	首次进入软件数据调整状态，对场幅度、场线性、场中心进行调整无效，检测场输出的正、负供电电压，正电压为 13.5V，负电压仅为 −6.2V，正常时为 −14V；测量负电压整流滤波电路未见异常，更换场输出电路 N401，还有些场压缩，测量 C946 的两端电压为 7.5V，检查该电压相关电路元器件 C946、C937、VD912、R912，R912 阻值由 0.33Ω 增大到 27.5Ω，造成 −14V 降低。更换 R912，故障排除
T3473S 彩电，图像和伴音正常，在屏幕的中下部有四五根干扰线	N401 的 5 脚外部 R424（1.5Ω）开路	将 TV 信号切换到 AV 输入信号，故障依旧，其故障原因有： 1. 开关电源各个电压输出端滤波电容器失效 2. 行输出电路输出的各路电压滤波电容器失效 3. 行振荡电路滤波电容器不良或行输出变压器不良 4. 场振荡及场输出电路元器件变质，该例是 N401 的 5 脚外部 R424（1.5Ω）开路
黑屏，调高加速极电压，屏显一条水平亮线	存储器损坏	换用空白存储器 24C16 后，将第 3 个维修调整菜单中的第 1 项 MSPUSED（声音处模块选择）由"YES"改为"NO"，并调整光栅几何方面参数即可
开机指示灯由红色变成橙色，黑屏，置于 AV 状态时，屏幕右边黑	存储器损坏	此故障为存储器损坏所致，更换存储器 24C16，并调整菜单 1-2 中的光栅几何失真参数，使光栅正常即可；另外，也可换上一块写有同型机数据的存储器 24C16

5.2.2　K 系列超级彩电速修与技改方案

故障现象	故障原因	速修与技改方案
K 系列彩电，改善 TDA9383（N2 版）出现的音杂问题	SOUNDFILER 的设置数据出错或漏接 6.0MHz 滤波器	将工厂菜单 5 中 SOUNDFILER 的设置由"00"改为"01"（此项更改包括销广东地区及销内地的 N2 版 K 系列机型）；销广东地区的 N2 版 K 系列机型需在 Z205 处钉底并接 6.0MHz 滤波器（20000031），并在纸箱上贴木棉花贴纸区分
K 系列彩电，雪花大或扭曲故障	AGC 数据出错	接收（VHF 频道）信号，输入 PAL 制 60dB ±2dBmV 的灰度阶梯信号，进入工厂菜单，调出 FAC-TORY3 菜单，选择高放 AGC 调整项目，将数据从大调到小调整，直到使图像噪声点刚好消失、图像清楚。N1 版的 AGC 参考值为 15，N2 版的 AGC 参考值为 30
P2162K（配北松管除外）机型，采用 TDA9380 不同版本的电路元器件设置	配套电路改进与软件设置数据	1. 采用 TDA9380（N1 版）时，N101（19002850）：无 Z205 处并接，工厂菜单 5 中的 SOUND FILTER 设置为"03"，无木棉花贴纸 2. 采用 TDA9380（N2 版）时，N101（19003041）：Z205 处并接 6.0MHz 滤波器（20000031），工厂菜单 5 中：SOUND FILTER 设置为"01"，木棉花贴纸 41002365 X2 注：N1 版的按各机型的 BOM 做，N2 版的在 BOM 的基础上做以上更改

（续）

故障现象	故障原因	速修与技改方案
P2562K 彩电（TDA9383 机心），开机后刚听见伴音声就自动关机，在关机瞬间闪现频道号字符	N101 的 49 脚场扫描失落保护检测电路 C414 失效	TDA9383（N101）36 脚为灯丝过电压及束电流过电流保护端，49 脚为场扫描失落保护输入端；测得 36 脚电压约为 1.6V 低于保护值 2V，开机瞬间测得 49 脚为负值，而正常值应在 2.2V 左右，检查 49 脚负压的来源，断开 VD466 后 49 脚负压消失，经查 C414 已无容量，换新后故障排除。C414 为交流旁路电容，当 C414 无容量后，行输出变压器 7 脚输出的脉冲电压经 VD466 整流后便会形成负压。在 K 系列彩电中，除 C414 失容外，R465（27kΩ）阻值变大、VD411 不良或场块损坏均会引发自动关机故障，实修时应首先检查或代换上述元器件
P2562K 彩电，有伴音无光栅	N101（TDA9383）内部损坏	先查显像管灯丝未点亮，据此说明行扫描电路未工作，再查 N101（TDA9383）的 33 脚行激励输出端电压几乎为 0V（正常约为 0.6V 左右），无行激励脉冲输出；查 N101 的 14、39 脚 8V 供电电压正常，试更换 N101 的 58、59 脚外接 Z601（12MHz），故障不变由此怀疑 N101 内部行振荡电路有问题，更换 N101 后试机，故障排除
P2962K1 彩电，启动困难	+300V 滤波电容容量下降	测量开关电源市电整流滤波后的电压仅为 250V，经查 +300V 滤波电容容量下降，换新即可
P2962K1 型彩电，有图无声	静音控制电路 V341 击穿	从功率放大块 N201（TDA8944J）信号输入端 6 脚和 12 脚注入干扰信号，扬声器中无任何声音，测 N201 各脚电压，发现除 10 脚为 8V 外，其余各脚均基本正常，而 10 脚是静音控制端（正常情况下应为 0V），人为将 N201 的 10 脚电压拉成 0V，结果伴音出现，据此说明无伴音是静音电路出现故障所致。从 N201 的 10 脚开始，对静音控制电路进行顺藤摸瓜式的检查，结果发现控制块 V341（2SA1013）击穿，换新 V341 后，伴音恢复正常
P2979K 彩电（超级单片电路为 TDA9383），开机三无，但指示灯闪亮	重低音功率放大集成电路 N202 内部击穿短路	测量 +B 电源在 85～130V 之间波动，检查电源稳压电路元器件，正常，怀疑电源负载有短路现象，逐个脱开电源负载，当脱开 VD907（+15V 伴音供电整流二极管）后，电源稳定在 130V，测量 +15V 电路对地电阻为零，更换伴音主声道功率放大电路 N201（TDA8944J）无效，测量重低音功率放大集成电路 N202（TDA8945S）2 脚供电端对地电阻为零，更换 N202 后开机电源稳定输出，恢复行供电，开机一切正常
P2979K 彩电（TDA9383 机心），开机正常工作约 10min 后，遥控和面板按键全部失灵	N101 控制电路 12MHz 晶体振荡不良	故障出现时图像正常，据此判断故障应在 CPU 部分。该机采用超级芯片 TDA9383（掩膜后型号为 CKP1403SA，N101），操作按键时 N101 的"KEY"按键输入端 6 脚或遥控输入 62 脚电压有变化，检查 CPU 的电源、复位电压均正常，代换 12MHz 晶体振荡（Z601）后长时间试机，一切正常；估计原晶体振荡热稳定性差，正常工作一段时间后，谐振频率发生了较大偏移，致使 CPU 工作异常
P3460K 配北松管动态聚焦的调试	配套电路设置改进	P3460K 配北松管增加了动态聚焦电路，必须增加以下调试项目： 1. SKD 生产线负责应将线圈 L450 的磁心调平 2. 整装生产线调聚焦时应输入 PAL 制方格信号，首先调动态聚焦板上线圈 L450 的磁心，将屏幕上方横线左、中、右部分横线宽度调到一样，然后再调高压包上的聚焦电位器将图像横、竖线调到最清晰（参考位置在 L450 磁心调出头 2～3mm）

故障现象	故障原因	速修与技改方案
T2168K、T2176K、P2162K、 P2179K21 等 21in 彩电，音量在"1"时底声偏大	电路设置改进	1. 取消原钉底地线（28000267X1） 2. 取消铁线 148（即 N903 的地与 N601 的地的铁线） 3. C293 1～F/50V（14003275）改插铁线 4. 功率放大地到 S606 地连一线（28000217×1） 5. 功率放大地到 N903 地连一线（28000217×1） 6. C926 地端与 L202 一端（即功率放大地端）连一线（28000217×1） 7. 功率放大地到 C286 与 C288 公共点连一线（28100217×1）
T2168K、T2176K、P2162K 等 21in 彩电，场 DY 引线松动，引发水平亮线	场 DY 线工艺改进	1. 将场 DY 线加长由 26003434 改为 26001590（已出 ECO 更改） 2. 注意行、场 DY 线工艺扎线时应保证靠连接器 XS401、XS402 位置插上 DY 线后有位置松动，不宜过紧
T2168K、T2176K 彩电，采用不同版本的 TDA9380 超级单片电路的电路元器件设置	配套电路改进与软件设置数据	1. 采用 TDA9380（N1 版）时，N101（19002850）：R454 采用 1.8Ω/2W（13003974），R451、R455 采用 2.2kΩ/2W（13001298×2），无 Z205 处并接，工厂菜单 5 中 S UND FILTER 的数据设置为"03"，无木棉花贴纸 2. 采用 TDA9380 N2 版（除福地管外）时，N101（19003041）：R454 采用 1.5Ω/2W（13003972），R451、R455 采用 2.2kΩ/2W（13001298×2），Z205 处并接 6.0MHz 滤波器（20000031），工厂菜单 5 中 SOUND FILTER 的数据设置为"01"，木棉花贴纸为 41002365×2 3. 采用 TDA9380 N2 版（福地管）时，N101（19003041）：R454 采用 1.2Ω/2W（13002775），R451、R455 采用 1.5kΩ/2W（13000476×2），Z205 处并接 6.0MHz 滤波器（20000031），工厂菜单 5 中 SOUND FILTER 的数据设置为"01"，木棉花贴纸为 41002365×2 注：N1 版的按各机型的 BOM 做，N2 版的在 BOM 的基础上做以上更改
T2568K、P2562K、T2968K、T2975K 等 25in 及 25in 以上彩电，音量在"1"时底声偏大，解决方案	电路设置改进	将功率放大器的地（即 C212 负极）与 N101 的地甩跨接线（28000267×1）钉底焊接连起来
T2568K、P2928K、P2960K、 2962K1、T3468K、P3460K 等彩电，出现的图闪问题	使用场效应晶体管 2SK2828（17000701）配套改进	V901 使用场效应晶体管 2SK2828（17000701）、场效应晶体管 STW10NC60-ST/#（17001301）、场效应晶体管 SSH10N60B-FAIRCHILD/#（17001231）、场效应晶体管 FQA12N60-AIRCHILD/#（17001081）时出现的图闪问题，应配套将 R903 由 47Ω、1/6W（13000587）改为 100Ω、1/6W（13000030），使用其他电源管时 R903 都按 BOM 插 47Ω、1/6W（13000587）
T2586K 彩电，伴音正常，图像暗淡	与亮度有关的调整项目数据出错	进入工厂模式，按"MENU"键可依次选择菜单 5，用"节目加/减"键选择与亮度有关的调整项目，将 MAX BRIGHTNES 的数据调整为"41"，MIN BRIGHTNES 的数据调整为"06"，MAX CONTRAST 的数据调整为"55"后，再按一次"回看"键，即可退出维修模式，图像亮度恢复正常

（续）

故障现象	故障原因	速修与技改方案
T2962K 彩电，接收 PAL-I 制信号时，伴音音轻且有杂音	伴音制式设置数据出错	进入维修状态，在维修菜单 5 内设有伴音制式设定项目，其中 SOUND FILTER 即是伴音滤波器选择设定项目，数据为"00"时，选择内部 SIF 电路处理全制式伴音信号，设定为"01"，选择外部电路处理 6.5MHz 伴音信号；设定为"02"，选择外部电路处理 6.0MHz 伴音信号；设定为"03"，选择外部电路处理全制式伴音信号。本例进入维修状态的第 5 菜单，按"节目 +/－"键选择 SOUND FILTER(伴音滤波器选择项)，查看其数据为"03"，是选择外部电路处理全制式伴音信号，但该机的外部电路只设有 6.5MHz 中频通滤波处理电路，造成接收 PAL-I 制信号时，伴音音轻且有杂音；按"音量 +/－"键将该数据改为"00"后，选择内部 SIF 电路处理全制式伴音信号后，接收 PAL-I 制信号时，伴音音量和音质恢复正常
T2975K 彩电(TDA9383 机心)，开机瞬间能听到高压声，随即自动关机	N101 的 EHV 过压和电子束电流过电流保护端 36 脚外部 Q462 基极对地电阻 R498 开路	测得 TDA9383(N101)36 脚(EHV 过电压和电子束电流过电流保护端)电压为 2.4V，高于正常值(1.6V)。N101 的 36 脚外接 ABL 及灯丝电压检测到电路，正常状态下，V462 导通，V463 截止，若灯丝电压过高(相当于 EHV 过高)，V462 基极电压升高，V462 截止，V463 导通，N101 的 36 脚电压升高，N101 据此启动保护电路，从 1 脚输出待机高电平，从而实现 EHV 过电压保护。经查 Q462 基极对地电阻 R498 已开路，换新后开机，故障排除
T2975K 彩电，开机瞬间能听到高压声，随即自动关机	TDA9383 的 36 脚外围保护电路故障，场输出电路故障，引发保护	1. 检测 TDA9383(N101)36 脚 EHV 过电压和电子束流过电流保护端电压，正常电压为 1.5～2V，一旦大于 2V 彩电便进入保护状态，TDA9383 的 36 脚外围电路中，R465 阻值易增大，C414(56nF/200V)易失容引发保护动作 2. 场负压供电限流电阻 R458(1Ω//1W)、场输出反馈元件 C452(180pF)及 R453(0.82Ω)易损坏，也会出现开机随即自动关机故障
T2976K 彩电(TDA9383 机心)，开机后，屏幕上半部图像显示正常，下半部为黑屏，屏中间为一条亮线，约 2s 后，全屏黑屏，此时按面板上的"节目 +/－"键，又可再开机，但重复上述过程	N101 的 21 脚正极性锯齿波输出电路外接电阻 R485 一脚脱焊	开机后测得 N101(TDA9383)1 脚(开/待机控制端)电压为 0V(正常)，49 脚(束电流保护输入端)电压为 2.3V，约 2s 后 1 脚电压升至 3.3V(待机电压)，整机进入待机状态，此时 N101 的 33 脚(行激励脉冲输出端)、36、49 脚电压均为 0V；检查 N101 的 36 脚(过压保护信号输入端)、49 脚外围元器件，未发现异常 由于故障现象与场扫描有关，于是转向检查场输出电路，经查 N101 的 21 脚外接电阻 R485 一脚脱焊，R485 开路后，送往场输出块 LA7845N 的 5 脚的正极性锯齿波信号中断，则 N402 正、负锯齿波信号输入端电压失衡，致使 IC 内部放大器偏离线性放大区，从而出现部分黑屏幕故障，随后场自动保护电路启动，自动关机。补焊 R485 后试机，故障排除
T2976K 彩电，开机 2、3min 后自动关机	场保护检测二极管 VD411 性能不良	TDA9383 的 49 脚场扫描失落保护输入端外接二极管 VD411(1N4148)性能不良，正常工作时，49 脚电压在 2～3V 之间。更换 VD411 后，故障排除
T3468K 彩电(超级单片电路为 TDA9383，掩膜型号为 SKP-1403SA)，指示灯亮，不开机	存储器故障	测量超级单片电路 N101(TDA9383)所需的 +3.3V、+5V 及 +8V 电源都正常，其待机控制 1 脚电压为 0V(低电平)处于开机状态，测量 N101 的 33 脚行推动输出电压为 2.2V，行推动管 V401 的基极电压为 1.1V，行电路没有工作；将行推动管 V401(C2482)及 V269(C1815)换掉，故障不变，代换超级单片电路仍然无效，更换有原机数据的存储器 N601(PC8598)后故障排除。存储器内部数据由于某种原因导致错误，致使超级单片电路不能正常工作

（续）

故障现象	故障原因	速修与技改方案
T3468K 彩电（超级单片电路为 TDA9383），声音正常，图像闪烁	N101 的 EHV 过电压和电子束电流过电流保护端 36 脚外部 Q462 基极对地电阻 R498 的阻值变大	实测得开关电源输出的各组电压正常稳定，超级单片电路 N101（TDA9383，掩膜型号为 CKP1403SA）各供电端电压正常，查 ABL 电路元器件未发现异常；N101 的 36 脚（EHT/过电压保护输入端）除外接 ABL 电路外，还接有过电压检测电路，断开 VD499 后试机，图像不再闪烁；检查并代换 VD499、V462、V463，故障依旧。接下来逐一检查电阻、电容元件，检查中发现 R498 的阻值在图样上标注为 68kΩ，实测约 60kΩ，但其色标标注为 24kΩ，试着将 R498 换成一只 24kΩ 的电阻后开机，图像正常，是 R498 阻值增大致使 N101 的 36 脚内电路误动作所致 在康佳 K 系列彩电中，R498 为过电压检测输入的分压电阻，其阻值与 CRT 的尺寸及型号有关；在小屏幕彩电中，R498 多为 33kΩ；在大屏幕彩电中，RA98 多为 24kΩ
T3468K 彩电，TDA9383 机心，图像幅度随亮度变化而变化	电路设置改进	将行输出变压器 7 脚外部 ABL 电路与 8V 相连的 VD467，由标称电阻 7.5kΩ 改为 4.7kΩ 即可
TDA2968K 彩电（TDA9383 机心），图像下部正常，上部全黑	TDA9383 的 22 脚外部 R486 开焊	判断故障在场扫描电路，先对场输出电路进行检测，未见异常，再检查场激励电路，发现 TDA9383 的 22 脚外部 R486 开焊，补焊后故障排除
TDA9383（N21 版）掩膜片（19003201）版本与电路设置	配套电路改进与软件设置数据	1. 使用 TDA9383N2/2 I 版掩膜片时，N101（19003042）钉底于 N101 第 50 脚到地采用 56Ω、1/6W（130001170），钉底于 N101 第 50 脚到 5V 采用 22Ω、1/6W（13001312），工厂菜单 5 中 MAX COLOUR 无该项目数据 2. 使用 TDA9383N2/1 I 版掩膜片时，N101（19003201）钉底于 N101 第 50 脚到地和钉底于 N101 第 50 脚到 5V 均无元件，工厂菜单 5 中 MAX COLOUR 的数据设为"50" 注：使用 N2 版第一次掩膜片按各机型 BOM 做，N2 版第二次掩膜片则在 BOM 的基础上做以上更改
改善 K 系列彩电 N101 易损坏，引发无光故障的方法	配套电路设置改进	为改善该问题，现做如下更改：将 N101 第 36 脚与 R463 一端之间的铜皮割断，在其之间跨接一只 100Ω/6W 电阻
改善 P3460K 配三星管生产存在的问题	配套电路设置改进	1. 改善转台图不清的现象：将 CRT 板上的 R505、R515、R525 由 12kΩ/2W（13000238 ×3）改为 10kΩ/2W（13000102 ×3） 2. 改善无光（N101 第 36 脚反向阻值偏小）现象：一是将 N101 第 36 脚与 R463 一端之间的铜皮割断，在割断的铜皮之间钉一只 100Ω1/6W（13000029-1）的电阻；二是分别在 R439、R463 两端各并接一只 1N4148（16000165 ×2），正极分别接在 N101 第 38 脚、36 脚 3. 改善图闪现象，在 N101 第 30 脚出来的电路过电阻 R385（即在 R385 与 XS501 第 2 脚相连的一端）分别对地钉底一只 1200pF/50V（14001338）电容、一只 22kΩ1/6W（13001310）电阻，与 8V 之间钉底一只 33kΩ1/6W（13002099）电阻

（续）

故障现象	故障原因	速修与技改方案
T2968K、T2976K、T2975K 配北松管场幅失调	配套电路设置问题	将 N101 外围的 R453、R456 由 1.5kΩ、1/2W 改为 1.8 Ω、1/2W
改善 VL 频段信号弱，有竖线干扰的问题	地磁功能数据调整	将不带地磁功能的 K 系列机型做如下调整：先将工厂菜单 6 中地磁功能打开并将其数据调到 0 后再将地磁设置为"关"，此项内容可在复制存储器时设置好
三无，指示灯不亮	TDA16846 的 11 脚电阻 R920 开路	测量开关电源无电压输出，经查电源电路 TDA16846 的 11 脚外接电阻 R920（3.9MΩ）开路
使用 17001061 电源管配套要求	17001061 电源管 V901 温升高	由于 K 系列机使用 17001061 电源管温升较高，现要求 V901 的位置使用 17001061 场效应晶体管（SSH10N60A-FAIRCHILD/#）时，R903 电阻由 100Ω（13000030）改为 47Ω（13000587）
使用 29in 三星纯平管（31000481）需做更改	配套电路设置改进	有些 29in K 系列纯平机型使用三星纯平管（31000481）代料，打 PAINT 时请按 BOM 中三星管的配套做，且做如下更改： 1. 将 R452 由 0.82Ω/2W（13003902 ×1）改为 1Ω/2W（130039731） 2. R453、R456 由 1.5kΩ、1/2W（13000476 ×2）改为 2.2kΩ、1/2W（13001298 ×2） 3. 增加用于贴在喇叭与 CRT 之间的胶垫（360006344 ×2） 注：1、2 项在手插部分更改，3 项加在整装部分
有伴音，黑屏	黑电流检测二极管 VD389 反向漏电	TDA9383（CKP1403SA）50 脚黑电流检测输入端外接二极管 VD389 反向漏电。更换 VD389，即可排除故障

5.2.3　SE 系列超级彩电速修与技改方案

故障现象	故障原因	速修与技改方案
P21SE358 彩电，收不到台	CKP1303S（N906）的 43 脚内部短路	测量高频头 AGC 电压低，断开超级单片电路 N906（CKP1303S）43 脚（RF AGC）后，高频头 AGC 端电压升至 4V，收台恢复正常，说明 N906 的 43 脚内部短路，更换该芯片
P25SE282 彩电，"三无"，电源指示灯"闪亮"	行偏转线圈故障	在路测量主电源 B+电压在 60～75V 之间变化，断开主电源 B+的负载电路（即断开 B+输出电感 L950）后，接上假负载（即接上 100W 的白炽灯泡）开机，此时测量 B+电压恢复正常，说明故障是在行扫描电路。逐一地检查行扫描电路的各常损元器件：检查行输出电路元器件和输出变压器等没有发现问题，检查视频放大 200V 电压、显像管灯丝电压正常；怀疑行偏转线圈故障，更换后故障排除
P25SE282 彩电，图像有水平黑线干扰，伴音正常	STV9325 的 5 脚外接的电容器 C453 不良	接入 AV 和 TV 信号图像颜色、声音均正常，屏幕的中间部位有两条水平黑色干扰线，判断故障在场扫描及其供电的电源滤波电路，检测开关电源输出电压正常，测量场块 N401（STV9325）2 脚供电脚的电压是 25.5V（正常），检测场块 STV9325 其他各脚电压无异常后将其代换上机，故障依旧；当万用表测量场块 STV9325 的 1 脚时，水平黑线有明显的变化，上下展开，说明水平黑并不是从场块 STV9325 的 1 脚之前有问题导致的，应该是场输出信号在输出端滤波不良造成；于是重点检查相关的滤波电路，最后代换 STV9325 的 5 脚外接的电容器 C453（100nF/100V），故障彻底排除

故障现象	故障原因	速修与技改方案
P29SE071 彩电出现，"三无"现象，指示灯亮	TDA8177 的 3 脚到晶体管 V472 的基极之间电阻 R477 开路	开机的瞬间能感觉到有高压形成的声音，很快就自动关机，判断是保护电路启动造成的。检测 CKP1302S 超级单片电路的保护检测端 59 脚电压，是 4.5V 高电位（正常），代换 CKP1302S 及其数据存储器试机，故障如故，测量场块 N401（TDA8177）的各脚电压正常；考虑 CKP1302S 的 59 脚检测场失落保护是以脉冲的形式，用电压表测量不出其脉冲的有无，于是怀疑场消隐脉冲没有输送到 CKP1302S 的 59 脚；检测场块 TDA8177 的 3 脚到晶体管 V472 的基极之间只有一个场失落信号取样电阻 R477（56kΩ），断开测量电阻已经开路，找新的电阻更换后试机，一切都恢复正常
P29SE073 彩电（超级单片电路为 TMPA8809），图像亮度忽明忽暗，且伴有许多干扰线	显像管栅极（G1）关机消亮点电路 V510 的 C、E 极漏电	测得加速极电压为 +380V 非常稳定，试调亮度、对比度，图像亮暗变化正常，故障部位缩小至视频放大板上。测得视频放大供电（+200V）正常，准备测量阴栅极电压时，发现该机栅极（G1）并非直接接地，而是通过电阻 R548、R550 与晶体管 V510C 极相连，该电路为截止型关机消亮点电路；正常工作时 G1 极及 V510 的 C 极电压应分别稳定在 0.6V、+200V 左右；实测得 V510 的 C 极电压在 20V 左右波动，明显不正常；经查 V510 的 C、E 极漏电，换新后故障排除。由于 V510（C2482）耐压性能较差，易漏电产生上述故障，望检修时注意
P29SE151 彩电出现"跑台"现象，自动选台不记忆	行同步脉冲分离整形电路 V611 的偏置电阻 R616（560kΩ）的阻值变大	输入 TV"跑台"、输入 AV 无图，且都伴有行不同步的现象，判断与行同步信号有关，重点检查同步分离电路；解调后的 TV 视频信号从超级单片电路 N301（CKP1302S）的 30 脚输出，经 R133、V301、V322 送入多路视频电子切换开关电路 N801（TC4052）的 4 脚，切换后的信号从 3 脚输出送到射随器 V805（2SC1815）的基极，然后从发射极输出，经隔离电阻 R615（68Ω）和钳位电路（由 R616、C610 组成）送去同步分离电路 V611 的基极，经分离的行同步信号从 V612 的集电极输出送往 CKP1302S 的 62 脚。随后仔细检查本电路的各元器件，检修结果是 V611 的偏置电阻 R616（560kΩ）的阻值变成了 1.2MΩ，找新的电阻更换后开机，故障排除 另外，V805 失效或 V805 的偏置电阻 R820 变值，V611 的偏置电阻 R617 变值等，都会造成复合同步脉冲信号不能正常地从 CKP1302S 的 62 脚输入，常出现"跑台"、黑屏（有字符）、图像不稳（时有时无）、行不同步（无图像）等故障，建议将电阻 R616 更换为 220kΩ 左右的电阻
P29SE151 彩电，二次开机指示灯闪一下，几分钟后出现图像或不开机，或开机后无图无声	9V 稳压电路滤波电容器 C961 故障	有时不开机，有时开机出现图像慢，但只要开机了出现图像就一直正常。测量 T901 的 9 脚 C960 两端电压为 110V，8 脚 C961 两端电压为 12V，3 脚 C963 两端电压为 26V，2 脚 C965 两端电压为 26V，均正常；测量 TMPA8823 的 17 脚、29 脚 H VCC 电压为 7.1V，49 脚 FGB VCC 电压为 7V，三脚的正常值为 9V；检查 9V 供电电路，N907（7809）的输出电压在 7～8V 之间变化，不稳定，测量 N907 的输入电压为 8V，低于正常值，怀疑滤波电容器 C961（2200μF/16V）容量减小，更换后，故障排除
P29SE151 彩电，开机黑屏	超级单片电路 N301（CKP1302S）15 脚外接锯齿波形成电容 C312 失效	调高加速极电压后出现两边不到头的水平亮线；CKP1302S（N301）15 脚电压由正常的 4V 下降为 2V，检测外接的锯齿波形成电容 C312（0.47μF），黄色钽电容失效

（续）

故障现象	故障原因	速修与技改方案
P29SE151 彩电，屏幕显示满屏的白光栅（即"白屏"），并且能看到有很细的回扫线，按面板按键也无任何作用	行逆程脉冲 FBP 信号传输电路 R417、R431 不良	检测超级单片电路 N301（TMPA8809CPN）的 57、58 脚总线电压是 4.9V（正常摆动），第 5 脚复位电压是 5.0V（正常），第 6、7 脚晶体振荡电压是 2.2V（正常）；随后代换 TMPA8809CPN 后试机，故障依然如故；怀疑行、场脉冲未畅通地送入微处理控制电路，测量行逆程脉冲 FBP 信号的输入 TMPA8809CPN 的 12 脚电压是 1.3V（异常），测量行逆程脉冲 FBP 信号传输电路 C416（2.2nF/500V）正常，将 R417（4.7kΩ/1W，图样标识为 12kΩ/1W）、R431（4.7kΩ/1W）换新后开机，图像、字符、声音都恢复正常，按面板按键也恢复正常操作，故障彻底排除
P29SE151 彩电，指示灯亮，观察显像管的灯丝已经点亮，刚开机时感觉到有高压，但屏幕没有光栅，即呈现"黑屏"	CKP1302S 超级单片电路的 15 脚外接的锯齿波形成电容器 C312 不良	试调高加速极电压，观看屏幕发现有一条水平亮线。首先检测场块 N401（TDA8177）及其周边元器件都没有发现有问题；检测 CKP1302S 的 16 脚（VOUT）电压是 4.6V（正常），用示波器检测此脚发现没有场脉冲，更换 CKP1302S 后故障依旧；测量 CKP1302S 的 15 脚电压，只有 1.8V（正常电压是 3.8V），将其外接的锯齿波形成电容器 C312（0.47μF 钽电容）用新的器件代换后试机，光栅满屏，把加速极电压恢复，图像、声音都恢复正常
P29SE282 彩电，"三无"，电源指示灯亮	CKP1302SDE 开关机控制 56 脚上拉电阻 R626 阻值变大	测量主电源 B + 电压只有 + 70V，处于待机状态的。按遥控器的开/关（ON/OFF）键时，测量 CKP1302S 的 56 脚电压是在 0.3～1.1V 之间变化，检查 56 脚的外围电路，当检测其上拉电阻 R626（10kΩ）时发现阻值变成了 18kΩ，找个新的电阻换上去后试机，图像、声音都恢复正常。 另外，V952、V953 性能不良或电阻 R960、R961、R965 阻值变化，都会出现同本例相同的"三无"故障
P29SE282 彩电，本故障机在刚开机时，光栅与正常的机器一样逐渐拉开，能够显示出图像，但是还没有等光栅满屏时就自动关机	行逆程电容，C403 开路	断开电感 L950 接上假负载检测主电源 B + 电压是 + 135V（正常），检查输出的其他几组电压也都正常。怀疑保护电路启动，开机测量超级单片电路 TMPA8809CPN 59 脚的电压是 0V，正常是 4.5V，说明 X 射线保护电路启动。人为地断开 X 射线保护电路中的 18V 稳压二极管 VD471 后开机，测量 59 脚的电压回到 4.5V，但是屏幕自动关闭时电压降到只有 1.5V，随即行场扫描电路停止工作，说明 59 脚电压的异常不是因外围地保护电路启动而造成的，可能是 TMPA8809CPN 的 32 脚 EHT 极高压过电压保护；检查与 EHT 高压有密切关系的行逆程电容，C403（6.8nF/1600V）开路，将其换成新的电容器后，故障排除
P29SE282 彩电，行幅偏大，图像、声音正常	存储器不良，数据出错	刚开机，光栅的行幅瞬间变大，严重枕形失真，并随着换台行幅度变化，判断故障范围是在枕形校正电路。测量枕校管 V410（3852R）集电极的电压是 17.5V，基极的电压是 0.45V；当行幅发生改变时，集电极的电压就由 17.5V 慢慢地降到 6.5V，行幅由小变大，然后又慢慢地回升到 17.5V，行幅由大变小，怀疑是枕校管 C3852R（图样标识型号是 BD241）的性能不良，试代换新的器件后开机，故障依旧不变；在检查东西枕形校正电路的其他器件 V407、V408、V409 等都没有问题后，再测量超级单片电路 N301（CKP1302S）的 28 脚 EWOUT 的电压是 4.6V（正常），代换 CKP1302S 后试机，故障仍然没有改变。 怀疑总线控制电路数据异常导致行幅不稳定，用复制好数据的新存储器（24C08）代换后开机，行幅恢复正常，经长时间的煲机，行幅不再变大，故障得以排除

故障现象	故障原因	速修与技改方案
P29SE282 彩电，自动开机、自动关机	电源 N901（KA5Q1265）内部不良	刚开机时图声都正常，测量主电源 B＋电压是＋135V（正常）。但是开机没到 3min 就出现自动关机，所测的 B＋电压也逐渐降低到 45V 左右，随后又自动开机，测 B＋电压又恢复正常，此"自动开关机"的现象接连出现；初步判断故障原因是开关稳压电源电路有问题，测电源 N901（KA5Q1265）的各脚电压都正常，自动关机时第 3 脚的电压由正常的 18V 变成 13.5V，其他各脚的电压都变成 0V，检查外部元器件未见异常，最后将 KA5Q1265 换新后长时间试机，故障彻底排除 KA5Q1265 有两种常用规格，一种体积小，另一种体积大，它们的脚位都一样，可以相互改用，稍改引脚的焊接和启动电阻的阻值大小。据维修统计，采用体积小的 KA5Q1265 常因其性能不良导致通电不开机、难启动、开机时好时坏等电源故障
P34SE138 彩电，场线性不良，场下半部卷边，图像、声音正常	场块 N401（TDA8177）的 7 脚外接的电阻 R441 阻值变大	首先进入工厂菜单试调场线性（VLINE）调节项的参数，稍微有些变化，但是没有多大的作用，这说明是场扫描电路有故障。代换超级单片电路 TM-PA8809CPN 的 15 脚外接的电容器 C312（0.47μF 钽电容），故障依然如故；测量场块 N401（TDA8177）的各脚电压，发现场输出端 5 脚的电压有 17.5V，正常电压是场块工作电源电压的一半，即 13.5V，同时发现场块的第 1 脚是 2.5V，而第 7 脚是 2.2V，正常电压应该是 2.5V；检查影响第 7 脚电压的相关器件，是第 7 脚外接的电阻 R441（12kΩ）变成了 15kΩ，找新的电阻更换后开机，场幅恢复正常。影响场块 TDA8177 的 1 脚和 7 脚电压不平衡的元件有 R440、R441、R463、R464、R467 等电阻，常见的故障是因电阻 R440 或 R463 的阻值变大，导致图像的场上线性不良
T25SE267 彩电，屏幕上有黑带，且随图像的变换上下跳动	ABL 电路中的 R413 阻值变大	检查视频放大和视频转换电路未见异常，代换 N801、N802 无果；最后检查亮度控制电路和 ABL 电路，发现 FBT 的 7 脚外部 R413 阻值变大，更换后故障排除

5.2.4　SK 系列超级彩电速修与技改方案

故障现象	故障原因	速修与技改方案
25SK076 彩电，看不到菜单字符显示	与菜单字符位置相关数据出错	调整用户菜单时，屏幕上显示菜单框，但框内没有字符显示，而节目选择和音量等调整功能正常，按日历键时日历显示也正常；进入软件数据调整状态，FA1 和 FA2 项目内容可见，FA3～FA7 项目内容一晃而过，但可进行相关项目的调整，由于看不到相关数据，不敢进行盲目调整；更换空白存储器后，菜单字符显示恢复正常，但屏幕上显示"生日快乐"字符，进入总线系统，对 FA6 项目的第 5、6 子菜单字符位置项目数据进行调整，随即屏幕上出现软件数据和调整菜单字符，故障排除
P25SK282 彩电，屏幕上横向回扫线	C120 引脚松动	试机 30min 后黑色的屏幕上部有 4、5 条深浅不同的彩色回扫线，且无伴音，测量场输出 LA78041 的该脚电压正常，但 LA78041 温度很高，代换其外部元件故障依旧，检查 OM8373 与场输出相关的 21、22、25、26 脚外部元器件，发现 26 脚外部电容 C120 的一只引脚松动，更换后故障排除

（续）

故障现象	故障原因	速修与技改方案
P29SK151 彩电，自动关机	多种故障并存	判断保护电路启动，开机后关机前的瞬间，迅速测量开关电源和显像管尾板电压，发现灯丝电压限流电阻 R406 烧断，但更换后仍无光栅，提高加速极电压为水平亮线，更换场输出电路 LA78041 故障依旧，更换 OM8383 后，出现光栅，但光栅不稳定，颜色交替变化，检查视频放大电路，发现 R519 阻值变大，更换后字符为英文，该机的用户菜单中无中英文切换，于是进入调整状态，把 CHI 项目数据改为开，退出后，中文显示正常但自动搜索不存台，更换存储器后故障排除
P29SK 系列彩电，开机几分钟后出现满屏回扫线，并自动关机	视频放大板上的电阻 R532 开路	更换视频放大板上的电阻 R532（1.8kΩ）即可
P34SK383 彩电，图形对比度不足，灰蒙蒙一片	总线系统 FA6 菜单项目数据出错	调整亮度和对比度无效，怀疑总线数据出错。进入维修状态，进入第 6 个菜单 FA6，发现最大亮度设定（MAX BRI）、最小亮度设定（MIN BRI）、最大对比度设定（MAX CONT）、最大清晰度设定（MAX SHA）、最大音量设定（MAX VOL）5 个项目的数据均为 255，查阅该机总线数据资料，其中 MIN BRI 的正确数据为 00～15，其他 4 项均为 00～63。将数据调整到合适的数值，图像恢复正常
P34SK383 彩电，有声无图，在暗暗的背景上有几条淡淡的回扫线	总线系统 CL 项目数据出错	检查 AV/TV 之后的视频通道，未见异常，调整对比度、亮度无效，怀疑总线数据出错；进入维修状态，进入第 2 个菜单的最后一项阴极激励电压设置"CL"项目，其数据为 255，试着调该项目数据，图像出现；调整后发现该项目数据在 00～15 之间变化，不再出现黑屏幕
P34SK383 彩电，有图像，无伴音	总线系统 SND FL 项目数据出错	检查伴音电路未见异常，进入维修模式检查与伴音相关的项目数据，发现第 5 个菜单的搜台伴音制式设定 SND FL 项目数据为 255，改为正确数据 0～1 后，伴音恢复正常
SK 系列彩电，不开机或开机后自动关机	电源厚膜块 CQ1265 不良	不能开机或开机后一会儿就自动关机，指示灯不亮，查开关电源一次电路元器件未见异常，更换电源厚膜块 CQ1265 后故障排除
SK 系列彩电，光暗或黑屏	VD115 漏电	更换 VD115 即可
SK 系列彩电，机内行变压器打火，更换行变压器后图像亮度暗	OM8373 超级单片电路损坏	更换 OM8373 超级单片电路
SK 系列彩电，开机正常，稍后出现回扫线且行幅收缩	取样电阻 R966 不良	测 +B 电压偏高，更换 +B 电压取样电阻 R966（220kΩ）
SK 系列彩电，图像上有回扫线	消亮点电路故障	检查视频放大板上消亮点电路中与 CRT 栅极相连的 1.5 kΩ 电阻

（续）

故障现象	故障原因	速修与技改方案
SP21808 彩电，刚建立高压马上又进入待机状态，如此反复不停	5V 供电控制管 V953 的 C、E 极击穿	测得 TDA11135 的 54 脚 5V 电压只有 1V，查此电压供电块 7805 的输入与输出端电压都只有 1V 多，经查控制管 V953 的 C、E 极击穿
SP21808 彩电，枕形失真，行幅大	存储器数据出错	调数据可变化，但行幅不变，测校正管集电极电压为 3.8V（正常值为 12V），基极电压始终为 3.3V；更换存储器（可用空白的），或者进入工厂菜单，找到"INIT TV"项，将数据改为 1（恢复出厂设置），然后调行幅使之正常
SP21TK968B 彩电，不开机	R920 开路	指示灯不亮，市电整流滤波后的 300V 正常，经查开关电源 R920（220kΩ）开路，换新即可
T21SK026 彩电，三无	TDA16846 的 11 脚外接电阻 920 开路	测得 B + 为 0V，测量开关电源 TDA16846 的 2 脚电压偏高（正常值为 1.6V），11 脚电压偏低（正常值为 4.1V），常见原因为 11 脚外接电阻 R920（3.3MΩ）开路
T25SK076 彩电，开机后自动关机	视频放大晶体管击穿短路，420Ω 电阻开路	接假负载测量开关电源电压正常，开机测 TDA9383 的保护检测引脚（36、49 脚）电压在自动关机前无明显的跳变，测量 2、3 脚的总线电压，发现在关机前由 4.6V 跳变到 2.5V，判断总线电路被控电路故障，逐个断开被控电路故障依旧，最后检查视频放大电路，发现一只视频放大晶体管击穿短路，一个 420Ω 电阻开路
T29SK061 彩电（TDA9373 机心），冷机时声像正常，约 10min 后慢慢无彩色，最后无图像	N103 的 16、17 脚外接行锁相环滤波电路（PLL）C116 不良	故障现象与温度有关，首先怀疑电解电容，用电烙铁对 N103 外围电解电容逐一加热，当加热 N103 的 17 脚外围电容 C116 时，故障立即出现，将其换新后故障排除 N103 的 16、17 脚外接行锁相环滤波电路（PLL），若该电路中的元器件异常，必然会使行振荡和行激励脉冲形成电路不能进入正常工作状态，从而出现彩色消失或无图像故障
T29SK061 彩电（TDA9373 机心），先无彩色，后无图像	锁相环滤波电路外部电容器 C116 不良	开机 10min 后无彩色，最后无图像，检查后更换 N103 的 17 脚锁相环滤波电路外部电容器 C116，故障排除

5.2.5 SA 机心速修与技改方案

故障现象	故障原因	速修与技改方案
P21SA262 彩电，图闪，扬声器有噪声	晶体管 V204 不良	图像出现不定时的闪烁，同时扬声器里发出"砰"的声响，经过反复实验，把晶体管 V204 拆除就行，关机有点很小的响声，用户基本上都能接受
P21SA281 彩电，有图像，音量自动归零，且字符不消失，可以调大音量，但仍自动归零	主芯片（LA76931）与数据存储器（24C08）间地线有裂纹	检查"音量 -"键按钮并无短路，且菜单自动变为英文，调回中文开机后又变为英文。怀疑存储器数据乱，更换复制数据的存储器，故障依旧；检查 LA76931 供电脚、复位端，及 SCL、SDA 总线电压，都正常，再换 Z601（32kHz 晶体振荡器）及其 C606、C607，故障依旧；最终查出主芯片（LA76931）与数据存储器（24C08）间地线有裂纹，经对地线处理后整机恢复正常

（续）

故障现象	故障原因	速修与技改方案
P21SA282 彩电，转台时有噪声	电路设计偏差，技改	转台时扬声器有"卟卟"声，经过反复实验，把 C247 换成 100μF 的电容，把 C210 换成 10μF 电容，用户基本上满意
P21SA383 彩电，不开机，指示灯亮	晶体振荡器 Z601（32.768MHz）不良	测 B＋为 45V，处于待机状态，N103 的 36 脚开关脚为低电平，显然微处理器没有工作，40 脚（复位脚，RESET）为 5V 正常，用电烙铁加热 Z601 后开机工作正常，关机后待会再开，故障又出现；代换晶体振荡 Z601（32.768MHz），关机，再开机，均正常
P21SA383 彩电，开机图像正常，但大部分台的声音杂音比较大，只有极个别台的声音正常	电容 C330（47μF）开焊	AV 声音正常，判断故障在伴音处理电路，测 N103（LA76931），1 脚伴音中频输出为 2.15V，2 脚中频放大 AGC 滤波为 2.40V，3 脚伴音中频输入为 3.0V，4 脚调频检波为 2.10V，7 脚伴音中频解调 APC 滤波为 2.10V，均正常，代换相关元器件，故障依旧；仔细检查发现电容 C330（47μF）有一只脚根本就没有焊住，C330 是 N103（LA76931）的 19 脚（9V 供电脚）的滤波电容，将 C330（47μF/50V）焊牢后，故障排除
P21SA383 彩电，有图像，有伴音，图像左移，按键失效，无字符显示	AFC 积分电路相关 VD405 击穿	该机采用三洋超级单片电路 N103（LA76931）。怀疑存储器损坏或数据有变化，换存储有同型机数据的存储器试机，故障依旧；再查 CPU 工作条件，N103 的 35 脚为 CPU 的 35 脚 +5V 供电正常；用示波器观测 N103 的 33、34 脚波形及 40 脚复位电压均正常；从图像左移和无字符显示判断与 AFC 电路有关，AFC 脉冲是由行输出变压器 T402 的 10 脚经积分电路后变成矩形波，送至 N103 的 44 脚，供内部 AFC 及字符电路使用；查 AFC 积分电路 C419、C410、R383、R380、C380 均正常，用万用表测 VD405 正端电压为 8.7V，而负端也为 8.7V，估计 VD405 击穿，使 +9V 电压加至积分电路与行逆程脉冲叠加，引发上述故障；拆下 VD405 测量，已击穿，换新后故障排除
P21SA387CD，跑台且无彩色	晶体振荡器 Z341 不良	检测高频头各脚电压都正常，更换高频头后故障依旧；再测主芯片 N103（LA76931）41 脚外接电路都正常；经联想，搜台时发现信号无彩色，可能是晶体振荡器坏了，更换晶体振荡器 Z341 后，故障排除
P21SA387 彩电，三无、指示灯亮	N103 的 33、34 脚外接晶体振荡器 Z601 不良	测 B＋电压在 110V 正常，再测场输出块 N440 输出 5V 也正常，测 N103 的 31、32 脚总线电压也正常，而 N103 的 36 脚电压为 0V，将 N103 的 36 脚断开，再测电压为 0.9V，短接 V905 的 C、E 极，N903（7809）输出 9V 正常，再开机听见高压声，但还是无光黑屏，调帘栅出现白板，CPU 没有工作，更换 N103、N602 后依然无光，测量 N103 的 33 脚电压为 1V，34 脚电压为 2V，电压偏低，换 N103 的 33、34 脚外接晶体振荡器 Z601 后开机正常
P21SA390 彩电，伴音有电流声	VD955 和 VD953 之间跨接的 VD928 漏电	当把音量调在零位时没有电流声，声音开得越大，电流声就随之增大，经检查，原因是 VD955 和 VD953 之间跨接的一只二极管 VD928 漏电，代换 VD928 后，机器恢复正常。注：在图样上没有这个元器件位号
P21SA390 彩电，不定时关机	V904 基极的 VD916 漏电	开机测 N103 的 31、32 脚总线电压 4.8V 正常，＋B 为 108V 稳定，重点检查保护电路。一是行逆程电压过高保护，T402 高压包 8 脚输出的行脉冲经 VD917、C935 整流滤波电压上升并大于 6.2V 时，VD915 击穿，V906 导通，主芯片开关机脚电位被拉低，整机进入待机状态；二是场输出过电流保护，VD421 被击穿导通，V906 导通，V904 导通，整机进入保护状态。在路测 VD915 负极 4V 左右，VD915 截止，测 V904 基极 3V 电压不稳，拆下 VD916 检查已漏电，代换 VD916 故障排除

故障现象	故障原因	速修与技改方案
P21SA390 彩电，声像正常，但不定期自动关机	电路设计缺欠	拆除行变压器旁边的 V904、V906
P21SA390 彩电，无伴音，图像正常	伴音静音电路 V203（A1015）不良	在路测 N201（TDA7253）的 9 脚，供电为 21V（正常），而 3 脚为 0.1V（不正常），该脚为静音脚，正常应为 12V，静音时为 0V；向前测 N101（LA76931）的 30 脚为 0V（正常），故障应在伴音静音电路；测 V201 基极电压为 0.4V（正常），V204 基极电压为 0.3V（不正常），代换 V203（A1015）后开机，声音正常，此时测 V203（A1015）的 C、E 极结阻值很小
P21SA 系列彩电，开机三无	开关管引脚之间绝缘板漏电	查电源 300V 正常，但开关电源不工作，检查开关电源一次电路发现开关管 G 极外接一个图样中没有的稳压二极管击穿，用 18V 稳压二极管代替后开机正常，但数日后再次损坏该稳压二极管，且熔丝烧断；检查发现开关管引脚之间绝缘板污物漏电，清理污物后故障排除
P21SA 系列彩电，自动开/关机或屡损伴音功率放大器 LA42051 和场输出块 LA78040	热熔胶封住电源稳压光耦合器，引起引脚松焊	因有大量热熔胶封住电源稳压光耦合器，引脚松焊，致使 +B 电压不定期上升，将热熔胶去掉，补焊稳压光耦合器即可
SA 机心彩电，图像行场不同步，无图无声，字符正常	LA76931 外部 18 脚电阻变质	怀疑逆程脉冲信号故障，检查后未见异常，细听有行叫声，可能行频低，先后换了晶体振荡器，查了 AFC 滤波，最后换了 LA76931 还是一样只有不同步的斜条，LA76931 各电源都正常；存储块已换过，效果还是一样；后来逐个检测 LA76931 外部元器件，发现 18 脚电阻由 4.7kΩ 变为 5.3kΩ，用 4.7kΩ 更换后故障排除
SA 系列彩电，屏幕下半部为白底，上部图像拉长	R433 阻值由原来的 13kΩ、1/6W 变成 10MΩ	该机心的超级单片电路 N103 采用 LA769317L55N7-E CKP1504S。检查重点放在场电路上，测场输出电路 N440（LA78040）各脚电压，其中 1、3、5 脚电压不正常；于是对 1、3、5 脚外接元器件进行检查和代换，当查到 R433 时，发现其阻值由原来的 13kΩ、1/6W 变成 10MΩ，更换后故障排除
T21SA026 彩电，行幅大	CPU 的 10 脚外接电阻 R349（100kΩ）开路	测量 +B 的 108V 正常，缩小行逆程电容无明显改善。更改行线性电感，行幅变化很大且图像由暗变为很亮，怀疑 ABL 电路故障；测量 N103 的 10 脚 ABL 电压为负压，不正常，正常应为 4.2V，顺着 CPU 的 10 脚逐个排查，发现外接电阻 R349（100kΩ）电阻已开路，更换 R349，开机工作正常
T21SA073 彩电，开机慢，需 10min 左右	电源电路 V901 不良	开机检测主电压为 70V，不正常，而且关机时有闪光。短接行管 E 极与 B 极，使电路不工作，测主电压恢复正常，故判定故障应在行电路上；更换高压包 T402、行管 V401，故障不能排除；怀疑电源电路带负载能力下降，更换 V901，试机正常
T21SA073 彩电，图像不同步	电阻 R327（4.7kΩ）增大到 4.9kΩ	首先测 N103（LA76931）供电电压基本正常，后查电阻 R327（4.7kΩ）增大到 4.9kΩ，更换 R327，故障排除

（续）

故障现象	故障原因	速修与技改方案
T21SA120 彩电，加大音量时图像闪动，声音断断续续	电路设计偏差，技改	测量 B + 电压只有 95V，应属于电源电压过低，把电源部分相关元器件全部检查一遍，均未找到原因；后试着在 R917 旁并联一只 0.68Ω 的电阻后，开机一切正常，测量 R917 也未发现异常
T21SA120 彩电，开机后自动关机，指示灯亮	逆程电容器 C402(7500P) 失效	自动关机时，测量开关电源输出电压降低，同时测量模拟晶闸管 V906 的基极电压为 0.7V(高电平)，判断保护电路启动。接假负载，开机测量开关电源输出电压正常；并联 7500pF 逆程电容器，断开模拟晶闸管电路 V906 的发射极，开机后光栅和图像恢复正常，光栅的尺寸并未增大多少，说明原逆程电容器有开路、失效故障，引起保护电路启动，更换逆程电容器 C402(7500P)，故障排除
T21SA120 彩电，开机蓝屏，接上 TV 和 AV 信号，出现行不同步	LA76931 的 18 脚外围电阻 R327 (4.7kΩ) 的阻值变大	测量总线电压正常，LA76931 各路小信号供电电压也都正常，测量 IC 各脚的对地电压，只是 LA76931 的 18 脚电压稍高，图样中标称值为 1.7V，测得实为 1.9～2V，怀疑 18 脚外围电阻 R327(4.7kΩ) 阻值变大，取下 R327 测量，果然 4.7kΩ 的电阻变成了 5.1kΩ，换上一只 4.7kΩ 电阻后开机，图、声、像完好。LA76931 的 18 脚的功能为 VCO 基准，基准电压变化会导致 IC 内部的行频率偏离，引起行不同步故障
T21SA120 彩电，屡烧电源管和行管	高压帽轻微打火	将损坏的元器件换新后，开机仔细检查，测各电压都正常，听到高压帽有"吱吱"轻微打火声，是不是就是打火引起的呢？关机取下高压帽，发现内部有打火烧焦的痕迹，仔细清理并涂上硅胶，更换高压帽，开机无打火声，故障彻底排除
T21SA120 彩电，指示灯亮，不能二次开机	8V、5V 电源供电稳压电路 V905 发射结内部开路	测量开关电源输出电压为 60V 左右，遥控开机时无变化，测量超级单片电路的 36 脚开关机控制电压，遥控开机时，电压稍有提高，但达不到正常开机电压 5V，判断保护电路启动，将开机控制电压拉低；逐个断开电源失压保护电路的二极管 VD927、VD926，并进行开机试验，当断开 VD927 时，可遥控开机，对 8V、5V 电源供电稳压电路进行检查，发现 V905 发射结内部开路，更换 V950 故障排除
T21SA120 彩电，指示灯亮，整机三无	束电流检测电路电阻 R409 烧焦开路	测量开关电源输出电压，遥控开机后有上升的趋势和行扫描工作的声音，然后又降到低电平，此时测量模拟晶闸管 V906 的基极电压由开机瞬间的 0V 上升到 0.7V，模拟晶闸管保护电路启动；采用解除保护的方法，分别将 VD915、VD916、VD421 断开，进行开机试验，当断开 VD916 后开机不再保护，判断是束电流过大保护检测电路引起的保护，对束电流电路进行检测，发现电阻 R409 烧焦开路，更换 R409 恢复 VD916 后，开机不再保护
T21SA236 彩电，AV 有图像且有回扫线，TV 能搜台不记忆	数据存储器 N002 出错	检查 3 个显像管阴极电压很低，查视频放大供电电路 R407(200V 视频放大电压限流电阻) 断路，造成回扫线与自动关机；再查 AV 有图像有声，TV 能搜台但不记忆，是数据存储器 N002 出错，更换 R407 并重写数据，机器恢复正常
T21SA236 彩电，不开机	小信号供电电路 N905、N903 不良	开机测 B + 电压正常，但行部分不工作，测 N103 的 36 脚电压为 2.5V(正常时为 5V)，测 N903 输入端无 12V 电压，V905 未导通，V900 截止，经查该机的小信号供电电路中 N905、N903 不良，导致 CPU 的 36 脚电压变低，V900 截止，N103 无 9V 供电(降低)而使整机行振荡信号无输出，行部分不工作，造成整机"三无"，更换损坏元器件后，故障排除

故障现象	故障原因	速修与技改方案
T21SA236 彩电，开机三无	主芯片 LA76931 故障	发现 N904（CW7805）炸裂，场输出电容 C429 冒烟后自动关机，估计电压过高，于是接上假负载（100W 灯泡），B + 电压达到 160V，调节稳压可调电阻 RP950，B + 电压有变化但不稳，更换 RP950 后，B + 恢复为 140V，再接上负载开机，瞬间水平一亮线，后自动关机，查场输出电路未见异常，更换主芯片 LA76931 故障排除
T21SA236 彩电，蓝屏，行中心左移，无字符	高压包第 10 脚外 VD406 不良	行中心左移且无字符怀疑是没有行脉冲。行脉冲是靠 N103 的 44 脚 FBL 行脉冲反馈解决，测量 N103 的 44 脚电压较低，为 0.4V，比正常 1V 电压低很多，顺序检测到高压包第 10 脚外 VD406 时，发现此钳位二极管反向已经有阻值，取下换新，开机接信号图声正常
T21SA236 彩电，指示灯亮，不能二次开机	场输出电路 N440（STV9302A）击穿	测量开关电源输出电压为 62V 左右，遥控开机时无变化，测量超级单片的 36 脚开关机控制电压低于 5V；测量模拟晶闸管电路 V906 的基极电压为 0.7V 保护电路启动；将模拟晶闸管电路的 V904 拆除，开机屏幕上显示一条水平亮线，检查场输出电路 N440（STV9302A）击穿短路，更换 N440 和恢复 V904 后，故障排除
T21SA236 彩电，指示灯亮，不能二次开机	场输出反馈取样电阻 R442 的阻值变大	测量开关电源输出电压为 60V 左右，测量超级单片电路的 36 脚开关机控制电压低于 5V；判断保护电路启动，将模拟晶闸管电路的 V904 拆除，开机屏幕光栅场幅度不足，同时测量 V906 的基极为高电平 0.7V，看来场输出电路有故障；对场输出电路进行检查，发现反馈取样电阻 R442 阻值变大，外表烧焦，造成其上端电压升高，引起保护电路启动，更换 R442 后，装回 V904，开机声光图恢复正常
T21SA267 彩电，不开机，指示灯亮	SR950（TL431）稳压调节器不良	先测 +5V、+9V 正常、测 B + 电压为 126V，正常时应为 108V，判断 B + 电压偏高造成过电压保护不开机；查稳压电路，测 SR950（TL431）稳压调节器，阻值与正常值有一定差距，更换 SR950 稳压器后，开机故障排除
T21SA267 彩电，不开机，指示灯亮	复位电路 V602 基极 3.6V 稳压二极管 VD601 脱焊	测 B + 电压为 40V，测 5V 电压正常，9V 电压没有，N103 开关机 36 脚为低电位，整机处于待机状态。短接 35、36 脚，强行开机，灯丝发光，不开机与 CPU 和待机控制电路有关，检查 CPU 的供电、晶体振荡器、总线电压正常，检测 N103 的 40 脚复位电压只有 2V，正常时应为 5V；测复位电路 V602 的 E 极为 5V，B 极为 0V，V602 截止，正常时应导通，顺着 V602 基极检查，发现 3.6V 稳压二极管 VD601 脱焊，补焊后故障排除
T21SA267 彩电，开机三无	V901（7N608）击穿，同时 V903、V908、R917、R910、R914 均损坏	开机检查开关电源，V901（7N608）三脚均击穿，同时 V903、V908、R917、R910、R914 均损坏，换上新的元器件后，整机可正常工作；注意 V903（MP-SA06）可用 C1815 直接代换，V908（3DG327A）可用 A1015 直接代换。此机型在场效应晶体管 V901 击穿的情况下，熔丝不能熔断，必然导致其他一系列元器件损坏，在此不妨将 R917（0.68Ω/1W）用铁线取代，这样当 V901 击穿后，熔丝必会熔断，V903、V908、R910、R914 等元器件可免受其损

（续）

故障现象	故障原因	速修与技改方案
T21SA267 彩电，开机三无，指示灯不亮	V903 的上偏置电阻 R913 开路	查开关变压器二次侧无电压输出，怀疑开关变压器二次侧某一路输出短路，逐一检查也无异常；再检查电源启动电路 R902 正常，R913 开路，R913 为 V903 的上偏置电阻，R913 开路，V903 截止，从 R902 流过的启动电流就不能经 V903 流向 V901G 极，开关电源也就不可能工作，更换 R913 后开机，整机恢复正常
T21SA267 彩电，无图像	存储器 N602（24C08）内部故障	开机，接好 TV 信号后，赶快搜台，能收到台，台位号也能递增，但是不存台；每次开机菜单显示都是英文，并且还得用遥控器二次开机。以上故障现象表明存储器内部出现故障，更换 N602（24C08）后试机，故障排除
T21SA120 彩电，开机三无，指示灯不亮	功率放大电路 N201（TDA7253）供电脚对地短路	查 V901、V903、V908、R914、R910、R917 全部损坏，更换以上元器件后，查开关变压器二次侧 VD955 的负极对地电阻只有十几欧；断开 L201（N201 TDA7253 伴音供电电感），测 VD955 负极对地电阻恢复至较大值，测量功率放大电路 N201（TDA7253）的供电脚对地短路，更换 N201，恢复 L201 开机，一切正常
T21SA 系列彩电，无伴音	300V 滤波电解电容已无容量	打开电视机检查伴音供电正常，中频放大伴音信号有输出，无意中发现图像有 2 道黑线干扰，后检查电源 300V 滤波电解电容已无容量，换后正常

5.2.6　TK 机心速修与技改方案

故障现象	故障原因	分析与维修
25in"TK"机型彩电，自动关机	存储块 N602 内部数据错乱	25in"TK"机型经常会出现自动关机现象，多数为存储块 N602 内部数据错乱所造成的，更换后开机正常
P25TK387 彩电，出现三无现象，电源指示灯闪烁不停	开关变压器不良	测量主电源 B＋电压在 40～50V 之间变化不定，测 C901 整流滤波输出＋300V 直流电压正常；接上假负载灯泡开机测主电源 B＋电压无输出，故障范围是在开关电源；检测开关稳压电源启动电路电压只有不稳定的十几伏，测量启动电路的电阻 R909 和 R907 阻值正常；代换混合型厚膜集成块 N901（FSCQ1265R）后开机故障依旧，排查开关电源电阻、电容、二极管、晶体管部件，未见异常；最后代换开关变压器后开机测主电源 B＋的电压正常，去掉假负载接上行负载后开机图像和伴音都恢复正常
P25TK387 彩电，出现三无现象，指示灯不亮	开关变压器有问题	测得主电压 B＋无输出，B＋输出端不短路，测 300V 整流输出正常，启动电阻 R913 处无电压，检测 R913 阻值正常，且后级不短路；更换 N901 后，启动电压上升到几伏且抖动，B＋还是没有输出；测 N901 的 5 脚（稳压控制脚）电压为 0V，正常情况下应为 5.6～5.8V，检测外围元器件正常，怀疑开关变压器有问题。更换开关变压器后开机，机器正常
P25TK387 彩电，出现三无现象，指示灯闪烁	电源开关变压器 T901 不良	首先测量主电源输出在 40～50V 摆动，无短路现象，将其负载断开，接上 40W 灯泡开机，主电压无输出；重点检测电源稳压电路，代换光耦合器 N902、SR950（431）后开机，主电源还是无输出；重点检查电源内部，测启动电压在十几伏附近摆动，将 N901 代换故障还是依旧，怀疑电源带负载能力差；将 T901 电源开关变压器代换后，故障排除。T901 损坏是该机心的易发故障

（续）

故障现象	故障原因	分析与维修
P25TK387 彩电，指示灯闪烁，无图无声	电源部分 R910 电阻开路	测 B + 电压只有 15V 左右且能听见"吱吱"声，应重点检查电源部分，测电源部分 R910 电阻开路，换 R910 后故障排除
P25TK827 彩电，无光栅	N103 的 22 脚 +5V 供电端 L103 电感开路	开机瞬间能听见高压声，几秒钟后行停振且看不见光栅，开机瞬间测 B +、8V、5V、3.3V、总线电压都正常，而 N103 的 22 脚 +5V 供电端开机瞬间测电压为 0V，正常时应为 5V，测 L103 电感开路，换 L103 后故障排除
P29TK383 彩电，黑屏，有声音，指示灯亮	行推动变压器 T401 不良	观察灯丝没有亮，听不到高压启动的声音，测 V401 行推动管基极电压为 0.65V，集电极电压为 4V 左右，代换 N103 后故障不变，短路行管 V402 的 B、E 极，开机测 V401 的 B 极电压为 0.44V，行推动管 B 极电压正常，判断是行推动管不良，或者是行推动变压器及高压包不良；代换行推动变压器 T401，故障排除
P29TK383 彩电，开机后十几秒就自动关机，然后又自动开机，重复此现象	工厂菜单 9 中的 BCL Level 项目值出错	测 N103（TDA12155PS）的 30 脚电压略低，查灯丝过电压保护与束电流保护电路都正常，怀疑软件有问题，记得 TK 系列机型工厂菜单第 9 页中的 BCL Level 项设置应为 255，如果此值过小会使主芯片 30 脚取样电压过低，造成误动作关机保护；于是在正常状态下快速进入工厂菜单 9 核对数据，发现 BCL Level 项目值为 254，改为 255 后退出工厂菜单，重新试机，故障排除
P29TK383 彩电，时常自动关机	N103 的 47 脚场脉冲检测/场失落保护端外部二极管 VD445（1N4148）不良	自动关机时，测量开关机电压由开机时的高电平(3.0V)变为低电平(0V)，判断是超级单片电路控制系统引起的待机保护型自动关机；接假负载，将 2kΩ 电阻一脚焊接在待机控制电路的电阻 R148 上，另一脚焊接在 +5V 电源处强行开机，检测主电源 B + 电压是 +130V 且很稳定，初步判断开关稳压电源电路工作正常，可能是保护电路启动；测 N103 的 EHT 过电压保护检测输入 8 脚是 2.0V(正常)，测 BCL 检测输入 N103 的 30 脚是 3.2V(正常)，测 N103 的 BCL48 脚是 2.8V 正常，当测 N103 的 47 脚场脉冲检测/场失落保护端时，发现开机瞬间就高达 3.5V，而此脚电压正常时开机瞬间升到 0.5V 后将回落到常规电压值 0.1V 左右，顺着电路测量二极管 VD444（1N4148）与 VD445（1N4148）连接端的电压也是高达 3.0V 左右，而此处正常电压值应该只有 0.2V 左右；关机拆下 VD445 测其正、反向阻值都是 56kΩ，说明此二极管已经严重漏电，将其更换后故障排除
P29TK383 彩电，收看 10min 后，图像忽明忽暗	V509 外围 C527 漏电	此故障一般与关机消亮点电路有关，故障出现时检测 CRT 栅极为负压，分析此电压降低原因是 V510 导通；向前检查 V509 已导通。造成 V509 导通的原因：①本身元件不良；②外围元器件不良。经检测后发现 C527 漏电，代换 C527 后，恢复正常
P29TK383 彩电，有时不开机	数据线 SDA 供电电阻脱焊	不能开机处于待机状态，检测微处理器控制系统，测量供电、晶体振荡、复位电压正常，测总线 SDA 无电压，再次开机后又正常，更换 TD11135 及存储器无效，仔细检查发现 SDA 供电电阻脱焊，补焊后故障排除
P29TK387 彩电，图像和伴音均属正常，机内吱吱响	稳压电路 C971 不良	声音来自电源开关变压器后，试测 B +（130V）正常，更换了 FSCQ0965RTD 的电源 IC，减小或增大 C913、C915、C901 容量等，均不能排除故障；试调 B + 电压碰到 RP950(30kΩ)电位器时，声音似乎变小了，代换 RP950 无效，代换稳压电路 SR950(TL431)无效，怀疑元器件 R967、VD956、C971 不良，逐个代换试之，当代换 C971(10nF)后，机内"吱吱"响声消失，故障排除

（续）

故障现象	故障原因	速修与技改方案
P29TK387 彩电，无伴音，有"嗡嗡"的噪音，图像正常	N103 各的 3 脚电源端外围电阻 R109 变质，8.2V 稳压二极管 VD101 击穿	检查伴音功率放大电路 N201（TDA2616）及其外围电路都没有发现异常；更换音频切换、音调控制的超级单片电路 N103（TDA11135PS）试机，故障依然如故；检测 N103 各脚的电压，发现超级单片电路的 3 脚电源端只有 3.5V 电压，正常是 8.0V，检测发现外围电路的电阻 R109 已经变质，从 100Ω 变成了 68kΩ，同时发现 8.2V 稳压二极管 VD101 已经击穿损坏，将它们更换后伴音恢复正常
P29TK387 彩电，自动开关机，指示灯闪烁	保护电路 VD445 严重漏电	开机时测 B + 电压为 130V 正常，开关机时 B + 电压在 30～130V 转变，正常；怀疑保护电路启动，测 N103 的行输出过电压 EHT 输入 8 脚为 1.85V（正常），测量自动亮度控制电路 30 脚为 3.5V（正常），48 脚为 3V（正常）；当测到场脉冲检测/场失落保护电路 N103 的 47 脚时，开机瞬间已达到 3V，高于正常值 0.15V；检查该保护电路发现 VD445 反向阻值已达 70kΩ，严重漏电；VD445 与保护管 V102（C1815 图样标注的是 V441 与实际电路不符）集电极同接在 5V 电源的一个上偏置二极管，重新更换 VD445，故障排除
SP21TK363A 彩电，"三无"，电源指示灯不亮	开关管 V901（SSP7N60B）、VD908 击穿短路，电阻 R916 损坏，N910（NCP1337）外部 VD907 损坏	开机检查发现 F901 熔丝管发黑，开关稳压电源的开关管 V901（SSP7N60B）、VD908 击穿短路，电阻 R916 损坏，更换同型号新件后，开机开关稳压电源出现断续性振荡，检查 N910（NCP1337）的 8 脚启动电路和 6 脚外部 R909、R907、R908、VD907 等器件，在测量二极管 VD907（1N4148）时发现正、反向漏电，将其换用 RG2 型号的二极管后通电试机，所接假负载灯泡正常发亮，测主电源 B + 电压恢复正常；恢复电路再开机检查图像和伴音都正常
SP21TK363A 彩电，出现三无现象，指示灯不亮	开关电源 V901、VD908 短路	目测 F901 发黑，判断电源部分有元器件硬性击穿，经排查，V901 短路，VD908 短路，其他未见损坏；用 3.15A 熔丝替换 F901，用 1RF740 替换 V901，用 1N4148 替换 VD908，开机后故障排除
SP21TK363A 彩电，出现三无现象，指示灯不亮	开关电源 VD907 漏电	检查开关电源电路发现 R906 损坏，经更换后电源出现断续性的振荡，对稳压控制部分进行排查未发现问题；采用带假负载方法，故障依旧，怀疑开关电源启动或供电电路有问题，测 VD906、R909、R907、R908、VD907，发现 VD907 正、反向漏电，更换 VD907，开关电源输出电压恢复正常；本机装的 VD907 功率太小，应更换成 1N4007 或者是 RG2 系列
SP21TK391 彩电，出现"三无"现象，电源指示灯亮	晶体振荡器 Z101（24.576MHz）不良	测 + B 电源电压只有 50V 左右，处于待机状态，用遥控器开机没有反应，怀疑微处理控制电路异常；测超级单片电路 N103 的 33、40、43 脚 + 3.3V 供电电压都正常，测 N103 的 34、35 脚总线电压在 4.2V 附近轻微波动（正常），怀疑晶体振荡器 Z101（24.576MHz）没有起振，换用新的器件后故障排除
SP21TK391 彩电，出现三无现象，电源指示灯闪烁	N602 存储器 24C08 不良	开机测量给行扫描处理电路供电的 + 8.0V 电压正常，稳压块 N951 输出的 + 5.0V 也正常，测量给超级单片电路提供电源的各脚电压都正常；测 N602 存储器 24C08 的总线 5 脚 SCL、6 脚 SDA 电压都只有 3.8V 左右，比正常电压值 4.2V 明显偏低，更换一块空白存储器 24C08 后开机测量总线电压恢复正常，并正常开机；按用户遥控器 KK-Y294P 的菜单键，接着在主菜单未消失之前连续按 5 次回看键，进入工厂调试菜单，重新设置相关数据，按"电视/视频"键退出工厂调试菜单后观看图像和伴音都很正常

故障现象	故障原因	速修与技改方案
SP21TK391 彩电，开机几秒后能看见光栅，自动关机	N103 的 47 脚外电路发现 VD443 击穿	重点检查保护电路，TK 系列超级彩电有过高压保护电路、束电流保护电路和场失落保护电路。开机瞬间测 N103 的 8 脚过高压保护端口，电压为 2V 左右（正常）；N103 的 48 脚 BCL 端口电压为 3V 左右（正常）；而测 N103 的 47 脚电压为 0.1V 左右（不正常，偏低），查 N103 的 47 脚外电路发现 VD443 击穿，将其更换后开机，机器恢复正常
SP21TK391 彩电，开机几秒钟即自动关机	三端稳压器 N953（7805）不良	开机测 +B 电压为 113V 不变，这说明电源电路没有问题，测 TDA11135 的 56 脚行扫描驱动信号输出电压为 0.5V 左右，又测行推动变压器电压不停的摆动，换行推动变压器无效；于是重点检查主芯片供电和总线电压，测总线 SDA、SCL 线电压均为 4.1V 左右正常；测各组供电，当测到 N953（7805）时，发现输出电压只有 4.7V 左右，明显偏低；代换 N953 后 5V 正常。此 5V 是供主芯片 TDA11135 的 2、22 脚等信号处理电路的电源，此电压偏低，造成行起振又停振
SP21TK391 彩电，冷机自动开关机	存储器 24C16 不良	冷机开机时测主电源 +B 电压为 110V 左右，但过一段时间就自动关机，关机时 5V、8V 均正常，但指示灯会闪烁，测主芯片 N103（TDA11135PS）的 56 脚行驱动电压在 0~0.4V 之间变化，而高压也是随之而变，测总线电压只有 3.8V 左右，代换行推动管、行推动变压器、N103 等均无效；代换一个新的空白的 24C16，总线 SDA、SCL 电压恢复到 4.3V 左右，故障排除
SP21TK391 彩电，图像时有时无	存储器 N602 不良	刚开机时一切正常，数分钟后图像时有时无，用 VCD 及机顶盒输入信号时故障一样，本着先易后难原则，首先检查混合视频输入电路，未发现有损坏的元器件；代换 N103（TDA11135）故障依旧，代换 N602（存储器）后故障排除
SP21TK391 彩电，遥控不开机，指示灯亮	晶体振荡器 Z101（24.576MHz）不良	怀疑 CPU 工作不正常，测主芯片 N103 的供电电压 33、40、43 脚电压为 3.3V（正常），再测 N103 的 34、35 脚总线电压在 4.6V 附近轻微摆动（正常），RESET 复位脚接地为 0V（正常），符合 CPU 工作的 3 个条件，因 Z101（24.576M）的晶振无法测出好坏，所以将其更换，开机机器恢复正常
SP21TK391 彩电，自动关机	N953（7805）稳压块性能不良	刚开机瞬间检测主电源 +B 的电压稳定在 110V 了，约几秒钟后就自动关机了，判断故障在行扫描处理电路；测 N103 的 56 脚行扫描驱动信号输出电压为 0.5V 左右，重点检查超级单片电路 N103 的各工作电源的供电及总线电压，分别测总线 SDA、SCL 的电压均是 4.2V 正常，随后检测各组供电，当测 N103 的 2、22 脚供电三端稳压块 N953（LA7805）时发现其输出电压只有 4.7V 左右，明显偏低于正常的 +5V 电压，测其输入端的电压为 12.5V（正常）；判断是 N953 性能不良，试代换 7805 稳压块后开机测量 +5V 电压恢复正常，故障排除
SP21TK520 彩电，出现黑屏现象，有伴音	枕校管 V405（IRF630）引脚假焊	查看显像管灯丝电压正常，调高加速极电压观看屏幕出现伴有绿色回扫线的光栅，同时发现行幅不满屏；测量主电源 B+ 的电压正常，检查行扫描电路都没有发现异常。根据行幅不满这一现象，说明故障可能在枕校电路，代换常损元件校正电容 C405（336nF/400V）后试机故障依然如故，当检查枕校管 V405（IRF630）时发现其引脚假焊，将其重新补焊后通电试机，图像伴音都恢复正常。此后曾多次遇到类似的黑屏故障，都是因 V405 虚焊导致

（续）

故障现象	故障原因	速修与技改方案
SP21TK520 彩电，出现三无现象，电源指示灯亮	N103 的 33 脚电感 L107 开路	用遥控器开机，感觉高压刚起即落，开机检测发现开关稳压电源输出电压为待机状态，存储器 N602 供电端有 5V 电压，测量总线 SDA、SCL 两脚都没有电压，随后分别断开相关控制脚逐一排除故障，当断开超级单片电路 N103 的 34、35 脚后，总线电压恢复正常；检查 N103 的外围电路，当测量超级单片电路各脚的电压时发现 33 脚电源电压为 0V，正常时应为 3.3V，最后查出是电感 L107 开路，将其更换后故障排除
SP21TK520 彩电，开机图像抖动	取样电阻 R960、R967、R950 阻值增大，SR950 坏	故障出现时＋B 电压会慢慢升高一点，该故障多为稳压取样电阻 R960、R967、R950 阻值增大引起，用指针表测量不准确，误以为元器件是好的，代换后正常；或者是 SR950（TL431）坏，也会造成此故障
SP21TK520 彩电，热机 10min 后图像抖动，声音啸叫	稳压电路 N953 不良	由于是热机后发生故障现象，所以应是元器件稳定性差造成的；故障出现时测量各组电压基本没有变化，测量 V953 未发现问题，关机冷机，再开用热风枪加热 N952、N953，当加热到 N953 时，图像抖动，声音开始啸叫，将 N593 换成新的 LA7805，再开机加热，故障不再出现
SP21TK520 彩电，出现三无现象，指示灯不亮	电源电路 V901 漏电	修机心板发现 V901 假焊，补焊后发现指示灯亮了，但黑屏幕，通上信号后，机器就自动关机了；首先检查场部分输出电路正常，更换存储器 N103 后，发现通上信号时，图像是往中间收缩的，然后再关机，仔细想一想可能还是电源问题，再把电源部分测了一遍，发现还是 V901 漏电，更换后开机一切正常了 这台机器的电源使用了电源模块（NCP1337），它跟 SA 系列机型的电源不同，不像以往的情况，只要 V901 短路就会烧熔丝，而不是自动关机
SP21TK520 彩电，图像收缩，自动关机	V901 栅极和源极之间漏电	测 B＋电压只有 90V 左右，偏低，正常应为 110V 左右，因此应重点检修电源部分及稳压电路；当测 V901（SSP7N60B）栅极和源极，正、反向阻值都为 4kΩ 左右，而正常栅极与源极的阻值为无穷大，说明 V901 栅极和源极之间漏电，换 V901 后，故障排除
SP21TK520 彩电，图像收缩且竖线扭曲	R967、SR950、N902 不良或漏电	开机测 B＋只有 90V 左右，偏低，应重点检查开关电源稳压电路（R967、SR950、N902）；测 SR950 漏电，换 SR950 后故障排除。R967 和 N902 坏也能造成图像收缩且图像扭曲，有时 R967 阻值测量正常，但只有换掉，故障才能排除
SP21TK520 彩电，图像左边被消隐	N103 的 21 脚外围电容 C123 不良	重点检修行消隐电路和行鉴相电路。测 N103 的 57 脚为 0.6V 左右（正常），行鉴相为 N103 的 20、21 脚（PH1LF、PH2LF），换掉 N103 的 21 脚外围电容 C123（10nF）后，故障排除；如果图像左边或右边被消隐，应重点检修行消隐电路和行鉴相电路，VD410 漏电也能造成图像右边被消隐
SP21TK52 彩电，出现三无现象，电源指示灯不亮	开关管 V901（SSP7N60B）内部击穿	经查开关管 V901（SSP7N60B）的引脚假焊，重新补焊后通电试机，出现了光栅，几分钟后自动关机；重新开机测量主电源＋B 电压只有 75V 左右，比正常电压 110V 偏低很多，经测量开关电源电路，发现 V901 的栅极和源极的正、反阻值都为 5.6kΩ 左右；而正常状态它们的正、反阻值是无穷大的，这说明 SSP7N60B 的栅极与源极之间已经损坏，换用新的场效应晶体管后一切恢复正常 由于康佳 TK 系列 21in 小屏幕彩电开关稳压电源电路采用了新的开关电源控制模块 N910（NCP1337PG），内部集成电路具有输入欠电压检测、轻载待机功能、过电压/过电流保护电路和过载补偿电路等，该电源开关管 V901 内部击穿短路，不会连带损毁熔丝管 F901，而是出现自动关机故障

（续）

故障现象	故障原因	速修与技改方案
SP21TK608 彩电，有时有光栅，有时无光	3.3V 供电电路 VD957 漏电	测 B＋电压为 110V 左右（正常），N952 的行供电电压为 8V（正常），N951 的行供电电压为 5V（正常），而测 N103 的 33、40、43 脚 3.3V 供电只有 2.7V；测 VD957 的正、反向电阻都有阻值，漏电，更换 VD957 后故障排除。如果 VD957 漏电严重导致 3.3V 供电低于 2V，故障现象为待机
SP21TK636A 彩电，不定时水平亮线	偏转至场输出端的电容 C450 漏电	怀疑场输出电路开焊，补焊场输出电路故障依旧，怀疑场偏转电路有问题，仔细检查偏转电路，发现场偏转至场输出端的电容 C450（220nF/100V）漏电，更换后机器正常
SP21TK636A 彩电，场幅度大	N103 的 14 脚外接电容 C116 不良	进入维修模式，在 4:3 显示模式时，将工厂菜单中的"VA"、"SC"都调到 0，场幅仍很大，而且顶部有卷边亮线；在 16:9 显示模式下一切正常。根据故障现象，判断为场部分工作不正常引起；N103 的 14、15 脚是场扫描小信号输出端口，代换 N103 的 14 脚外接电容 C116，机器恢复正常
SP21TK668 彩电，不开机，指示灯闪烁	3.9V 稳压二极管 VD957 漏电	开机后测量 B＋电压波动不稳，断开行输出电路接上假负载，将待机控制晶体管 V951 的 C 极断开强行开机，测 B＋电压正常，判断故障在微处理器控制电路；重点检查 N103（TDA11135）的总线电压及电源供电，当测 N103 的 33、40、43 脚电源电压时只有 1V，明显低于正常值 3.3V，顺着供电电路往前检查，发现 3.3V 稳压电路 V956 的输出电压低，而给 V956 供电的 5V 正常，测 3.9V 稳压二极管 VD957 的两端电压不足 2V，说明 VD957 已经损坏，更换 VD957 后恢复断开的电路，开机一切正常
SP29BM808 彩电，枕形失真	电容 C404 漏电	测枕校电路的 L402 引脚无电压，正常应为 15～30V；断开 R411，电压还没有上来，说明后级电路有问题，顺着电路往下检查，发现电容 C404 漏电，更换 C404 后故障排除
TK 机心彩电，屡损集成块 N103	静电干扰损坏	N103 的 33 脚对地加接一只 3.9V 的稳压二极管，正极接地

5.3 海信超级彩电速修与技改方案

5.3.1 UOC 机心速修与技改方案

故障现象	故障原因	速修与技改方案
采用 TDA9373 的 TC2910UF、TC2988-UF 机型，关机时扬声器发出异常响声	电路设计缺欠，更改电路	1. 将电阻 R608 由 82kΩ 改为 47kΩ；电阻 R601 由 100kΩ 改为 180kΩ；W218 由 12.5mm 跨接线改为二极管 1N4148，二极管的方向为负极朝向 A 点；增加一只 3.3kΩ 的碳膜电阻，位号为 R611A 2. 去掉碳膜电阻 R611A；去掉开关二极管 1N4148，位号为 W218；电阻 R601 由 180kΩ 改为 100kΩ；增加一根连接线，长度为 280mm，连接线一端插入主板的 A 孔（W218 的左端附近），另一端插入 A1 孔（W016 的左端附近）
TC3482MF 及其更换显像管的派生机，伴音功率放大损坏	电路设计缺欠，更改电路	在主板上增加 100nF/63V 的聚脂膜电容器 2 只，一只背焊在 N601 的 2 脚和 4 脚之间，另一只背焊在 N601 的 11 脚和 13 脚之间；增加两条玻璃胶布，用于增加背焊的电容器的绝缘 注：后期（2004 年 1 月中旬以后）生产的 UOC 系列机已进行更改

（续）

故障现象	故障原因	速修与技改方案
C2777 彩电，将伴音制式设置在 D/K 制式，搜索后部分节目的伴音制式却不是 D/K 制式	"OP1"设定 1 项目数据出错	进入维修模式，用"菜单"键切换调整菜单，共有 9 个调整菜单；进入 PAGE9 菜单，按"节目 + / –"键选择"OP1"设定 1 项目，将其数据由原来的"00101110"更改为"00101010"；调整完毕，遥控关机退出维修模式，再进行自动搜索存台时，伴音设置的 D/K 制式不再出现错误
TC2507F 彩电，个别台伴音有杂音	声表面波滤波器 HJ6283 和高频头问题	出现此问题时，更换声表面波滤波器 HJ6283 和高频头即可解决
TC2908MF、TC-3406H 等机型，关机后出现彩斑	电路设计缺欠，更改电路	可把位号为 T401 的行输出变压器由 BSC29-N2409 更改为 BSC29-N2426，两者的区别仅为后者增加了高压泄放电阻，其余电性能参数不变
TC2910MF、TC-2988MF 等机型，存储失效	电路设计缺欠，更改电路	在存储器 N202 的 8 脚和地之间增加一只 10μF/16V 的电解电容器（背焊），正极接 N202 的 8 脚 注：后期（2004 年 1 月中旬以后）生产的 UOC 系列机已进行了更改
TC2977、TC2906H、TC2911MF 等机型，换台时出现回扫线	电路设计缺欠，更改电路	将位号为 C320 的聚脂膜电容器由 22nF/100V 改为高压瓷介电容器 2200pF/1kV 注：2004 年 1 月中旬以后生产的 UOC 系列机已进行了更改
TF2107F 彩电，弱信号出现竖线干扰	电路设计缺欠，更改电路即可	1. 在主芯片 TDA9370 的 7 脚外围增加一个 1000pF（最大 22nF）的瓷片电容 2. 将跨接线 W443 断开，在 W443 的反面并接一个 10μH 电感，该跨接线在 TDA9370 下面；如不方便去掉，可在主芯片 7 脚附近输出通路上串接一个 10μH 电感，但不要离主芯片太远；以免减弱滤波效果
TF2907F 彩电，在维修后出现少精细扫描及开机拉幕功能	"OP6"项中的 BIT0、BIT1 项目数据出错	该机采用的主芯片为 TDA9376，总线中"OP6"项中的 BIT0、BIT1 两位分别为速调及拉幕功能及拉幕速度设定，重新调整即可恢复正常；采用 UOC001、UOC002 的机型，无开机拉幕功能；TC2908F 等机型也可能出现类似的问题
TF2910MF、TF-2911UF 机型，开机一段时间后，图像不定时出现重叠现象	电路设计缺欠，更改电路	原因是校正电感 L460 对温度敏感，当温升高时，L460 性能会发生较大的变化；在维修时需将位号为 L460 的电感线圈的型号由 LG501B 更改为 LG501C
TF2910UF 彩电，不能进行自动和手动搜索，TV 状态黑屏幕	进入限时收看功能	海信以 F2910UFT 为代表的 29in 超级彩电，小信号处理电路采用 TDA9373，设有限时收看功能。限时收看启动时，不能进行自动和手动搜索，TV 状态黑屏幕 要解除限时收看功能，需输入通用密码：使用 RM-33C 万能遥控器，按"预置"键后，输入该机对应的代码"107"，或使用 HYDFSR-0084 遥控器，按"菜单"键选择"功能 1"，按"节目 + / –"键选择"限时收看"选项，将其密码设置成工厂原始通用代码"0000"，确认后再输入"0000"确认，并将节目号设为"关"，即可解除限时收看功能，最后退出调整菜单，TV 接收功能恢复正常

故障现象	故障原因	速修与技改方案
UOC 机心，不开机或开机困难	电路设计缺欠，更改电路	将 R810 由 470Ω/0.25W 改为 510Ω/0.25W；R11 由 470Ω/0.25W 改为 680Ω/0.25W；C801 由 220pF/50V 改为 3300pF/500V 注：以上更改适用机型为 TF2911MF、TC3406H、TC2908F、TF2907F、TF2911F 及其更换显像管的派生机；后期生产的机器已进行了更改
UOC 机心，开机无光栅、消磁继电器不吸合的故障	电路设计缺欠，更改电路	将 16V 限流电阻(1Ω)短接
UOC 超级单片机心，冷机或换台时出现回扫线	电路设计缺欠，更改电路	将 TDA9373 的 50 脚(暗电流检测输入端)外接电阻 R240、R244 和 R245 分别由原来的 10kΩ、22kΩ、33kΩ 改为 1kΩ、10kΩ、15kΩ
UOC 机心，换台时顶部出现 RGB 检测线	总线图像场幅、场中心数据出错	1. 进入总线，适当调整 PAGE2 菜单中的"VX"项，同时注意调整场幅及场中心 2. 由于换台黑屏状态下，UOC 芯片会自动识别为 NTSC 制，所以在接收 NTSC 制信号的情况下进入总线，对 NTSC 制式下的图像场幅、场中心进行调整，即可排除此现象

5.3.2 SA、SC 机心速修与技改方案

故障现象	故障原因	速修与技改方案
TC2111A 彩电，屏幕上时常出现"M"字符	误入维修状态	出现绿色"M"字符，使用关机键即可退出维修状态，如果出现红色"M"字符，使用 0072 型遥控器，长时间按"限时收看"按键，退出维修状态；为了避免再次出现类似故障，将 C203 更换为 10μF/16V
TC2111A 彩电，出现水平亮线	R403 电阻开路	在检修中发现 N401 的 7 脚电压异常，正常为 3V，故障时为 8V，最后查出 R403(39kΩ)电阻开路
TC2519H 彩电，出现黑屏现象，无字符	行脉冲部分电路不通，造成 TMP8859 的 12 脚无沙堡脉冲输出	经检查行场已经工作，灯丝亮，遥控开/关机正常，提高加速极电压，屏幕上有宽的绿色回扫线；换频道回扫线变细又变宽，有行频变化的声音，说明 CPU 电路工作基本正常；测 TMP8859 的 RGB 输出电压，不到 1V，给尾板供电 9V 正常，将消亮点电路元器件拆下，故障依旧，将尾板与主板排线拔下，TMP8859 的 RGB 电压不变；检查 TMP8859 各供电脚电压正常，怀疑主芯片有问题，更换无效；用示波器检查，测主芯片的 RGB 没有输出，总线波形正常，中频放大电路信号输出有波形，又送回 TMP8859，分析问题仍出在 TPM8859 内部的视频信号处理电路。TMP8859 的 12 脚是沙堡脉冲输出脚，用示波器观察，没有波形，顺电路检查，场脉冲输出正常，检查行脉冲部分，发现行脉冲部分电路不通，经过仔细检查，发现行输出变压器 10 脚铜箔断裂，连好后开机出现光栅和字符

（续）

故障现象	故障原因	速修与技改方案
采用 TMPA8859 东芝超级单片电路的部分机型，无彩色	电路设计缺欠，更改电路	1. 增加连接线 1672，一端背焊在视频放大板显像管座 FG 脚，另一端焊接在地线插座 XS903 的 2 脚 2. 去掉视频放大板上 C951 3. 割断视频放大板上 C903 下端到 XS901 方向的铜箔 4. 主板上的 C242 改为背焊，一端焊在 N201 的 47 脚，另一端焊接在 W205 的右端 5. 主板 L207 更改为 7.5mm 的跨接线 6. 切断主板 XS201 的 5 脚和 C244 上端之间的铜箔，串联一只 15μH 的电感（背焊） 7. 主板增加一只型号为 05W9.1A 的二极管，正极焊在 C220 的负极处，负极焊在 W404 靠近 N802 的一端（对于已经增加此件的机器不必重复增加） 注：①本方案适合于采用本机心的 29、34in 机型，显像管座的型号为 GZS10-2-AC3DR 或 GZS10-301-2D；②对于 25in 机型（TC2519H、TF2519H）及其他采用 GZS10-2-AC2DF 管座的机型，上述第 1 项不必实施；③视频放大板号为 346 或 346-1 的机型，第 2 项应去掉的电容位号为 C910
采用 TMPA8859 超级单片电路的 TF2918DH 机型，屡损电源模块 STR-G9659	B+整流二极管 VD561 击穿	B+整流二极管 VD561 击穿，使电源模块的工作电流过大损坏，造成模块外围元器件和熔丝连带损坏
TMPA88××大屏幕机心，个别地区收看时跑台	PYNN 的数据需调整	进入软件数据调整模式，调整 PYNN（收看状态下同步信号的最小值，序号 84）的数据进行解决；该数据出厂设置为 1E，当个别台节目不稳定时，适当减小，当黑背景出现时，适当加大
采用 8859-3 机心的彩电，出现密码锁定现象	存储器数据出错	对该机型出现密码锁定现象，可直接更换存储器解决
采用 TMPA88××超级单片电路的 TC2111A 机型，出现跑台现象	电路设计缺欠	1. 将 C104 由 0.01μF/50V 改为 47μF/16V，负极接高频头 2. 将批号为 4C417、4C507、5C627 的高频头换为新生产的高频头

5.3.3 USOC 机心速修与技改方案

故障现象	故障原因	速修与技改方案
DP2910L 彩电，出现开机红屏、死机等现象，二次开机后，机器正常	LA76930 内部复位电路工作异常	经分析，此问题是由于 LA76930 内部复位电路工作异常引起，现提供试验方案如下： 将 LA76930 的 40 脚外接的 C729 由 1μF/16V 更改为 3.3μF/16V，若无效，可换用写入新程序的 LK76930；另外，在解码板供电端对地加上一个 1000μF/16V 的电解电容，使解码板供电较 CPU 供电有所延迟，进而完全复位

故障现象	故障原因	速修与技改方案
TF2511H、TF-25100H 彩电，AC220V 电压偏高时不开机	电路设计缺欠，技改	R517 由 560Ω 改为 390Ω，R526 由 4.7kΩ 改为 2.2kΩ，R569 改为 0.22Ω/1W
采用 USOC 机心的部分机型，亮度高时图像闪烁	ABL 滤波电容 C408 的容量减小	TF2166GH、TF2169GH、TF25R68 彩电，亮度高时图像闪烁，增大 ABL 滤波电容，即将聚酯膜电容 C408 由 100nF/63V 更改为 470nF/63V，故障排除
不能进行自动和手动搜索，部分选择功能无效	进入童锁功能	该机心具有童锁功能。童锁解除方法：按住 CALL 屏幕显示键 4s
采用 LA76831 机心的彩电，在收看过程中出现错误字符	微处理器的晶体振荡器停止振荡	微处理器的晶体振荡器停止振荡所致，采取以下措施： 1. 更换晶体振荡器 G701，型号是 JU-38（32.768MHz） 2. 在母块中增加 ROM 校正，对出现问题的机型，需写入新的存储器数据
接收 TV 信号，伴音中有噪声	伴音制式数据出错	在用户调整菜单中选择伴音制式时，无 6.5MHz 可选，判断总线与伴音制式设置相关数据出错；进入维修调整状态，选择菜单 6 的伴音制式选项，发现 6.0M OPTION 和 6.5M OPTION 的数据为 0，将其改为 1 后，故障排除
有图像和伴音，但图像无彩色	彩色制式数据出错	在用户调整菜单选择彩色制式时，无 PAL 可选，判断总线与彩色制式设置相关数据出错；进入维修调整状态，选择菜单 6 的彩色制式选项，发现 PAL OPTION 项目的数据为 0，将其改为 1 后，故障排除

5.4 海尔超级彩电速修与技改方案

5.4.1 TMPA88××机心速修与技改方案

故障现象	故障原因	速修与技改方案
21T6B-TD 彩电，电源指示灯亮，不开机	开关机控制电路 V570 内部损坏	测得开关电源各组输出电压均正常，但超级单片电路 N204（8803CPAN-3GV1）17 脚（行启动供电端）电压仅 0.9V，显然不正常。检测开关机控制电路，开机时，N204 的开关机控制 64 脚输出 3.6V 高电平，V571 的 B 极电压为 0.74V，V570 的 E 极电压为 12.9V，但 V570 的 C 极电压却为 1.2V，断开 N902 的 1 脚后，V570 的 C 极电压仍为 1.2V，判断 V570 损坏，换新后故障排除
21T6D-T 彩电，不定时出现屏幕保护现象	蓝屏幕保护 R247 阻值问题	TV RF 信号较弱时，出现蓝屏幕保护，将 R247 的阻值改为 300kΩ
25F3A-T 彩电，伴音小，声音沙哑，严重时甚至无伴音	静噪晶体管 V701 故障	25F3A-T 彩电静噪晶体管 V701（2SC945）的 C 极与 E 极之间漏电，维修时可首先断开 V701 的 C 极进行试机，如果伴音恢复正常，则是 V701 的故障 在实修中发现，该彩电中 V701（2SC945）损坏率较高，通常为 C、E 极间漏电，表现出的故障现象为无伴音、伴音小或伴音沙哑

（续）

故障现象	故障原因	速修与技改方案
25F3A-T 彩电，电源指示灯亮，出现三无现象	8803CPAN-3GV1复位电路故障	拆机检查，灯丝亮，开关电源输出电压正常，三阴极电压均为190V（处于截止状态）；调高加速极电压后，屏上出现行幅缩小的白板光栅，无字符显示；遥控器和按键均失灵，怀疑CPU未工作，于是检查CPU的工作要素；测得8803CPAN-3GV1（N204）5脚（复位端）电压约为0.5V；根据电路分析，通电后V902导通，N204的5脚应为高电平；经查C903漏电，换新后故障排除，此时N204的5脚电压升至4.6V
25F3A-T 彩电，下部黑屏，上部图像闪烁，且图像场线性不良	稳压调整管V905的B极外接稳压二极管VD921不良	首先检查场扫描电路，测得+26V（B4）供电正常，但场输出块LA7840（N402）4脚（基准电压设置端）电压在1.9～3.4V之间波动（正常值约为2.9V）；N402的4脚基准电压由+5V-2在3～6V之间变化；测得+5V-2串联稳压调整管V905的C极电压为9.1V，正常，这也说明V570、N902等器件工作正常；又测得V905的B极电压为4.5V，低于所连稳压二极管VD921的稳压值（5.6V），焊下V905、VD921并用万用表检查，并无异常，逐一代换这两只器件，当代换VD921后试机，故障排除
25TA-TD 彩电的拉幕功能速度太快，以致于在冷开机时看不到拉幕	总线软件中与拉幕功能速度相关项目数据出错	进入维修模式，按"DISPLAY"键一次，使"S"字符消失，再重复一次进入维修模式的方法，即可进入工厂模式，屏幕右上角显示"D"字符；进入工厂模式，用上、下方向键选择拉幕速度"CUR STEP"选项，用左、右方向键将其数据改写为"01"，再选择拉幕等待时间"WAIT TIME"选项，将其数据改写为"3F"即可，遥控关机退出维修模式，拉幕功能恢复正常
25TA-T 彩电的拉幕功能速度太快，以致于在冷开机时看不到拉幕	拉幕速度"CUR STEP"选项和拉幕等待时间"WAIT TIME"选项数据出错	进入工厂模式，选择拉幕速度"CUR STEP"选项，用左、右方向键将其数据改写为"01"，再选择拉幕等待时间"WAIT TIME"选项，将其数据改写为"3F"即可，遥控关机退出维修状态，拉幕功能恢复正常
34F9B-TD 彩电，个别台不稳定，手动搜索有，但是转换到其他频道再回到该频道就没有了	电路设计缺欠，更改电路	34F9B-TD 彩电，做如下改动： 1. 将R1165由RT12-1/6W-1000-J改为RT13-1/6W-5.6 kΩ-J 2. 将C247由27pF改为100pF 3. 将C1125（300pF）删除 4. 将R1166（12kΩ）删除
34F9B-TD 彩电，个别台图像好，但声音有杂音	电路设计缺欠，更改电路	34F9B-TD 彩电，做如下改动： 1. 在X102处增加30MHz陷波器，型号为MKT30.0MA110P进口 2. L101由LGB606-1.22μH改为LGA0304-1.2μH-J 3. L102由LGB606-0.22μH改为LGA0304-0.22μH-J 4. 将L103由LGB606-1.2μH-J改为LGA0304-1.2μH-J
采用G5机心的彩电，伴音和图像正常，但节目号为红色，面板和遥控器上的按键全部失效，只能收看一个节目	进入童锁状态所致	海尔以25TA-TD、25F3A-T、25T6D-D、25T6D-TD、29T9B-T、25T6D-T为代表的G5机心超级彩电，具有童锁功能。进入童锁状态后，伴音和图像正常，但节目号为红色，面板和遥控器上的按键全部失效，只能收看一个节目。其解锁方法是：按下"DISP"键不放的同时，按遥控器上的数字键"6"，屏幕右上角的节目号由红色变为绿色，此时遥控器和电视机面板上的按键均恢复正常，解锁成功；后来查阅到海尔TPMA8803/8823/8829机心的解锁方法是：按遥控器上的"菜单"键，进入童锁菜单，按遥控器上的数字键"9"、"4"、"4"、"3"输入通用密码，即可解锁

（续）

故障现象	故障原因	速修与技改方案
采用 TMPA8803 超级单片电路的海尔 25F3A-T 彩电，伴音声小	静音控制管 V701 漏电	TMPA8803（N204）28 脚输出音频信号，经 C103、C704 耦合至伴音功率放大块 N701（TDA2611）7 脚；测得 N701 各脚电压正常，断开静音控制管 V701 的 C 极后伴音恢复正常，接上 V701 的 C 极，依次断开 V701 的 B 极的 VD901、VD230 试机，伴音仍声小，更换 V701 后故障排除。实修发现该机心中 V701（2SC945）易发 C、E 极间漏电故障，引发无伴音、伴音小或伴音沙哑故障
采用 TMPA8823 超级单片电路的彩电，每次开机屏幕上均显示"欢迎光临"及其英文文字符，"屏幕显示"和"待机控制"键失效，其他功能正常	"OPT"、"MODE"、"MODE1"项目数据出错	先将该机的超级单片电路（HAIER8823-V4.0）拆下，换上 G5 机心的超级单片电路（TMP8803CPAN-3GV1），进入维修模式和工厂模式，将"OPT"项目数据由"27"改为正确数据"BC"，"MODE"项目数据由"1F"改为正确数据"DD"，"MODE1"项目数据由"0F"改为正确数据"04"；调整后关机退出维修状态，将 HAIER8823-V4.0 换回到电路板上，再开机屏幕上的"欢迎光临"及其英文文字符消失，出现蓝底白字的"haier"厂标，按键功能也恢复正常
采用 TMPA8829 超级单片电路的彩电，不能调台预置、不能进行 AV/TV 切换，不能进行游戏	进入童锁状态所致	海尔以 29FV6H-B、29F7A-T（A/B）、34P9A-T（B）为代表的超级彩电，具有调台锁、AV 锁、游戏锁等童锁功能；进入调台锁、AV 锁、游戏锁后，不能调台预置、不能进行 AV/TV 切换，不能进行游戏；解锁通用密码是 9443。其解锁方法是：童锁的初始密码为 0000，用户可随意更改 4 位数密码，如果不慎忘记密码，按遥控器上的"菜单"键，进入童锁菜单，按遥控器上的数字键"9"、"4"、"4"、"3"输入通用密码，即可解锁
采用 TMPA8873 超级单片电路的 21FA12-AM 彩电，冷态开机无伴音	伴音电路设计缺欠	在 R356 与 R357 之间用跨线接通，即可解决问题

5.4.2 UOC（TDA937×）机心速修与技改方案

故障现象	故障原因	速修与技改方案
21T1A-T 彩电，经常性执行拉幕、闭幕动作，音量不能控制	存储器数据出错，内部损坏	检查 N201（OM8370）的 2 脚 SCL、3 脚 SDA 总线电压分别为 2.1V 和 3.4V，低于正常值 4V，断开存储器总线引脚，N201 的 SCL、SDA 电压恢复正常，判断存储器损坏 更换空白 24C08 存储器后，开机自动进入维修状态，按数字键"8"显示"INIT 项目"，按"音量 +"键进行存储器初始化后，故障排除
21T1A-T 彩电，指示灯亮，不能开机	存储器数据出错，内部损坏	测量 N201（OM8370）的开关机控制 1 脚电压为 2.4V（高电平），且不随遥控开机变化，开关电源输出 B + 电压为 75V 待机电压，测量 CPU 总线电压为 3.9V，脱开存储器的 5、6 脚，通电后电视机可正常开机 更换写有该机型数据的存储器后，电视机恢复正常，但行中心偏左，场幅度偏大，进入维修状态做相应调整后，故障排除

（续）

故障现象	故障原因	速修与技改方案
29F3A-P 彩电，伴音中有"嗡嗡"声	电路设计缺欠，进行技改	经反复试验，发现产生"嗡嗡"声的原因是：场电路发出的电磁辐射被 N701（TDA9860）的 15、18 脚到 N601（TDA7297）的 4、12 脚间的铜皮走线接收后，经 N601 放大从而使扬声器中发出频率为 50Hz 的"嗡嗡"声 为减小"嗡嗡"声，决定对电路进行如下改动：预先对 TDA9860 输出的音频信号进行提升：将 V213 由电压放大倍数约为 1 的共集电极接法改为电压放大倍数较大的共发射极接法，将 R262 改接到 V213C 的 C 极（一端接 +8V，另一端接 V213 的 C 极）；耦合电容 C706 原接 V213 的 E 极端，改接至 C 极；V213 的 E 极接地；为了降低 N601 的输入电阻，将 R603、R603 由 3.3kΩ 减至 470Ω；改动后试机，"嗡嗡"声极小，也不影响正常收看
29F3A-P 彩电，偶尔不开机	三端精密稳压电路 DZ805（KA431）不良	开机后指示灯闪一下，然后熄灭，整机出现三无现象，测量市电整流滤波后的 300V 电压正常，开机电源启动后又停止，判断保护电路启动 对可能引起过电压保护的稳压电路元器件进行代换实验，更换稳压控制电路的三端精密稳压电路 DZ805（KA431）后，不再发生不开机故障
29F3A-P 彩电，声像正常，无字符显示	存储器与字符显示位置相关数据出错	该机采用飞利浦超级单片电路 N201（TDA9373），字符基色信号和消隐信号均由 N201 内部产生，并输往其内部的 RGB 三基色信号选择开关电路。查询资料得知，该机总线中有字符位置的调整项目，由于该机无字符显示，即使是进入总线，也无法得知某菜单与项目，更谈不上调整；换用一块写有同型机数据的存储器后故障排除。事后分析，该机并不是无字符显示，而是显示的位置不对
29F3A-P 彩电，无字符显示	存储器数据出错	图像和伴音正常，判断行场扫描正常，故障在字符产生和显示电路，字符定位的行场脉冲电路，但检查相关电路未见异常；怀疑总线数据出错，更换一块空白存储器后，屏幕上显示字符，但行场幅度不足，想要调整不能进入软件数据调整状态，后来更换写有厂家数据的存储器后，故障排除
29F3A-P 彩电，伴音有噪音	电路设计缺欠	将一规格型号为 CL21X-63V-104J-F 的电容跨接在 C821 后直接接地
29F3A-P 彩电，开机烧场输出电路	B + 稳压电路中的 R815 不稳定	测量开关电源输出电压，开机的瞬间为 143V，然后慢慢降到 130V，是电源输出电压过高开机烧场输出电路，检查稳压控制电路，发现 R815 的阻值不稳定，更换 R815 后故障排除
29F3A-P 彩电，图像暗淡扭曲	V212 损坏，导致 TV 视频信号衰减	输入 AV 信号图像正常，判断故障在 TV 信号处理电路，检查 TDA9373 的 TV 视频处理电路，断开 V212 后图像恢复正常，测量 V212 损坏，导致 TV 视频信号衰减
29F3A-P 彩电，行幅度偏大	VD404B 击穿	该机不但行幅度大，且伴随枕形失真，首先进入维修状态，调整行幅度和枕形失真项目数据无效；检查行输出和枕形失真校正电路，测量 VD404B 的负极电压为 1V，低于正常值 15～25V，测量 VD404B 的反向电阻很小，拆下测量 VD404B 发现已击穿，更换 VD404B 后故障排除
29F3A-P 彩电（TDA9373-V2.0 机心），因场输出 TDA8350 更换后无法开机	场输出 TDA8350 损坏，更换后场幅数据（6VAM）数据不符	换新 TDA8350 后开机正常，只是在开机过程中图像上部有红、绿、蓝交叉在一起的闪动亮线（此亮线属 UOC 芯片特有功能，在开机后会自动检测阴极电流）；正常时，此亮线应在屏幕之外。TDA9373 芯片默认识别的图像制式为 NTSC 制，在输入视频信号后经识别电路判断转换为 PAL 制式；用 DVD 机输入 NTSC 制视频信号，图像上部出现闪动的检测线；进入总线，调整场幅数据（6VAM），亮线消失

故障现象	故障原因	速修与技改方案
29F3A-P 彩电（TDA9373-V2.0 机心）场线性不良，上部偏大	存储器数据出错，内部损坏	进总线后调整场有关的项目 5SCL、5VSL，图像有改善，但不能恢复正常状态，更换 N202（24C08）后，开机场线性恢复正常
29F3A-P 彩电，每次换台时图像整幅上下摇摆几下然后正常，只要不换台，图像会相当稳定，自动搜台也正常	TDA9373 的 37 脚外围 C326 漏电	检测 CPU 的 21 和 22 脚场激励输出信号以及场集成块（TDA8350Q）的各脚电压，均稳定正常；先后更换写入数据的 24C08 和 TDA9373 后试机，故障依旧；在每次换台时测 CPU 的各脚电压，检测发现，37 脚换台瞬间万用表指针来回抖动了几下，查阅图样得知该脚外围只有一只电阻通过 C326（104）到地，拆下 C326 测量，有 100kΩ 左右的漏电阻值；37 脚电压正常时应大于 3V，当其电压不稳时通过内部影响到图像的处理，在换台的瞬间无法对新形成的图像信息进行正确的定义，故出现上下摇摆的现象，更换 C326 后试机，故障消除
29F3A-P 彩电，行幅忽大忽小，枕形失真	存储器故障	换上写有数据的存储器即可修复
29F8D-T 彩电（TDA9373-V1.0 机心），东西枕形失真	5EWP 项数据出错，存储器故障	进总线调试 5EWP 项数据，图像恢复正常，可是交流关机后又出现枕形失真故障；再进入总线，发现 5EWP 项数据又恢复到调整前的状态，说明总线数据未记忆；换存储器 N202（24C08）后开机，重调数据，故障排除
29F9K-P 型彩电（TDA9373 机心，频率合成高频头），行场幅度偏大	存储器和高频头故障	调整 5EWW 项（行幅度）数据，故障未变，先代换存储器，再代换高频头 TU101，故障排除；另外，此机伴音处理电路 TDA9860 总线断路后，会出现无台故障
TV 伴音音量过小，AV 音量正常	伴音相关总线数据出错	AV 音量正常，说明伴音功率放大电路正常，TV 伴音处理电路在 N201（TDA9373）内部转换处理，检查相关电路未见异常，怀疑总线数据出错，更换存储器 24C08 后，故障排除
本机按键不起作用，关机后，仍然保持童锁状态不变	进入童锁状态	海尔以 HP-2969A/U/N、HP-2998N、29F3A-P、29T3A-P 为代表的 UOC 机心系列彩电，具有童锁功能 进入童锁状态方法：在开机的状态下，按遥控器上的"童锁"键，屏幕上显示"童锁开"字符，即可进入童锁状态，本机按键不起作用；关机后，仍然保持童锁状态不变 退出童锁状态方法：再按一次遥控器上的"童锁"键，即可退出童锁状态
换台后图像正常，但扬声器中发出很大的"沙沙"声	存储器数据出错	HP-2969A 彩电（TDA9373-V1.0 机心）出现类似雪花噪点的声音，一段时间后恢复正常；进入总线，先初始化数据，然后调整相关数据即可
图像上有严重的噪波点	AGC 项目数据不符	29F3A-P 型彩电（TDA9373-V2.0 机心），进软件数据调整高频放大 AGC 数据后
有图像和伴音，无字符	存储器故障，数据出错	HP-2969A 型彩电（TDA9373-V1.0 机心），取下存储器开机，有字符显示，换上写有数据的存储器，重调行场相关参数即可
指示灯亮，无光栅、无伴音	存储器数据错误	29F3A-P 型彩电（TDA9373-V2.0 机心）将存储器取下后，开机出现光栅，说明存储器数据错误，导致 CPU 不开机故障，换上写有数据的存储器后开机，调整行场相关参数，机器恢复正常

5.5 创维超级彩电速修与技改方案

5.5.1 3T、4T、5T、6T 系列机心速修与技改方案

故障现象	故障原因	速修与技改方案
29NL9000 彩电，用 S 端子时，图像无规律不同步	S 端子接地不良	将 S 端子接地用导线焊牢固即可
3T/4T/5T01 机心，存储器易坏，导致白光栅	更改电路	更换存储器或重调数据，R011、R012 均改为 4.7kΩ，R013 改为跳线
3T01、3T20 机心（如 8000-2199 彩电），无图无声，但有字符显示	总线系统 VM2 的数据出错	进入维修模式，按"节目 +／-"键查看调整项目数据是否正常，再进入工厂模式，检查调整项目数据，发现 VM2 的数据出错，由正常时的"04"变为"70"，用"音量 +／-"键将该项目数据调整到"04"后，电视机恢复正常，退出维修模式即可
3T01、3T20 机心（TB1238 机心彩电），蓝屏幕，操作失灵	存储器损坏	开机后呈暗淡蓝屏，按面板或遥控器上任何键均关机，更换存储器即可
3T01、3T20 机心，指示灯亮，不开机	待机控制电路 R621 开路	C616 上有 +110V 电压，且 CPU 待机控制端电压正常，此故障多为 R621（150kΩ／0.5W）开路，R621 开路后，待机控制管 Q607 因失电无法工作，由于原机 R621 所用电阻功率较小，易开路，建议换用 1W 的金属膜电阻
3T01 机心（如 8000T-2199 彩电），在弱信号地区 H 频段噪波多，杂音明显	高频头不良，更改电路	1. 更换其他型号高频头 2. 将 R105 与 R106 的位置对调
3T01 机心，伴音有噪声	电路设计缺欠，更改电路	1. 去掉 R421、C480 2. 将跳线 J28 改为 33kΩ／0.25W 的电阻 3. C350 改为 2.2pF／50V 电容，正极向上 4. 把 Q004 的集电极和 J50 的下引脚两处印刷电路铜条割断，用屏蔽线一端接集电极，另一端接 J50 的下引脚，地线就近接
3T01 机心，无字符显示	字符振荡电路谐振中周故障	更换字符振荡电路谐振中周 247044
3T20 机心（8000T-2122、21NF9000 彩电），伴音调整到 0 或静音时仍有较大交流声	音频信号线屏蔽不良，滤波不良	加一屏蔽线：屏蔽网从电路板 H 点到 D 点，并检查功率放大器的电源滤波电路

故障现象	故障原因	速修与技改方案
3T20 机心（8000T-2198 彩电），出现水平亮线	R316 取值有误	将 R316 的参数改为 $0.33\Omega/2W$
3T20 机心，超强接收机的微处理器损坏	微处理器损坏，更改数据	如果无超强接收机型配套微处理器，可用 3T20 普通机的微处理器更换，进入软件数据调整状态，将 MODE 项中的数据"00"，改为"01"
3T20 机心，电源正常，行幅度变窄	C308 设计数据有误	将 C308（$0.09\mu F/250V$）改为 $0.47\mu F/250V$
3T20 机心，开机有时出现水平亮线	电路设计缺欠	将 R315 改为 $5.1k\Omega/5W$ 金属氧化膜电阻，同时去掉 R518
3T20 机心，强信号时，网纹干扰大	高频头不良	更换为松下高频头
采用 3T20 机心的 8000T-2522、8000T-2582 彩电，收看时正常，蓝屏幕时出现回扫线	总线模式项目 VM1 数据出错	进入维修模式，再重复上述操作进入工厂模式，调出功能设置项目数据进行查看，发现 VM1 项目的数据由正常时的"00"变为"01"，将 VM1 的数据改为正常值"00"后，退出工厂模式，蓝屏幕的回扫线消失，故障排除
3T20 机心和 4T01、5T20 机心，伴音有杂音	电路设计缺欠，更改电路	1. 将伴音 IC401 的地与行部分的地相连 2. 换成金属壳声表面 3. 将 IC103（CD4052）的 3 脚断开，然后用屏蔽线接至 C257 的输入端
采用 3T30、3T36 机心的彩电，冷开机困难	D605、D606 性能不良	冷开机困难，一旦开机后就一切正常，经查开关电源正反馈二极管 D605、D606 性能不良，换为快恢复二极管 FR107 即可
3T30、3T36 机心，B + 电压（+110V）高达 +160V	脉宽调制电容 C610 受热变质	由于脉宽调制电容 C610（22DF/50V）与开关管的散热片靠得很近，易失容，从而导致开关管截止时间缩短，B + 电压必然升高
3T30/3T36 机心，冷开机困难，一旦开机一切正常	开关电源正反馈电路中的 D605、D606 性能不良	开关电源正反馈电路中的 D605、D606 性能不良，建议更换为快恢复二极管 FR107
采用 3T30 机心的 21TI9000 彩电，图像上有雪花点，接收灵敏度低	RAGC（高频放大 AGC 调整）项目数据出错	进入维修模式，再次按"屏显"键，"S"字符消失，再次同时按"音量 -"键和"屏显"键，屏幕上显示字符"D"，即可进入工厂模式；按遥控器上的"频道 +/-"键选择 RAGC（高频放大 AGC 调整）项目，按遥控器上的"音量 +/-"键调整其数据为"2A"，遥控关机即可退出工厂模式，再开机，图像上的雪花点消失
采用 3T36 机心的 21T66AA 彩电，场上部压缩线性失真，总线调不到位	8823 的 17 脚 C222 漏电	进入总线调相关数据有变化但调不到位，代换场 IC 后查场外围电路正常，测 8823 的 17 脚行供电只有 6V 多一点，查为 C222（103pF）漏电，拔掉或换新后正常

（续）

故障现象	故障原因	速修与技改方案
3T36、4T36、5T36 机心，TV、AV 状态均无图像	超级单片电路 62 脚无行同步脉冲输入	若测得超级单片电路 TMPA8803（8823）或 TMPA8809（8829）62 脚无行同步脉冲输入，其外围电路中的易损件有：3T36 机心中的 C284（27pF），4T36 机心中的 C221（27pF），5T36 机心中的 C016（120pF），另外，存储器中数据出错后，也易出现本故障
采用 3T36 机心的 21NS9000 彩电，无法开机	D601 并联的电容 C605 不良	经查发现 3.15A 的熔丝烧黑，说明后级有严重短路的地方，检测后级的 4 个二极管（D601、D602、D603、D604），当测到 D601 时有反相漏电现象，吸空其引脚焊锡后测量 D601 正常，又测其并联的电容 C605（472/1kV），发现其阻值竟为 300Ω 左右，将其更换后接上熔丝，开机一切正常
采用 3T36 机心的 21N66AA 彩电，开机有声无图，几分钟后有很暗的图像出现，显像管座不良，色彩不正常	9V 供电 Q613 损坏	换上新管座无效，加速极电压正常，加速极电压调高后为白光，ABL 电压也正常，菜单显示正常；测 8823 各脚电压发现 29 脚只有 5V，视频放大电路供电也只有 5V，正常是 9V，查 9V 供电电路中 Q613（8050）损坏，换新后故障排除
采用 3T36 机心的 21N66AA 彩电，满屏红色回扫线	显像管座故障	开机测红枪电压很低，吸开管座的红枪脚外围焊锡后电压上升正常，说明管座和彩管有故障，试换管座开机正常。这种管座是聚焦线直接插进管座的，易发生故障引起单色回扫线故障
采用 3T36 机心的 21N66AA 彩电，水平横线干扰	场输出自激	查电源电压输出正常，敲击电路板，故障现象不变；查与场有关的元器件，未发现有异常，代换电源抗干扰线圈、消磁电阻，故障依旧；仔细检查，发现场输出块 TDA9302 升温偏高，怀疑场输出自激，在场偏转排插处并联 22nF/63V 电容后，故障现象消失，场输出块温升正常，故障排除
采用 3T36 机心的 21N66AA 彩电，图暗	视频射随管 Q230 的 B-E 结击穿	开机伴音正常，但图像暗好像丢失了亮度信号，用 AV 试机正常，说明解码芯片问题不大；查 TDA8803 的 30 脚视频输出到 26 脚输入之间的元器件，发现视频射随管 Q230 的基极电压只有 1V 多，正常为 3.5V 左右；查 Q230（C1815）的 B-E 结已击穿，换 C1815 后开机正常
采用 3T36 机心的 21N66AA 彩电，图像有白带干扰	高频放大 AGC 电容 C101 不良	此机 VL 段有台但满屏都是水平白带干扰，VH 和 U 段的低端有干扰但高端正常，由于高端图声正常则 TDA8803 的视频通道正常；依次检查代换高频头、声表面波滤波器等无效，后发现信号差时没有干扰条，信号强才有，试换高频放大 AGC 电容 C101（4.7μF/50V）正常
采用 3T36 机心的 21N66AA 彩电，图像正常，伴音杂	声表 SAW10 不良	新机开机有的台要设为 D/K 制伴音正常，有的设为 I 制伴音正常；有的不管什么制式都有杂音，微调有好转；进入工厂模式核对各数均正常；试代换声表面波滤波器 SAW10（K2972）后伴音恢复正常
采用 3T36 机心的 21N66AA 彩电，雪花正常，无图像	高频头不良	搜台时无正常图像，只有一点扭曲的杂波，有杂波时测 IC001（TDA8823）的 30 脚视频输出脚电压为 5V，说明没有视频信号输出，现测 IC001 相关引脚电压正常；先后代换 IC001 和外围元器件及声表等无用，试代换高频头后正常，这种新高频头上面带了 GDC 的红色标志

故障现象	故障原因	速修与技改方案
采用 3T36 机心的 21N66AA 彩电，遥控失灵	矩阵按键漏电短路	遥控失灵，按键不灵敏，试更换接收头无效，测量 8823 晶体振荡器复位供电正常，代换 8823 故障依旧，怀疑此故障和按键不灵敏有关系，测量发现遥控器上"菜单"键 W5 短路，换新后一切正常
采用 3T36 机心的 21N66AA 彩电，一条水平亮带	R303 电阻开路	查 8823 的 16 脚输出电压过高（5.6V），更换 8823 后故障依旧，最后经仔细检查为 R303（47kΩ）电阻开路，换新后恢复正常
采用 3T36 机心的 21N68AA 彩电，不定时出现不开机故障，有时开机正常，有时几天出一次故障	C611 不良	出现故障时开机测各组电压均为 0V，测 300V 正常，根据经验判断 C611 不良，拆下测其容量正常，用手捻其中一脚有松动，代换后正常
采用 3T36 机心的 21N68AA 彩电，蓝屏回扫线	显像管座不良	开机有蓝光栅回扫线，测蓝枪对地电压为 0V，吸开蓝枪引脚焊锡后电压恢复正常，更换管座后故障排除。此现象很像蓝枪（CRT）对地短路
采用 3T36 机心的 21N68AA 彩电，无光	消亮点电路中的 Q580 严重漏电	开机伴音正常但无光，测主电压和视频放大电路正常，但三枪电压为 180V，已截止，测 IC001（TDA8803）51、52、53 脚的 RGB 输出电压为 2.6V（正常），但视频放大板上 Q501、Q503、Q505 的基极只有 1V 多，明显偏低，三管的基极通过二极管接消亮点电路中 Q580 的 C 极，拆下 Q580 测各极已严重漏电，换新后开机图像正常
采用 3T36 机心的 21T66AA 彩电，不定时出现一条黑色干扰带，干扰带内图像不清楚	接地不良	查遍场部分有关元器件，未见异常，后用一条粗线将高压包地、散热片地、中频放大地连起来，故障未再出现
采用 3T36 机心的 21T66AA 彩电，无法开机	Q610 开路	主电压正常，无高压产生，整机处于不工作状，8823 各脚供电基本正常，经常为 Q610（B892）开路引起，此三极管在维修中经常遇到损坏，用 A966 代换后一切正常
采用 3T36 机心的 21T66AA 彩电，无法开机	复位脚稳压二极管 ZD201 反向漏电	开机测 B＋电压正常，测行推动 Q301 的 C 极无电压，顺电路查找发现处于待机状态，测 8823 的 64 脚电压为 1.2V，正常时为 0V，按遥控器开/关机键，此脚没有变化，说明 8823 没有正常工作，测 CPU 的电压、晶体振荡器电压均正常，测复位脚电压为 1.7V（正常时为 5V），顺电路查找发现稳压二极管 ZD201 反向漏电，换后故障排除
采用 3T36 机心的 21T66AA 彩电，开机有声，图像行不同步，有时正常	TMP8823 的 14 脚外电容 C212 不良	行不同步说明故障在行扫描电路，查 TMP8823 的 17 脚供电电压正常，14 脚为行同步分离，电压为 5.8V，偏低，试换电容 C212（原来是钽电容，换为 0.47μF/50V 电解电容）后机器正常，故障排除

（续）

故障现象	故障原因	速修与技改方案
采用 3T36 机心的 21T66AA 彩电，有水平黑线条干扰，场下部抖动	场反馈回路 C307 不良	怀疑场滤波不良，查各滤波电容均无异常，仔细观察分析场下部抖动，问题应该是在反馈回路，检查发现 C307(224J) 不良，换之，故障排除
采用 3T36 机心的 21T66AA 彩电，出现水平亮线	IC101（8823）损坏	更换场块后开机故障依旧，查场块外围电路元器件均正常，更换 IC101（8823）后，故障排除
采用 3T36 机心的 21T66AA 彩电，字符正常，图像黑屏	8823 的 27 脚外电阻 R311 开路	字符正常，图像黑屏，测 8823 的 27 脚电压为 0.8V，明显偏低，在测其外围元器件时发现电阻 R311(22kΩ) 开路，换之，故障排除
采用 3T36 机心的 21T68AA 彩电，开机瞬间光栅暗蓝色，并伴有回扫线，然后恢复正常	显像管性能不良	将拉幕与蓝屏功能关掉后瞬间开机测视频放大电压无异常，换管座无效，将蓝枪与外电路断开再开机，故障依旧；怀疑显像管性能不良，换之正常。此故障是多发故障，显像管均为日立管
采用 3T36 机心的 21T68AA 彩电，字符正常，TV 无图声且黑屏，AV 正常	Q230 附近的 X230 不良	此故障应在视频输出的外围电路，测视频射随管 Q230 的 E 极工作电压时，发现 TV 图像恢复正常，检测及更换 Q230 无效，更换 X230 后故障排除
采用 3T36 机心的 21T81AA 彩电，光栅偏绿并且伴有回扫线，关机有绿色亮点	视频放大板上 Q503 击穿	开机检测，视频放大板上 Q503(C2482)B-E 结击穿、短路，用 C4544 代换之，故障排除 分析：晶体管 C2482 功率偏小（抗打火冲击能力不够强），建议用 C4544 代替
采用 3T36 机心的 21T81AA 彩电，开机时扬声器有尖叫声，放 TV 正常	伴音电路 IC401（LA4285）不良	开机时扬声器出现尖叫声，以为是静音电路出了问题，查 8823 及静音电路无异常，换新 IC401（LA4285）后开机一切正常
采用 3T36 机心的 21T81AA 彩电，开机图像正常，但 TV 无伴音	IC001 的 62 脚外的 C1015 不良	搜台正常，检测高频头的相关电路和集成块 IC001 的相关电路，发现 IC001 的 62 脚电压不正常，正常电压为 3.4V，测 62 脚电压有 4.5V，电压偏高；测 62 脚外围元器件，发现晶体管 Q281 外围电路 C1015 的 C 极和 E 极的电阻阻值相同，更换 C1015 后故障排除
采用 3T36 机心的 21T81AA 彩电，蓝色回扫线，关机出现色斑	Q230 附近的 X230 不良	开机有蓝色回扫线，8823-RGB 输出 2.5V，查 Q230 的 E 极工作电压时，发现 TV 图像恢复正常，检测及更换 Q230 无效，更换 X230，换新后一切正常，此故障为易发故障

故障现象	故障原因	速修与技改方案
采用 3T36 机心的 21T81AA 彩电，冷机场幅向中心压缩	场电路中的 C302 不良	冷机场幅向中心压缩，以为场供电不稳定，开机测量场供电稳定为 23V 正常，以为是场块不良，更换后故障依旧，将场电路中的电容 C302（1nF/100V）更换后故障排除
采用 3T36 机心的 21T81AA 彩电，搜台不存台	8823 的 35 脚外 C252 漏电	开机测高频头供电正常，再测 8823 相关引脚发现 35 脚电压只有 0.9V，正常时应为 2.3V 左右，查其外围元器件时发现 C252 漏电，更换后故障排除
采用 3T36 机心的 21T81AA 彩电，图像下半部黑线干扰	场输出电路中的 C307 容量减少	该机器图像下半部有黑线干扰，查场输出电路的电容，发现 C307 的容量有点减少，代换为 224J 电容，机器恢复正常
采用 3T36 机心的 21TI-9000 彩电，AV 一切正常，TV 无图无音	电解电容 C254 无容量	在 TV 状态下进行收台时发现，无图像但有行场消隐带，且不同步，根据这一现象，对图像检测电路进行检修，发现电解电容 C254（100μF/16V）无容量，换之，故障排除
采用 3T36 机心的 21TR9000 彩电，雷击修复后不开机	存储器故障	将 IC001（8803CRBNG4F11）的 64 脚断开后强行开机，开关电源输出电压正常，怀疑控制系统故障，更换 IC001 无效，更换空白存储器 24C16 可开机，进行自动搜索显示暗淡无彩色的图像，节目号不递增，不存台；输入 AV 信号，有暗淡图像但无伴音，估计总线数据不符合 进入维修状态，根据该机心的调整资料对所有项目数据进行调整后，图声正常，但退出维修模式后，故障依旧；调好的中文字符变为英文字符，调好的亮度、对比度、色度数据回到初始状态；按屏显键时，屏幕上在频道号和制式显示位置显示"口"的怪字符，看来空白存储器对该机不适应；后来用写有该机心数据的存储器更换后，故障彻底排除。估计在调整菜单中有没显示的项目数据出错，虽然将空白存储器数据按厂家提供的菜单数据进行核对调整，但存储器仍然不适应
采用 3T36 机心的 21TR 彩电，TV 状态下无图无声，但 AV 状态下声像正常	TMPA8803（IC-001）35 脚（图像中频锁相环滤波端）外的电容 C252 无容量	故障应在高频调谐电路或图像中频电路中，搜台时发现屏上有不同步的行场消隐带，由此判定电视接收到了信号，于是将检查重点放在图像中频信号处理电路中，TMPA8803（IC001）的 30、35、39 脚及 41~43 脚内外电路组成图像中频放大电路，先对 41、42 脚输入的图像中频信号进行放大，检波得到的视频全电视信号从 30 脚输出，测量上述引脚电压，发现 35 脚图像中频锁相环滤波端电压为 1.5V，低于正常值 2.4V，经查电容 C252 已无容量，换新后故障排除
采用 3T36 机心的 21TR 彩电，开机过几分钟，图像变成水波纹状，声音正常	TMP8823 的 14 脚外接电容 C211 不良	检修与行同步信号有关的部分，换掉 TMP8823 的 14 脚（行同步分离滤波脚）外接电容 C211（0.47μF）后，故障排除
采用 3T36 机心的 25TM9000 彩电，开机困难，即使能开机，但几分钟后也会自动关机	复位电路中的瓷片电容 C201 漏电	在故障出现时，测得 IC001（TMPA8803）64 脚（开/待机控制端）的电压为 2.1V，这说明 IC001 已发出待机指令，故障应出在控制系统；经查 IC001 的 55、9 脚 +5V 供电电压正常，代换 6、7 脚所连晶体振荡器 X201 后无效，测得 5 脚复位电压在 3V 左右波动，低于正常值 5V，当该脚低于 2.4V 时自动关机；检查复位电路，发现瓷片电容 C201 已有近 10kΩ 的漏电电阻，换新后试机，故障排除

（续）

故障现象	故障原因	速修与技改方案
采用 3T60 机心的 21N66AA、21T66AA 彩电，收看某些频道时，图像出现拉丝现象，且有白带干扰，有时两三条，有时十几条，但声音一直正常	软件数据出错	进入总线，将 FLG0 项的值由"0F"改为"0E"；如果原数据不是"0F"，那么只要将原数据减 1 即可
采用 3T60 机心的 21N15AA 彩电，出现水平干扰线，故障现象同 +300V 滤波电容失效相似	消磁电流干扰	拔掉消磁线圈后故障消失，在消磁线圈两端并联 100nF/250V 或 47nF/400V 电容即可
采用 3T60 机心的 21N15AA 彩电，地方电视台的图像不良、声音正常	存储器数据出错	地方电视台的图像上有白色拉丝横带，忽宽忽窄，但声音正常；进入工厂模式，将 OPT0 项的值由"0F"改为"0E"；如果数据中不是 0，那么只需将原数据减 1 即可
采用 3T60 机心的 21N15AA 彩电，开机后满屏横线干扰，场线性不良	电容 C307 不良	经查电容 C307(220nF/63V)坏，此电容为绿颜色，测其容量已严重减小，怀疑此电容质量不好，建议换用同容量的优质电容
采用 3T60 机心的 21T66AA 彩电，在自动接台的过程中，L 频段还未搜完就自动跳到 H 频段	软件数据出错	进入总线，将 PYNX 项的值由"28"改为"30"，PYNN 项的值由"10"改为"05"，PYXS 项的值由"22"改为"33"，PYNS 项的值由"10"改为"09"
采用 3T60 机心的 21T66AA 彩电，冷机开机后图像闪烁，换频道后正常，关机几小时之后再开机，故障重现	电路设计缺欠，更改电路	将 C256 的参数由 4.7μF/50V 改为 3.3μF/50V 或 2.2μF/50V
采用 3T60 机心的 21T66AA 彩电，场输出块 LA78040 易损坏，从而出现一条水平亮线	LA78040 质量不好	原机所用 LA78040 质量不好，换用 STV9302A 或 TDAS177；另外，该系列彩电的 B+电压整流管用的是黑体封装的 BYW36，也易损坏造成三无故障，建议换用球体封装的 BYW36
采用 3T60 机心的 21T66 彩电，行幅宽，且图像的下部卷边	电路设计缺欠，更改电路	该机配 21in LG 显像管（A5IQDJ420X03）。技改方法如下：将 R318(0.68Ω/2W)换为 0.82Ω/2W 的电阻，C313(0.0018μF/2kV)换为 0.0015μF/2kV 的电容

故障现象	故障原因	速修与技改方案
采用 3T66、4T66 机心的 21D08HN、24D16HN、29T16HN 的彩电，自动搜台少台，信号差时就会不存台；TV 信号图像效果差，并且还有重影	存储器软件数据出错	进入总线调整以下项的值：PYNX（正常行同步最大值），28；PYNN（正常行同步最小值），10；PYXS（搜索行同步最大值），22；PYNS（搜索行同步最小值），10。进行上述调整后假台可能会增多
采用 3T66 机心的 24D16HN、21T16HN 彩电，不定时自动关机	电路设计缺欠，更改电路	断开 ZD611A、ZD612、ZD609、ZD613、D619 这些保护节点试验，或断开总保护点 D614 试验，找到保护启控的支路，然后进行检修
采用 3T66 机心的 21D08HN、24D16HN 彩电，电源有异响	电路设计缺欠，更改电路	在电源功率增大或变化时，电源变压器发出异响。将 C655 换为 4.7μF/50V 的电容，并去掉 C629
采用 3T66 机心的 21T16HN 彩电，自动关机	存储器的供电低	经查存储器的供电低，把存储器的供电电阻改小到几欧即可
采用 3T66 机心的 21U16HN 彩电，不定时自动关机，尤其是在自动搜索时	保护电路启动	搜台时行场电路工作状态均在变化，容易引起保护电路误动作，可逐个断开 ZD611A、ZD612、ZD609、ZD613、D619 试验，或断开总保护点 D614 进行检查
采用 3T66 机心的 21U16HN 彩电，不开机，IC301 炸开	场输出块 IC301 不良	本机场输出块 IC301 采用 TDA8177F，TDA8177F 不能直接用 TDA8177 或 TDA8172 替换，替换时需去掉 C352 和 R314，并增加 J305 和 C333（47μF/50V，正极接 IC301 的 6 脚）
采用 3T66 机心的 21U16HN 彩电，使用过程中出现自动停机，有时几天会出现一次，有时几小时出现一次，关机看会自动开机，停机时间只有几秒钟	保护电路启动	在自动停机时观察指示灯是否亮。如果亮，说明机器处在保护或待机状态，故障原因可能为保护电路或是待机电路中的晶体管 Q607 工作不正常；实修时，可以去掉保护电路二极管 D614，看是否还有同样问题，也可以尝试在键控板 KEY 与 5V 之间增加一只 0.01μF 的电容
采用 3T66 机心的 21in 彩电，开机后无伴音，图像正常，约 20min（或更长）后出现伴音	伴音功率放大电路中的 R404 数据出错	该故障开机数分钟后，只要不关机，伴音就一直正常，但冷态开机又无伴音；将伴音功率放大电路中的 R404 由原来的 7.5kΩ（图样中是 10kΩ）减小到 3.9kΩ 即可
采用 3T66 机心的 24D16HN 彩电，出现一条垂直亮线	电容 C321 开焊	补焊电容 C321（390nF/630V）

故障现象	故障原因	速修与技改方案
采用 3T66 机心的 24D16HN 彩电，换台时扬声器中有"嘟嘟"响声	电路设计缺欠，更改电路	1. 割开 IC401 的 9 脚与 10 脚之间的铜箔，在 9 脚和 10 脚之间接一只 10kΩ（1/6W）的电阻 2. 增加一只 33μF/10V 电容，焊在 IC401 的 9 脚上，负极焊在 J215 上 3. 将 C655 改为 220μF/100V 的电容
采用 3T66 机心的 24D16HN 彩电，机内有异响，声音大小随图像亮度变化而变化	电路设计缺欠，更改电路	早期技改方案是将 C655 的容量改为 18nF，但效果不好；现将 C655 的参数改为 4.7μF/50V，并将 C629 去掉
采用 3T66 机心的 24D16HN 彩电，开机后各路输入均无伴音，30min 后正常	电路设计缺欠，更改电路	将 R404 的阻值由 7.5kΩ 改为 3.9kΩ 或 2.2kΩ，若仍无效，将 R411 短接
采用 3T66 机心的 24D16HN 彩电，开机几十秒后图像变暗	A72 损坏	A72（BRA1015）损坏，换新即可
采用 3T66 机心的 24D16HN 彩电，冷态开机时没有声音	电路设计缺欠，更改电路	将电阻 R404 的阻值由 7.5kΩ 改为 3.9kΩ，若没有效果还可以继续减小（甚至可将其短接）一般减小到 2.2kΩ 即可
采用 3T66 机心的 24D16HN 彩电，自动搜台时，好多台一闪而过，不存台，手动搜索，有的台能存，有的台不能存	软件数据出错	将工厂模式中 PYNX（搜索行同步最大值）项的值加大，PNXS（搜索行同步最小值）项的值改小；若无效，再将 PYNN 和 PYNS 项的值调大，但这两个值的大小不能超过 PYNX 和 PNXS 项的值
采用 4P36 机心的 29TM9000 彩电，雷击后出现不存台故障；自动选台后，有线电视信号均能收到，台号能依次递增，但不存台；手动搜索时，声像良好	TDA9370SP/N2 超级单片电路损坏	该机使用的是 TDA9370SP/N2 超级单片电路。对 CPU 进行初始化操作，无论如何也不能改变"INIT"项数据，这说明硬件出现了问题；测量存储器 24C08 的 5、6 脚电压分别为 2.5V、3.7V，5 脚（数据线）电压明显偏低；断开 TDA9370 的 3 脚（SDA）后，24C08 的 5 脚电压立即上升至 3.7V，判定 TDA9370 损坏。购得一块用于创维彩电的 TDA9370S/N2 上机，进行初始化后不存台故障排除，但又出现无声故障，说明新超级芯片有问题；进入工厂模式，查看芯片版本号为"3P32"，版本号不对；重新购得一块 TDA9370/N3/2（版本号为"4P30"）超级单片电路上机，初始化后故障彻底排除
采用 4T01 机心的 8000T-2122、8000T-2199 彩电，接收信号强的台杂音大，表现为"沙沙"声	电路设计缺欠，更改电路	1. 在 R138（270Ω）的右端接一高通滤波电路，电容取 47pF；电感取 10μH；实际上是将 C132（100pF）改为 47pF，另串一个 47pF 电容，然后在两电容中点对地并一个 10μH 电感 2. 将电阻 R105、R106 对调

故障现象	故障原因	速修与技改方案
采用 4T01 机心的 8000T-2199 彩电，TV 状态下无图无声蓝屏幕，AV 状态下有图像无彩色，场不同步，屏幕上有字符显示	模式设置中 VM2 项目的数据出错	进入维修模式，按数字键"9"，进入故障自检显示，屏幕上显示的 SYNC 项目为"NG"，正常时为"OK"；再重复上述进入维修模式的操作进入工厂模式，按"节目 +／−"键查阅项目数据，发现 VM2 的数据与厂家资料数据不符，其数据为"70"，按"音量 +／−"键将数据改为正常值"04"后，退出维修模式；接收 TV 和输入 AV，图像和伴音恢复正常
采用 4T01 机心，不进行操作，电视机自动进行 AV/TV 切换	电路设计缺欠，更改电路	将 ZD204 改为 4.7V/0.5W 的稳压二极管，或者将 R040、R042 的阻值均改为 5.6kΩ
4T01 机心，易损电阻 R621（150kΩ/1W）	R621 功率小，已损坏	增大电阻功率，改为 150kΩ/2W
4T02 机心，屏幕上无字符显示	中周内部电容故障	更换 L001 字符中周 257044 或将中周内电容捣碎开路后外接同容量电容器
4T20 机心，接收强信号时，有网纹干扰现象	高频头不良	将 5200-380W08-00 旭光高频头改换为 5200-380W/08-00 松下高频头
4T20 机心，图像正常，伴音时断时续	电路设计缺欠，更改电路	1. 将 C118 改为 0.01μF 瓷片电容，C119 短接，去掉 L109 2. 如果是频偏造成无伴音，则检查高频头、中周 L204 及 C235、C236 的可靠性 3. 如果是本地信号调制度太低（不符国标），可将伴音中频电路上 C257 与 TB1238 连接端断开，加入一个射随电路：晶体管为 2SC1815，集电极接 +9V 电源，发射极通过一个 10 nF 瓷片电容接至 T81238 端口，基极上下偏置均为 10kΩ，发射极通过 1kΩ 接地
采用 4T30 机心的 25T15 彩电，伴音正常，图像卷边	彩虹显像管配套更改元器件	如果采用的是彩虹显像管，在 R322 串一个二极管 1N4148，正极接 R322，负极接地
采用 4T30 机心的 25T66 彩电，场中心向上偏移	设计缺欠，更改电路元器件	把 R320 的阻值由 12kΩ 改为 18kΩ，R336 由 3Ω 改为 3.3Ω
采用 4T30 机心的 25TM9000 彩电，自动搜索时，节目号递增，但搜索后无图像无伴音	存储器损坏，更换后进行初始化和调整	更换一支空白存储器后，电视机不能开机，而手中又没有写入厂家数据的存储器，使检修陷入困境；后来咨询厂家售后服务人员，将 TMPA8803 或 TMPA8809 的 64 脚接地，可强行开机并入数据，但光栅失真，白平衡不良；采用与 3T30 机心相同的调整方法，进入工厂模式，选择相关的调整项目，改变被选项目数据，直到光栅失真最小，白平衡满意为止
4T36 机心，自动关机	IC101 复位端 5 脚外接电容 C011 漏电	IC101 复位端 5 脚外接电容 C011(0.01μF) 漏电，换新即可

（续）

故障现象	故障原因	速修与技改方案
采用 4T36 机心的 25T9000 彩电，收台少，自动搜索时部分台不能存储	IC101 的 45 脚全电视信号放大电路 Q201 基极的 R210 阻值变大	进行自动搜索，所有台均能收到，但部分台频道号不变，判断 CPU 识别信号异常所致。超级单片电路 IC101（TMPA8803），其 62 脚为 TV 同步信号输入端，IC101 的 45 脚输出的全电视信号经 Q201、Q202 放大后，送至 IC101 的 62 脚，作为 CPU 判断有无信号的依据；判断 IC101 的 45 脚至 62 脚间的同步分离电路是否"通畅"；由于各频道信号强度不一致，若同步分离电路中某些元器件参数变化，就可能导致不能对部分频道的同步信号进行分离；在该电路中，决定分离灵敏度的元件主要是 Q201 基极的 C209、R210；检查这两个元件，发现 R210 的阻值已近 1.5MΩ，换新后故障排除
4T60、4T30、4T36 机心，换台时黑屏	软件数据出错	进入工厂模式，将 OPT 项中的 bit2 的值由"1"改为"0"，即将 OPT 的值减小 4 即可
采用 4T60 机心的 25N15AA 彩电，换台无伴音	IC402 故障	不定时出现收看中或换台时无伴音现象，过 5min 左右伴音正常，更换 IC402（1341）即可
采用 4T60 机心的 25N15AA 彩电，图像较暗	电路设计缺欠，更改电路	由于此机所用显像管为 AK 管，显像管的束电流为 1mA，所以图像较暗，将 R325（75kΩ）改小即可增大束电流，但易产生热拱问题
采用 4T60 机心的 25N15AA 彩电，自动关机或不开机	电容 C608 质量差	电容 C608（102/2000V）质量差，换新即可
采用 4T60 机心的 29D98AA 彩电，热机后图像下部卷边，并有拉丝的条纹干扰	电容 C308 损坏	由于该机电容 C308 在插件时已损坏，换上 0.0022μF/50V 的电容即可
采用 4T60 机心的 29D98 彩电，光栅梯形失真	电路设计缺欠，更改电路	该机配三星短管颈显像管（A68QGX893X001），将 C341 的参数由 0.01μF/100V 换为 0.015μF/100V；R335 的参数由 3Ω/2W 换为 2.7Ω/2W
采用 4T60 机心的 29D98 彩电，配三星显像管后，行幅枕校余量不足	电路设计缺欠，更改电路	将 K334（3kΩ1/4W）、R328（3.3kΩ/4W）的参数均改为 1.8kΩ1/4W，并将电容 C423 的参数换为 1000μF/35V
采用 4T60 机心的 29T15 彩电，光栅上部卷边	电路设计缺欠，更改电路	该机配华飞 29in 显像管（A68ERF185X013/M），将 R322 的参数由 3.9kΩ、1/6W 改为 2.4kΩ、1/6W，R319 的参数由 6.8kΩ、1/6W 改为 3.9kΩ、1/6W（金属膜电阻）
采用 4T60 机心的 29T66AA 彩电，不开机，指示灯也不亮	5.6V 稳压二极管 ZD602 严重漏电	5.6V 稳压二极管 ZD602 严重漏电，换新即可

故障现象	故障原因	速修与技改方案
采用 4T60 机心的 29T66AA 彩电，不能开机，指示灯亮一下就灭	电阻 R615 阻值增大或开路	电阻 R615 的阻值增大或开路，更换优质同规格电阻即可
采用 4T60 机心的 29T66AA 彩电，开机后，行起振一下随即保护，指示灯不亮	取样电阻 R627 损坏	经查 +300V 电压不泄放，二次侧取样电阻 R627（68kΩ）损坏
采用 4T60 机心的 29T66AA 彩电，开机瞬间有高压，随后关机	电阻 R615 开路	电阻 R615（68kΩ）开路，原因是原电阻功率较小，建议换上功率较大的同值电阻
采用 4T60 机心的 29T66AA 彩电，冷机开机，图像中间有暗斑或色斑	软件数据出错	进入总线，将“CNTX”项的值减小到“10”，“BILTN”项的值增大到 5
采用 4T60 机心的 29T99AA 彩电，不能开机	D611 损坏	D611（BA157）损坏，建议换成 BA158 型二极管
采用 4T66 机心的 25N15AA 彩电，无规律自动关机	电路设计缺欠，更改电路	在待机管 Q602 的基极对地接一只 10kΩ 电阻和一只容量为 0.1μF 的电容
采用 4T66 机心的 25T16HN 彩电，不开机或开机后出现图像下部卷边现象	电阻 R618 不良	经确认此问题为电阻 R618 不良引起，更换时将该电阻功率由原来 1W 改为 2W
采用 4T66 机心的 25T16HN 彩电，接收非标准信号时，有时无声音，有时图像彩色淡	电路设计缺欠，更改电路	在 1341 的总线上接一只 47pF/50V 的电容到地，或将 R026、R027、J016、R025 改为导线
采用 4T66 机心的 25T16HN 彩电，屡烧场输出块 TDA8172A	电路设计缺欠，更改电路	场块损坏主要是打火引起的，将场块更换为 4703-L78141-07，同时在场块的 5 脚输出对地加装一只稳压二极管（4500-401680-TO，68V1/2W），正极接地，起保护作用，后来生产的机器已加上该保护器件
采用 4T66 机心的 29T16HN 彩电，声音正常，场幅缩小，且抖动	C301 不良	经查电容 C301（0.1μF/35V）不良

（续）

故障现象	故障原因	速修与技改方案
采用 4T66 机心的 29T16HN 彩电，指示灯亮，但不开机，或图像从上往下滚动	R618 阻值变化或开路	R618 阻值变化或开路，换上 2W 的同值电阻即可
采用 4T66 机心的 29T66HN 彩电，指示灯亮，不开机	R618 开路	R618（0.33Ω/0.5W）开路，出现此故障的原因是该电阻功率太小，建议将此电阻用功率大一点的电阻替换
采用 5T03 机心的 2522 型音量在"0"时正常，开到"1"时有很大交流声	电路设计缺欠，更改电路	1. 将 R439、C449 接地点改为 C448 相同的接地点 2. 适当加大 R430、R431 的阻值 3. 取消 R420，将 C463 正极处铜条割开，用跳线将 R421 处焊盘与 C463 正极焊盘相连
采用 5T03 机心的 8000A-2528A 彩电，图像上部随亮度增加而扭曲	R407 取值有误	将 R407 的阻值改为 5.6kΩ
采用 5T03 机心的 8000A-2922 彩电，无图像，不能进行搜索存台	VM2 的 VCD 数据 2 设置项目数据出错	进入工厂模式，进入 MENU 04 菜单，按遥控器上的"频道 +/-"键选择 VM2 的 VCD 数据 2 设置项目，按遥控器上的"音量 +/-"键将其项目数据设置为"C4"后，遥控关机退出工厂模式，再开机搜索功能恢复正常，图像出现
5T03 机心，不定时出现黑屏	电路设计缺欠，更改电路	在存储器 5、6 两脚加 4.7～5.1V 稳压二极管及 10Ω 电阻，电阻接 5V 电源，稳压二极管接存储器引脚至地
采用 5T10 机心的 29ST8800 彩电，开机后电源指示灯亮，但无光无声，关机时有闪光出现	总线的滤波电容 C010、C011（100pF）漏电	由于电源指示灯亮，且关机时屏幕上有闪光出现，说明电源电路和行扫描电路基本正常，故障出在总线上；通电开机，测 CPU 的 37、38 脚总线电压，发现电压仅为 1.9V；分别断开 R211、R212、R163、R401、R405，测 SCL 和 SDA 线电压仍不正常；怀疑总线上拉电阻不良，关机后检测无异常；再检查总线的滤波电容 C010、C011（100pF），发现两个电容均不同程度漏电，致使总线电压下降
采用 5T10 机心的 2522MK 彩电，字符抖动	电路设计缺欠，更改电路	将主板电阻 R231（1kΩ）改为跳线
采用 5T10 机心的 25TF8000 彩电，枕形失真，因 47V 稳压二极管易坏	电路设计缺欠，更改电路	适当加大 C318 的容量，以降低稳压二极管 D309 的反向压降和电流
采用 5T10 机心的 29SF8800 彩电，换台或调节目时，字符抖动	电路设计缺欠，更改电路	在 Q801 的集电极加 1000pF 电容，并将 C 极、B 极之间的电容容量改为 3300pF

故障现象	故障原因	速修与技改方案
采用 5T10 机心的 29SF8800 彩电,收看电视节目时,打开环绕声功能,声音发破,且与音量大小无关	电路设计缺欠,更改电路	1. 将 C411 或 C413 的容量改为 470μF 2. 将 C427 或 C428 的容量改为 0.01μF
采用 5T10 机心的 29SF8800 彩电,字符抖动	电路设计缺欠,更改电路	1. 在 R218 上并接 1000pF 电容 2. 将 C330、C202 的地相连
采用 5T10 机心的 29TF8800 彩电,有网纹干扰和暗条	电路设计缺欠,更改电路	更改 TDA9808 的 17 脚(VIF AGC 电容)电容容量,另在高频头与高压包的两地之间加一跳线
采用 5T10 机心的 29TF 机型,屡损场输出电路 STV9306	电路设计缺欠,更改电路	1. 更换 STV9306 2. 将 R322 改为 1kΩ/0.25W 3. 在 C314 两端并一个 15V/0.25W 的稳压二极管,正极接地
采用 5T10 机心,冷机开机时,场抖动并压缩	电路设计缺欠,更改电路	1. 跳线短接 C220(或 C309)后,接 C303 负极,在 R218 两端并接 1000pF/50V 电容 2. 在场散热片与中频放大地之间接一根导线,导线走电路板上面 3. 若上述方法无效,更换 STV9306
5T10 机心,无法显示 241~255 频道	存储器不良	重新搜索后正常,但交流关机后再开机故障依旧,换用新存储器(24C08)故障排除
采用 5T20 机心的 25NF8800 彩电,开机黑屏有伴音,其他功能均正常	9.1V 稳压二极管 ZD304 性能不良	测三枪电压为高电位,处于截止状态,可能是 TB1240 的 30 脚没有行逆程脉冲输入,测 3 脚电压只有 0.3V,正常应为 1.6V,检查 TB1240 外围电路,发现 9.1V 稳压二极管 ZD304 性能不良
采用 5T20 机心的 25NF8800 彩电,开机后图像伴音均正常,但收看中出现跑台现象	TB1240 已损坏	解码芯片 IC201(TB1240)R 的 1 脚是 AF1 输出,并与 CPU(IC001)的 13 脚相连,识别信号也是由 TB1240 的 31 脚输出,与 CPU 的 36 脚相连,其搜台存台是由 CPU 通过硬件来完成,故怀疑该故障是中频鉴频和 AFT 电路不良。通电开机,测 CPU 的 13 脚 AFT 电压为 5.6V,而正常时应为 CPU 的工作电压的一半,即 2.5V 左右;再检查 TB1240 的 1 脚电压高达 8.7V,近似于电源电压,说明 TB1240 的 1、3 脚存在短路;关机后,测量 1、3 脚之间电阻只有 60Ω,判断 TB1240 已损坏
采用 5T20 机心的 25NF8800 彩电,收视过程中自动停机,停机后,指示灯微亮	Q602(2SA1930)性能不良	根据自动停机且停机后指示灯微亮的故障现象,可能是电源电路工作不正常;首先强制性开机,测量 CPU 的工作电压,实测得工作电压只有 2.2V 左右,不正常;再测 IC604(7805)的输入端电压为 3.3V,由此判断 Q602(2SA1930)性能不良

（续）

故障现象	故障原因	速修与技改方案
采用 5T20 机心的 21NL9000 彩电，接收 TV 信号正常，输入 VCD 信号时图像不清晰	SV3 和 SV4 清晰度调整项目数据出错	进入维修模式，对与图像清晰度相关的总线项目数据进行检查和调整，发现 FACTORY MENU 09 菜单中的 SV3 的 AV-3.58 清晰度调整项目数据和 SV4 的 AV-4.43 清晰度调整项目数据与资料中的数据不符，按遥控器上的"音量 +/-"键将 SV3 和 SV4 项目的数据调整为"20"后，遥控关机退出维修模式，再开机输入 VCD 信号时图像恢复正常
5T20 机心，AV 状态图像重影	AV 信号线或 SV 设置出错	1. 检查 AV 信号线 2. 进入工厂模式，将 SV 项设置为"20"
5T20 机心，C240 易坏，故障现象为 TV 无图像，AV 正常	电路设计缺欠，更改电路	由瓷片电容改为涤纶电容，电容容量不变
5T20 机心，C309（2.2μF/250V）易坏，故障现象为枕形失真	电路设计缺欠，更改电路	将 C309 改为 4.7μF/50V 无极性电容
5T20 机心，开机亮斑闪动后，无光栅	电路设计缺欠，更改电路	将短路 R413、R643 的跳线改为 15Ω/0.25W 的电阻
5T20 机心，蓝屏闪动	电路设计缺欠，更改电路	改变解码块 IC201（TB1240）的 48 脚外接电阻 R226（1kΩ）、电容 C235（0.1μF）和 C236（100pF）的大小；如果无效，则在 IC201 的 48 脚并接一个 2.2kΩ 电阻到地
5T20 机心，行不同步	电路设计缺欠，更改电路	将 C227 改为 0.01μF/100V 涤纶电容
5T20 机心，字符抖动	电路设计缺欠，更改电路	将 C021 的容量由 39pF 改为 33pF
采用 5T20 机心的 21NL9000、25NL9000 彩电，接收 TV 信号无图像、无伴音，有雪花噪点，重新搜索图像一闪而过，不存储，输入 AV 信号正常	AFC 设置数据出错	进入维修模式，再重复操作进入工厂模式，按"节目 +/-"键选择 AFT 调整项目，按"音量 +/-"键将数据改为"40"左右，退出维修状态，再进行自动搜索，接收 TV 图像和伴音出现，恢复正常
采用 5T20 机心的 21NL9000 彩电，彩电不能正常收视，所有功能失灵	CPU 不良，存储器数据错误	该机 CPU 为 TMP87CK38N-3628，存储器为 24C04A。怀疑 CPU 不良，试用同型号 CPU 代换后，开机试验，遥控、键控均正常，但屏幕偏蓝，彩色不鲜艳，字幕偏右；根据 I^2C 总线的特点，在更换 CPU、存储器、场扫描集成块、视频/色度/扫描集成块后，必须经过调整彩电才能正常工作。首先进入维修模式，由于故障表现为字幕偏右，其屏幕上显示的调整项目和数据不能全部显示在屏幕上，必须先进行字符位置调整；该机字符位置项为 OSD，原参数为"0"，将其调至"17"后字幕正常；再调整白平衡，将相关数据分别调整为"80"、"80"、"40"、"40"后，图像彩色恢复正常；遥控关机，退出维修模式，故障排除

故障现象	故障原因	速修与技改方案
采用 5T20 机心的 21NL9000 彩电，开机后屏幕颜色偏蓝，字符位置偏右	软件有关字符位置和白平衡的数据出错	按"节目 + / −"键选择 OSD（字符位置项目），查看其数据为"0"，按"音量 + / −"键将数据改为"15"左右，字符位置恢复正常；再按"节目 + / −"键选择暗平衡调整项目（R CUT、G CUT、B CUT）和亮平衡调整项目（G DRV、B DRV），其数据多偏离正常值，将其分别调整为"20"、"20"、"20"、"40"、"40"左右，退出维修状态，图像色彩恢复正常
采用 5T21 机心的 29TM9000 彩电，DVD 影碟机的 Y、U、信号输入时，彩色淡	电路设计缺欠，更改电路	将 AV 板上 R161、R162 的参数均改为 20Ω/0.25W
5T21 机心，C518 冒烟，同时烧 R520、R523	电路设计缺欠，更改电路	将 C518 的参数由 0.047μF/50V 改为 0.047 μF/500V（注意：C518 在 5T25 的显像管板上无此位号，只在实际机心板上才能找到）
5T21 机心，经常出现"BUS OFF"字样，随后便自动关机	电路设计缺欠，更改电路	在微处理器的 35 脚，补接上 R307（10kΩ）
5T25 机心，出现水平亮线	电路设计缺欠，更改电路	将 R323 换成 0.68 ~ 2.7Ω、2W 的电阻
采用 5T36 机心的 29T66AA 彩电，热机后场幅抖动、压缩	电路设计缺欠，更改电路	IC201（TMPA8829）15 脚外接钽电容 C210（0.47μF/50V）极性装反，对换后故障排除
采用 5T36 机心的彩电，伴音断续	电路设计缺欠，技改	R604 的阻值由 0.39Ω 改为 0.33Ω；后期产品在功率放大 IC 的 10 脚对地加装一只 15kΩ 电阻
5T 机心，无信号时频道闪动	微调搜索，存储节目	将 40 频道改为 UHF 频段，再用微调将 VT 电压调至差一格达最高，此时 40 频道即位于 UHF 段的高频；再分别将 40 频道用存台项存至 0 ~ 255 频道，即可解决
采用 6T18 机心的 29T83HT 彩电，白天看 30min 后关机，晚上电压低时 2h 后关机	电路设计缺欠，更改电路	把 R622（0.39Ω）短接即可；另外，场块不良也自动关机；换后还自动关机，把 STR-W6756 电源块换掉即可
6T18 机心，出现单色光栅	L504 ~ L506 开路	是 L504 ~ L506 有开路，补焊即可
6T18 机心，光栅左暗右亮	C313 变质	C313 变质，更换优质的 C313
6T18 机心，冷开机图像左右抖	C341 不良	是 C341 不良，更换优质的 C341

（续）

故障现象	故障原因	速修与技改方案
6T18 机心，屡烧 C326	S 校正电容 C247 不良	S 校正电容 C247 不良，更换优质 C247 元器件
6T18 机心，图像向右移动 5cm	电路设计缺欠，更改电路	行推动电路中 R313 上并联的 C315 变质，屏中间发黑，是 C515 失去容量
6T18 机心，行幅大部分有黑条	D313 不良	由 D313 不良引起，更换优质 D313
8000-2199A 彩电，开机有光栅，无字符显示，其他功能正常	CPU 的 28 脚和 29 脚间字符振荡中周小电容损坏	由于其他功能均正常，判断故障出在字符产生电路。测量 CPU（TMP87CK38N-3563）的 27、28 脚的行脉冲和场脉冲正常，拆下 CPU 的 28 脚和 29 脚间字符振荡中周，发现内部小电容已烧黑，拆下检查已损坏
8000-2199T、8000-2199、8000T-2188 彩电，开机出现三无现象，但有字符显示	软件模式 VM2 数据出错	进入维修模式，按"节目 +/-"键查看调整项目数据，均正常；再进入工厂模式，检查调整项目数据，发现 VM2 的数据出错，由正常时的"04"变为"70"，用"音量 +/-"键将该项目数据调整到正常值"04"后，电视机恢复正常，退出维修状态，故障排除
T 系列彩电，收看时正常，蓝屏时出现回扫线	VM1 的数据出错	进入维修模式，再重复操作进入工厂模式，调出功能设置项目数据进行查看，将 VM1 的数据改为正常值"00"后，退出维修状态，蓝屏的回扫线消失，故障排除

5.5.2　3P、4P、5P、6P 系列机心速修与技改方案

故障现象	故障原因	速修与技改方案
21NI9000 彩电，图像场幅度大，按面板上的按键，均在屏幕的左右上角显示钥匙符号，不能执行相关操作	进入童锁状态所致	由于该机的遥控器丢失，又不了解解锁方法，只好进行解锁实验；经过多次实验，用型号为 SAA3010T 的遥控器，按"对比度 -"键时，屏幕上显示小钥匙符号，在字符未消失之前，再按异常"对比度 -"键，钥匙符号消失，即童锁功能解除；按面板上的按键恢复正常调整
2928MK、3423WF 彩电，首次开机无伴音	R307 阻值偏小	将 R307 由 560Ω 改为 1.5kΩ/0.25W
3P10 机心，AV 输入信号图像不正常	电路设计缺欠，更改电路	从前面板 AV 输入端输入信号，图像上部中度扭曲，从后面板 AV 输入端输入信号，图像严重扭曲、无彩色或变为蓝屏 1. 取消 J301、J302 跳线 2. 用导线短路 C431、R415 两地或将 H202 到 CN262 的视频级及地线改用屏蔽线
3P10 机心，经常出现水平亮线，而 TA8859 良好	行输出变压器损坏	测量场输出供电电路，行输出为其提供的电压为 0，经查行输出变压器为场输出供电的绕组开路
3P10 机心，前面板 AV 输入正常，后面板 AV 输入不良	电路设计缺欠，更改电路	将 R403、R225 的接地点用导线接到 IC403 的 6 脚地线上

（续）

故障现象	故障原因	速修与技改方案
3P10 机心，取消半透明菜单	总线 MESH MCDE 项目数据出错	进入软件数据调整状态，将数据 MESH MCDE 的数据改为"0"
3P10 机心，自动关机	电路设计缺欠，更改电路	去掉 R529，将 D507（1N4004）改为 BA158
3P10 机心 21NF8800 彩电，只能接收 TV 电视信号节目，不能切换到 AV 状态	AV1/AV2 设置项目数据出错	进入工厂模式，按"工厂"键显示调整菜单，寻找 OPTION2 设置菜单，选择 AV1 视频输入选择项目，将其数据由"0"改为"1"，再选择 AV2 视频输入选择项目，将其数据也由"0"改为"1"，调整完毕，按"工厂"键或关机，退出工厂模式，再开机，AV1 和 AV2 功能恢复正常
3P20 机心，场 IC 易坏（TDA8357-IC301），出现水平亮线	电路设计缺欠，更改电路	1. 将 C313 的参数由 1000pF/2kV 改为 1800pF/2kV 2. 把灯丝电阻 R317 的参数由 0.82Ω/2W 改为 0.68Ω/2W 3. 主电压调至 105～106V
3P20 机心，开机后，灯丝亮，但无光、无声，旋动加速极电位器后正常	电路设计缺欠，更改电路	R205 的阻值改为 4.7kΩ、C214 的容量改为 1000pF
3P20 机心，某些地区 L 频段收不到台	电路设计缺欠，更改电路	将 R110 的参数由 27kΩ 改为 68kΩ，增大高频头增益，提高对弱信号放大能力
采用 3P20 机心的 2199A 彩电，图像上出现黑色横带	IC101 的 36 脚检测电路中的 C322 无容量	该机采用的超级单片电路为 TDA9370（IC101），外围电路较简洁，从故障现象看，蓝屏的亮度在轻微地变化。决定检查 ABL 电路，IC101 的 36 脚为 EHT（高压）检测输入端，该脚输入的电压主要用于稳定光栅的行场幅度；IC101 的 49 脚为 ABL 电压检测端，用于光栅的亮度自动控制；试着增加和减小光栅亮度，对比观察后发现，该机光栅行、场幅也基本稳定；由此可见，IC101 的 36 脚的检测信号应属正常的，于是将检查重点锁定在 D305、C322、R330 上。经检查 C322 已基本无容量，行变压器 T302 的 ABL 电压中的高频干扰会通过 R330 进入 TDA9370 的 49 脚，叠加到 TDA9370 内部产生的亮度信号，使图像上出现黑色横带，换新后试机，故障排除
3P30、4P30 机心，更换微处理器后搜索不到节目，同时只有 AV1，无 AV SVHS DVDA 功能	新更换的超级单片电路数据不符	进入维修模式，用菜单键选择调整菜单，用"节目 +/-"键选择调整项目，用"音量 +/-"键调整项目数据。先按菜单键 2 次选择第 3 菜单 SER50HZ，再按数字键"6"，屏幕上会显示"P-MOD ———"字符，再输入工厂调整密码 789，再按 3 次菜单键，屏幕上显示 PE-1、PE-2 工厂调整菜单；选择 PE-2 菜单中的最后一项 INIT 初始设置项目，将其数据从"00"调整到"FF"后，遥控关机退出维修模式，电视机上述功能恢复正常
采用 3P30、4P30 机心的 21ND9000A 彩电，电网电压波动自动关机后，无伴音	TDA9370 的 44 脚内部音频电路损坏	图像正常，但无伴音，检查 TDA9370 的 44 脚电压为 0.5V，不正常，断开 44 脚外接元件 C412，在电容引脚加干扰，扬声器有噪声，判断 TDA9370 内部损坏；考虑到更换芯片价格不菲，试用 10μF 电容跨接在 28 脚与 C412 正极之间，伴音恢复但音量小；最后进入维修模式，将 VOL 副音量项目数据调整到"3F"（最大）后，伴音基本恢复正常

（续）

故障现象	故障原因	速修与技改方案
3P30 机心，AV 状态下图像正常，TV 状态下无台	总线数据出错	TV 状态下所有台号均为红色，无图无声，自动搜索图声正常出现，节目号自动递增，但搜索完毕一个台也没有，且只有一个节目号 0，节目号为红色，手动搜索能锁台，不换台能一直看下去，节目号为黄色，正常时节目号为绿色，换台后节目丢失 判断总线数据出错，进入维修模式，按菜单键 3 次，进入 PE-2 页，把最后一项"INIT 00 00"改为"INIT FF 00"，按"清除"键退出，自动搜索恢复正常
采用 3P30 机心的 21NI9000 彩电，指示灯亮，二次不开机，或开机困难	8V 供电滤波电容 C618 失效	测主电压 110V 及 5V 正常，接收头的信号输入端有电压波动，此机小信号处理 IC 为单片机 TDA9370PS。检查它的 8V 供电发现较低且波动，且测得 12V 供电只有 9V，代换电容 C618(1000μF/16V)后故障排除
采用 3P30 机心的 21NK9000 彩电，出现三无现象	TDA9370 的 25 脚场参考电压设置端外接电阻 R117 开路	开机测得 +B 电压正常，检查超级单片电路 IC101（TDA9370）36 脚高压检查输入端外围电路并无异常；检查 IC101 的 14 脚的 +8V 供电正常；对 TDA9370 内部与行、场小信号形成电路有关的引脚（16～19、25、26、33、34 脚）外围元器件进行检查，发现 25 脚场参考电压设置端外接电阻 R117 已开路，换新后故障排除
采用 3P30 机心的 21NK 彩电，声音小	电路设计缺欠，更改电路	将 R012 的阻值由 15kΩ 改为 13kΩ 或更小，根据电视机灵敏度程度更改，音量太大可能会有轻微失真
3P60 机心，伴音中有杂音，严重时无声	电路设计缺欠，更改电路	更换电容 C133、C137，针对部分机型有效
3P60 机心，个别台无彩色	OP4、OP3 的数据出错	进入工厂菜单，将 OP4 的数据调至"3B"，OF3 的数据调至"0C"
3P60 机心，个别台信号比较差时只有啸叫声，微调时能调出一点声音	电路设计缺欠，更改电路	将 C133 的容量改为 820pF，C134 的容量改为 0.0047μF
采用 3P60 机心的 21D88AA 彩电，行幅窄	滤波电容 C615 无容量	图像、伴音正常，但行幅窄，查开关电源输出电压低于正常值，更换滤波电容 C615
采用 3P60 机心的 21N15AA 彩电，个别台伴音中有杂音，一些地方台伴音中有"噼啪"声	电路设计缺欠，更改电路	1. 将原机声表面滤波器由 K2974J 换为 K2979M、F2978 或 D2958 2. 将 OM8370 的 31 脚外接电容 C134 的阻值 1nF 改为 4.7nF

故障现象	故障原因	速修与技改方案
采用 3P60 机心的 21N15AA 彩电，遥控失灵	遥控器配对错误	换用最新的 P 系列遥控器即可
采用 3P60 机心的 21N15AA 彩电，有杂音	电路设计缺欠，更改电路	在有些地方改加小板可以解决，但在有些地方还是不能彻底解决；在改加小板效果不佳时，直接将声表面滤波器换成 3868 即可
采用 3P60 机心的 21T15AA 彩电，出现关机亮点	高压包与显像管不匹配	该机显像管为彩虹显像管，故障原因是高压包与显像管不匹配，换用带泄放电阻的高压包 5100-051141-01/5101-051101-11 即可
采用 3P90 机心的 21N16AA 彩电，音量减到 0 后再往上加，无论加到多少都无音，此时只要按一下遥控器的任何键就会出声	电路设计缺欠，更改电路	针对 5800-A3P9000-1000、TDA11105PS/4706-D11105-640/TSG0827281B 型主板，把 R413 的阻值改为 1kΩ，Q405 改为 C1815；把 J406、J402、R411、C415、D403 改为导线，把 R410 的阻值改为 2.2kΩ，并拆除 R407
采用 4P02 机心的 2188 彩电，屡损集成电路 TDA3653B	电路设计缺欠，更改电路	在 CN501 的正脚加 9.1V 稳压二极管到地，即 IC104 的 36 脚
采用 4P02 机心的 2198 彩电，镜像台多	电路设计缺欠，更改电路	将 R176 电阻改为跳线，取消 C184
采用 4P02 机心的 8000-2128、8000-2188 彩电，在 AV 状态音量开至最大时伴音失真	电路设计缺欠，更改电路	1. 取消 C412，在 C412 的位置改接一个 10kΩ/0.5W 电阻 2. 在 R411 上并联一个 0.001μF/100V 涤纶电容 3. 在 R003 位加装一个 33kΩ/0.25W 电阻
采用 4P02 机心和 TDA9373PS 的 29YP9000 彩电，图像枕形失真，行幅度大	下阻尼管两端并联的电容器 C306 失效	先进入维修状态，对枕形失真项目数据进行调整无效；检查枕形失真校正电路元器件，未见异常；检查行输出电路，检查下阻尼管正常，但下阻尼管两端并联的电容器 C306 失效，更换后，故障排除
4P02 机心，个别电视台节目杂音大	电路设计缺欠，更改电路	将 C162 的容量改为 47pF，R151 的阻值改为 17Ω
4P02 机心，屡烧集成电路 0M8361	电路设计缺欠，更改电路	将显像管尾板上 R524（150Ω/0.25W）改为一个二极管 B158 串联一个 10Ω/0.5W 电阻

（续）

故障现象	故障原因	速修与技改方案
采用 4P30 机心的 21NK9000 彩电，图声正常，但场幅偏小	IC101 的 25 脚外电阻 R117 阻值增大	首先进入工厂调试状态试调 V-AMP（SOHZ）（50Hz 场幅）数据，光栅场幅有变化，但始终不能调至满幅；转向检查该机场输出相关电路，测量 TDA4863J（IC301）各脚电压，5 脚电压为 1.6V（正常值约为 0V），6、7 脚电压均为 0.8V（正常值约为 1V）；检查 IC301（TDA9370）的 1、4 脚正、负供电，正常；代换升压元器件 C305、D301 后仍无效；在检测 IC101 相关引脚电压时发现，当表笔触及 25 脚时场幅立即扩大，拆下 IC101 的 25 脚外电阻 R117 检查，发现其阻值已增至 64kΩ，换用同阻值电阻后故障排除
采用 4P30 机心的 25TP9000 彩电，开机声像正常，几分钟后无伴音	IC401 的 2 脚静音控制 Q401 的 C、E 极漏电	无伴音时，从 IC401（TDA2616）1、9 脚注入信号，扬声器中无伴音，判断故障在伴音功率放大电路。测得 IC401 的 7 脚（供电端）电压为 24.8V，两输出端 4、6 脚电压均为 +12.5V，均正常；测得 IC401 的 2 脚静音控制端电压为 3.2V，进入了静音控制状态；检查 IC401 的 2 脚外接关机静噪电路 D401、C408、Q401、Q402，Q401 的 C、E 极漏电，换新后故障排除。提示：悬空 TDA2616 的 2 脚即取消静音控制功能
4P36 机心，B + 电压无输出	+300V 滤波电容无容量	+300V 滤波电容无容量，R904（47kΩ）开路
4P36 机心，B + 电压下降	取样电路 R942 阻值变大	多为取样电路中的偏置的作用 R942（4.7kΩ）阻值变大
采用 4P36 机心的 25T66AA 彩电，B + 电压不稳定	电路设计缺欠，更改电路	C636 漏电，B + 是 30V 时有叫声，是伴音功率放大 TDA6166 损坏；B + 为 120V 时不开机，是 Q603 性能不良；不定期烧行管，是光耦合器不良
4P36 机心，个别台无伴音	电路设计缺欠，更改电路	将 C115 由 330pF 改为 680pF，或减小为 220pF
4P36 机心，个别台无彩色	OP4 的数据出错	进入软件数据调整模式，将 OP4 的数据改为"3B"
4P36 机心，光栅上部出现红绿蓝回扫线	泵电源电容 C305 耐压低	该机的泵电源电容 C305（100μF/16V）耐压不足，容易爆裂或漏电解液引发回扫线，更换耐压为 50V 或 100V 电容
4P36 机心，换台无声，或换台后延迟达十几秒后发声	总线数据和 C115 不良	将用户菜单的伴音校正设为"开"：再将 C115 由 330pF 改为 100pF
4P36 机心，三无	电路设计缺欠，更改电路	该机热敏电阻 R602（15Ω）安装消磁电阻之前易损坏，建议用 4Ω/15W 水泥电阻更换
4P36 机心，易发显像管切颈故障	电路设计缺欠，更改电路	1. 增加保护小板，此小板为通用型，但小板上的电阻 R10 在不同机心上阻值不同，具体参数：6D90 机心中 R10 为 3kΩ，6D96 机心中 R10 为 100Ω，4P36 机心中 R10 为 30kΩ 2. 保护小板的 4 根连接线焊接如下：插座 CN1 的 IN 接输出 5 脚；VCC 接 5V 电源；OUT 接电源光耦合器的 2 脚；GND 接地 3. 导线点胶固定，小板固定在 AV 支架上

故障现象	故障原因	速修与技改方案
5P01/03 机心，部分电视节目台声音时大时小，丽音时有时无	R618 或伴音放大电路故障	2939NW、8298NW 机型，部分电视节目台声音时大时小，丽音时有时无；减小 R618 的阻值或检查伴音放大电路
采用 5P01 机心的 2928MK 彩电，个别台伴音断续	TDA8361 的 4 脚电容容量小	将 TDA8361 的 4 脚电容(0.0224μF)的参数改为 0.47μF/50V
5P01 机心，屡损 L7808 集成电路	电路设计缺欠，更改电路	1. 在 L7808 的输入端与输出端之间并一只 100Ω/2W 电阻 2. 在 L7808 的输入端串一只 27Ω/2W 电阻
5P01 机心，切换频道时，蓝屏幕闪烁	电路设计缺欠，更改电路	1. 在 Q203 基极与 IC101 的 3 脚之间接入 5.6kΩ 电阻与二极管 1N4148 组成的串联电路，二极管负极接 Q203 基极 2. 在 D206 上串接一个 3.3kΩ 电阻
5P03-NICD4 音量开到"1"时，音量变化不平滑，有跳变现象	微处理器与丽音解码块故障	把微处理器与 MSP3410 丽音解码块一起换掉
采用 5P03 机心的"镜王"彩电，个别台伴音断断续续	电路设计缺欠，更改电路	1. 微处理器改用 OTP 新版本软件，版本号由 200006-42 改为 200003-42 2. NICAM 译码电路由 MSP3410GA3 改用 MSP34CHGB5
采用 5P03 机心的"镜王"彩电，在 TV 状态下有无信号和静音时均有"吱吱"声，AV 状态无此现象	电路设计缺欠，更改电路	1. 断开 TDA9808 的 10 脚，看有无此音，若无此音，将该脚至 MSP3410 输入端加一个 100pF 和 15μH 电感形成的高通滤波电路 2. 查 MSP3410 的晶体振荡器 18.432MHz 并联电容是否为 3pF，若不是则改为 3pF 3. 若以上无效，断开跳线，将 C428、C429 至 C463、C464 用屏蔽线短接
采用 5P03 机心的"镜王"彩电，枕形失真，图像中间压缩、四周拉长	电路设计缺欠，更改电路	1. 水平方向出现枕形失真，更换 S 校正电容 C331A、C331C 2. 若垂直方向中间小两边大，则换 C308、R301、R302、R303
采用 5P03 机心的 2599、2528 彩电，线性失真，垂直活动画面时图像扭曲、倾斜，出现的时间没有规律，与电视信号无关	电路设计缺欠，更改电路	将该机的 AV 输出信号输入到另一台正常的电视机 AV 输入端，观察图像是否正常 1. 若正常机型此现象，则将 R009 的阻值由 24kΩ 改为 6.8kΩ，R208 的阻值由 10kΩ 改为 3kΩ，C215 的容量改为 0.01μF/100V 2. 若正常机也有此现象，则将 C137 由 2.2μF 改为 1μF/50V，在 C124 并接一个 1MΩ 电阻，R121 的参数改为 1kΩ/0.25W
采用 5P03 机心的 2599 彩电，行线性扭曲	电路设计缺欠，更改电路	1. 将 C215 的参数改为 0.01μF/100V 2. 将 R208 的阻值由 10kΩ 改为 3kΩ/2W 3. 将 R009 的参数由 2.4kΩ 改为 6.8Ω/0.25W

（续）

故障现象	故障原因	速修与技改方案
采用 5P03 机心的 2928MK 彩电，图像背景出现白色时，伴音杂音大	电路设计缺欠，更改电路	1. 将 TDA8361 的 4 脚对地加 0.47μF 电容 2. 在 C144 并接一只 1000pF 电容
采用 5P03 机心的 2928 彩电，彩色斜纹干扰	电路设计缺欠，更改电路	1. 将 C123 的容量由 1000pF 改为 200pF 2. 将 Q102 的 B 极、C 极反馈电容由 1800pF 改为 22pF 左右
采用 5P03 机心的 2928 彩电，无光栅、有伴音	电路设计缺欠，更改电路	将场输出电路 IC301 由 LA7833 改为 TA8427，并作如下改动： 1. 把 C302 的参数由 0.22μF 改为 3300pF/100V 2. 把 C302 的参数由 200pF 改为 560pF/500V 3. 在 IC301 的 2、5 脚加 59pF/50V 电容
采用 5P03 机心的 2939、2928 彩电，产生滚道条干扰现象	电路设计缺欠，更改电路	1. 带 TDA9808 芯片的机型，将 C107 的参数改为 47μF/16V，将 C131 的参数改为 0.033μF/16V，将 C157 的参数改为 0.47μF/15V；注意 R121 应为 1kΩ 2. 不带 TDA9808 芯片的机型，将 C107 的参数改为 47μF/16V，C157 的参数改为 0.47μF/16V 3. 在预中频放大管 B 极并联 0.01μF 电容到地，且去掉 IF 脚到地 100Ω 电阻 4. 将声表面波滤波器的地与 C125 的地相连 5. 将 L101(1μH) 的参数改为 0.82μH
采用 5P03 机心的 29F1NW 彩电，使用一段时间后，图像亮度变暗	ABL 电路的 C305 容量偏小	将 ABL 电路的 C305 的参数由 0.047μF 改为 0.056pF/250V
采用 5P03 机心的 29F1NW 彩电，音量在 20~30 间有干扰声；TV 状态音量在 20~40 间出现高频叫声	电路设计缺欠，更改电路	1. 在音量控制板的 Q1002、Q1003 的 C 极对地加一个 100nF/100V 涤纶电容 2. 在跳线 J059 与地之间接一个 100pF/16V 电容
采用 5P03 机心的 3898WF 机型，屡损 SRV5112 视频放大块	SRV5112 视频放大块不良	换用 TDA6103Q 的视频放大板
采用 5P03 机心的 8000-2528 彩电，开机数小时后出现行、场幅缩小，图像上出现回扫线	取样误差放大电路不良	将 IC602(HG120) 改为 SE120

故障现象	故障原因	速修与技改方案
采用 5P03 机心的 8000-2550N 彩电，遥控关机后，1.2s 后会从扬声器发出一声尖叫	电路设计缺欠，更改电路	观察发现在蓝屏静噪状态下遥控关机，或按电源开关关机无此现象；本机使用了 TA8211 代替 TA8200，由于 TA8211 没有 MUTE 脚引发此现象，解决办法为： 　1. 取消 MSP3410G 的 7 脚 C 线，以 10kΩ 电阻连接 7 脚与 C432 正极（+5V）并在 7 脚串接一 1kΩ 电阻至 D403 负极 　2. 换用 TA8200 也可解决，注意补上原电路板上的 C456、Q405、R470 等元器件
采用 5P03 机心的 8000-2582A 彩电，行幅缩小、D404 损坏	D404 性能不良	将 D404 改用 BA158 二极管
采用 5P03 机心的 8000-2582A 彩电，易损视频放大集成电路 TDA6107 或 OM8839	电路设计缺欠，更改电路	1. 在 TDA6107 的 4、6 脚之间增加 0.056μF 聚酯电容 2. 割断 H601 第 3、6 脚之间的铜条，将两脚均接地 3. 更换新的视频放大集成电路 TDA6107 或解码集成电路 OM8839
采用 5P03 机心的 8000-2582 彩电，对比度加大时图像出现枕形失真	电路设计缺欠，更改电路	将 R009 的阻值由 2.4kΩ 改为 3.9kΩ；将 R208 的阻值由 10kΩ 改为 2.2kΩ
采用 5P03 机心的 8000-2582 彩电，关机后出现亮点	电路设计缺欠，更改电路	将 R526 的阻值改为 100Ω；在 R525 上并接一个 1N4148 二极管；将 C314 的参数由 10μF 改为 1μF/250V
采用 5P03 机心的 8000-2982WF 彩电，待机"扑扑"声响，同时继电器"吱吱"响	Q601（C2335）不良	将 Q601 由 C2335 改为 D1640
采用 5P03 机心的 8000-2998WF 彩电，接收来自卫星接收器的电视信号时，图像扭曲	电路设计缺欠，更改电路	1. 调整 RF-AGC 电位器，重调 IF 中周 2. 在 C137 上并接一 1MΩ 电阻，加大电容 C101 的容量
采用 5P03 机心的 8000-2998 彩电，接收强信号节目时，图像从左向右扭曲	AGC 滤波电容 C137 的容量大	将 OM8361 的 48 脚外接 AGC 滤波电容 C137，由原容量 2.2μF 改为 1μF/50V

（续）

故障现象	故障原因	速修与技改方案
采用 5P03 机心的 8000-3498WF 彩电，放 VCD 时横条出现干扰现象	电路设计缺欠，更改电路	将 AV 输入的接地端用一条跳线连接高频头外壳上
采用 5P03 机心的 8000-3498WF 彩电，接收低频端电视节目有斜条干扰	电路设计缺欠，更改电路	断开 J009，在键控板上引一地线到开关电源输出的冷地端
采用 5P03 机心的 8000 系列彩电，低频段（尤其是 2、3 频道）有干扰	电路设计缺欠，更改电路	1. 断开微处理器地与中频放大地的连线 J009 的跳线 2. 在微处理器晶体振荡器（XT001）的两端并一个 10pF 左右的瓷片电容 3. 断开微处理器的 42 脚不用；如果微处理器的 42 脚已用做指示灯驱动时，可在该脚对地并接一个 1000pF 瓷片电容 如果上述改动不能完全消除干扰，还可进行如下改动： 1. 在键控板的右侧地加一跳线到电源板的冷地端（可接在 R517 的冷地端上） 2. 将键控板的几条线绞在一起，从 H201 的地加一跳线到中频放大电路屏蔽罩上 3. 在微处理器的频段切换脚（35、37 脚）各加一个 1000pF 电容到地
采用 5P03 机心的 8000 系列彩电，L 频段低端、U 频段高端节目有斜条或网纹干扰	微处理器晶体振荡器不良	将微处理器晶体振荡器的频率由 6MHz 改为 6.15MHz
5P03 机心，低频段出现干扰现象	电路设计缺欠，更改电路	1. 将微处理器用屏蔽罩屏蔽 2. 晶体振荡器改用 6.15MHz 3. 电源供电串接磁环电感
5P03 机心，个别台无彩色，AV 或 S 输入 VCD 节目时无彩色	电路设计缺欠，更改电路	改与晶体振荡器相匹配的电容，C205 的容量由 15pF 改为 12pF，并将 4.43MHz 晶体振荡器换掉
5P03 机心，接收个别台图像扭曲、左暗右亮，放 DVD 或个别台无彩色	电路设计缺欠，更改电路	1. 将 IC102（TDA9808）的 4 脚电阻 R121 的阻值由 180Ω 改为 550～1200Ω；OM8361 的 48 脚电容 C137 的容量由 2.2μF 改为 0.47～1μF；将 R131 的阻值由 680Ω 改为 1.2kΩ，将 C107 的容量由 10μF 改为 22～47μF 2. 对于放 DVD 和个别台无彩色，可将 C205 的容量由 15pF 改为 12pF
5P03 机心，屡损 HG140、HG120	取样误差放大电路不良	改用 SE140、SE120 取样误差放大电路
5P03 机心，屡损场输出电路 LA7833、R316（0.68 Q/2W）、D306（BA158），造成无光栅、有伴音	电路设计缺欠，更改电路	1. 将 C301 的参数由 0.22μF/100V 改为 3300μF/100V 2. 将 C302 的参数由 2000pF/100V 改为 560pF/100V 3. 在 IC301（LA7833/AN5521）第 2、5 脚加 56pF/100V 电容 4. 将 LA7833 换用 TA8427K

（续）

故障现象	故障原因	速修与技改方案
5P03 机心，某频段跑台，少数电台收不到；8000 系列彩电接收有线电视台节目时，图像扭曲	电路设计缺欠，更改电路	1. 将 R101 的阻值由 39kΩ 或 33kΩ 改为 10kΩ 2. 在 L108 上并接 3.3kΩ/0.25W 电阻 3. 将 C325 由 0.1μF/50V 瓷片电容改为 0.1μF/100V 聚酯电容另外 21/25in 彩电雪花大，可在预频放大放管 C 极电感上再并接一个 0.82μH 电感
5P03 机心，右部线性不良、上部扭曲，左侧线性正常	束电流与显像管不匹配	适当减小束电流以降低扭曲程度，否则更换显像管
采用 5P10 机心的 2599 彩电，在个别地区台有杂音	缺少 C5	将 C5(1000pF/25V) 复原
采用 5P10 机心的 29HD9000 彩电，满屏幕回扫线，但彩色正常	稳压二极管 ZC501（8.2V）击穿	插座 H501 的 1 脚电压过低，相关稳压二极管 ZC501(8.2V) 击穿
采用 5P10 机心的 29SD9000 彩电，关机后有亮点	消亮点电路 C507 失去容量	检查发现消亮点电路中的 C507(10F/250V) 失去容量
采用 5P10 机心的 29TF8000 彩电，信号有时中断，出现蓝屏，左边伴有竖线干扰	电阻 R407 烧断	调整更换并联在行线性电感上的电阻 R407
采用 5P10 机心的 34SD9000 彩电，出现 T 形、枕形失真	T 形失真电路故障，更改电路	T 形失真：调南北极校正板上的电感。枕形失真：调枕校板上的电位器；注意主板与枕校板相连的两根线，F 线是接地的，即 CN490 第 3、4 脚；E 线与 R411 一脚相连，若两线接反，电位器便无调整作用
采用 5P10 机心的 34SD9000 彩电，关机出现色斑	增加关机消亮点电路	增加关机消亮点电路，补装电路板上相关电路有元器件编号的元器件
采用 5P10 机心的 34SD9000 彩电，在转换台时，图像上部有 2～3cm 的白带干扰	场供电电压偏低	检查场输出供电电压整流滤波电路，如果供电电压过低，提高场供电电压 2V 左右
5P10 机心，伴音置"1"时，音量太大	VOLIME-CON 数据出错	进入软件数据调整模式，将数据 VOLIME-CON 值减小
5P10 机心，低频端图像有网纹干扰	微处理器控制电路故障	1. 将微处理器晶体振荡器的两脚对地各并接一个 56pF 瓷片电容 2. 更换新版微处理器和存储器

（续）

故障现象	故障原因	速修与技改方案
5P10 机心，将音量调到"00"，声音仍存在，不能静音	菜单中的 VOLUME-LON 项目数据出错	进入维修状态，找到菜单中的 VOLUME-LON 项目，将其数据适当减小，即可恢复最小音量时静音
5P10 机心，接收 U 频段凤凰台时，图像上下跳动	电路设计缺欠，更改电路	1. 将 R321 的阻值由 470Ω 改为 680～1000Ω 2. 将 C315 的参数由 1μF/35V 加大或减小(4.7～0.1μF)试之 3. 将加大或减小 C330 的容量(10μF～0.1μF)试之 4. 将加大或减小 C106 的容量(0.1～22 μF)试之 5. 将 OM8839 的 43 脚外接电阻、电容分别改为 18～22kΩ、2200pF
5P10 机心，开机后灯丝亮，但无光、无声，调加速极电位器后正常	电路设计缺欠，更改电路	用两个 22kΩ 电阻对 8V 电源分压，取得 4V 电压接 CN301 的 1 脚
5P10 机心，屡损 TDA6107 视频放大电路和 OM8839 解码电路	电路设计缺欠，更改电路	1. 在 IC501(TDA6107Q) 的 4 脚、6 脚之间增加 0.056μF 聚酯电容 2. 割断 IC501 第 3、6 脚之间的铜条(两脚均接地) 3. 更换新的 TDA6107Q 和 0M8839
5P10 机心，图像暗淡，亮度不足	白平衡菜单副亮度值太小	进入软件数据调整状态，将白平衡菜单第 4 项的副亮度值调大
5P10 机心，无伴音，光栅上部 4cm 左右无光栅，遥控器上的伴音模式和立体声/单声道选择功能失效	总线系统相关项目数据出错	进入维修状态，按遥控器上的数字键选择调整菜单，先按数字键"0"，进入 FACTO RY-MODE0 菜单，用"节目 +/-"键选择菜单中的 VSHIFT 垂直中心调整项目，其数据为"63"；用"音量 +/-"键将数据由"63"改为"22"后，光栅上部的黑屏消失；再按数字键"4"进入 FACTORY-MODE4 菜单，选择 AUDIO 音频设定项目，将数据由"MSP3410"改为"TDA9859"，按工厂键退出维修状态，再按静音键 2 次，伴音及其他功能均恢复正常
5P10 机心，选择 N 制时，蓝屏上部有回扫线	高压包、存储器或微处理器故障	1. 更换高压包 2. 更换微处理器和存储器
采用 5P20、5P21 机心的 29HD9000、8000-2522A 彩电，有图像，无伴音，但扬声器有"沙沙"流水声	伴音电路设置数据出错	将用户遥控器上的铭片撕开，短路"伴音制式"键最左端的隐藏"空闲"按键，进入维修状态；选择菜单 4 中的音频设定项目 AUDIO，将数据由"MSP3410"改为"TDA9859"，即可出现伴音
5P20 机心，AV1、AV2 任一视频输出端接监视器时，另外两路(AV1、AV2 其中一路和 S 端子)音频信号会窜扰监视器	电路设计缺欠，更改电路	当 AV1、AV2 任一视频输出端接监视器时，另外两路(AV1、AV2 其中一路和 S 端子)音频信号会窜扰监视器图像，而音频信号不接电视机或直接送到音频功率放大机时，不会有这种现象；将后 AV 板上原用跳线短接标有 C901～C906 的位置，改装上 4.7μF/50V 电容

故障现象	故障原因	速修与技改方案
采用 5P20 机心的 29HD9000 彩电重低音不明显	电路设计缺欠，更改电路	将 R230 的阻值增至 150kΩ，R235、R235 的阻值均减至 3.3kΩ，R217（1kΩ）的阻值减小
采用 5P20 机心 3498WF 彩电，屡损场输出电路 TDA8354	电路设计缺欠，更改电路	1. 增加两个稳压二极管 BA158，其负极均与 C508 的正极相连，其中一个 BA158 的正极接 C505 与 CN401 的 6PIN 相连端，另一个接 R507 与 R509 相连端 2. 增加一个电阻（100Ω/0.25W），一个电容（0.022μF/100V），两元件串联后装在主板的 C505 处 3. 增加一个电容（0.01μF/100V），接 R508 与 CN401 的 5PIN 相连端，经 C504 接地
采用 5P20 机心的 34SD9000、2998WF-8000 彩电，节目交换功能失效	操作方法不正确	相邻频道交换时，两边的节目全部清除，相隔频道交换时，只剩下了一个台 注意操作方法：节目交换菜单中的节目交换 1、节目交换 2，其中的节目号应与当前正在收看的节目号相同
采用 5P20 机心的 34SD9000 彩电，图像倾斜	偏转线圈位置偏移	调整光栅偏转线圈
采用 5P20 机心的 34SD9000 彩电，自动选台少，但用微调能调出	电路设计缺欠，更改电路	个别台会转蓝屏并闪动，"关闭"蓝背景后可解决，但声音断续 1. 将 R321 的参数加大至 1kΩ/0.25W 或将 C315 的容量由 1μF 改为 0.1μF 2. 将 IC302（CD4052）输入/输出端短路，看能否改善 3. 更换软件，已更新的新版微处理器
采用 5P20 机心的 8000-2998WF 彩电，无伴音，光栅上部 4cm 左右无光栅；遥控器上的"伴音模式"和"立体声/单声道"选择功能失效	总线系统伴音和场扫描电路设置数据出错	按"工厂"键进入维修状态，按遥控器上的"数字"键选择调整菜单，先按数字键"0"，进入 FACTORY MODE0 菜单，用"节目 +/-"键选择菜单中的 V-SHIFT 垂直中心调整项，其数据为"63"，用"音量 +/-"键将数据由"63"改为"22"后，光栅上部的黑屏幕消失；再按数字键"4"，进入 FACTORY MODE4 菜单，选择 AUDIO 音频设定项，将数据由"MSP3410"改为"TDA9859"，按"工厂"键退出维修状态，再按"静音"键 2 次，伴音恢复正常，同时遥控器上的"伴音模式"和"立体声/单声道"选择功能也恢复正常
5P20 机心，8000-2998 彩电（0M8839 机心）图像正常，无伴音，且遥控器上的伴音模式和立体声/单声道按键调整无效	音频设定项目 AUDIO 数据出错	按用户遥控器上的工厂键（暗藏于"伴音模式"键左边的第 3 个按键处）进入维修状态；按数字键"4"，在该菜单中用"节目 +/-"键选中 AUDIO 项（该项可在 TDA9859/MSP3410/PWM 三者之间转换），用"音量 +/-"键将其改为 TDA9859，而不应选 MSP3410；然后按工厂键退出维修状态，再按"静音"键两次即可正常
5P20 机心，NTSC-M 制有噪声	电路设计缺欠，更改电路	把二极管（8581）与电阻（1kΩ）串联后，装在 D103 位号上
5P20 机心，Y、U、V 信号输入干扰	C708、C709、C710 容量偏小	将 C708、C709、C710 由 0.1μF/63V 改为 4.7μF/50V

（续）

故障现象	故障原因	速修与技改方案
5P20 机心，存储器数据错乱造成无音、行线性（枕形失真）不良，29HD9000 彩电雪花点比 T 系列大	电路设计缺欠，更改电路	1. 软件问题，需要更换存储器，并将 R043 的阻值由 470kΩ 改为 220～330kΩ，R026（10Ω）改为跳线 2. 将一个电阻（8kΩ）与电容（0.001μF/50V）串联后接在预中频放大管的 B 极、C 极之间 3. 检查 C315（4.7μF/63V），并将 D007（1N4148）装回在 Q001 的集电极、发射极位置上
5P20 机心，待机状态，重低音有"咻咻"声，开/关机有冲击声	电路设计缺欠，更改电路	1. 将 R231 由 25V 供电改为 16V 供电（由 D403 输出的 16V 提供） 2. 将 C211 由 22pF/50V 改为 1μF/50V
5P20 机心，低频端图像网纹干扰	电路设计缺欠，更改电路	1. 用屏蔽盒将微处理器作屏蔽处理 2. 将 6MHz 晶体振荡器换为 6.15MHz，并将晶体振荡器一端接地 3. 更换新版微处理器和存储器
5P20 机心，非标准信号无彩色	电路设计缺欠，更改电路	将 X302 换为 BY 或 SY 品牌的 4.433619MHz 晶体，试将 C324 的容量改为 8pF
5P20 机心，关机亮点	无消亮点电路	有的视频放大板上有消亮点电路的空位置，增加消亮点电路
5P20 机心，黑屏无光栅，但有伴音	电路设计缺欠，更改电路	1. 将 R314 的阻值由 10kΩ 改为 1kΩ，将 C388 由 1500pF 改为 1000pF 涤纶电容 2. 取消 R502、R511、R520，将 R094、R095、R906 的阻值由 820Ω 均改为 330Ω，进入维修模式，将帘栅极电压调高
5P20 机心，交流声大，在无信号或静音时比较严重	电路设计缺欠，更改电路	1. 将 C211 的参数由 1μF/50V 改为 22～100μF/50V，R217 的阻值由 1kΩ 改为 3kΩ 2. 将 R239 断开，用导线将 Q3 的集电极与 R231、R218、R219 公共端相连 3. 检查 C5（1000μF/25V）是否正常 4. 在中频放大地与伴音功率放大地之间，加装 2200μF/16V 的电容（正极接功率放大地） 5. 将伴音功率放大电路输入端的去耦电容加大
5P20 机心，交流声随音量变化，图像在亮暗转换时交流声量明显	电路设计缺欠，更改电路	IC102 和 IC502 与散热片之间用绝缘云母片隔离，将 C5（1000pF/25V）复原
5P20 机心，时钟偏差大	X001 不良	将 X001 的频率由 6.15MHz 改为 6.0MHz
5P20 机心，图像扭曲	电路设计缺欠，更改电路	将 R304 的阻值由 390Ω 改为 1.8kΩ，C126 的参数由 1μF 改为 0.47μF/50V
5P20 机心，图像上有滚道干扰	C126 的容量偏大	将 C126 的参数由 2.2μF/50V 改为 0.47μF/50V

故障现象	故障原因	速修与技改方案
5P20 机心，图像无彩色，且场幅度变窄，光栅暗淡	OM8839 的 35 脚外部 4.43MHz 晶体振荡器故障	代换 OM8839 的 35 脚外部 4.43MHz 晶体振荡器
5P20 机心，无光栅，无伴音	存储器损坏	显像管灯丝亮，调高加速极电压，出现白板光栅，实验更换存储器故障排除
5P20 机心，信号中断时蓝屏闪动，搜台慢或搜台不向前走，自动搜台过程中不存台	电路设计缺欠，更改电路	从 H 频段向 U 频段转换时，无法转换 1. 将 IC001（微处理器）版本由 4749-Z00009-42 改为 4949-Z00010-42 2. 将 C315 的参数由 1μF/35V 改为 4.7μF/50V 3. 检查二极管 D007 是否开路
5P20 机心，有时自动开机	Q603（2SC1815）不良	将 Q603（2SC1815）改为 2SC2230
5P20 机心，有图像，无伴音，但扬声器中有"沙沙"声	音频设定项目 AUDIO 数据出错	进入维修状态，选择菜单 4 中的音频设定项目 AUDIO，将数据由 MSP3410 改为 TDA9859，即可出现伴音
采用 5P20 机心的 8000-2522A 彩电，有图像，无伴音，行幅度偏大	AUDIO 音频设定项目和 H-WIDTH 水平幅度调整项目数据出错	按"工厂"键，进入工厂模式，按数字"4"键选择调整菜单 4，按"节目 +/-"键选择音频设定项目 AUDIO，用"音量 +/-"键将数据由"PWM"改为"TDA9859"，再选择 H-WIDTH 水平幅度调整项目，调整其数据到光栅水平尺寸合适为止，调整完毕，按"工厂"键或关机，退出工厂模式，退出维修状态，伴音恢复正常
采用 5P21 机心，个别台伴音断续	工厂菜单 HEDV 项目数据出错	进入软件数据调整模式，将工厂菜单 HEDV 项目的数据"1"改为"3"
采用 5P21 机心，开机 10 min，喇叭发出"嗡嗡"响声	电路设计缺欠，更改电路	1. 将 C211 的参数由 1μF/50V 改为 22μF/50V 2. 将 R4 原接 8V 电源改为接 5V 电源
采用 5P30 机心的 29TI9000 彩电，图像枕形失真	枕形失真校正电路故障	枕形较小电路中的场效应晶体管 P6NB50 击穿，C304（8.2nF/2kV）虚焊
采用 5P30 机心、TDA9370 芯片的彩电，搜索到节目时，屏上有反应，但始终不能搜到正常的图像	INIT（初始化）项目数据出错	进入 PE-2 菜单，选中最后一项 INIT（初始化），将其数据由"00"改为"FF"，遥控关机后再开机即可正常

（续）

故障现象	故障原因	速修与技改方案
采用 5P30 机心的 25ND9000A 彩电，无图像无伴音，自动搜索时看不到图像	OP1 功能预置 1 项目数据出错	进入维修模式，按数字"6"进入密码项，输入密码"789"后，进入工厂模式的 PE-1 功能设置菜单，选择 OP1 功能预置 1 项目，将其数据设置为"FF"，视频控制、互动平台的开关设置，退出维修模式，搜索功能恢复正常，图像和伴音出现
5P30 机心的 34TI9000 彩电，更换存储器后，图像雪花大，并失去了地磁校正功能	RF AGC 调整项目和 OP4 功能预置 4 项目数据出错	进入维修模式，按遥控器"菜单"键显示调整菜单，进入外围菜单 7，RF AGC 调整项目，按遥控器上的"音量 +/-"键改变项目数据到"12"时，图像上的雪花消失；再进入核心菜单 3（PE-1），选择 OP4 功能预置 4 项目，将其数据设置为"BB"后，退出维修模式，地磁校正功能恢复正常
5P30 机心，图像正常，无伴音	+15V 滤波电容器 C634 故障	+15V 滤波电容器 C634（1000μF/25V）虚焊或容量减小
5P30 机心，图像正常，无伴音，有噪声	IC201 的 31 脚外接电容 C254 不良	超级单片电路 IC201（TDA9373）的 31 脚外接电容 C254（1.2nF）不良
采用 5P30 机心的 29T60AA 彩电，更换写入 5P30 机心数据的存储器后，在进行全自动搜索时，发现 3 个波段均搜索不到电视节目	存储器数据与电路配置不符	在进行自动搜索存台时，测量高频头的供电、波段、调谐电压变化正常，怀疑新存储器内部与搜索相关的数据出错，虽然用计算机复制了 5P30 机心的数据，但计算机中的数据可能与实际需要不符；进入工厂模式的 PE-2 功能设置菜单，选择 INIT 初始化项目，按"音量 +/-"键，对存储器进行初始化；当该项目的数据变为"FF"时，显示初始化完成，工厂菜单的各项数据均变为默认值；该机初始化后，搜台功能恢复正常，但光栅行幅度变小且呈筒形失真，场幅度偏大，线性变差；再次进入软件数据调整模式，对相应的项目数据进行适当的调整后，光栅恢复正常
采用 5P30 机心的 29T60AA 彩电，主电路为 TDA9373，存储器为 24C08；开机后字符语言为英文，光栅行幅度偏小且呈筒形失真	存储器数据出错	通过调整将字符改为中文后，可进行自动搜索存台操作，搜索时有图像出现，且节目号自动递增，但搜索完毕所有节目号中均无台；进行半自动搜索，可搜到节目，并可收看，但不能存储；可进行亮度、音量、色度、对比度等模拟量调整和其他调整菜单的调整和设置，但调整后，如果交流关机，所有调整项目数据不记忆，全部回到调整前的原始状态，字符也恢复为英文；由此判断存储器发生不存储故障；向新 24C08 中导入创维 5P30 机心的数据后，更换该机的存储器后，开机试验，字符语言调整和各个菜单的模拟量和项目调整完成后关机，再开机数据不再丢失，不记忆故障排除
采用 5P30 机心的 25NF8800A 彩电，屏幕字符只有英文显示，无中文字符显示，同时自动搜索选台图像一闪而过，不能进行存储，且图像枕形失真	存储器数据出错，需进行初始化操作	进入维修模式；按数字"6"进入密码项，输入密码"789"后，再按"菜单"键进入工厂模式的 PE-2 功能设置菜单，选择 INIT 初始化项目，按"音量 +/-"键，当该项目的数据由原来的"00"变为"FF"时，则显示初始化完成；初始化后，需进入软件数据调整模式，对不合适的项目数据进行调整；调整完毕后，重新进入 PE-2 菜单的 INIT 项目，将其数据变为"00"。一般进行存储器初始化后，自动搜索存台功能即可恢复正常
采用 6P18 机心的 25T98HT 彩电，扬声器发出"沙沙"声，音量小时尤为明显	电路设计缺欠，更改电路	1. 划开功率放大器散热片的接地 2. 划开 J404，把 J404 靠功率放大器一边加一飞线接到 D420 正极 3. 把功率放大器 8、9、10 脚短接 4. 把开关变压器 11 脚 17V 旁的地线划开，串入 2.2nF/100V 电容

故障现象	故障原因	速修与技改方案
6P18 机心，屏幕上移或下移，损坏场输出电路	电路设计缺欠，更改电路	在激励信号输入端，将 R324、R325 的跳线改为 100~220Ω 的电阻
采用 6P30 机心的 29T98HP 彩电，声音较小时，有交流声干扰	电路设计缺欠，更改电路	拆除跳线 W608、W609，在 W608 位置上加上 2.2nF/100V 电容
6P30 机心，侧面 AV 输入端子输入时，图像上部扭曲	电路设计缺欠，更改电路	将电容 C807 短路，或把 C807 用光线连接起来即可
8000 系列彩电，无信号时字符位置向上偏移	电路设计缺欠，更改电路	用一个 2SC1815 晶体管，在其 B 极串接一个 10kΩ 电阻接至 Q105 的 C 极；在其 C 极串接一个 1.5MΩ 电阻接至 VR202、R211 的中点

5.5.3 5I01、5I30 机心速修与技改方案

故障现象	故障原因	速修与技改方案
5I01 机心，屡损行输出管	电路设计缺欠，更改电路	1. 将跳线 J622 改为 2kΩ/0.25W 电阻 2. 将 IC603 由原 SF140 改为 SE130 3. 将 R340A 的参数改为 1.5Ω/2W 4. 将行管换为 28C5144
5I01 机心，在 VGA 状态下，荧屏的 2/3 处有一条竖直黑线，类似阻尼条	电路设计缺欠，更改电路	短接数字板上 R288、C263 两接地点
采用 5I30 机心的 29SI9000 彩电，伴音断断续续而且少台	伴音设置项目数据出错	进入维修模式，按遥控器上的"频道 +/−"键直到出现"NVM：ADDRESS = 256；DATA =15"，按遥控器上的"音量 +"键直到出现"NVM：ADDRESS = 509；DATA =0"，改变 DATA 值；再按"图像模式"键，使 DATA =1，出现"NVM：ADDRESS = 509；DATA = 1"，重新开机，观察伴音是否恢复正常，如果伴音仍不正常，再重新进入维修模式，将 DATA 的数据改为"2"或"3"试试
采用 5I01 机心的 29SDDV 彩电，屏幕左边有一条垂直亮带	HORBLANKING 项目数据存储错误	蓝屏关掉时，在屏幕左边有一条垂直亮带，AV 时最明显，进入维修状态，将 HORBLANKING 改为"180"
5I01 机心，交流声大，节目少	ADDRESS：353 的 DATA 的数据出错	自动搜台时比电视台播出的节目缺一套，将数据 ADDRESS：353 的 DATA 改为小于"128"，可以用手动选出后记忆再进行自动搜台即可

（续）

故障现象	故障原因	速修与技改方案
5I01 机心，场幅压缩	场散热片接地不良	检查场输出电路未见异常，后来发现场输出电路通过散热片接地，而场散热片接地不良
5I01 机心，电源发出"吱吱"声	桥堆上的 3 个电容不良	将桥堆上的 3 个电容全改为 4700pF/2kV
采用 5I01 机心的 25NDDV 彩电，使用数小时后自动关机	R326 不良或行输出变压器故障	将 R326 短接，并更换行输出变压器
5I01 机心，声音关小时，能听到轻微的交流声	电路设计缺欠，更改电路	将跳线 J037、J038 均改为 1kΩ/0.25W 电阻

5.5.4　3Y30、3Y31 机心速修与技改方案

故障现象	故障原因	速修与技改方案
采用 3Y30 机心的 21in 彩电，不定时损坏场块 LA7840	因热熔胶引起 B + 整流管 D910 接触不良	由于此机心使用 A3 电源，而场供电又取自开关电源。D910 接触不良引起取样放大电路失控，造成场块的供电电压上升从而击穿场块。处理方法：拆下 D910，清理热熔胶后上机即可，部分机器的 D910 引脚太短，建议将其更换
3Y31 机心彩电，无声音或伴音失控（"0"无声，"1"音量最大）	存储器数据出错	先按遥控器上的"-/--"键切换到三键输入状态（---），用遥控器输入"5"、"7"、"9"，启动本机的 Service 功能；接着按住键控板上"菜单"键不放，然后依次按下遥控器上"交替"键、"静音"键进入工厂菜单；按住遥控器上的"交替"键翻至 PWMSET 页，将第一项与第二项分别改为："PWM. VOL 1"，"PWM LOGIC 0" 退出工厂模式的方法：按遥控器上的"菜单"键即可
采用 3Y31 机心的 21D18AA 彩电，有两个台无彩色	存储器软件数据出错	进入工厂模式，改小彩色消除参数的值（原值为 7），并适当调节 AGC 的值；将 video 信号的接地电阻改小
采用 3Y31 机心的 21D18AA 彩电，接收非标准信号时，部分频道无彩色	存储器软件数据出错	进入总线，把 P7 页第一项（OVER-MOD. SWO）的值改为"1"，第二项（OVER-MOD. LVLO）的值由"0"依次向上增加（最大为 7），直到有彩色为止，一般调到 4 后就有彩色。同时也可以在原来的晶体振荡器上并联一只 15pF 的电容。若以上更改没有效果，就把 C231 的容量由 68nF 改为 39nF
采用 3Y31 机心的 21D18AA 彩电，AV 正常，TV 大部分台有杂音，类似伴音制式错，通过微调可使声音变好，但是此时图像变差	装电容 C203	经查 LA76933 的 3 脚外漏装电容 C203（10pF 的瓷片电容），补上即可

（续）

故障现象	故障原因	速修与技改方案
采用 3Y31 机心的 21D9AAA 彩电，图像暗淡	电容 C304 漏电	调节对比度无明显变化，没有层次感；进入总线调节也没什么变化，经查电容 C304 漏电
采用 3Y31 机心的彩电，出现台偏或跑台现象	硬件故障兼软件数据出错	1. 去掉位号为 Q201 的晶体管的 C 极对地瓷片电容(470pF) 2. 进入工厂菜单(进入方法：按住键控器上的"菜单"键不放，依次按下遥控器"交替"和"静音"键即可)，选择 CH. TURN TIME 项，将其值改为"5"；选择 SYNCSEPSENCE，将其值改为"1"，退出工厂菜单(退出方法：依次按下遥控器上"菜单"和"声音模式"键)，并关机保存 3. 进入工厂菜单，选择 RF. AGC 项，将其值调整为"40"左右
采用 3Y36 机心的 21N91AA 彩电，图像正常，但伴音中有杂音	电路设计缺欠，更改电路	在电阻 R299 和电容 C201 的中间接一根导线，接到 LA76931 的 3 脚上
采用 3Y39 机心的 21U16HN 彩电，无声音，检查发现存储器坏；更换存储器后，过一两个月又重复出现数据丢失现象	软件数据出错	进入工厂模式菜单，将 PWM-SET 一页中的 PEM. VOL 的值改为"1"即可，后期的机器已经更改
采用 3Y39 机心的 21V16HN 彩电，搜台后过一会儿就出现跑台现象	电路设计缺欠，更改电路	1. 把 R005 ~ R007 的参数由 33kΩ/6W 改为 10kΩ/6W；去掉 C011，并将 C009、C010、C002 的参数改为 0.1μF/100V；将高频头 U101 由 5200-380W29-01 改为 5200-380W29-00(若没有，可以暂时不换) 2. 将工厂菜单 OPTION1 页中的第 4 项(CH. TURN. TIME)的值改为"5"，ILF-AGC 的值调到"40"，更改完后重新搜台即可
采用 3Y39 机心的 21V16HN 彩电，TV 有图像，无声音，但四角处的图像严重失真	软件数据出错	按住键控板上的"菜单"键不放，再依次按遥控器上的"交替"、"静音"键，进入工厂菜单(按"静音"键向前翻页，按"交替"键向后翻页)；选择 OPTION3 项，将 TVLEVEL 的值改为"3"，AV1LEVEL 的值改为"3"，AV2LEVEL 的值改为"1"，YUVLEVEL 的值改为"3"
采用 3Y39 机心的 24D16HN 彩电，声音时大时小	漏装 R908	生产线漏装 R908，装一只 10kΩ 电阻即可

5.6 厦华超级彩电速修与技改方案

5.6.1 TK、TS 系列超级彩电速修与技改方案

故障现象	故障原因	速修与技改方案
TK 系列彩电，遥控器上的多数按键失效	进入童锁状态所致	以厦华 TK2916、TK2953、TK2955、TK3416、TK3430 为代表的 TK 系列超级彩电，具有童锁功能，该功能的解锁通用密码是：4100

（续）

故障现象	故障原因	速修与技改方案
TS2180 彩电，蓝屏，无图像无伴音	N201 中频放大电路供电电感 L203 开路	测 N201（LA76930）的各脚电压，发现 N201 的内部中频放大电路的供电端 8 脚电压为 0.6V，明显异常，再测电感 L203 的另一端电压为 4.98V，正常；断电后用电阻挡测 L203，发现已开路，更换 L203，故障排除
TS2181A 彩电，出现水平亮线	N201（LA76930）不良	开机测 N301（LA78040）的 2 脚电压为 24.8V，初步判定为 N301 坏，代换后故障依旧；再测 N30 的 16 脚电压为 24.1V；继续检查，测 N201（LA76930）负责场扫描的 16 脚、17 脚、18 脚外围电路，也没有发现元器件失效，试更换 N201，试机故障排除
TS2580 彩电，场上部压缩	N201（LA76930）8 脚、55 脚的 5V-2 供电稳压电路 R520 阻值变大	测场扫描电路 N301（LA78040）的供电电压正常，N201（LA76930）8 脚、55 脚的 5V2 供电仅 3.9V，正常为 5V，测 5V2 稳压电路 N505（TA7805）输出端也为 3.9V，不正常，检查 N505 输入端电压仅为 6.75V，也不正常，再往前查，发现 R520（15Ω/1W）阻值变大，更换后故障排除
TS2580 彩电，开机后，声音正常，但图像忽大忽小	待机控制电路的 V507 不良	测 B+（132V）电压稳定，测量行输出电路二次电压不稳定，检查单片电路 N201（LA76930）19 脚行供电电压偏低且不稳定；测量行供电稳压晶体管 V501（A1015）和 C218 未见异常，怀疑 V501 带负载后工作状态不正常，V501 的工作状态受待机控制电路的 V507（C1815）控制，测 V507 各脚电压都正常，试更换 V507 后通电试机，故障排除
TS2980 彩电，图像场幅窄，上下跳动	滤波电容 C517（100μF/160V）不良	初步判断是场电路问题，检测场供电 25V 偏低，同时发现 B+ 电压为 134V 也偏低，正常为 140V；断开行扫描电路，接 200W 灯泡做负载，B+ 电压仍然为 134V，因此判断是电源部分有问题；检查电源电路，未见异常，逐一代换稳压电路的几个主要元器件，代换到 C517（100μF/160V）时 B+ 电压上升，恢复到 140V，去掉假负载试机，故障排除
TS2981 彩电，无光栅	N201 行供电的 19 脚外部 V501 内部开路	开机检查 B+ 电压正常，测量行激励管 V301（C2383）的 B 极无行激励脉冲，继续查 N201（LA76932）的 21 脚也无行激励脉冲输出，测 N201 与行扫描有关系的相关电路，发现 N201 行供电的 19 脚电压为 0.6V，说明行供电有异常；沿电路向前查，发现 V501（A1015）的 C 极电压也为 0.6V，而 V501 的 E 极却有 12.8V 的电压，怀疑 V501 内部开路，更换后试机，故障排除
TS 系列彩电，屏幕变为蓝屏幕，遥控器上的多数按键失效	进入童锁状态所致	以厦华 TS2130、TS2135、TS2550 为代表的 TS 系列彩电，具有童锁功能；按住"音乐"键几秒钟，直到屏幕上显示一把锁，表示已经进入童锁状态，屏幕变为蓝屏幕，遥控器上的多数按键失效 解锁方法是：按住"音乐"键几秒钟，直到屏幕上显示的一把锁消失，即可退出童锁状态

5.6.2　J、W 机心速修与技改方案

故障现象	故障原因	速修与技改方案
J2130 彩电，图像亮画面时，屏幕上出现亮点虚线干扰，伴音中有"吱吱"声	电源开关变压器不良	更换电源开关变压器 T502（SR3601）后，故障排除

（续）

故障现象	故障原因	速修与技改方案
W3430 彩电（TM-PA8807 超级单片电路），待机时，电源电路发出"嗒嗒"声，且偶尔出现不开机现象	待机控制电路 V505 不良	由于在开机状态下图像、声音均正常，所以判定开关电源一次电路基本正常，问题应出在开/待机控制电路中；待机时测得 B+电压在 90～140V 之间波动，这明显不正常；超级单片电路 TMPA8807（N101）64 脚为开/待机控制端，N101 的 64 脚输出高电平，V201 截止，V505 导通，通过 D522、D521 将 N502 的 2 脚电压拉低，N502 导通增强，电源膜块进入间歇振荡的状态，因此输出电压会大幅下降；拆下 V505 检查并无异常，试换用一只放大倍数较大的 2SC2688 晶体管后，故障排除。实验发现，若 V505 仍用 2SC2482 晶体管，将 V505 B 极上的偏置电阻 R536 减小至 3.3kΩ，以增大 V505 B-E 结偏压，同样可排除故障

5.7 TCL 超级彩电速修与技改方案

5.7.1 UOC（TDA93××系列）机心速修与技改方案

故障现象	故障原因	速修与技改方案
采用 OM8370 机心的 21UL12 彩电，黑屏，但字符显示正常	全电视信号放大电路 Q206 与 Q205 之间 L203 断路	开机进行自动搜台，屏上无反应，测总线控制型高频头 9 脚+33V 电压及 6、7 脚的+5V 供电均正常，总线控制端 4、5 脚（分别为 SCL、SDA）电压均为 4.7V，正常；代换高频头后试机，故障依旧；进入总线，查看相关数据并无异常。OM8370（IC201）从 38 脚输出视频全电视信号，经 Q206、Q205 射随放大后送至 IC201 的 40 脚（全电视信号输入端）；检测发现 Q206 的 E 极电压为 2.5V，但 Q205 的 B 极却无电压，经查 L203 断路，换新后试机，故障排除
采用 TDA9370 超级单片电路的 T21276、T2113 彩电，只有英文菜单，无中文菜单可选择	字符显示项目数据出错所致	进入工厂模式；按"音响"键进入 OPTION 1 菜单，找出 OSD LANGUAGE 屏显语言设置项目，修改其参数可在中/英文之间转换即可；调整后按遥控器上的"显示"键，退出工厂模式，中文显示功能恢复正常
采用 TDA9370 超级单片电路的机心，音量调整等功能受到限制	进入旅馆模式所致	以 TCL AT21266A、AT21215、AT2190U、AT2113、AT2165、AT2170、AT2175 为代表的彩电采用菲利浦 TDA9370 超级单片电路，设有旅馆设置功能，需进入维修模式进行设置 方法是：进入维修模式；按"加锁"键进入 OPTION 2 菜单，选择 HOTELMODE 旅馆功能设置项目，对旅馆功能进行设置，一般设置数据为"FDR NORMAL"
采用 TDA9373 超级单片电路的 T3416U、AT25135U 彩电，换台的瞬间画面抖动，然后才能稳定	换台黑屏幕功能未启动	进入维修模式的工厂菜单 OPTION2，将"NO VIDEOPICTURE"改为"VIDEO PICTURE"即可，启动换台黑屏幕功能，退出维修模式，即可实现换台黑屏幕

（续）

故障现象	故障原因	速修与技改方案
采用 TDA9373 超级单片电路的 T3416U、 AT2965U 彩电，进入 16∶9 显示模式时，画面的顶部出现红、绿、蓝 3 条检测线	V-AMPL（场幅度调整项目）数据出错，造成 AKB 技术的检测线漏出	进入工厂模式；按"智能音量"键进入场特性调整菜单，用"节目加/减"键选择 V-AMPL（场幅度调整项目），按"音量加/减"键调整所选项目数据，适当加大场幅度，直到红、绿、蓝 3 条检测线消失为止，调整完毕；按遥控器上的"显示"键，即可退出工厂模式，故障排除
采用 TDA9373 超级单片电路的 29U186Z 彩电，屏中心位置有垂直条暗区，两侧有半月牙形图像	限幅二极管 D401 击穿	限幅二极管 D401 击穿，造成无沙堡脉冲，行电路失控，行中心偏移
采用 TDA9373 超级单片电路的 AT21189B 等彩电，出现部分台有杂音，微调后正常；部分台声音时有时无；部分台开机后声音滞后图像有声等情况	电路设计缺欠，更改电路	1. 微调后声音正常 2. 关机后再次开机有声 3. 用手感应 TDA9370 的 31 脚时声音顿时出现 解决方案：将 TDA9370 的 31 脚 C226 容量由 122 改成 472 或 332，或直接并联 1 个 222 电容即可
采用 TDA9373 超级单片电路的 AT2511 彩电，自动关机，尤其是在市电压偏高期间	TDA16846 的 10、11 脚外接电阻 R803 ~ R805 中某电阻变值	电源膜块 IC801（TDA16846）10、11 脚外接电阻 R803 ~ R805 中某电阻变值，尤其是 R803（4.7MΩ）；实修时，可在 R803 上串接一只 500kΩ ~ 1MΩ 的电阻
采用 TDA9373 超级单片电路的 AT25211A、AT2916U 等彩电，音量调整等功能受到限制	进入酒店模式所致	以 TCL AT25276U、AT25211A、AT2916U、AT2926UI、AT29166GF、AT34187、AT34U187 为代表的彩电采用菲利浦 TDA9373 超级单片电路，设有酒店模式设置功能；需进入工厂模式方能进行设置 进入工厂模式；按"加锁"键进入 OPTION 2 菜单，选择 HOTELMODE 模式项目，对有/无酒店功能进行设置，常用数据为"FOR NORMAL"
采用 TDA9373 超级单片电路的 AT34189B 彩电，出现黑屏幕现象	TDA9373 的 50 脚外接由 R230 阻值变大	由于该机心电路具有阴极电流检测功能，若视频放大板上某元器件异常或显像管性能不良易产生黑屏故障。开机测得视频放大板上的 BLK 端电压约 1.8V，明显低于正常值（约 6.2V）；断开视频放大板的 BLK 连线后开机，黑屏，且 TDA9373（IC201）50 脚（阴极电流检测端）电压仍很低；在带电情况下接通 BLK 连线，仍然黑屏。通过上述检测，基本判定黑屏故障是 TDA9373 或外围电路不良所致，TDA9373 的 50 脚外接由 R230、R231 组成的分压电路，若分压电阻阻值变化，必然会引起 50 脚电压变化；经查 R230 已增至 110kΩ；换新后故障排除

故障现象	故障原因	速修与技改方案
采用 TDA9373 超级单片电路的 AT34189B 彩电，出现黑屏幕现象	TDA9373 的 50 脚外接由 R230 阻值变大	在检修采用飞利浦 OM8838、TDA88××或 TDA93××超级单片电路的彩电的黑屏故障时，可在开机后反复调节行变上的加速极电位器，或断开视频放大板的 BLK(BCL) 连线开机，然后带电接通此线；观察光栅是否出现，若光栅出现，则表明视频放大板或显像管有故障，这时可通过图像彩色确定检查部位；若仍无光栅，则需检查 IC 的暗电流检测电路、ABL 电路及高压保护电路
采用 TDA9373 超级单片电路的 TCL2999UZ 彩电，屏上仅左右两侧有图像，其余地方为暗区	TDA9373 的 34 脚外电路 D401 击穿	经查 D401 击穿；D401 击穿后，TDA9373 的 34 脚无行逆程脉冲输入，行 AFC 电路和沙堡脉冲形成电路工作异常 注意：在该机心彩电中，TDA9373 的 34 脚外围电路的故障率较高
采用 TDA9380 或 TDA9383 超级单片电路的 AT29U159 彩电，遥控关机后再手动关机，5s 后有杂音	电路设计缺欠	取消二极管 D606
采用 TDA9380 超级单片电路的 2999U 彩电，TV 状态伴音音量小	存储器数据出错	输入 AV 信号伴音音量正常，说明音频处理电路和功率放大电路正常，故障在 TV 信号处理电路 TDA9380 内部；检查更换 TDA9380 的 44 脚外部 Q202 正常，代换 TDA9380 故障依旧，怀疑总线数据出错；用写入该机心数据的存储器 24C04 代换后，故障排除
采用 TDA9380 超级单片电路的 2999U 彩电，TV 状态无图像，亮度不足	TV 视频放大电路 Q205 的退耦电容器漏电	输入 AV 信号，图声正常，判断故障在 TV 接收和处理电路，检查 TDA9380 的 38 脚与 40 脚之间的 TV 视频信号 Q205、Q206，发现 Q205 的 C 极电压偏低，检测相关供电电路，发现退耦电容器 C265 漏电
采用 TDA9380 超级单片电路的 2999U 彩电，黑屏幕，关机时屏幕上有亮带闪烁	TDA9380 的 36、49 脚外部元件 C414 失容	观察显像管灯丝亮，加速极电压正常，测量 RGB 三个阴极电压为 190V，视频放大电路截止；测量 TDA9380 的 51、52、53 脚 RGB 输出电压为 0.5V，低于正常值 2.7V；测量 36 脚和 ABL 电压为 2.3V 和 3.0V，高于正常值 2.2V 和 2.4V；测量 50 脚电压为 0.9V，偏低，但 50 脚外部器件正常；最后检查 36、49 脚外部电路元器件，发现 C414 失容
采用 TDA9380 超级单片电路的 2999U 彩电，屡损场输出电路	IC901 的外接电阻 R805 变质	检查开关电源输出电路，其中 B+ 电压为 149V，高于正常值 135V，看来是开关电源输出电压过高，造成场输出电路 TDA8359 击穿；检测开关电源稳压控制环路，发现 IC901 的外接电阻 R805 变质
采用 TDA9380 超级单片电路的 AT296511 彩电，在观看过程中出现自动待机现象	晶体管 Q208 b 极外接二极管 D201 脱焊	经查晶体管 Q208 B 极外接二极管 D201（随机电路图标为 D210）脱焊，此二极管的作用是为 TDA9380 提供复位脉冲。引起 D201 开焊的原因是电路板上有热熔胶，在使用一段时间后因热熔胶受热膨胀拉动 D201 开焊，从而出现自动待机故障；去掉热熔胶，补焊 D201 后故障排除

（续）

故障现象	故障原因	速修与技改方案
采用 TDA9380 超级单片电路的 AT3416V 彩电，遥控关机有时有色斑	电路设计缺欠	将 C505 的参数由 1000pF/2kV 改为 560pF/2kV
采用 TDA9380 机心的 TCL2999UZ 彩电，一条水平亮线，但伴音正常	+12V 整流二极管 D432 性能不良	行变输出的 +12V 整流二极管 D432（FR104）性能不良，建议换用 RU4（3A，800V）
采用 TDA93×× 机心的 AT21189B 彩电，部分台有杂音，微调后正常：部分台声音时有时无：部分台开机后声音滞后图像	TDA9370 的 31 脚 C226 的容量偏小	将 TDA9370 的 31 脚 C226 的容量由 122 改成 472 或 332，或直接并联 1 只 222 电容也可
采用 UOC 机心（TDA9380 超级单片电路）的 AT2516UG 电路，不启动或启动困难	电容 C827 无容量	待机主电压为 20V 左右，+5V 供电降为 3.7V，电容 C827（10μF/100V）无容量
采用 UOC 机心的 29U168UZ 彩电，枕形失真	C408 开路或不良	查 C408（22μF/250V）是否开路或电容质量差
采用 UOC 机心的 29U186ZG 彩电出现 YUV 彩色闪烁	电路设计缺欠	增加晶体管 A144，其 B 极接 VT913 的 B 极，C 极接 VT914 的 B 极，E 极接 GAME BD
采用 UOC 机心的 AT25U159 彩电，遥控关机后再手动关机有异响	电路设计缺欠	取消二极管 D606
采用 UOC 机心的 AT29192U 彩电，出现横条纹电源干扰	工厂设置菜单数据出错	工厂设置菜单数据改为：OPTION 1 10010010，3X NROM
采用 UOC 机心的 AT29U159 彩电，枕校余量不够	电路设计缺欠	L441 的参数由 750μH 改为 600μH，R488 的参数由 56kΩ 改为 68kΩ

（续）

故障现象	故障原因	速修与技改方案
采用 UOC 机心的 AT3416U 彩电，AV 信号时无伴音，图像正常	电路设计缺欠	IC901 的 6、7、8 脚和 R956、R954 与主板地相连
采用 UOC 机心的 AT3416U 彩电，换台时画面有抖动	存储器数据出错	转台改为瞬间黑屏，进入工厂菜单 OPION2 将"NO VIDEO PICTURE"改为"VIDEO PICTURE"
采用 UOC 机心的 AT3416U 彩电，屏幕顶部有回扫线	R310 容量偏小	R310 的参数由 390kΩ1/6W 改为 470kΩ1/6W
采用 UOC 机心的 AT3416U 彩电，遥控关机有色斑	电路设计缺欠	C505 的容量由 1000pF 改为 331pF，C271 的容量由 200μF 改为 100μF
采用 UOC 机心的 AT3416U 彩电，在 16∶9 的画面出现顶部红、绿、蓝的 3 条检测线	场幅度项目数据偏小	露出飞利浦芯片 AKB 技术的测试线，进入维修模式，对场幅度项目数据进行加大调整即可
采用 UOC 机心的 AT29189B 彩电，频道节目号自动加	高压静电击穿 CPU	原按键是用镀银塑料利用显像管接地，现将其改为电路板接地；或在键控脚和地之间加接一只 6.5V 的稳压二极管
采用 UOC 机心的 AT29U159 彩电，开机数秒后自动关机，但指示灯亮	高压束电流交流接地电容 C414 一脚开焊	查开关电源各路输出电压均正常，IC201（TDA9383）1 脚（开/待机控制）输出关机高电平，将 1 脚接地，强行开机，出现光栅；测量 IC201 的 36、49 脚保护端子电压，发现 36 脚电压只有 0.5V，显然过低；顺着电路检查，发现行输出变压器 8 脚外接的高压束电流交流接地电容 C414（0.056μF/50V）一脚焊点已开裂，失去交流滤波作用，引发误保护；补焊 C414 开裂焊点后试机故障消失
采用 UOC 机心通电后红灯亮，不开机	电路设计缺欠	该机采用 TDA9383（TCL-UOC-V02）超级单片电路，按频道键后绿灯亮，但不开机，多为电路设计缺欠，去掉 Q917（TC144）即可

5.7.2　UL11、UL12、UL21 机心速修与技改方案

故障现象	故障原因	速修与技改方案
采用 UL11 机心的 AT21211A 彩电，个别地区有杂音，不能正常收看	C229 容量偏大，R225 阻值偏小	将 C229 的容量由 100nF 改为 47nF，R225 的阻值由 390Ω 改为 1.5kΩ

（续）

故障现象	故障原因	速修与技改方案
采用 UL11 机心的 AT2190U 彩电，手动关机有响声	电路设计缺欠，更改电路	J605 取消，增加一条导线，从 R257 靠近 0207 的一端到 J605 靠近 D603 的一端
采用 UL11 机心的 AT2190U 彩电，遥控关机有色斑	C505 容量偏大	C505 的参数由 1000pF/2kV 改为 560pF/2kV
采用 UL11 机心的 NT21A11 彩电，播放一段时间后关机有彩斑	C271 容量偏小	电容 C271 的容量由 47μF 改为 100μF 即可
采用 UL11 机心的 NT21A11 彩电，在个别地区不能清晰接收电台声音，出现"吱拉"声响，听不清电台声音的现象	总线 FMWS 和 SOUND WINDOW 项目数据出错	1. OM8373：进入工厂菜单，按数字键"6"，将 FMWS 的设定由"0"改为"1" 2. OM8370：进入工厂模式，按"睡眠定时"键，将 SOUND WINDOW 的设定由 450kHz 改为 600kHz
采用 UL12 机心的 NT21228 彩电，伴音噪声大，用户菜单无 D/K 制式可供选择	总线系统工作模式 3 设置项目数据出错	进入维修状态，按遥控器上的"睡眠定时"键，屏幕上显示 OPTION3（工作方式 3 设置）菜单，将 SOUND DK、SOUND BGl、SOUND I、SOUND M、DEFAULT SOUND：M 这 5 个项目数据全部改为"OK"，伴音制式全部选定，退出维修状态；进入用户菜单，将伴音中频制式选择为"D/K"，伴音恢复正常
采用 UL12 机心的 NT21228 彩电，开机为 AV 状态，无自动搜索菜单，存储频道从原来的 228 个减少到 100 个	总线系统工作模式 2 设置项目数据出错	进入维修状态，按遥控器上的"加锁"键，屏幕上显示 OPTION2（工作方式 2 设置）菜单，将 HOTEL MODE 项目数据由"FOR HOTELH"改为"FOR NOR-MAL"，搜索功能恢复正常；将 COUI START 项目数据由"TO AV"改为"TO TV"，开机 TV 状态；将 PROGRAM NR 项目数据由"100"改为"228"，频道数恢复正常；退出维修状态，故障排除
采用 UL12 机心的 NT21228 彩电，面板按键错乱	KEY OUANTITY 项目数据出错	对面板按键电路进行检测，未见异常，判断存储器内部相关数据出错；进入维修状态，按遥控器上的"图像"键，屏幕上显示 OPTION1（工作方式 1 设置）菜单，将 KEY OUANTITY 项目数据由"7 KEY"如改为"6 KEY"，调整完毕，退出维修状态，面板按键错乱故障排除
采用 UL12 机心的 NT21228 彩电，无 DVD 和 S 端子输入选择功能，TV 状态无 U 波动节目	总线系统工作模式 1 设置项目数据出错	进入维修状态，按遥控器上的"图像"键，屏幕上显示 OPTION1（工作方式 1 设置）菜单，将 DVD SOURCE 项目数据由"NO DVD"改为"DVD OK"，DVD 功能恢复正常；将 SVHS SBURCE 项目数据由"NO SVHS"改为"SVIIS OK"，S 端子功能恢复正常；将 IF FREOUENCY 项目数据由"38.9MHz"改为"38MHz"，不再逃台且图、声正常；将 TUNER 项目数据由"ALPS"改为"PHILIPS"后，U 波段可收到节目；调整完毕，退出维修状态，故障排除

故障现象	故障原因	速修与技改方案
采用 UL21 机心的 AT2516UG 彩电，暗画面竖线偏绿	C511 和 C251 容量偏大	C511 的容量由 270pF 改为 240pF，C251 的容量由 330pF 改为 240pF
采用 UL21 机心的 AT2516UG 彩电，图像模式变化为"柔和图像"时，全屏幕有彩色闪烁	CA20 设计缺欠	CA20 的参数改为 100μF/160V
采用 UL21 机心的 AT2516UG 彩电，图像模式为"柔和"时，屏幕有彩色闪烁	电路设计缺欠	增加电容 C420(100μF/160V)，电路板上留有此位置
采用 UL21 机心的 AT2560 彩电，关机色斑	C306 容量偏大	C306 的参数由 470μF 改为 220μF/16V
采用 UL21 机心的 AT2590B 彩电，机内响声大	电路设计缺欠	C844 由 0.01μF/50V 改为 0.1μF/50V 的电解电容；R837 的阻值由 100kΩ 改为 33kΩ，J825 增加飞线；C846 加插 1000pF/50V 的电容
采用 UL21 机心的 AT2590B 彩电，遥控关机屏幕中间有彩条	C842 容量偏小，C271 容量偏大	C842 的参数由 220μF/16V 改为 470μF/16V；C271 由 220μF/16V 改为 47μF/16V 的电解电容
采用 UL21 机心的 AT29128、AT21231 彩电，换台后有台无声音	总线 FMWS 和 SOUND WINDOW 项目数据出错	1. OM8373：进入工厂菜单；将 FMWS 的设定由"0"改为"1" 2. OM8370：进入工厂模式，将 SOUND WINDOW 的设定由"450kHz"改为"600kHz"
采用 UL21 机心的 AT2988UMF 彩电，收音时有横线干扰	电路设计缺欠	增加 Q105(TC144)、R411(47Ω、1/6W)，以及 A2 至 A2 连接线
采用 UL21 机心的 AT2988U 彩电，图像收缩	R848 阻值偏大	R846 的参数由 68kΩ、1/6W 改为 51kΩ、1/6W
采用 UL21 机心的 AT2988U 彩电，有时走台	C268 容量偏小	C268 的参数由 47μF/16V 改为 100μF/16V
采用 UL21 机心的 AT2990U 彩电，关机消亮差	电路设计缺欠	C505 的容量由 1000pF 改为 330pF；C271 的参数由 220μF/16V 改为 100μF/16V；C842 的参数由 220μF/16V 改为 1000μF/16V

（续）

故障现象	故障原因	速修与技改方案
采用 UL21 机心的 AT2990U 彩电, 开关机响声大	电路设计缺欠	R617 增加飞线, C530 的容量由 10μF 改为 220μF

5.7.3 S11、S12、S21、S22 系列（TMPA88××）机心速修与技改方案

故障现象	故障原因	速修与技改方案
采用 S11 机心的 AT21S135 彩电, VH 段部分节目有邻频干扰, 信号强度为 75dB 以上	RAGC 项目数据出错	进入工厂模式将 RAGC 数据从"24"改为"21"
采用 S11 机心的 AT21S135 彩电, 加大声音图像收缩	电路设计缺欠	R235 的阻值由 39kΩ 改为 22kΩ, R241 的参数由 47kΩ、1/6W 改为 2.2kΩ、1/6W
采用 S11 机心的 AT21S135 彩电, 拉幕关机闪亮线	DHAY 项目数据出错	工厂菜单中的 DHAY 项设为"00"
采用 S11 机心的 AT21S135 彩电, 弱信号转台彩色迟出	电路设计缺欠	C321、C322 的参数由 30pF/50V 改为 39pF/50V
采用 S11 机心的 AT21S135 彩电, 图像输出不同步	电路设计缺欠	C917 更改为 5mm 飞线
采用 S11 机心的 AT21S135 彩电, 转台声音不良	电路设计缺欠	增加电容 C612(22μF/16V), 0601(11-SC1815-YB1) 改为 11-TC124E-SB1, R612(4.7kΩ) 取消
采用 S11 机心的 AT21S179 彩电, 待机状态下, 电源发出大的交流声	电路设计缺欠	R807 的参数由 3.9kΩ、改为 4.3kΩ、1/6W; 在光耦合器 2 脚加一个 2.2μF/50V 的电解电容
采用 S11 机心的 AT21S192 彩电, AV 无蓝屏	电路设计缺欠	Q202 的 E 极到地加 220μF/16V 电容; J002 由飞线改为 22μH 的电感
采用 S11 机心的 AT21S192 彩电, 伴音载频过调制时所引起的伴音通道电压谐波失真	电路设计缺欠	C603 增加 10μF/16V 的电解电容; R006 由 8.2kΩ 改为 7.5kΩ、1/6W 的电阻

（续）

故障现象	故障原因	速修与技改方案
采用 S11 机心的 AT21S192 彩电，高温老化"不能开机"	电路设计缺欠	取消 D802；板底从 J803 到 806（+）端加 1kΩ、1/6W 电阻；R806 的参数由 4.7kΩ、1/6W 改为 3.3kΩ、1/6W；R807A 由飞线改为 820Ω、1/6W；C814 的参数由 100pF/50V 改为 330pF/50V
采用 S11 机心的 AT21S192 彩电，高温老化场幅底部反折	R306 阻值偏大，更改总线数据	R306 的参数由 4.3Ω/2W 改为 1.8Ω/2W；工厂数据 VCEN 由"12"改为"06"
采用 S11 机心的 AT21S192 彩电，全屏最大亮度不达标	电路设计缺欠	R414 的参数由 24kΩ 改为 20kΩ、1/6W
采用 S11 机心的 TCL AT21211 彩电，开机后指示灯一亮即灭	Q206 损坏	一般为 Q206（C1815）损坏，换新即可
采用 S11 机心的 AT2127 彩电（采用 TMPA8803 超级单片电路），出现三无现象，电源指示灯亮	IC201（TMPA-8803）17 脚行启动电源 Q206 损坏	测得开关电源输出的 +112V（+B）、18V、8V 电压均正常，行未启动；测得 IC201（TMPA8803）17 脚行启动电源端无电压；该电压由 Q206、D205 等元器件组成的稳压电路提供，并受控于 IC201 的 64 脚（开/待机控制端）；按压"开/待机"键时，测得 64 脚及 Q207 的 B 极、C 极均有高低电压变化，且 Q206 的 C 极 +18V 电压正常，判断 Q206 损坏；拆下检测，Q206 的 C、E 极开路，换用一只 Q206 后试机，故障排除；该机 Q206（C1815）功率较小，建议换用中功率管 C2068、D880 等
采用 S11 机心的 AT2135S 彩电，无伴音，但图像正常	伴音解调滤波电容 C226 容量变小	从 IC201 的 28 脚注入人体感应信号，扬声器中有很大的"嗡嗡"声，表明 IC201 的 28 脚以后的伴音通道正常，问题出在伴音中频放大或伴音解调电路；考虑 IC201 的 34 脚外接伴音解调滤波电容 C226（10μF/16V）如果开路或容量变小，也会导致无伴音；焊下 C226 检测，发现已开路，更换 C226 后试机，故障排除
采用 S11 机心的 AT21S135 彩电，声音调大后图像收缩	电路设计偏差，技改	将 R235 的参数由 39kΩ 改为 22kΩ、1/6W，R241 的参数由 47kΩ、1/6W 改为 2.2kΩ、1/6W
采用 S12 机心的 AT21266B 彩电，面板和遥控的 AV、菜单和音量调整键正常，节目键失效	存储器数据出错或内部损坏	检查该机的矩阵电路，测量 OM8823 的 1 脚 KEY IN 矩阵引脚电压随节目选择按键变化，检查矩阵开关电路未见异常；怀疑超级单片电路损坏，但无原厂元件更换；试着更换存储器 24C32 后，待机指示灯亮，按节目+键居然正常开机，只是场幅度偏大，面板和遥控器的"节目+/-"键等功能均恢复正常，看来是原来的存储器故障；进入维修状态，对光栅项目调整后，故障排除
采用 S12 机心的 N21B6J 彩电，使用中图像雪花大，无法收看	电路设计缺欠	因更改 EMC 有关指标，将预中频放大管供电的 R109 由 150Ω 改为短路线，致使预中频放大管 Q101 直流工作电压/电流由 6V/20mA 变为 9V/130mA，功耗增加近 10 倍，达到 1.1W，远超过了其允许的最大功耗；Q101 的温升由 15℃ 变为 85℃。解决方案：将 R109 由短路线改为 150Ω 电阻，同时更换预中频放大管 Q101（C3779）

（续）

故障现象	故障原因	速修与技改方案
采用 S21、S22 机心的（含 TMPA8809 超级单片电路）彩电，音量调整等功能被限制	进入酒店模式所致	以 TCL AT25228、AT25266B、AT25281、AT25S192、AT2918AE、AT2960 为代表的采用 TMPA8809 的彩电，设有酒店模式功能；在电视机正常工作状态下，按住前面板上的"音量 -"键，使音量为"0"，同时按遥控器上的"显示"键一次，即可进入酒店模式；当总线中的 HOTEL OFF(ON)项设定为"OFF"时酒店模式不起作用，当此项设定为"ON"时，酒店模式起作用
采用 S21 机心的 AT25228 彩电，使用一段时间后易自动关机	电路设计缺欠	该机采用 S6856 电源，将 R203(7.5kΩ)电阻阻值变大处理
采用 S21 机心的 AT2575S 彩电，场中心偏低	电路设计缺欠	增加 R317(1kΩ、1/2W)电阻，并联于 R311(P411 负端)到地之间
采用 S21 机心的 AT2575S 彩电，冷机开机电源有响声	R807 阻值偏小	R807 的参数由 4.7kΩ、1/6W 改为 3.9kΩ、1/6W
采用 S21 机心的 AT2575S 彩电，丽彩效果不明显	电路设计缺欠	R501、R505、R510 的参数由 1.5kΩ 改为 1.8kΩ、1/6W，R526 的参数由 4.7kΩ 改为 2.7kΩ、1/6W
采用 S21 机心的 2935S 彩电，出现图像噪点明显增多，部分频道静噪，无图无声	IC101 的 39 脚外接电容 C221 失效	取消蓝屏，从高频头 IF 端子注入人体感应信号，荧屏上噪波反应明显，判定故障在高频头；测高频头 AGC 电压不足 0.8V(正常值约 3V)；查 IC101 的 39 脚外接电容 C221(1μF/16V)无充、放电现象；更换后 AGC 端子电压恢复正常，故障消失
采用 S21 机心的 29A1 彩电（含 TMPA8827 超级单片电路），不定时烧电源管	TDA16846 的 2 脚外的 R802 电阻不稳定	拆除开关变压器和 TDA16846，用万用表电阻挡对 TDA16846 周围的元器件逐一在路测量；当测试到 TDA16846 的 2 脚外的电阻 R802 时，发现其在路阻值不稳定；用电烙铁焊下后测量其阻值果然不稳定：该电阻的标称值为 1MΩ，但实测阻值已达 2.5MΩ
采用 S21 机心的 AT2575S 彩电，遥控失灵，按面板节目键开机，蓝屏幕上显示"儿童限视"	一是矩阵开关漏电，二是存储器数据出错	电源指示灯亮，按面板上的节目键开机后，遥控和面板按键均失效。先检查 CPU 的 3 个工作条件正常，怀疑总线数据出错，拆下存储器(24C16)，接通电源，处于待机状态，按面板节目键开机后，无光栅；更换空白存储器后，"儿童限视"字符消失，但音量调整显示在 0～100 之间自动调整，如此反复；更换相同机心的存储器上机，图像出现，但遥控不起作用，检查遥控发射和接收电路正常；回头检查面板按键，发现按键有漏电现象，更换按键后，遥控恢复正常；再装上原机存储器，操作恢复正常，但用户调整菜单调台功能菜单被跳过，看来存储器数据出错，用 AT25S135 彩电的存储器数据复制后，故障彻底排除

故障现象	故障原因	速修与技改方案
采用 S21 机心的 AT25S135 彩电，图像出现重影	声表面滤波器的幅频特性变坏	考虑到声表面滤波器的幅频特性变坏会引发本故障，于是取下声表面滤波器 Z101（F1036W），用一只 1000pF 的电容跨接在 Z101 的 1、4 脚之间后试机，重影现象消失，表明判断正确；换上同型号声表面滤波器后故障排除
采用 S21 机心的彩电，电源采用 TDA16846，自动停机	电路设计缺欠	先将 TDA16846 的 10 脚对电源热地短路，再将电阻 R803（4.7MΩ）换新即可
采用 S22 机心，音量调整等功能被限制	进入酒店模式所致	以 TCL AT25266B、AT29228、25V1、29A1、N2582、N25K1、N2982、S29K1、S34A1 为代表的采用东芝超级单片电路的系列彩电，设有酒店模式功能。在工厂模式下按"显示"键，设置酒店开关项为"ON"，再按"TV/AV"键，即可进入如下的酒店菜单；在酒店开关为"开"的前提下，先按"显示"键，然后在紧接着的 2s 内按数字键"6"、"1"、"5"、"7"输入初始密码，即可进入酒店菜单的设置与调整
采用 S22 机心的 NT29A51 彩电，冷机开机行不同步且有"唧唧"声	电路设计缺欠	若 R403 的阻值为 68Ω 则改为 47Ω，若 R403 的阻值为 47Ω 则改为 33Ω，电阻功率 2W
采用 TMPA8803CSN 超级单片电路的机心，只有英文菜单，无中文菜单显示	菜单语种设置数据出错	进入维修状态；按"SOUND"键选择调整项目，找出 OSD LANGUAGE 屏幕显示语言选项，将其数据设置为"中/英文"兼容，退出维修状态，在用户菜单中选择"中文"即可实现中文菜单显示
采用 TMPA8803CSN 东芝超级单片电路的机心，场幅底部反折（卷边）	电路设计缺欠	1. 将 R306 的参数由 4.3Ω/2W 改为 1.8Ω/2W 2. 将工厂数据 VCEN 由"12"改为"06"
采用 TMPA8803 东芝超级单片电路的机心，AV 无蓝屏	电路设计缺欠	1. 在 Q202 的发射极到地加接 220μF/16V 电容 2. 将 J002 由飞线改为 22μH 的电感
采用 TMPA8803 东芝超级单片电路的机心，开机困难	电路设计缺欠	1. 取消 D802；在板底从 J803 到 C806 正端加一只 1kΩ、1/8W 的电阻 2. 将 R806 的参数由 4.7kΩ、1/8W 改为 3.3kΩ、1/8W 3. 将 R807A 的参数由飞线改为 820Ω、1/8W 的电阻 4. 将 C814 的参数由 100pF/50V 改为 330pF/50V
采用 TMPA8803 东芝超级单片电路的彩电，有时伴音失真	电路设计缺欠	增加 C603（10μF/16V）；R006 的参数由 8.2kΩ 改为 7.5k、1/8W
采用 TMPA8803 机心的 AT2127 彩电，出现三无现象，电源指示灯亮	电源调整管 Q206 采用 C1815 不良	该机的电源调整管 Q206 采用 C1815，功率较小易损坏，用中功率晶体管 C2068、D880 代替即可

（续）

故障现象	故障原因	速修与技改方案
采用 TMPA8803 机心的 AT21S135 彩电，不定时出现蓝屏幕	检查 SYNC 项目数据，R210 阻值变大	进入工厂模式，按数字键"9"，看 SYNC 项目的数据，如果显示"NC"，表明同步信号有故障，检查 TMPA8803 的 62 脚外围电路，其中 R210（560kΩ）易变质开路
采用 TMPA8803 机心的 AT21S135 彩电，场下部压缩	Q206 的 B 极偏置电阻 R235 的阻值变大	测量 TCLA04V01-TO（TMPA8803）的 17 脚行启动电源电压只有 6.2V，低于正常值（9.0V）；检查其供电电路，发现 Q206 的 B 极偏置电阻 R235 由正常时的 22kΩ 增大到 60kΩ，更换 R235 后，故障排除
采用 TMPA8803 机心的 AT21S135 彩电，行不同步	IC201 的 14 脚鉴相器滤波外接电容 C235 漏电	经查 IC201（TMPA8803）的 14 脚鉴相器滤波外接电容器 C235 漏电，使该脚电压由正常时的 6V 降低为 0.4V，更换 C235 后故障排除
采用 TMPA8803 机心的 N21K7/8/9 彩电，开路接收时，图像明亮部分出现拉丝，且图像明亮处颜色不正，电视中人物肤色偏黄	更改电路，调整总线数据	将 R111 加装 2.2kΩ 的电阻，同时进入工厂调试菜单第 6 页调整第 7 项（OM DET）并将其设为"0"
TMPA8803 机心，亮度不足	R414 阻值偏大	将 R414 的参数由 24kΩ 改为 20kΩ，1/8W
采用 TMPA8809 机心的 29211SD 彩电，遥控和面板控制失灵	24C08 存储器故障	操作失灵，同时屏幕下方显示 LOGO 不消失，只能收看前次关机前的节目；以为面板按键矩阵电路漏电，但脱开所有矩阵引线故障依旧；测量 TMPA8809 的供电正常，试将存储器 24C08 的 SDA、SCL 引脚断开，开机遥控和面板按键功能恢复正常，屏幕上的 LOGO 字符消失；更换一块 24C08 存储器后，故障排除
TMPA8809 机心，AV/TV 均无图像	Q915 B 极的偏置电阻 R939 开路	经查 Q915（A1015）B 极的偏置电阻 R939（1MΩ）开路，同步分离电路异常，无同步信号送入 TMPA8809 的 62 脚，CPU 判断无信号，出现蓝屏幕
TMPA8809 机心，电源波动大时不能开机	电路设计缺欠	将 C812 的参数由 4.7μF/25V 改为 10μF/25V
TMPA8809 机心，个别台有跑台的现象	电路设计缺欠	将 C028 的参数由 4700pF/50V 改为 220pF/50V
TMPA8809 机心，亮度、对比度加到最大时字符拖尾	电路设计缺欠	将 R210、R211、R212 的参数由 2.2kΩ 都改为 750Ω、1/8W
TMPA8809 机心，图像闪动	电路设计缺欠	1. 将 R435 的参数由 4.7kΩ 改为 15kΩ、1/2W，R019 的参数由 220kΩ 改为 68kΩ、1/8W 2. IC201 的 30 脚对地加接 10pF/50V 的电容
TMPA8809 机心，图像竖线干扰	电路设计缺欠	1. 将 C501、C502、C503 的参数由 680pF/50V 都改为 1000pF/50V 2. CRT 板上的 220pF/50V 电容改为 100pF/50V

故障现象	故障原因	速修与技改方案
TMPA8809 机心，音量关不死	电路设计缺欠	将 R632、R633 的参数由 33kΩ 改为 100kΩ、1/8W；R637 的参数由 3.3kΩ 改为 8.2kΩ、1/2W
TMPA8809 机心，字符抖动	电路设计缺欠	将 C313 由 26-EBP102-KBX 改为 26-EBP101-JCX
采用 TMPA8829 机心的 AT25228 彩电，开机困难，时常自动关机	保护电路启动	若测量 TDA16846 及其外部元器件正常，将 10 脚接地，取消保护功能即可
采用 TMPA8859 机心的 ZT29281 彩电，蓝屏幕，无图无声	V/TV 切换电路 HEF4052 故障	自动搜索无台，输入 AV 的 DVD 信号，也无图像；进入维修状态，检查项目数据未见异常，检查硬件电路，由于无论 TV 还是 AV 均无图无声，检查 AV/TV 切换电路，多脚电压不正常，更换 AV/TV 切换电路 HEF4052 后，故障排除

5.7.4　Y12、Y22（LA769××系列）机心速修与技改方案

故障现象	故障原因	速修与技改方案
采用 Y12 机心的 N21K3 彩电，蓝屏、无图像，自动搜索不存台	复合同步信号放大管 Q202 的 C-E 结已击穿	此故障应是 CPU 未收到一致性检测信号所致；TMPA8803CSN（IC201）的 62 脚为复合同步信号输入端；N201 的 45 脚输出的视频信号经 Q010 缓冲放大后通过 C208、R210 加至 Q202 的 B 极；检查此部分电路发现；Q202 的 C-E 结已击穿，换新后试机故障排除
采用 Y22 机心的 AT21266Y 彩电，不能二次开机，指示灯亮	本机按键开关漏电	经查 IC201 的 28 脚不能输出开机高电平；实测 IC201 的 35 脚 5V 电压及 40 脚的复位电压（4.9V）均正常；用示波器观察 33、34 脚的系统时钟信号波形也正常；至此怀疑本机按键开关漏电，经查频道"升"键（S1001）漏电；干脆将 6 只开关取下全部换新后试机，机器恢复正常
采用 Y22 机心的 AT2516Y 彩电，无图有声	模拟切换开关 IC901 故障	用螺钉旋具从 IC201 的 54 脚视频信号输入端注入干扰信号，荧屏有干扰噪带反应；从 IC201 的 60 脚（检波后视频信号输出脚）注入干扰信号，却无任何反应，显然故障在 IC201 的 60 脚至 54 脚之间的视频信号传输及转换电路中；经查模拟切换开关 IC901 或控制电压异常；更换 IC901（CD4052）后试机，故障排除
采用 Y22 机心的 AT2916Y 彩电，雷击后呈三无状态	开关电源损坏，IC201、IC001 损坏	更换开关电源厚膜块 MC44608 及部分阻容元件后，电源恢复正常输出，指示灯已点亮但仍不能开机，查 IC201（LA76932）CPU 供电端 35 脚 5V 供电、40 脚复位控制端电压均正常；测 IC201 的 31、32 脚数据线和时钟线电压不足 2V，而正常电压应为 4.7V 左右；断开总线上所挂接的存储器 IC001（24C16）或高保真音频处理器 IC601（LV1116），电压仍不正常，显然 IC201 已经损坏；更换 IC201 又出现虽能开机但不能自动搜索存台的故障，且伴有光栅亮度不足和偏色现象；更换存储器 IC001 试机，自动搜索能存台，彩电恢复正常

5.8　乐华、高路华超级彩电(含 TMPA××系列)速修与技改方案

故障现象	故障原因	速修与技改方案
采用 TMPA8803 超级单片电路的高路华 2156PLUS、2166PLUS 彩电,个别台无彩色	8MHz 晶体振荡器引脚上串联的电容问题	可将解码块 N204 所连 8MHz 晶体振荡器引脚上串联的电容 C902 的容量由 20pF 改成 33 ~ 47pF,或直接在电容上并接一只 15pF 的电容即可
乐华 29A1 彩电(TMPA8829 超级单片电路),无伴音、无图像	IC201 的 39 脚 IFAGC,中频放大 AGC 滤波端电容 C228 失效	用示波器检测 IC201 的 41、42 脚平衡输入的 38MHz 图像中频信号幅度正常,说明故障在 IC201 内部的图像中频放大或 PLL 锁相环图像中频检波(包括相关外围)电路中。与上述两个功能电路相关的引脚有:29 脚(IF VCC 端)+9V 供电、36 脚的(IFVCC 端)+5V 供电及 35 脚(PIF PLL,低通滤波端)、39 脚(IFAGC,中频放大 AGC 滤波端)、40 脚(IFGND,中频电路公共接地端)。测得 IC201 的 39 脚电压仅为 0.15V,将电容 C228 换新后故障排除
乐华 29A1 彩电(TMPA8829 超级单片电路),有图像无伴音	IC201 的 38 脚外部的缓冲放大级 Q205 失效	根据伴音信号流程,从 AV 端口输入音频信号,两只扬声器中出现声音。在 TV 状态时,用示波器监视 IC201 的 31(输出)和 33 脚(输入)的第二伴音中频信号和 38 脚伴音音频信号,结果 3 个测试点信号波形正常,查 38 脚外部的缓冲放大级 Q205 及音频信号耦合元件,发现 Q205 失效;换上同型号晶体管后伴音恢复正常
乐华 29A1 彩电(TMPA8829 超级单片电路),有伴音,无图像	Q204 输出与 Q202 输入之间串联电阻 R236 变值	无图像故障局限在超级单片电路 IC201 的 30 脚(视频输出)至 21 脚(视频输入)之间这段缓冲、AV 切换和倒相放大视频信号通道中。从机后 AV 端子输入外部视频信号,屏上出现正常彩色图像;用示波器检测 IC201 的 30 脚 TV 全电视信号正常;探头移到 Q204、Q202 的 E 极,发现 Q204 的 E 极信号正常,但 Q202 的 E 极信号幅度微弱;检查 R236、Q202,发现 R236 变值,换新后故障排除
乐华 29A1 彩电(TMPA8829 超级单片电路),无彩色	IC201 的 47 脚 APC 滤波端瓷片电容 C233 漏电	输入 Y、Cr/Cb 视频信号,屏上出现正常的彩色画面,这说明故障出在 C 信号解调前电路中,重点检测点是 IC201 的 12 脚的行逆程脉冲,47 脚 APC 电路的环路滤波元件。测量 IC201 的 47 脚(APC 滤波端)电压为 1.1V,且不稳定,正常应为 2.1V;查该脚外接低通滤波元件 C233、C234、R256,发现瓷片电容 C233 漏电且性能不稳定;换上 1000pF 电容后,彩色恢复正常
乐华 29A1 彩电(TMPA8829 超级单片电路),出现三无现象	复位电路中的 R024 失效	测量主开关电源的 +130V、+18V 和 +12V 三组输出的均只有正常值的 1/3 左右;测 IC201(TMPA8829)的 64 脚 STDBY 控制端(开机/关机兼 LED 控制)为高电平,说明 IC201 内 MCU 电路没有进入工作状态;测量 IC201 的 9 脚 +5V 电压,5 脚 RESET 复位信号及 6、7 脚 8MHz 主时钟信号,发现 5 脚 RESET 端电压为 0V;查 +5V 稳压和复位电路中的 Q009、Q010、D001 等元器件,查出复位电路中的 R024 失效,换上标称值为 10kΩ 的电阻后,故障排除

（续）

故障现象	故障原因	速修与技改方案
乐华 29A1 彩电（TMPA8829 超级单片电路），出现三无现象	开关机控制电路 Q824 的发射结正向电阻变大	开机测开关电源三组直流电压为正常值的 1/3，又测得 IC201 的 64 脚 STD-BY 电压为低电平，可见故障在 ON/OFF 控制电路；正常开机时，IC201 的 64 脚为低电平，Q007 截止，Q824 饱和导通，其 C 极电压约为 0.2V，Q823 截止，不影响光耦合器 IC902 工作；测得 Q824 的 B、C 极电压分别为 0.7V、1.1V；经查 Q824 的 B-E 结正向电阻大于 32kΩ；换用同型号晶体管后，故障排除
乐华 29A1 彩电，只有一个声道有声音	Q605 的 E 极供电电阻 R618 开路	用金属镊子碰触立体声功率放大器 IC601 输入端 3、5 脚，两只扬声器都发出"喀嚓"声，再依次触及 Q604 和 Q605 的 B 极，碰触 Q605 的 B 极时扬声器中无反应；检查 Q605 和音频信号耦合元件，发现 Q605 的 E 极供电电阻 R618 开路，换上标称值为 2kΩ 的电阻后，故障排除
乐华 34A1 彩电（TMPA8829 超级单片电路），场扫描线性不良	IC301（TDA-8177）的 5 脚输出电路中的负反馈元件 R303 开路	查 IC201（TMPA8829）的 15 脚电容 C203 良好，又查 IC301（TDA8177）的 5 脚输出电路中的负反馈元件 R303、C303，发现 R303 已呈开路状；场偏转线圈中的锯齿波电流在 R304 上形成交流取样电压，经 R303、C303 滤波反馈到 IC301 的 1 脚输入端，稳定场输出放大器增益，改善场扫描线性；若 R303 开路，则输出级负反馈作用消失；用一只 10kΩ 电阻换上后，故障排除
乐华 34A1 彩电（TMPA8829 超级单片电路），光栅正常，自动搜台时噪波点显示正常，但无图像、无伴音	高频调谐 TU101 的 AGC 供电 R252 一端引脚帽脱开	测量高频调谐 TU101 的 VCC 电压为 5.0V，BT 端电压为 33V，SDA 和 SCL 端电压分别为 4.7V、4.6V（正常）；测 TU101 的 AGC 端电压约为 0V；无信号时，+9V 电压经 R251 和 R252 分压、C101 滤波为 4.25V；经查电阻 R252 一端引脚帽脱开，换上标称值为 39kΩ 电阻后试机，故障排除
乐华 34A1 彩电（TMPA8829 超级单片电路），出现三无现象	存储器 IC011 的 4 脚焊点不良	按遥控器上的"POWER"键，红管不熄、屏幕无反应；测 IC201 的 9 脚供电为 5.0V；5 脚复位电压 4.9V，6、7 脚主时钟为 8MHz，均正常；测量 IC001 的 5 脚 SDA 线和 6 脚 SCL 线电压分别为 4.7V、4.6V（正常）；开机监视这两条线上电压，表头指针不抖动，MCU 启动总线从 IC001 中读取数据时，表头指针应朝负向移动，指针稳定表明总线上没有数据传送；查 IC011 各引脚焊点，发现其 4 脚焊点不良，除去铜箔表面氧化层后焊牢，故障排除
乐华 34A1 彩电，画面缺红色	R 信号传输通道中的 R521 开路	用示波器检测 IC201 的 50 脚的 R 信号幅度正常，测量红色驱动级 Q521 的 B 极电压为 0V，又测 IC201 的 50 脚直流电压为 2.8V。由于 R 信号幅度正常，于是查 R 信号传输通道中的 R258、R521 和接插件 S201、P501 的 5 脚，发现 R521 开路，换上标称值为 560Ω 电阻后故障排除
乐华 34A1 彩电，画面水平幅度随图像亮度和对比度变化而变化	IC201 的 32 脚外接高压取样电路中的分压电阻 R243 失效	主要原因有两个：一是电源稳压电路失控，+130V 电源变化引起逆程脉冲幅度变化，从而导致水平幅度变化；二是高压稳定电路异常，负载变化（束流大小变化）直接引起高压变化；调节画面亮度，监测 +130V 直流电压稳定不变，查 IC201（TMPA8829）32 脚外接高压取样电路中的元器件，发现分压电阻 R243 失效；用 10kΩ 电阻将其更换后，故障排除

（续）

故障现象	故障原因	速修与技改方案
乐华 34A1 彩电，开机约 15min 后图像不同步，随后图像消失	SYNC 倒相放大电路中的 C008 不良	该故障是频率合成式调谐或同步电路中元器件热稳定性能变差引起；用示波器监视调谐器 TU101 输出的 IF 信号，在屏幕画面失步时，38MHz 图像中频信号频率稳定不变；再监视超级单片电路 IC201（TMPA8829）的 62 脚 SYNC 信号，画面失步时 SYNC 信号消失；分别监视同步分离管 Q211、Q210 的 E 极和 C 极电压波形，故障出现时同步信号幅度未变；接着用热源预加热 SYNC 倒相放大电路中的 C007、C008 和 Q005，当加热 C008 时，故障提前出现；将 C008 换新后故障排除
乐华 34A1 彩电，屏上只有较暗的彩斑，亮度信号丢失	超级单片电路 IC201 内部电路损坏	由于色度解码功能正常，因此 IC201（TMPA8829）44 脚 Y/C 电路 +5V 供电和接地正常，而 46 脚的电位只决定黑电平扩展程度，24 脚的电压决定图像的亮度；查 46、24 脚外围元器件良好，又测得 IC201 的 45 脚没有扫描速度调制 SVM 信号输出；因此怀疑超级单片电路内部电路损坏；更换 IC201 后故障排除
乐华 34A1 彩电；图像水平枕形失真	枕校电路中 Q406 失效	枕形校正电路为：IC201（TMPA8829）28 脚输出的 EW 脉冲经 Q405、Q406 预放及 Q404 推动放大后，在电感 L403 上形成包络线为场频抛物波的控制信号；通过双二极管 D402、D403 对行频锯齿波电流进行幅度调制，从而达到东西枕形校正的目的。用示波器检测 IC201 的 28 脚 EW 波形正常，查 Q404~Q406 及相关元器件，发现 Q406 失效，换上同规格的 PNP 管后故障排除
采用 TMPA8803/09 超级单片电路的乐华 N21K3 彩电，正常收看 20~30min 后自动关机，隔几分钟后又可开机	TMPA8803CSN 的 17 脚行供电稳压管 Q206 性能不良	故障时测得 IC201（TMPA8803CSN）17 脚（行供电端）电压远低于 9V，经查该脚供电稳压管 Q206（C1815）性能不良；由于 Q206 工作电流约 50mA，功率约 0.5W，建议换为功率较大的晶体管，如 8050、D400 等，并将其 C 极所串电阻 R027 换为 1/2W 的同值电阻，以防故障复发
采用 TMPA8803/09 超级单片电路的乐华彩电，面板上的按键全部失效	项目数据存储有误	进入维修模式，将 FACTORY 项目数据设为"关"，HOTEL 项目数据设为"关"，遥控关机退出即可
采用 TMPA8803/09 超级单片电路的乐华彩电，声音无规律，时有时无	电路设计缺欠，更改电路	该机电子开关 HEF4052BE（IC902）6 脚原通过一只 0.01μF 的电容接地；实修时去掉此电容，直接将该脚接地即可
采用 TMPA8803 超级单片电路的乐华 34A1 彩电，开机十几分钟后图像不同步，随后图像消失	同步分离电路中的 C008 热稳定性不良	同步分离电路中的 C008（2700pF）热稳定性不良，更换优质 C008 即可

（续）

故障现象	故障原因	速修与技改方案
采用 TMPA8829 超级单片电路的乐华 29A1 彩电，无彩色	IC201 的 47 脚（APC 滤波端）外接电容 C233 漏电	输入 Y、Cr、Cb 视频信号，屏上出现正常的彩色画面，说明故障出在 C 信号解调前电路中；重点检测 IC201 的 12 脚的行逆程脉冲，47 脚 APC 电路的环路滤波元件。测量 IC201 的 47 脚（APC 滤波端）电压为 1.1V，且不稳定，正常应为 2.1V；查该脚外接低通滤波元件，发现瓷片电容 C233 漏电且性能不稳定
采用 TMPA8829 超级单片电路的乐华 34A1 彩电，场扫描线性不良	IC301 的 5 脚负反馈元件 R303 开路	查 IC201 的 15 脚外接电容 C203 良好，又查 IC301 的 5 脚输出电路中的负反馈元器件，发现 R303 已开路
采用 TMPA8829 超级单片电路的乐华 34A1 彩电，图像水平枕形失真	IC201 的 28 脚（EW）输出电路 Q406 失效	用示波器检测 IC201 的 28 脚（EW）波形正常，查 Q404 ~ Q406 及相关元器件，发现 Q406 失效，换新后故障排除

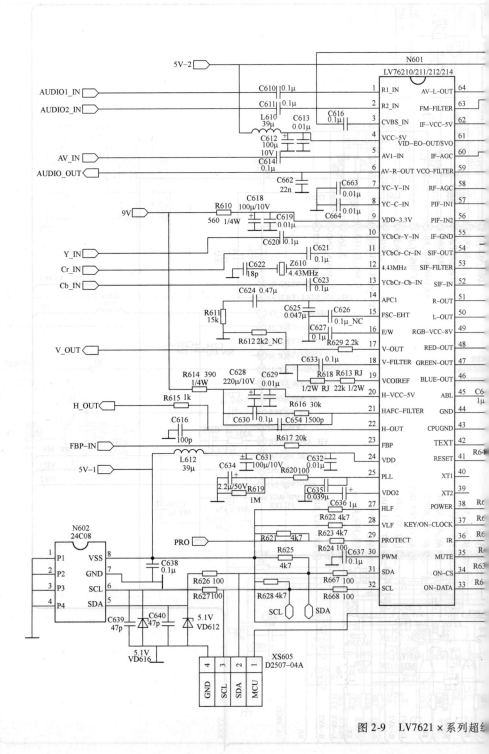

图 2-9　LV7621 × 系列超纟

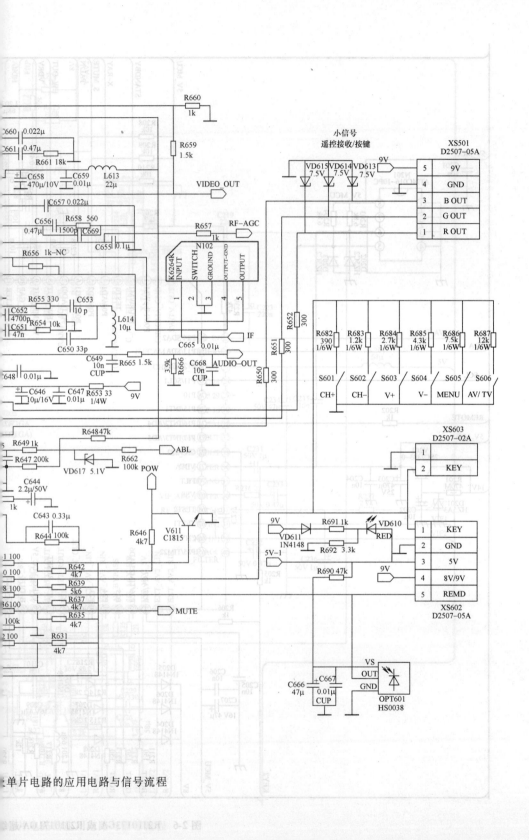

图 2-6 单片电路的应用电路与信号流程